光固化涂料

魏 杰 金养智◉编著

化学工业出版社

·北京·

光固化涂料是21世纪最具发展前景和应用空间的绿色环保涂料，被称为“5E”型涂料，光固化涂料以其干燥固化快、环保节能等优势在诸多领域得到应用。

本书全面介绍了光固化涂料技术原理；光固化涂料的原材料如光引发剂、活性稀释剂、低聚物、各类添加剂的结构与性能以及现有生产企业和产品型号；不同应用领域的光固化涂料配方实例；光固化涂料的实用涂装技术；光固化涂料的性能要求及检测方法等。本书将光固化涂料方面的基础知识和实用技术全面地提供给读者，其中还涉及当前光固化涂料最新研究成果，具有较强的理论性、实用性和前瞻性。

本书适合从事光固化涂料生产与应用的广大工程技术人员阅读，也可供对光固化涂料有兴趣的大专院校师生参考。

图书在版编目（CIP）数据

光固化涂料/魏杰，金养智编著．—北京：化学工业出版社，2013.7（2019.10重印）

ISBN 978-7-122-17488-8

Ⅰ.①光…　Ⅱ.①魏…②金…　Ⅲ.①固化-涂料　Ⅳ.①TQ638

中国版本图书馆CIP数据核字（2013）第113488号

责任编辑：仇志刚　　装帧设计：刘丽华

责任校对：边　涛

出版发行：化学工业出版社（北京市东城区青年湖南街13号　邮政编码100011）

印　　装：涿州市般润文化传播有限公司

710mm×1000mm　1/16　印张20¼　字数420千字　2019年10月北京第1版第4次印刷

购书咨询：010-64518888　　售后服务：010-64518899

网　　址：http://www.cip.com.cn

凡购买本书，如有缺损质量问题，本社销售中心负责调换。

定　　价：68.00元

前言

FOREWORD

涂料工业的发展是衡量一个国家工业发展水平的尺度和标志。随着全球范围内对环境问题的日益重视，涂料工业正面临巨大的挑战。目前，世界各国都在制定涂料方面的相应法规，以限制涂料的有机挥发成分（VOC）的排放，传统的溶剂型涂料对环境污染严重，其市场份额正迅速缩小，而具有环保特性的光固化涂料迅速增长。

光固化涂料以其干燥固化快、环保节能等优势在诸多领域得到应用。光固化涂料是光固化技术应用于工业成功最早的产品，也是光固化产品销量最大的产品。早期的光固化涂料主要应用于木器涂装，近二十多年来，随着高效光引发剂、活性稀释剂和低聚物的不断研发成功，并推向市场，UV固化的应用范围得以逐步扩大，光固化涂料的应用领域包括光固化竹木涂料、光固化纸张涂料、光固化塑料涂料、光固化真空镀膜涂料、光固化金属涂料、光固化光纤涂料、光固化保形涂料、光固化玻璃、陶瓷、石材涂料、光盘保护涂料、光固化皮革涂料、光固化汽车涂料、光固化水性涂料、光固化粉末涂料、光固化抗静电涂料、光固化阻燃涂料、阳离子光固化涂料、光固化氟碳涂料以及电子束光固化涂料等。目前光固化竹木涂料和光固化塑料涂料是最大的应用领域。随着光固化技术的不断发展和进步，光固化涂料得到迅速发展，所适用的基材已由竹木、纸张、塑料扩展至金属、石材、水泥制品、织物、皮革、玻璃等。光固化涂料也可适用于多种工业领域，其中包括竹木地板、装饰板、家具、塑料板、印罐涂料、塑料、金属部件、电子部件、纸张等工业涂料，部件、车体、安全玻璃等汽车涂料，以及织物、印染等装饰涂料。光固化涂料的外观也由最初的高光型，发展出亚光型、磨砂型、金属闪光型、珠光型、烫金型、纹理型等。

近年来，国内涉足光固化涂料领域的生产厂家和工程技术人员越来越多，迫切需要较全面论述光固化涂料知识的书籍。本书分6章对光固化技术特点、光固化原理与光源知识、光固化涂料的原材料、光固化涂料的应用与配方、光固化涂料的涂装方法及光固化涂料检测与评价等内容进行了全面而详细地介绍。本书力图将光固化涂料方面的知识较全面地提供给读者，为从事及对光固化涂料及应用有兴趣的广大的工程技术人员、大专院校的学生提供参考。由于编者的学术水平有限，书中难免有不足和疏漏之处，敬请读者批评指正。

编者

2013年4月于北京化工大学

目录

CONTENTS

第1章 光固化涂料概述

第2章 光固化原理与光源知识

第3章 光固化涂料的原材料

第4章 光固化涂料的应用与配方

第5章 光固化涂料的涂装

第6章 光固化涂料检测与评价

第1章

光固化涂料概述

1.1 前言

在当代世界化学工业中，涂料工业的地位日益重要。据统计，在发达国家，涂料生产约占化学工业年产值的10%。这不仅是因为涂料工业投资少、见效快、经济效益高，更重要的是涂料在发展现代工业方面起着非常重要的辅助作用，从日常生活品到国防尖端产品，从传统产业到高新技术部门，均需要涂料产品起保护、装饰作用或赋予特殊功能。目前国外许多经济学家甚至以涂料工业的发展情况作为衡量一个国家工业发展水平的尺度和标志。

目前市场中最常见的涂料品种主要有五种：溶剂型涂料、光固化涂料、粉末涂料、水性涂料、高固体分涂料。如今在市场中占主要份额的仍是传统的溶剂型涂料。随着世界经济的发展，全世界每年向大气排放的挥发性有机化合物（VOC）也日益增加，目前已达到2000万吨/年的规模。这些排放物不仅污染环境，影响人体健康，而且破坏生态平衡，导致温室效应，危害人类的生存。因此，控制VOC的排放，已成为世界性的环保课题。尤其是最近几年，随着环保呼声越来越高，对VOC向大气的排放量限制越来越严格，在国外更有相应环保法规出台，促使人们重视节约有限资源。1999年3月11日，欧共体（现改为欧盟）签署协议，规定在2007年前必须使VOC排放量降至20世纪90年代的67%。

随着全球范围内对环境问题的日益重视，涂料工业正面临巨大的挑战。人们对环境问题的关心，涂料的污染和毒性问题也越来越被人们重视。涂料造成的空气污染非常严重，最早的热塑性涂料，其固含量仅为5%，这意味着有95%的溶剂将释放到大气中成为污染物。目前，世界各国都在制定涂料方面的相应法规，以限制涂料的 VOC 排放，因此，传统的溶剂型涂料因其有机挥发成分太大，对环境污染严重，其市场份额正迅速缩小，而具有环保特性的 UV 光固化涂料、粉末涂料、水性涂料、高固体分涂料则迅速增长。表 1-1 和表 1-2 是德国巴斯夫（BASF）公司和 J. Howad 对欧洲五种主要涂料品种的市场占有率在 15 年内的变化统计和到 2010 年世界工业涂料的构成。

表 1-1　1990～2005 年欧洲五个主要涂料品种的市场份额　　单位：%

涂料品种＼年份	1990	1995	2000	2005	增幅
溶剂型涂料	51	40	31	15	－70
水性涂料	20	24	26	35	75
高固体分涂料	19	24	27	27	42
粉末涂料	9	10	12	18	100
光固化涂料	2	4	5	7	250

表 1-2　1995～2010 年世界工业涂料的构成　　单位：%

涂料品种＼年份	1995	2000	2005	2010	增幅
低固体分涂料	39.5	30.5	15	7	－82
高固体分涂料	12.5	12	10	8.5	－32
电泳涂料	8.5	10	15.5	17	100
水性涂料	14	16	19.9	22.5	61
粉末涂料	8	12	17.5	20	150
光固化涂料	3.5	4.5	6.5	7.5	114

由表 1-1 可看出，五种主要涂料品种在欧洲的市场占有率情况，后四种涂料所占份额由 1990 年的 50%迅速增加至 2005 年的 87%，而传统溶剂型涂料则由 51%降至 15%，在后四个品种中，尤以 UV 光固化涂料和粉末涂料两者之增幅最大，分别达 250%和 100%。从表 1-2 可以看出，2010 年世界工业涂料的构成中，低固体分涂料即传统溶剂型涂料由 1995 年的 39.5%迅速降至 2005 年的 7%，降幅达 82%，同时高固体分涂料也会有一定程度的下降，降幅为 32%，电泳涂料、水性涂料、粉末涂料和光固化涂料均有较大程度的增长，以光固化涂料和粉末涂料两者的增幅最大，分别达 114%和 150%。因此，未来涂料领域应以发展无毒、低污染的涂料作为涂料研究的首要任务。

紫外光固化液体涂料是 20 世纪 60 年代开发的一种环保节能型涂料。它具有无或低 VOC 排放、节省能源（耗能仅为热固化粉末涂料的 1/10～1/5）、固化速率快

(0.1～10s)、生产效率高、适合流水线生产、固化温度低、适合涂覆热敏基材等优点，这种涂料是以高能量的紫外光作为固化能源，由涂料中的光引发剂吸收紫外光产生自由基，引发光敏树脂（低聚物）和活性稀释剂分子发生连锁聚合反应，使涂膜交联固化。随着光固化技术的迅速发展，光固化涂料已广泛应用于化工、机械、电子、轻工、通信等领域，不仅在木材、金属、塑料、纸张、皮革上得到大量使用，而且在光纤、印刷线路板、电子元器件封装等材料与器件上成功应用。光固化涂料的产量及增长速度相对于其它涂料来说绝不仅仅是单纯的数量增长，而是质量、品种、工艺、技术的全面提高。

我国从20世纪80年代开始进入光固化涂料领域，由于改革开放，家电、建材和印刷包装工业发展迅速，引进了多条印刷电路、木器加工和纸张上光生产线。到1993年光固化涂料产业化初见端倪，国内开始生产光固化纸张涂料、木器涂料、印刷电路版用光固化产品。1997年后各类光固化涂料的产量逐渐增长，2007年以后我国光固化涂料产量迅速增长，应用领域和产品种类也不断扩大。表1-3和表1-4是我国光固化涂料产品情况和光固化涂料应用情况。

表1-3 2000～2011年我国光固化涂料产品情况

年份	2000	2001	2002	2003	2004	2005	2006	2007	2008	2009	2010	2011
产量/t	11271	15245	16741	19007	23300	25024	29027	32530	31938	38978	54081	75177

到2011年我国光固化涂料产量为75177t，比2010年增长39%，比2007年增长131%，比2000年增长567%。光固化涂料的应用从竹、木地板，纸张印刷，塑料扩展到摩托车、家电、金属、手机、计算机零部件、光纤、汽车零部件、汽车维修等诸多产品。

表1-4 近年我国光固化涂料应用情况

用途	年产量/t			
	2002	2003	2010	2011
竹、木地板	8955	10868	22340	35105
纸张印刷	4462	3143	5374	6764
PVC	1456	1470	4406	3679
塑料	908	2218	7754	10623
摩托车	380	760	760	1083
家电	50	276	1677	1140
金属	80	222	1275	763
手机	—	—	7270	8600
光纤	—	—	2197	1952
汽车零部件	—	—	250	105
汽车维修	—	—	50	105
计算机零部件	—	—	—	1800

1.2 光固化涂料的特点

光固化属于化学方法，它是光引发化学反应的直接结果。化学方法是利用化学反应产生的键合力实现成型目的，得到的多是热固性材料。将光固化技术用于涂装具有以下优势。

（1）固化速率快　相对于其它类型的涂料，光固化涂料最为显著的特点是固化速率快，最快可在0.05～0.1s内固化，是目前各类涂料中干燥固化最快的涂料，通常在若干千瓦功率的紫外灯辐照下，只需几秒或几十秒就可固化完全，即可达到使用要求。而传统的溶剂型涂料需要数小时甚至数天方可干透。这无疑大大提高了生产率，节省了半成品堆放的空间，更能满足大规模自动化生产的要求。同时，光固化产品的质量也较易得到保证。

（2）环境友好　光固化涂料的另一个优势在于它基本不含挥发性溶剂，具有环境友好的特点。溶剂型涂料通常含有30%～70%的惰性溶剂，在成膜干燥时几乎全部挥发进入到大气中，累积所造成的环境危害相当大。而光固化涂料则不同，光照时几乎所有成分参与交联聚合进入到膜层，成为交联网状结构的一部分，可视为100%固含量的涂料（传统涂料中只有粉末涂料具有此特点）。因此，减小了对空气的污染、对人体的危害及火灾的危险性。

（3）节约能源　和溶剂型涂料相比，UV光固化所用能量只相当于前者的1/10～1/5。光固化涂料常温快速冷固化的特点也是其它涂料望尘莫及的。烘烤型涂料和粉末涂料都需要在涂装后加热，以促使溶剂挥发和化学交联反应的进行，相对于此，光固化涂料大大节省了能源。光固化涂料一般对紫外光源能有效利用，且因为固化速率很快，实际上对能量的利用效率也大大增强。

（4）可涂装各种基材　光固化涂料可涂装多种基材，如木材、金属、塑料、纸张、皮革等。光固化可避免因热固化时的高温对各种热敏感基质（如塑料、纸张或其它电子元件等）可能造成的损伤，光固化技术在某些领域已经是满足高水平标准的惟一选择。

（5）费用低　光固化仅需要用于激发光引发剂的辐射能，不像传统的热固化那样需要加热基质、材料、周围空间以及蒸发除去稀释用的水或有机溶剂的热量，从而可节省大量的能源。同时，由于光固化涂料中有效含量高，使得实际消耗量大幅度减少。此外光固化设备投资相对较低，易实现自动化，可节省大量投资，并减少厂房占地。

概括起来，光固化涂料是一种高效、环保、节能、优质的光固化材料，被誉为面向21世纪的绿色工业材料与技术。随着世界各国对生态环境保护的重视，对大气排放物进行了严格的立法限制，光固化涂料的重要性也愈显突出。美国、欧洲、日本等均将VOC的减少作为优先采用光固化技术的重要原因之一。在我国，随着经济规模的迅速扩大及对环境保护的日益重视，作为环保型“绿色技术”的光固化涂料的研究、开发和应用也将日益深入和普及。

1.3 光固化涂料的组成

尽管光固化涂料的品种繁多，性能各异，其主要成分一般包括：光引发剂、活性稀释剂、低聚物及各类添加剂。有关光固化涂料的原材料将在第 3 章作详细描述，这里仅对光固化涂料组成与性能特点进行简要阐述。

光固化涂料中的光引发剂相当于普通涂料中的催化剂，光固化涂料通过光引发剂吸收紫外光而产生自由基或阳离子，引发低聚物和活性稀释剂发生聚合和交联反应，形成网状结构的涂膜。光引发剂因产生的活性中间体不同，可分为自由基型光引发剂和阳离子型光引发剂两类。自由基型光引发剂因产生自由基的作用机理不同，又可分为裂解型光引发剂和夺氢型光引发剂两类。裂解型自由基光引发剂多是芳基烷基酮类化合物，主要有苯偶姻及其衍生物、苯偶酰及其衍生物、苯乙酮及其衍生物、α-羟烷基苯乙酮、α-胺烷基苯乙酮、酰基膦氧化物等。夺氢型光引发剂包括二苯甲酮或杂环芳酮类化合物，主要有二苯甲酮及其衍生物、硫杂蒽酮类、蒽醌类等，与夺氢型光引发剂配合的助引发剂为叔胺类化合物，如脂肪族叔胺、乙醇胺类叔胺、叔胺型苯甲酸酯、活性胺等。阳离子型光引发剂主要有芳基重氮盐、二芳基碘鎓盐、三芳基硫鎓盐、芳基铁鎓盐等。除此以外，混杂光引发剂、水基光引发剂、可见光光引发剂和马来酰亚胺-乙烯基醚无光引发剂也是光引发剂新的研究热点。光引发剂在涂料配方中所占比例虽小（仅为 3%～5%），但所起作用非常关键。

光固化涂料中的活性稀释剂相当于普通涂料中的溶剂，但它除了具有稀释作用、调节体系黏度外，还要参与光固化反应，影响涂料的光固化速率和涂膜的力学性能，在结构上它是具有光固化基团的有机化合物。通常光固化涂料中低聚物决定了固化膜的主要性能，但低聚物黏度往往较高，有的室温下高达 10Pa·s，难以进行涂装，需要用活性稀释剂调节其黏度。选择活性稀释剂应综合考虑以下因素：低黏度、低毒性、低刺激性、低挥发、低色相、低体积收缩、高反应活性、与树脂和光引发剂互溶、纯度高、固化产物玻璃化温度高、热稳定性好、价格便宜。上述指标中以反应活性与固化产物的性能两方面因素最为突出，但如果是用在特别强调卫生安全的涂料配方中，稀释剂的生理刺激性和毒性应予重点考虑，筛选标准也更加严格。丙烯酸酯类单体以其高反应活性而被普遍用作活性稀释剂，它包括单官能团活性稀释剂、双官能团活性稀释剂和多官能团活性稀释剂。由乙氧基化或丙氧基化改性的丙烯酸酯是第二代丙烯酸酯活性稀释剂，它是为了改善第一代丙烯酸酯活性稀释剂存在的皮肤刺激性、毒性偏大和固化收缩率大的弊病，同时仍保持了较快的光固化速率。乙烯基醚类是一类新型活性稀释剂，它含有乙烯基醚或丙烯基醚结构，反应活性高，能用于自由基固化体系、阳离子固化体系以及自由基与阳离子混杂体系。含甲氧端基的（甲基）丙烯酸酯是第三代活性稀释剂，它除了具有单官能团活性稀释剂的低收缩性和高转化率外，还具有高反应活性。此外，具有特殊功能的活性稀释剂不仅参与光固化反应，还具有提高对基材（金属、塑料等）的附着力和光固化速率，改善颜料分散等功能。

光固化涂料中的低聚物相当于普通涂料中的树脂，都是成膜物，它们的性能对涂料的性能起主要作用，在结构上低聚物必须具有光固化基团，如不饱和双键或环氧基等，属于感光性树脂。在光固化涂料各组分中，低聚物是光固化涂料的主体，它的性能基本上决定了固化后材料的主要性能，因此，低聚物的合成和选择无疑是光固化涂料配方设计的重要环节。自由基光固化用的低聚物主要是各类丙烯酸树脂，如环氧丙烯酸树脂、聚氨酯丙烯酸树脂、聚酯丙烯酸树脂、聚醚丙烯酸树脂、丙烯酸酯树脂等。其中实际应用最多的是环氧丙烯酸树脂、聚氨酯丙烯酸树脂。阳离子光固化涂料用的低聚物具有环氧基团或乙烯基醚基团，如环氧树脂、乙烯基醚树脂。光固化涂料中低聚物的选择要综合考虑下列因素：低黏度、光固化速率快、物理力学性能好、玻璃化温度、固化收缩率、低毒低刺激性。不饱和聚酯一般用于光固化木器涂料，成本较低，几乎与传统溶剂型涂料相当，随着其它品种低聚物价格不断降低，性能远高于不饱和聚酯体系，其市场份额已逐步减少。环氧丙烯酸树脂合成较为容易，价格已逐步接近不饱和聚酯水平，在固化速率、固化膜硬度、耐溶剂、耐腐蚀性、拉伸强度及对大多数基材附着性能等方面均表现优异，具有较高的性价比，已成为目前光固化涂料配方的首选原料。环氧丙烯酸酯的缺陷是其固化产物硬而脆，通常与丙烯酸异辛酯、第二代丙烯酸酯活性稀释剂或柔顺性较好的树脂配合使用。聚氨酯丙烯酸酯根据其结构特点，既可获得高硬度固化膜，也可获得具有良好柔顺性的涂层，涂料上一般采用软段较长的聚氨酯丙烯酸酯结构，聚氨酯丙烯酸酯的主要特点是固化膜具有优异的柔韧性，对大多数基材附着力以及耐腐蚀性能都很优异，但其合成总体成本较高，此外，光固化速率略低于环氧丙烯酸酯。聚氨酯丙烯酸酯通常与环氧丙烯酸酯、多官能丙烯酸酯活性稀释剂混合使用。聚酯丙烯酸酯的黏度较低，成本也较低，光固化速率一般，采用高官能度的聚酯丙烯酸酯其光固化速率可得到改善，含有长链烷烃或链段的聚酯丙烯酸酯对颜料润湿性良好，可用在光固化色漆中。聚酯丙烯酸酯在光固化涂料中较少单独使用，常与环氧丙烯酸酯、聚氨酯丙烯酸酯等常用主体树脂配合使用。丙烯酸树脂低聚物在光固化涂料工业上亦较少单独使用，因其分子量较大，黏度较高，但含丙烯酰氧基的丙烯酸树脂低聚物虽光固化速率不高，但固化收缩率较低，对改善固化膜的附着力有帮助，羧基改性的丙烯酸树脂低聚物在颜料着色体系中可以起到稳定分散颜料的功效，所以该类低聚物可以作为功能性辅助树脂在光固化涂料配方中酌情使用。近年来光固化涂料为了满足特殊涂层的需要，一些新型结构的低聚物逐渐研发并得到应用，如有机硅丙烯酸树脂、水性 UV 低聚物、超支化低聚物、双重固化低聚物、自引发功能的低聚物、脂肪族和脂环族环氧丙烯酸酯、低黏度低聚物、UV 固化粉末涂料用低聚物、杂化低聚物等。

添加剂在涂料中的使用大体相同，都需要用颜料、填料、各种助剂，只是光固化涂料所用添加剂要尽量减少对紫外光的吸收，以免影响光固化反应的进行。光固化涂料常加入无机填料以减轻低聚物、活性稀释剂光聚合导致的体积收缩，对改善附着力有益，并增强固化膜的硬度、耐磨性、耐热性等。在诸如光固化地板涂料等有耐磨要求的场合，经常添加滑石粉、硅微粉等填料，无机填料的加入可能导致固化涂层柔顺性下降，对涂层柔顺性要求较高的场合，应谨慎使用。无机填料的加入常导致涂料黏度显著增加，搅拌分散过程中产生的大量气泡难以迅速自行消除，加入消泡剂十分必要。同时光固化涂料中须添加一定量的阻聚剂，以保证生产、储存、运输及施工时光固化涂料的稳定性。

1.4 光固化涂料的应用与发展

光固化技术能得到迅速发展缘于其自身的特性。第一，光固化只需在常温下进行，可满足不适于加热干燥法产品的施工。第二，光固化技术除了提高生产率和节约能耗之外，还能使涂层质量，如力学特性和光泽度等达到更高水平。第三，因为使用“无”溶剂体系，用户不必再安装昂贵的排污设施。目前，光固化技术已广泛应用于化工、机械、电子、轻工、通讯、汽车等领域。光固化涂料包括竹、木地板，装饰板，家具等 UV 木器涂料；汽车部件、器械、光盘、装饰板、信用卡等 UV 塑料涂料；钢材防锈、彩涂钢板、印铁制罐、易拉罐等 UV 金属涂料；装饰纸、标签、卡片、书面表面上光、金属化涂层等 UV 纸张涂料；光刻胶、印刷线路板、软（硬）盘、光盘、录像带、磁带、光纤、元器件封装等电子工业用 UV 涂料；玻璃、陶瓷、石材基材装饰用 UV 涂料；皮革装饰用 UV 涂料等。光固化油墨可满足不同应用领域、不同印刷版材和印刷方式。有印刷杂志和各类出版物的 UV 胶印油墨；印刷包装材料和不干胶标签的 UV 柔印油墨；印制软、硬塑料瓶，纸和纸包装品以及纺织品的 UV 丝印油墨；印制纸币的 UV 凹印油墨；广告喷绘用 UV 喷印油墨等。还有印刷线路板制造中使用的 UV 抗蚀油墨、UV 阻焊油墨、UV 堵漏油墨、UV 标记油墨、UV 导电油墨等。光固化胶黏剂可用于层压材料、复合材料、航空玻璃、压敏胶、光学材料与汽车部件的粘接、封装材料、剥离材料等。光固化材料还可应用于信息技术领域，如光纤保护与着色、磁介质、光介质等，以及光固化补牙、光固化牙膜、光敏脱色、光固化隐形等生物及医学应用医疗材料和立体模型制造光铸等领域。

光固化涂料是光固化技术在工业上大规模成功应用的最早范例，也是目前光固化产业领域产销量最大的产品，规模远大于光固化油墨和光固化胶黏剂。早在 20 世纪 60 年代初，德国 Bayer 公司率先开发出第一代的 UV 光固化涂料，在木器涂装工业上得到初步应用，当时采用不饱和聚酯-苯乙烯体系，光引发剂多为苯偶姻醚类，价格低廉，固化速率较慢。第二代光固化涂料以丙烯酸酯化的低聚物为主体树脂，活性稀释剂以丙烯酸酯单体为主，光聚合速度与第一代相比大大提高，固化后材料性能也得到很好改善。UV 木器涂料的特点在于优良的涂料性能、快速固化、产品在应用设备上的稳定性、低加工成本、有机挥发物的低或零排放。UV木器涂料包括UV腻子漆、UV底漆和UV面漆。UV木器涂料是光固化涂料产品中产量较大的品种。

UV纸张涂料适用于书刊封面、明信片、广告宣传画、商品外包装纸盒、装饰纸袋、标签、卡片、金属化涂层等纸制基材的涂装，可提高基材表面的光泽度、保护罩印面油墨图案和字样以增强涂饰美感，并且防水防污。UV纸张涂料已成为光固化涂料中产量最大的品种之一，而高光型UV纸张清漆为纸张上光涂料产量最大的品种。

UV塑料涂料适用于汽车部件、器械、光盘、装饰板、信用卡、金属化涂层等塑料基材的涂饰，它赋予塑料良好的光泽度、光稳定性、耐磨性和耐化学品性等，可应用于聚苯乙烯、聚甲基丙烯酸甲酯、聚氯乙烯、聚乙烯、聚丙烯、聚酯、聚碳酸酯、ABS工程塑料等各类塑料基材。

UV金属涂料适用于钢材防锈、金属标牌装饰、金属饰板制造、彩涂钢板、印铁制罐、易拉罐加工、铝合金门窗保护及钢管临时涂装保护等方面。涂装UV涂料后的金属基材既美观又可以保护金属表面。

UV光纤涂料分内涂层和外涂层，内涂层具有较高的折射率、适当的附着力、较低的模量和玻璃化温度、良好的防水功能；外涂层具有较高的模量和玻璃化温度、较好的耐老化性。UV光纤涂料固化速率快，涂装效率高，而且内柔外硬的光纤UV双涂层保证了光信号的传输、足够的力学性能、良好的耐化学性及长久的使用寿命。

UV保形涂料具有固化速率快、适于热敏性基材、无VOC排放、环保、节能、高效、节省空间、成本较低等优点。它涂覆于带有插接元件的印刷线路板上，使电子元件免受外界影响，起到防尘埃、防潮气、防化学药品、防霉腐蚀作用，延长器件寿命，提高稳定性，保证电子产品的使用性能。UV保形涂料的使用可大大提高印刷线路板的涂装效率，也为线路板修复和局部快速涂覆保护提供了便利，在印刷线路板领域越来越受到重视。

UV玻璃涂料对玻璃表面起到了很好的装饰效果。UV陶瓷涂料的使用提升了产品的品质，获得极好的视觉效果。UV石材涂料可对石材表观起到很好的装饰保护效果。

光盘UV保护涂料是光盘制造中的配套材料，对保护光盘信息层起到了关键性作用，无论是只读型光盘（CD、VCD、DVD）、一次写入型光盘（CD-R、DVD-R）还是可擦写型光盘（DRAW-E）都离不开光盘保护涂料的使用。

UV皮革涂料既可用于真皮，也可用于人造革，涂装效果有高光、磨砂、绸面等多个品种，使皮革的美观程度大大提高。UV皮革涂料用于皮革表面涂饰，具有固化速率快、免于皮革高温受损、生产费用低、环保安全等特点。UV皮革涂料显著的环保、高效、高性能的优势已成为应用于皮革涂饰领域的共识。

UV涂料在汽车工业上的应用主要集中在汽车零部件上，如前灯透镜、前灯反射灯罩、车轮塑料盖盘、保险杠、尾灯灯箱、汽车内衬塑料、铝合金轮匝等。前灯透镜和前灯反射灯罩涂覆保护性UV涂料，可保护透镜，阻隔氧气和潮气向反射灯罩铝膜渗透。车轮外侧的ABS塑料盖盘采用UV涂料涂覆，既可解决附着力、耐磨、耐候、抗冲击、防污等性能，又具高效、环保、节能的特性。涂覆UV防光老化涂料的前后保险杠可满足表面美观、抗刮伤和防光老化等方面的综合需要。尾灯灯箱和汽车内衬塑料涂覆UV涂料后，具备了抗刮、防光老化等性能。铝合金轮匝UV保护涂料具有耐磨、抗刮、抗冲击、防污等特性。

水性UV固化涂料继承和发展了传统的UV固化技术和水性涂料技术的许多优点，它对环境无污染、对人体健康无影响、不易燃烧、安全性好。近十多年来得到较快的发展，水性UV涂料已成为涂料发展的主要方向之一。水性光固化涂料将在木材、纺织印刷、皮革以及各种上光涂层上得到应用。

UV光固化粉末涂料是一项将传统粉末涂料和UV固化技术相结合的新技术，它综合了粉末涂料和UV固化技术的优点，开辟了粉末涂料更广阔的应用领域。与UV固化的液体涂料相比，UV粉末涂料无活性稀释剂，涂膜收缩率低，与基材附着力高；一次涂装即可形成质量优良的厚涂层；喷涂溅落的粉体便于回收使用。因此，同样是无溶剂环保型涂料的UV粉末涂料比热固粉末涂料和UV固化液体涂料具有更高的技术优势、经济优势和生态优势。UV粉末涂料可应用于木制品、塑料制品、合金及预装配制品、大件金属、纸类基材、汽车涂料等诸多领域，随着人们对于UV粉末涂料的深入认识，UV粉末涂料将得到更广泛、更成功的应用。

表1-5是我国光固化涂料、光固化油墨以及光固化胶黏剂产品生产量对比。

表1-5 2007～2011年我国光固化产品生产量对比 单位：t

产品 \ 年份	2001	2002	2003	2004	2005	2006	2007	2008	2009	2010	2011
光固化涂料	16260	16290	16210	16660	17440	18130	32530	31938	38978	54081	75177
光固化油墨	8730	9200	9520	9820	10120	10470	14648	18028	21175	28417	27200
光固化胶黏剂	—	2	23	76	242	363	846	1120	1457	2444	2186

第2章

光固化原理与光源知识

2.1 光固化原理

光固化涂料在光的照射下进行的化学反应为典型的光化学反应。光化学反应与热化学反应其化学变化同样遵循化学反应基本规律，但由于光和热是两种不同的能量，所以对物质的作用也不同。光能引起物质分子中电子分布发生变化，使分子处于激发态；而热能只能使分子的振动幅度发生改变，不能使电子分布发生变化，分子仍处于基态。所以，光化学与热化学在本质上的最大区别，在于光化学是研究激发态分子的化学变化规律，而热化学则是研究基态分子的化学变化规律。另外，热化学反应只有一个过程，就是直接由基态分子吸收热能而进行化学反应。光化学反应则通常包括两个反应过程：第一个是激发过程，在此过程中，分子吸收光能从基态分子变成激发态分子；然后进入第二个化学反应过程，即激发态分子发生化学反应生成新产物，或经能量转移或电子转移生成活性物（自由基或阳离子），发生化学反应生成新产物（图 2-1）。本章主要介绍光固化涂料在光照射下发生的光化学反应的条件、基本定律，光固化反应类型以及光源知识。

2.1.1 光化学反应的基本条件

一般情况下分子处于基态，当分子受光激发时能量较原子轨道低的成键轨道上的一个电子跳到能量较原子轨道高的反键轨道上，即电子跃迁（electron transition）而进入激发态。其能量为分子所吸收而产生外层电子由基态到激发态的跃迁，即

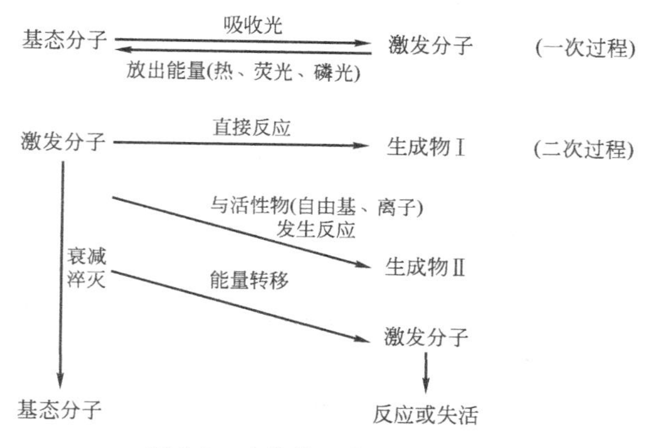

图 2-1　光化学反应过程示意图

$$\Delta E=h\nu$$

式中，ΔE 为分子激发态和基态的能级差，单位 J；h 为 Planck 常数，其值为 6.62×10^{-34} J·s；ν 为光的频率，单位 Hz。

上式也可写为：$\Delta E=hc/\lambda$

式中，c 为光速，其值为 3×10^{8} m/s（3×10^{17} nm/s）；λ 为光的波长，单位 nm。

通常有机分子由 σ 键和 π 键组成，在形成 σ 键和 π 键的同时也形成了 σ 反键和 π 反键即 σ^* 键和 π^* 键，此外还有未成键的 n 轨道。n 轨道的能量较成键轨道高，较反键轨道低。在可能存在的五种电子跃迁中，$n-\pi^*$ 和 $\pi-\pi^*$ 跃迁能量较低，属一般光源辐射能量范围之内，而 $n-\sigma$，$\pi-\sigma^*$ 和 $\sigma-\sigma^*$ 跃迁能量均较高，一般光源难以激发。因此，进入激发态的分子常常具有光吸收单元，即发色团，如C═C，C═O 和芳香基团等。因此，光固化涂料组分分子中一定有光吸收单元的物质存在，这是发生光化学反应的必要条件。

表 2-1 列出了一些重要的有机发色团的激发类型、最大吸收波长和消光系数。

表 2-1　一些重要的有机发色团的激发类型、最大吸收波长和消光系数

发色团	激发类型	最大吸收波长(λ_{max})/nm	消光系数(ε_{max})
C═C—C—C	σ,σ^*	220	1×10^{4}
苯	π,π^*	260	2×10^{2}
萘	π,π^*	380	1×10^{4}
C═O	n,π^*	280	2×10
N═N	n,π^*	350	1.2×10^{2}
N═O	n,π^*	660	2×10^{2}
C═C—C═O	n,π^*	350	3×10
C═C—C═O	π,π^*	220	2×10^{4}

2.1.2 光化学反应的基本定律

光固化涂料在光照射下发生的化学反应遵循以下基本的光化学反应基本定律。

(1) 光化学反应第一定律 (Crotthus-Draper 定律) “只有被分子吸收的光才能引起光化学反应”。此定律说明进行光化学反应时，必须使光源的波长与光反应物质的吸收波长相匹配，若用的光不被物质所吸收，是不会引起光化学反应的。

(2) 光化学反应第二定律 (Stark-Einstein 定律) “一个分子只吸收一个光子”或者说“分子的激发和随后的光化学反应是吸收一个光子的结果”。此定律其意义为物质分子吸收光子是量子化的，只吸收一个光子而不吸收半个或 1/3 个光子的能量。该定律使激发态的研究简单化了，Stark-Einstein 定律是光化学定量研究的基础。需注意此定律在一般情况下是正确的，但近年来发现某些物质在激光束强光照射下一个分子也可能吸收 2 个或 2 个以上光子的能量。

(3) 光吸收定律 (Beer-Lambert 定律) 光作用于物体时一部分可透过，一部分被反射，一部分被吸收。只有被物质吸收的光可引起光化学反应，光的吸收服从 Beer-Lambert 定律。

$$I=I_0\mathrm{e}^{-kl} \text{ 或 } I=I_0 10^{-\varepsilon l}$$

式中，I_0 为入射光强；I 为透射光强；k 为吸收系数；ε 为摩尔消光系数；l 为光程长度，k 和 ε 可互相变换：$k=2.303\varepsilon$

如果通过的物质是溶液，上式可改为：

$$I=I_0\mathrm{e}^{-kcl} \text{ 或 } I=I_0 10^{-\varepsilon cl}$$

式中，c 为摩尔浓度，将上式取对数得：

$$\lg I_0/I=\varepsilon cl=A$$

式中，A 为吸光度，吸光度和消光系数及浓度成正比。该定律对单色光严格适用，是分光光度计的基础。

由此式可知，透射光的强度 I 随光程长 l（即光透过深度）呈指数下降，因此，光在吸光物质中的透过深度是有限的，这就是光固化涂料涂层厚度受限的主要原因。

(4) 量子效率 一般情况下，光化学反应符合上述 Stark-Einstein 定律。但实际过程中发现，有些光化学反应在物质分子吸收一个光量子后，通过连锁反应，可形成比一个多的产物分子；另些情况下，吸收一个光量子后，形成比一个少的产物分子，即吸收几个光量子，才产生一个产物分子。那么，吸收了光子的分子并不一定进行预期的光化学反应，把参与了预期反应的分子数（即生成产物的分子数）和体系所吸收的光子数的比值定义为量子效率 ϕ（或量子产率）。对于特定的波长而言，即：

量子产率 ϕ=参与预期反应的分子数(即生成产物的分子数)/吸收的光量子数

吸收的光量子数用光照度计或化学吸收剂测定，参与反应的分子数可用多种分析方法如仪器分析、化学分析测定。量子效率的测定对于了解光化学反应的过程和机理非常重要，光固化涂料的 $\phi>1$，即表示光化学反应存在着链式反应如自由基光聚合、阳离子光聚合。

2.2 光固化反应类型

光固化的定义是指感光性高分子体系在光的作用下从液态变为固态以及固态感光性高分子受光作用由可溶变成不可溶的聚合物的过程。光固化是感光性高分子最重要的功能，也是许多重要工业产品如光固化涂料、光固化油墨、光固化胶黏剂等的应用基础。光固化涂料通常是从液体树脂变成固态干膜，因而其所经历的光化学过程基本上是链式聚合反应，通过聚合使体系的分子量增加，并形成交联网络，从而变成固态干膜。光引发聚合反应主要包括光引发自由基聚合、光引发阳离子聚合，其中光引发自由基聚合占大多数。

2.2.1 光引发自由基聚合

光引发自由基聚合反应与传统的热引发自由基聚合类似也包括引发、链增长、链转移和链终止过程。二者的差别在于引发机理的不同，光引发是利用光引发剂的光解反应得到活性自由基。其引发、链增长、链转移和链终止过程如下。

（1）引发

$$PI \xrightarrow{h\nu} PI^*$$

$$PI^* \xrightarrow[k_d]{} R_1\cdot + R_2\cdot$$

$$R_1\cdot + M \xrightarrow[k_i]{} R_1—M^*$$

（2）链增长

$$R_1—M\cdot + M \xrightarrow[k_p]{} R_1—MM\cdot$$

$$R_1—MM\cdot + n'M \xrightarrow[k_p]{} R_1—M_n\cdot$$

（3）链转移

$$R_1—M_n\cdot + R_3—H \xrightarrow[k_{ha}]{} R_1—M_n—H + R_3\cdot$$

$$R_3\cdot + M \xrightarrow[k_{i'}]{} R_3—M\cdot$$

（4）链终止

$$R_1—M_n\cdot + R_1—M_i\cdot \xrightarrow[k_{tr}]{} R_1—M_{n+i}—R_1$$

$$R_1—M_n\cdot + R_2\cdot \xrightarrow[k_{tr'}]{} R_1—M_n—R_2$$

$$R_1—M_n\cdot + R_1—M_i\cdot \xrightarrow[k_{td}]{} R_1—M'_n + R_1—M'_i$$

光引发剂（PI）在光照下接受光能从基态变为激发态（PI^*），进而分解成自由基。自由基与单体（M）的碳碳双键结合，并在此基础上进行链式增长，使碳碳双键发生聚合。其中伴随着增长链上的自由基的转移和终止。光引发自由基聚合根据光引发剂组成不同又分为裂解型光引发自由基聚合和夺氢型光引发自由基聚合两种类型，两种类型反应其引发过程存在差异，前者是光引发剂分子吸收光能后跃迁至激发单线态，经系间蹿跃到激发三线态，在其激发单线态或激发三线态时，分子结构呈不稳定状态，其中的弱键会发生均裂，产生初级活性自由基；后者是光引发剂分子吸收光能后，经激发和系间蹿跃到激发三线态，与助引发剂-氢供体发生双分子作用，经电子转移产生活性自由基。而链增长、链转移和链终止过程相似。

举例1：Irgacure 651（简称651）是最常见的光引发剂，具有很高的光引发活性，广泛应用于各种光固化涂料、油墨和胶黏剂中。651在吸收光能后裂解生成苯甲酰自由基和二甲氧苯基自由基，苯甲酰自由基反应活性很高，二甲氧苯基自由基活性较低，但可继续发生裂解，生成活泼的甲基自由基和苯甲酸甲酯，引发低聚物和活性稀释剂聚合、交联。

$$\mathrm{C_6H_5{-}CO{-}C(OCH_3)_2{-}C_6H_5} \xrightarrow{h\nu} \mathrm{C_6H_5{-}\dot{C}{=}O} + \mathrm{C_6H_5{-}\dot{C}(OCH_3)_2} \longrightarrow \cdot\mathrm{CH_3} + \mathrm{C_6H_5{-}CO{-}OCH_3} \tag{2-1}$$

举例2：硫杂蒽酮（thioxanthone，简称TX）是常见的夺氢型自由基光引发剂，其中异丙基硫杂蒽酮（ITX）应用最广、用量最大。ITX吸收光能后，经激发三线态必须与助引发剂叔胺配合，形成激基复合物发生电子转移，ITX得到电子形成无引发活性的硫杂蒽酮酚氧自由基和引发活性很高的α-胺烷基自由基，引发低聚物和活性稀释剂聚合、交联。

$$\text{ITX}\ (\mathrm{-CH(CH_3)_2}) \xrightarrow[\mathrm{R_2N{-}CH_2R'}]{h\nu} \left[\mathrm{C{=}O\cdots{:}NR_2{-}CH_2R'}\right] \xrightarrow[\text{Transfer}]{[e]} \mathrm{\dot{C}{-}O^-} + \mathrm{{}^{+}\dot{N}R_2{-}CH_2R'} \longrightarrow \mathrm{\dot{C}{-}OH} + \mathrm{R_2N{-}\dot{C}HR'} \tag{2-2}$$

2.2.2 光引发阳离子聚合

光引发阳离子聚合是利用阳离子光引发剂在光照下产生的质子酸催化环氧基的开环聚合或富电子碳碳双键（如乙烯基醚）的阳离子聚合过程。阳离子光引发剂包括重氮盐、碘鎓盐、硫鎓盐、茂铁盐等。

举例：三芳基硫镓盐（triarylsulfonium salt）一类重要的阳离子光引发剂。它是在吸收光能后到激发态，分子发生光解反应，产生超强酸即超强质子酸（也叫布朗斯特酸 bronsted acid）或路易斯酸（lewis acid），其引发反应过程如下：

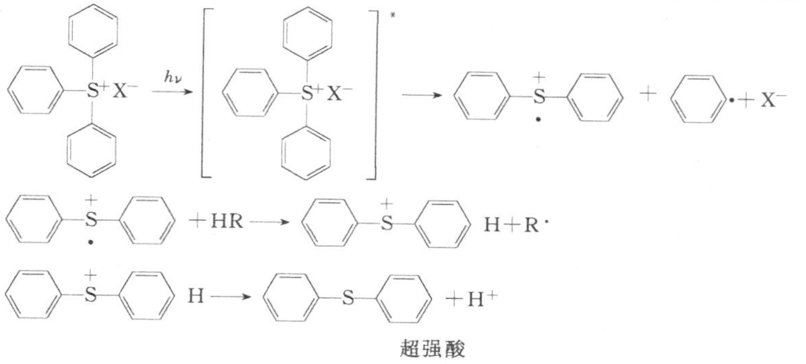

$$Ph_3S^+X^- \xrightarrow{h\nu} [Ph_3S^+X^-]^* \longrightarrow Ph\overset{+}{\underset{\cdot}{S}}Ph + Ph\cdot + X^-$$

$$Ph\overset{+}{\underset{\cdot}{S}}Ph + HR \longrightarrow Ph\overset{+}{S}(H)Ph + R\cdot \qquad (2\text{-}3)$$

$$Ph\overset{+}{S}(H)Ph \longrightarrow PhSPh + H^+$$

超强酸

光解产生的超强酸（HX）引发阳离子低聚物和活性稀释剂进行阳离子聚合。阳离子光聚合的低聚物和活性稀释剂主要有环氧化合物和乙烯基醚。

举例 1：阳离子光聚合的低聚物和活性稀释剂为环氧化合物。

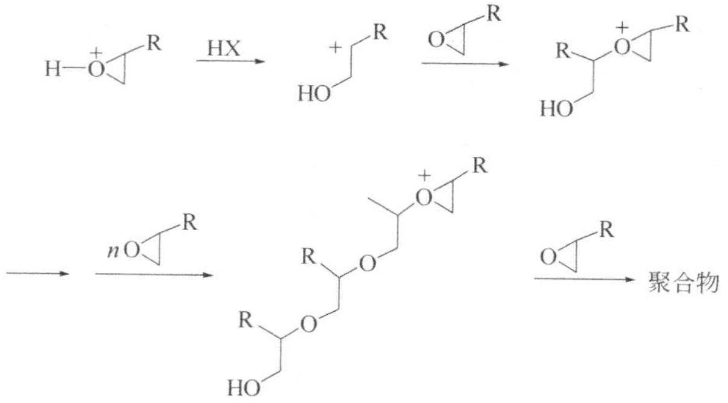

(2-4)

HX；n；聚合物

举例 2：阳离子光聚合的低聚物和活性稀释剂为乙烯基醚。

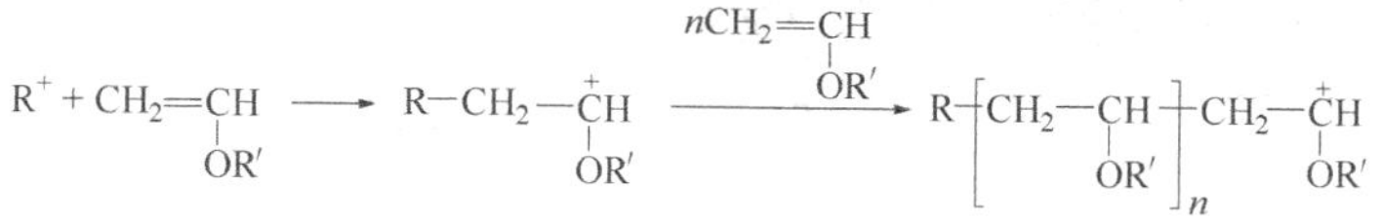

$$R^+ + CH_2{=}\underset{OR'}{CH} \longrightarrow R{-}CH_2{-}\underset{OR'}{\overset{+}{C}H} \xrightarrow{nCH_2{=}\underset{OR'}{CH}} R{\left[CH_2{-}\underset{OR'}{CH}\right]_n}CH_2{-}\underset{OR'}{\overset{+}{C}H} \qquad (2\text{-}5)$$

2.3 光源知识

通常，绝大部分化学反应属热化学反应，需要的手段是热源，热源的温度是连续的，所以对能量的控制比较容易。对于光源则必须考虑光源的种类与光化学反应所需波长的匹配问题，因此了解光源知识非常重要。

2.3.1 紫外光波段

光是一种电磁辐射，我们将自然界已知的电磁辐射按照能量高低（或波长长短）编制成一幅电磁辐射全谱图（图 2-2）。在电磁辐射谱中，无线电波能量最低约 10^{-3}eV，波长最长约 10^{6}nm，依次为微波、红外线、可见光、紫外光、X 射线、γ 射线，直到宇宙射线，宇宙射线能量最高大于 10^{6}eV，波长最短小于 10^{-1}nm。紫外光（ultraviolet，简写 UV）在电磁辐射谱中，能量在 3.1～12.4eV，波长在 100～400nm。

而光固化涂料一般采用紫外光作为辐照光源。紫外光根据其波长大小又可分为三个波段：①真空紫外光（vacuum ultraviolet，简写 VUV），能量在 6.2～12.4eV，波长为 100～200nm，真空紫外光只有在真空中才能传播，在空气中被严重吸收，故在光化学和光固化中无实际应用；②中紫外光，能量在 6.2～12.4eV，波长为 200～300nm；③近紫外光，能量在 3.2～4.1eV，波长为 300～400nm。1970 年在巴黎制定的国际照明词汇中，又将中紫外和近紫外区的紫外光分为 UVA、UVB、UVC，紫外光在电磁光谱中的具体位置如图 2-2 所示。

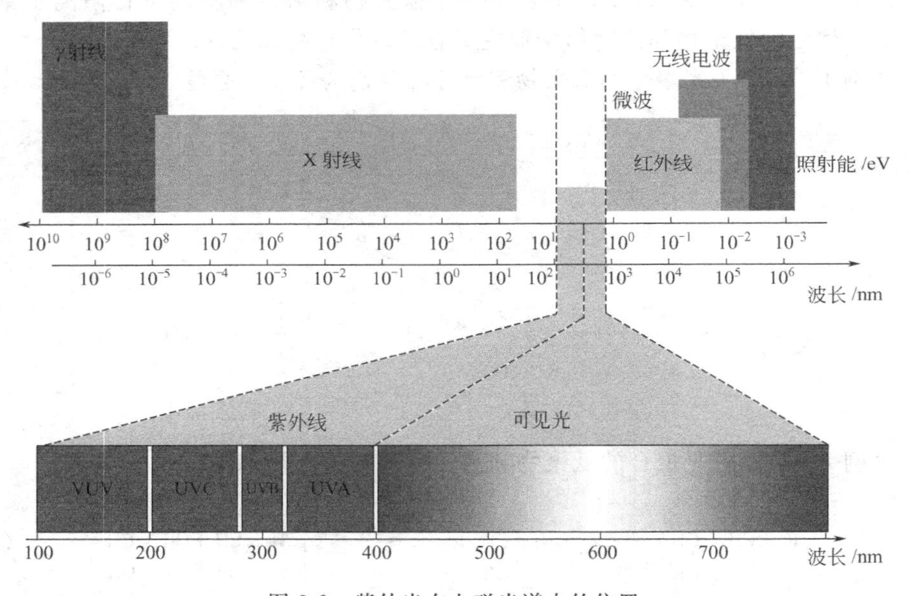

图 2-2 紫外光在电磁光谱中的位置

(1) UVA（波长 315～400nm，能量 3.2～3.9eV）长波紫外光。光固化涂料最敏感的紫外光波段，也是大多数光引发剂的最大吸收光谱所处波段。常用的 UV 光源汞弧灯其发射光主波长 365nm 也在此范围。

(2) UVB（波长 280～315nm，能量 3.9～4.4eV）中波紫外光。不少光引发剂在此波段也有较大吸收，因此也是光固化产品可利用的紫外光波段。

(3) UVC（波长 200～280nm，能量 4.4～6.2eV）短波紫外光，也称远紫外光、深紫外光。UVC 波段能量较高，易于引起分子的激发，甚至发生光化学反应，部分光引发剂在此波段也有吸收，因此对光固化也有一定贡献。该波段小于 240nm 紫外光，其能量（5.2eV）已超过空气中氧分子（O_2）的结合能，因此可产生强烈气味的臭氧（O_3）。

2.3.2 紫外光源能量测定方法

为了评价紫外光源功率，通常用到下面两个物理量。

（1）功率密度（亦称线功率）是指紫外光源单位长度的功率，单位为 W/cm。

$$线功率(功率密度)=\frac{紫外光源功率}{灯管长度}(W/cm)$$

常用的紫外光源多为长管形的，其强度用线功率表示，即灯管的功率除以灯管长度，单位为 W/cm，即每厘米灯管的瓦数。灯管有不同规格的长度，习惯上可分为：

短灯——长度小于 24cm，线功率最大达 240W/cm；

中长灯——长度为 24～100cm，线功率在 160W/cm 左右；

长灯——长度大于 100cm，线功率在 120W/cm 左右。

光源的线功率是以灯管的功率来表示，对于同种类光源来说，功率越大的灯管其发出的辐射光的强度越大，这样的表示方法比较直观，但只能作为设备的一个参数。因为对于高压汞灯之类的光源，由于灯管老化，其辐射光的强度随着使用时间的增加而不断衰减。在实际应用中为了准确地把握曝光的程度、控制生产条件及监测灯管老化，必须对设备的紫外辐射光的强度或曝光量进行测定。

（2）光强是指光固化涂层单位面积获得的紫外光能量，单位为 mW/cm^2。光强可用紫外光照度计测得。

$$光强=\frac{紫外光能量}{紫外光照面积}(mW/cm^2)$$

光强是光固化涂料使用中必须了解的一个参数，它是表征光源能否正常使用最重要的指标。光固化反应必须在高于某一特定光强下才能进行引发、聚合和交联，低于此光强，则固化难以进行。

光强的测定通常使用照度计。目前市场上测量 UV 光源光强和能量的仪器有多种型号可供选择，如 Hoenle UV Meter 紫外能量测试仪、UV 能量计（含 KUHNAST 和 UV intergrator 两种型号）、紫外辐照计（UV Meter）等。使用照度计测得光强后，就很容易计算出曝光量，因为在光强不随时间变化的情况下，曝光量等于光强和曝光时间的乘积。但在光强不稳定的情况下，要想确切得到一定时间的曝光量，最好直接对曝光量进行测定。

在一定曝光量下，光强与曝光时间成反比。所以，使用较高光强的光源可以缩短固化时间。同时，高光强既对克服氧阻聚有好处，还可以降低设备费用，减少灯管数目，节省设备空间。

使用高功率的光源也会导致灯管和反射罩过热，灯管寿命缩短等。在实际应用中，应控制好光强和曝光时间，过度的曝光量虽然可保证涂层的固化，但也会造成能量浪费，同时也会导致涂膜或基材的老化。生产中可通过试验确定最佳曝光量

(mJ/cm²)。

作为紫外线曝光设备的光强和能量的度量工具，目前有离线式测试仪和在线式测试仪，它们均有两种测试仪：紫外线能量测试仪和紫外线光强测试仪。选择一套紫外线测量仪器能为光固化涂料的质量控制带来极大的帮助。

2.3.3 紫外光源

目前可应用的紫外辐照光源有多种：①汞蒸气弧光灯，包括低压汞灯、中压汞灯、高压汞灯、超高压汞灯；②UV等离子体；③激光束，包括近外激光、紫外激光、远紫外激光；④无电极灯，包括微波、射频供电汞灯；⑤金属卤素灯；⑥氙灯；⑦UV发光二极管；⑧准分子紫外灯。

下面主要介绍与光固化涂料相关的典型光源：高压汞灯、金属卤素灯、无极灯、氙灯以及最新发展的UV等离子体、UV发光二极管、准分子紫外灯。

2.3.3.1 高压汞灯

高压汞灯是目前光固化涂料中最常用的光源。高压汞灯是封装有汞的、两端有电极的透明石英管，通电加热灯丝时，管内的汞蒸气受到激发跃迁到激发态，由激发态回到基态时即发射紫外光，图2-3是一种高压汞灯结构示意图。所谓高压是指灯工作时，灯管内的汞蒸气压比较高，在101.325～506.625kPa（1～5atm）之间，由于灯内工作时气压高、温度高，汞原子产生热激发和热电离，激发跃迁主要是在较高能级之间进行，在其中的某些能级之间跃迁数量较多；因为汞原子能级是自身特有的，是量子化的，所以产生的光谱是线光谱，不是连续光谱。图2-4为高压汞灯发射谱图。

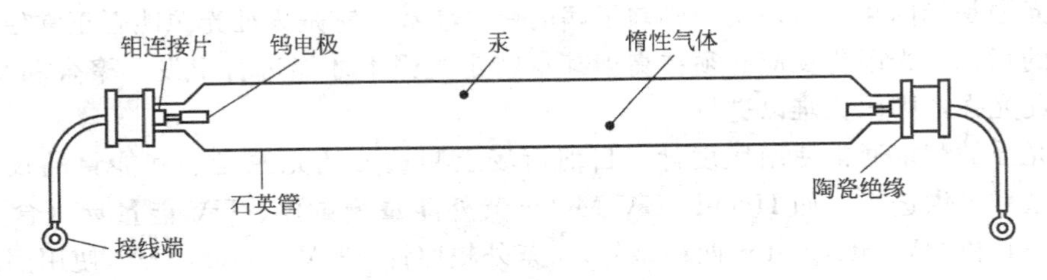

图2-3 高压汞灯结构

在高压汞灯发射光谱中既有可见光，也有长波紫外光和中波紫外光，但由于灯内汞原子的自吸收，谐振谱线257.3nm的辐射强度小了许多。从图2-4中可以看出有一条很强的波长为365nm的谱线，这条线正是光引发剂吸收范围的中心波长（目前常用的光引发剂的吸收波长在250～450nm，但最敏感的吸收波长在365nm左右），这种灯辐射的其它较强谱线还有：中波紫外的313.2nm，可见波段的404.7nm、435.6nm、546.0nm、577.0nm。表2-2列出典型高压汞灯主要谱线的相对强度。

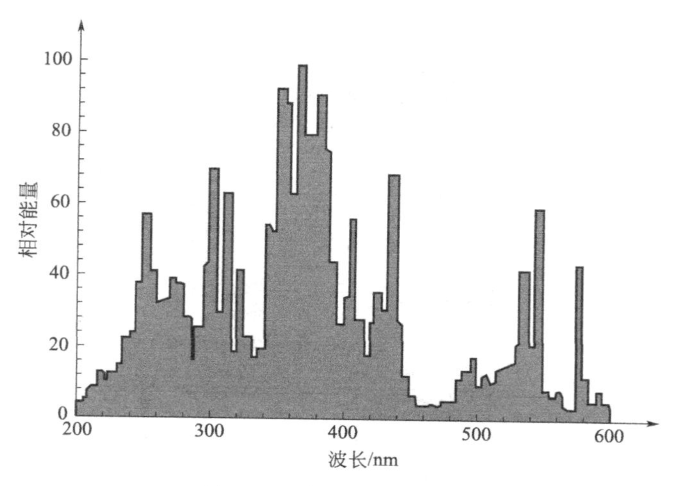

图 2-4　高压汞灯发射谱图

表 2-2　高压汞灯主要谱线相对强度

波长/nm	相对强度	波长/nm	相对强度
222.4	14.0	296.7	16.6
232.0	8.0	302.2～302.8	23.9
236.0	6.0	312.6～313.2	49.9
238.0	8.6	334.1	9.3
240.0	7.3	365.0～366.3	100.0
248.2	8.6	404.5～407.8	42.2
253.7	16.6	435.8	77.5
257.1	6.0	546.1	93.0
265.2～265.5	15.3	577.0～579.0	76.5
270.0	4.0	1014.0	40.6
275.3	2.7	1128.7	12.6
280.4	9.3	1367.3	15.3
289.4	6.0		

常见的紫外光固化设备由四部分组成：UV 光源、反射器装置、冷却系统和辅助控制装置。UV 光源为光固化涂料提供了紫外光固化能量。但任何一种紫外光源的发光效率都不可能达到 100%，紫外光能量大约会占到总能量的 30%左右，高压汞灯输出的光谱能量分布如图 2-5 所示。

反射器装置的作用是使光源产生的能量定向，提高光源的使用效率，最大限度地将紫外能量辐射到光固化基材表面，通常有椭球面形和抛物面形，它们由铝、不锈钢、黄铜材料制造。从如图 2-6 可以明显地看出使用两种不同类型的反射器，光

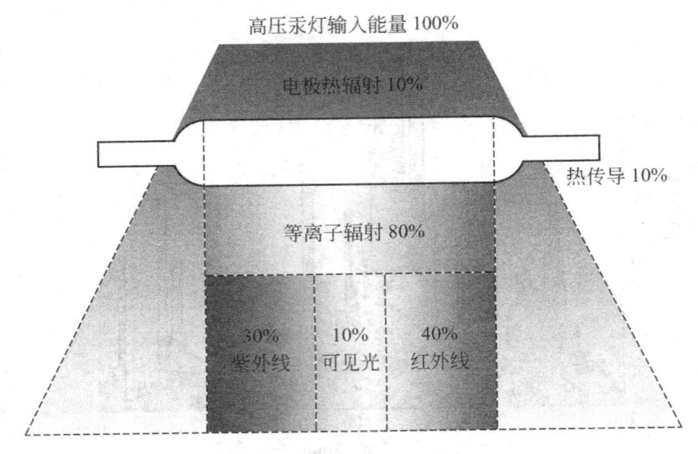

图 2-5　高压汞灯输出光谱能量分布

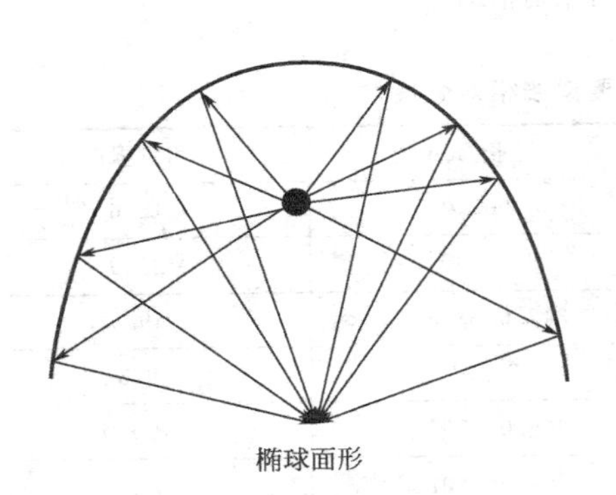

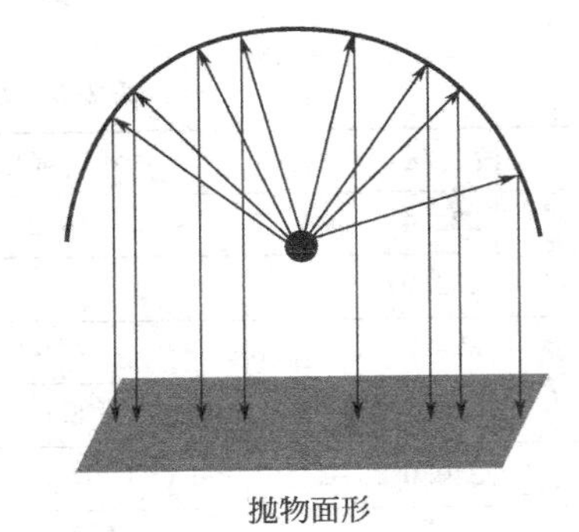

图 2-6　两种反射器能量分布状况

源能量在基材面上的分布状况。椭球面形反射器在基材上得到聚焦的光束，将反射的能量集中，形成高的光通量强度，达到最大固化效率，适用于连续平面基材涂层的固化；抛物面形反射器提供平行光束，紫外强度分布宽而均匀，产生的点光强强度不及椭球面形反射器，适于不适合聚焦的立体部件（如容器等）的涂层固化。

高压汞灯工作时将输入能量的近 60%转变为红外辐射，灯泡温度可升到 700～800℃，灯管壁温度在 500℃左右。产生的热往往对基材有损害，尤其对一些不能承受高温的基材，如塑料薄膜、纸张、木器、皮革、电子器件等，冷却系统在 UV 光固化设备中的作用不容忽视。冷却系统一般的设计是对光源周围氛围进行冷却，多通过风冷达到冷却效果，一是为了降低周围空气的温度，保证灯管周边环境的温度稳定；二是为了排除固化过程中产生的臭氧。如果采用较大功率的光源，风冷不能满足降低温度的要求，还可以增加水冷装置。从如图 2-7 可以看出，风冷可以从两处考虑，水冷可以从三处考虑。当然在设备设计制作过程中，必须从实际应用角度出发考虑配套的冷却系统，既要保证冷却要求，又不必过度配置，因为除了对基材部分的冷却设计，其它设计对固化效果均有不良影响。

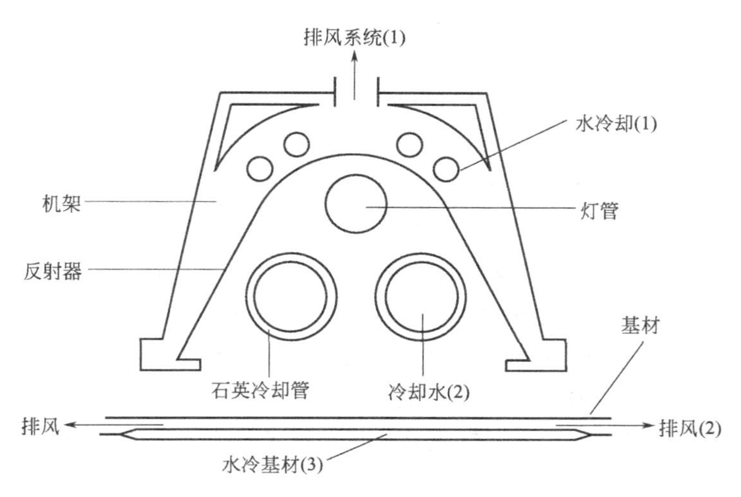

图 2-7　紫外光固化设备的冷却系统

实际上，应用于光固化涂料时，升高温度有利于固化反应的充分进行，因此，控制好灯周围的固化温度是个重要问题。

冷却的另一种方法是使用冷镜反射器［图 2-8(c)］，与非冷镜反射器相比，可

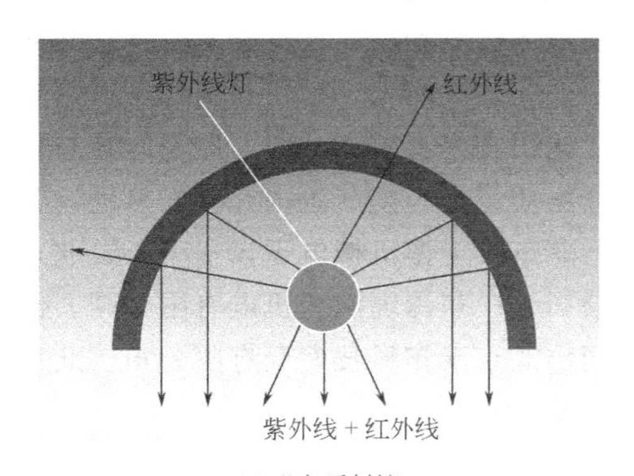

(a) 分色反射镜

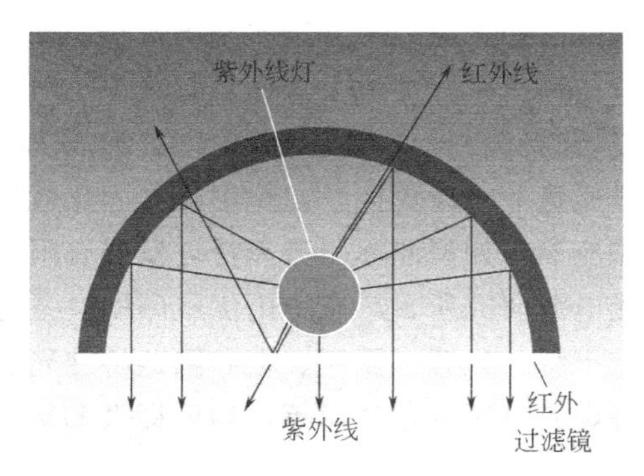

(b) 分色反射镜 + 红外过滤器

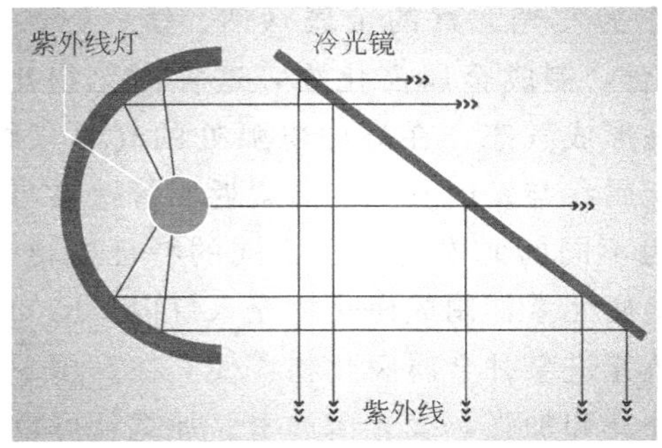

(c) 冷镜反射系统

图 2-8　反射器的示意图

不同程度降低红外组分对基材温度的影响，如表 2-3 所示。

表 2-3　三种反射器比较　　单位：%

	分色反射镜	分色反射镜+红外过滤器	冷镜反射系统
红外线减少量	40	60	80
对基材温度的降低	25	35	48

UV 固化设备还需要一些必要的辅助设施，如光闸、光罩屏蔽、动力系统等。光闸是避免在加工可燃性或热敏性基材时，流水线一旦出现故障，高强度能量使基材点燃或融化。因为汞灯的重新启动有时间和温度的要求，不宜随意开关，故设计光闸应满足流水线生产的要求。光闸闭合时，光源以半功率或 1/4 功率输出，可在短时间内恢复全功率工作。光罩屏蔽是为保护现场操作人员的安全而设置。紫外线辐射对人体是有害的，规范化工业应用的紫外光源都需安装光罩，以避免紫外光直接泄漏到工作空间。另外，在固化区附近，凡是有可能都应采用无反射性的地表，有助于消散可能泄漏的辐射。动力系统用以维持设备正常运转所需的电压和电流，包括变压器、二极管、电容器和控制电路等。

高压汞灯由于开发较早，设计和工艺均已成熟，从几百瓦到几千瓦的各种规格的灯已经系列化，并已实现国产化。同其它类型的灯具相比，这类灯具价格相对便宜。高压汞灯的最大寿命只有数千小时，一般使用寿命约为 1000～2000h。当灯具使用时间较长，发现灯管内壁上形成沉积物，输出功率有所衰减时，应及时检查灯具质量并予以更换，以免影响光固化效果和产品质量。目前，国内几家知名的设备供应商，如河北涿州蓝天特灯发展有限公司、北京埃士博机械电子设备中心、北京光电源研究所、广东中山优威印刷设备有限公司、广东深圳润沃机电有限公司、保定市特种光源电器厂、上海国达特殊光源公司、北京泰拓科技发展有限公司、北京辉煌光电源有限公司等，均可提供 UV 辐射固化设备。

2.3.3.2　金属卤素灯

金属卤素灯是把作为发光元素的金属（钠、镁、铝、镓、铟、铊）和卤素（氟、氯、溴、碘）化合，制成金属卤化物，这种卤化物比一般的金属熔点低，蒸发率高，在灯内容易形成气态，在灯内电弧处的高温（约 4000～5000℃）下分解为金属和卤素，金属参与发电发光，卤素返回管壁再与金属化合，起到搬运作用，反复循环，因为不同的元素有自己不同的特征光谱（表 2-4），所以可以根据所需波长可选择金属元素，制成卤化物充入灯内。已知高压汞灯的紫外能量占输入能量较低，若填充进某种金属卤化物，使其在高压汞灯光谱的基础上，在需要的光谱波段得到补充和加强，线光谱加密、加宽就可以得到高的紫外辐射效率，加快固化速率，节约能源。图 2-9 为普通高压汞灯灯管中加入少量碘化镓的发射光谱。

表 2-4　不同金属卤素灯的特征 UV 发射光谱

金属掺杂元素	特征 UV 发射波长 /nm	金属掺杂元素	特征 UV 发射波长 /nm
银(Ag)	328,338	铋(Bi)	228,278,290,299,307,472
镁(Mg)	280,285,309,383	锰(Mn)	268,260,280,290,323,355,357,382
镓(Ga)	403,417	铁(Fe)	358,372,374,382,386,388
铟(In)	304,326,410,451	钴(Co)	341,345,347,353
铅(Pb)	217,283,364,368,406	镍(Ni)	305,341,349,352
锑(Sb)	253,260,288,323,327		

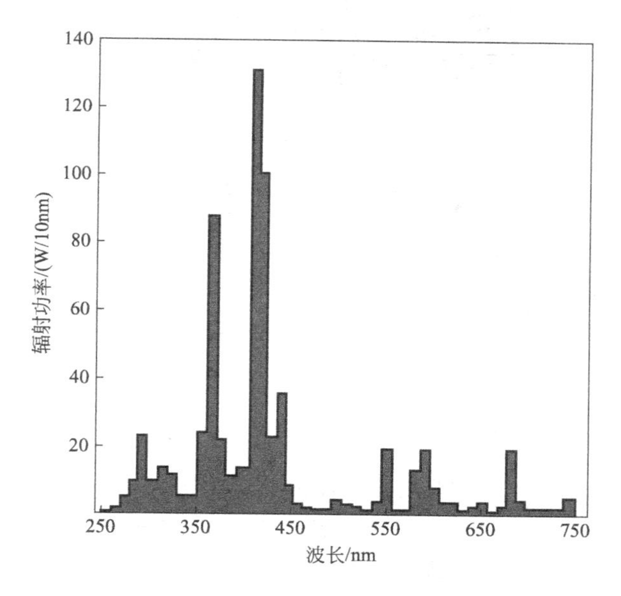

图 2-9　碘化镓灯的发射光谱

在光源应用领域内，目前正在开发和应用的金属卤素灯主要有两种：①波长范围在 360～390nm 的金属卤素灯，相对于高压汞灯光谱而言，370nm 左右光谱辐射可得到加强；②波长范围在 400～430nm 的辐射加强的碘化镓灯，主要利用的光源是镓发电时产生的 403nm、417nm 较强烈的两条谐振线光谱，在紫外部分得到了加强。

2.3.3.3　无极灯

无极灯是美国 Fusion System Corporation 研究开发的紫外灯系统。图 2-10 为无极灯灯管的结构示意图。灯长 25cm，管中部稍细，内装有汞及少量金属添加剂(如锡、铁、铅等)。该灯的工作原理是利用磁控管产生的微波来激活灯管内的金属物质，图 2-11 是由磁控管激发的无极灯设备的结构。

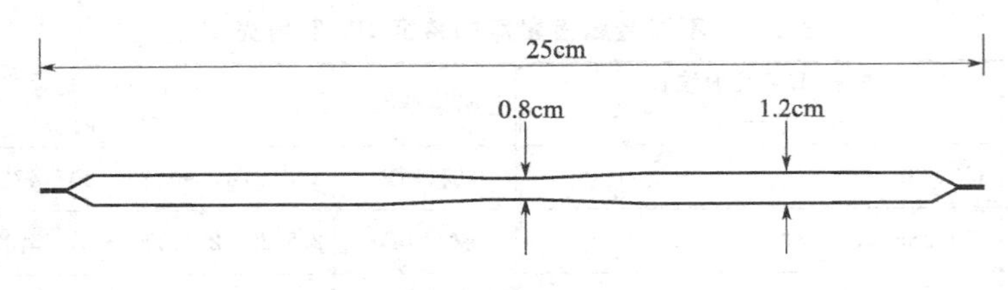

图 2-10　无极灯灯管的结构

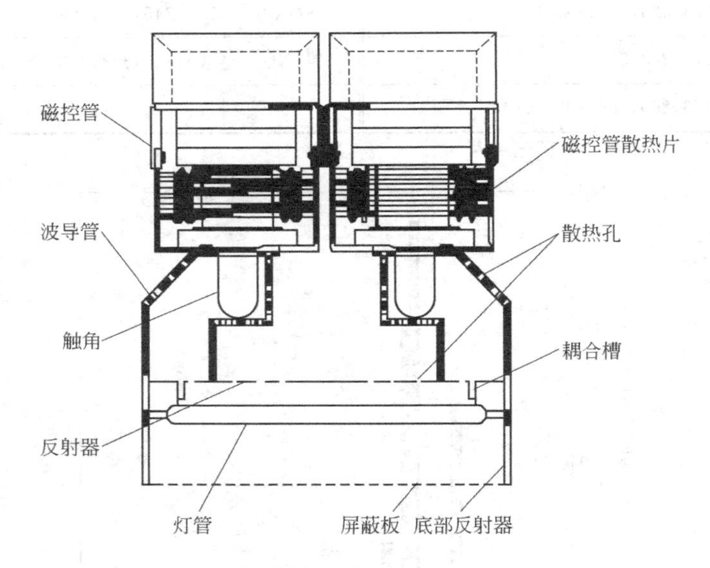

图 2-11　磁控管激发无极灯的设备结构

与高压汞灯相比，无极灯具有以下优点。

(1) 可快速启动，并在关灯后可立即（<10s）重新启动。由于无极灯的能量来源于一种独特的微波激发系统，因此，可以非常迅速地启动或重启，并且输出较弧光灯更加稳定。而高压汞灯必须等待灯管冷却。

(2) 使用寿命长。无极灯以微波能量作为动力，无需传统弧光灯必备的金属电极，使用寿命通常大于 6000h。

(3) 输出功率稳定，光谱输出范围很广，固化质量得到保证，此外，灯管寿命到期输出为零。而高压汞灯在使用一段时间后输出功率会逐渐衰退，影响光固化涂料固化质量。

(4) 紫外效率较高，无极灯紫外光输出功率占总功率的 36%左右，而高压汞灯的紫外效率仅为总功率的 17%左右。

Fusion 公司针对光固化产品的需要，发展了一系列不同发射光谱的无极灯光源，以下为不同标识的无极灯发射光谱：H 灯为标准汞灯；D 灯灯内添加金属铁，主发射波长位于 350～450nm，无短波紫外；V 灯灯内含有镓，无紫外输出，主发射在 400～450nm。图 2-12 为 Fusion 公司无极灯的发射光谱。无极灯的功率受磁

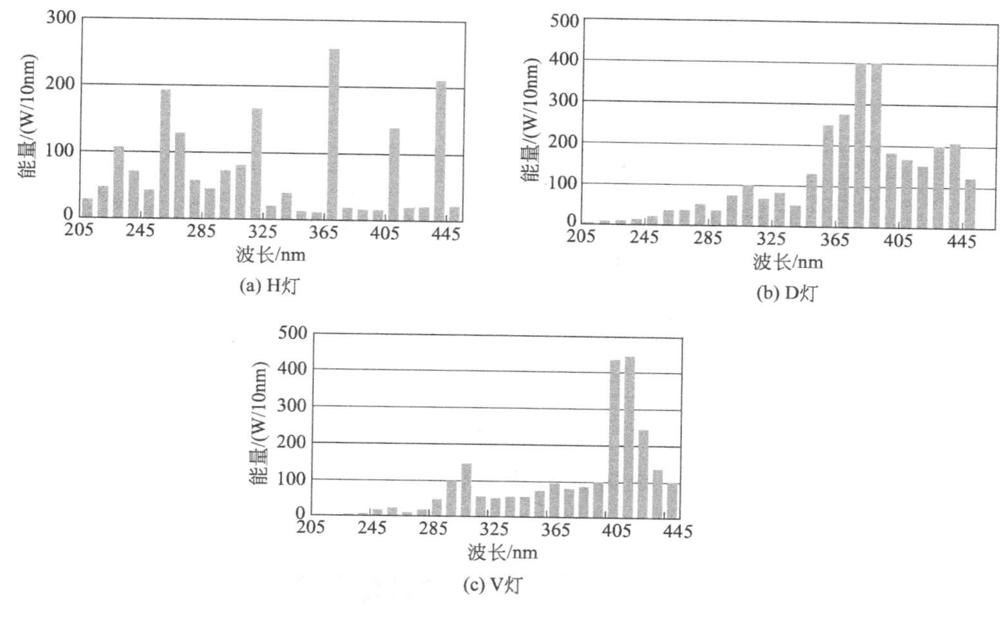

(a) H灯

(b) D灯

(c) V灯

图 2-12　无极灯的发射光谱

控管技术的限制，目前最高的线功率为 240W/cm。

2.3.3.4　氙灯

氙灯是一种电弧灯，氙气工作压力约为 2.0MPa。氙灯既可用作连续光源，也可用作脉冲光源，其光谱分布取决于气体压力和输入功率等诸因素。连续氙弧灯的紫外区输出功率较低而红外区输出功率较高，故主要以脉冲光源形式使用，其发射光谱范围在 250～1200nm。对于脉冲氙气闪光灯，由于气体压力增高和等离子区温度上升而使 UV 输出提高，等离子区的温度与电流密度和灯管直径的平方根成正比。使用寿命根据结构的不同，通常在 200～1200h。图 2-13 是一种氙灯的发射光谱。

氙灯在光固化涂料中很少应用，因其光谱分布与日光相似，主要用于大气老化机中作为模拟日光的光源，以及作为闪光光解研究的光源和激光的光泵。今后经过对氙气闪光系统的改进，有可能作为紫外光源使用，但其普及程度远不及高压汞灯。

2.3.3.5　UV 等离子体

所谓等离子体（plasma）是由电子、离子和未电离的中性粒子组成的一种物质状态（图 2-14）。它是自然界存在的固体、液体、气体三种物质形态之外的第四种物质形态。太阳火球的组成就是等离子体。通常借助于电能使气体电离而获得等离子体。等离子体在气体放电过程中通过原子激发而发射光子，光子能量有一定的分布而形成光谱。霓虹灯、荧光灯、氖灯、汞灯、无极灯等都是由灯管内

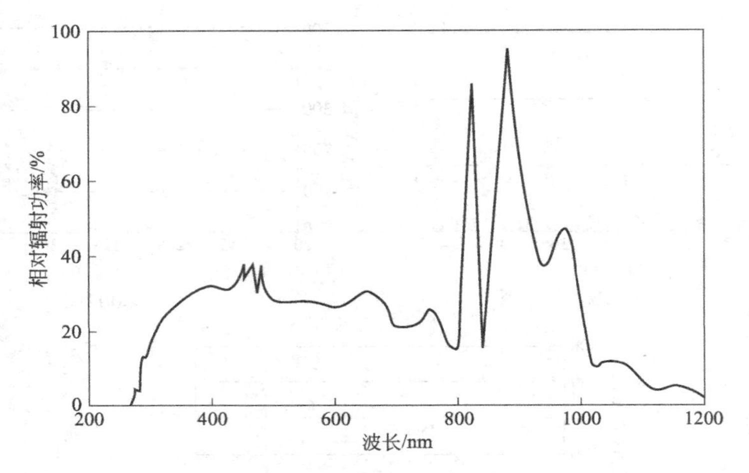

图 2-13 氙灯发射光谱

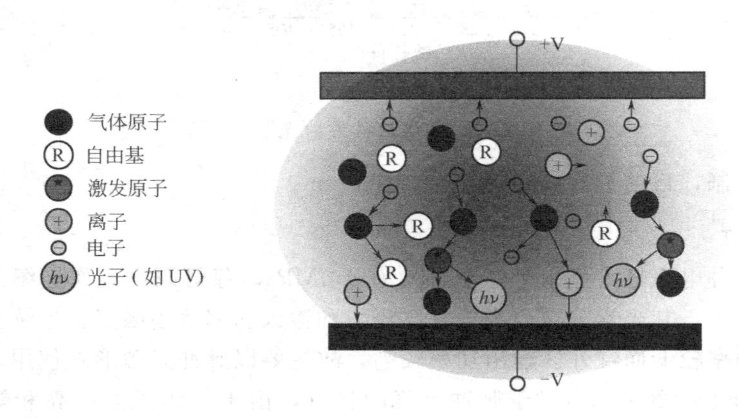

图 2-14 等离子体基本构成示意图

气体在电能激发下通过放电形成等离子体并激发而发光。通过控制气体的类型、气体压力、电流、电压、外部电磁场以及电极形状和材料等参数，可以对等离子体性质和紫外光输出进行调整。UV 等离子体是选用氮（N_2）和氦（He）的混合气体为放电气体，经微波放电，形成等离子体发射光子，其光谱在 200～380nm 紫外区域（如图 2-15）。

UV 等离子体固化是将涂覆 UV 涂料的物体置于等离子腔中，抽真空，再充放电气体，然后采用微波放电，使等离子体发射光子，输出 200～380nm 紫外光作用于物体上，此时被固化的物质都“浸没”在等离子腔内的等离子体中（图 2-16），实现了 360°全方位的 UV 照射，不存在光照不到的阴影问题，也无氧阻聚作用，因此，UV 等离子体固化特别适用结构复杂和异型基材的光固化体系。

目前，UV 等离子固化的主要研究方向是汽车车身的 UV 涂装技术，在欧洲已完成了实验室试验，正进行中试的工程论证，一旦试验成功，将意味着汽车工业的

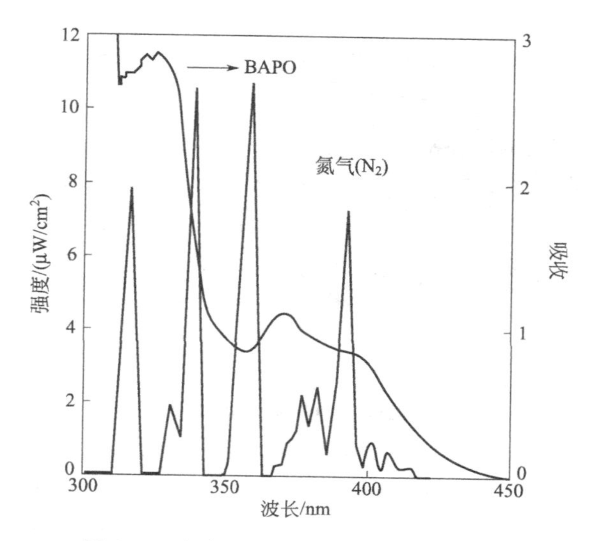

图 2-15　氮气（N_2）等离子体发射光谱

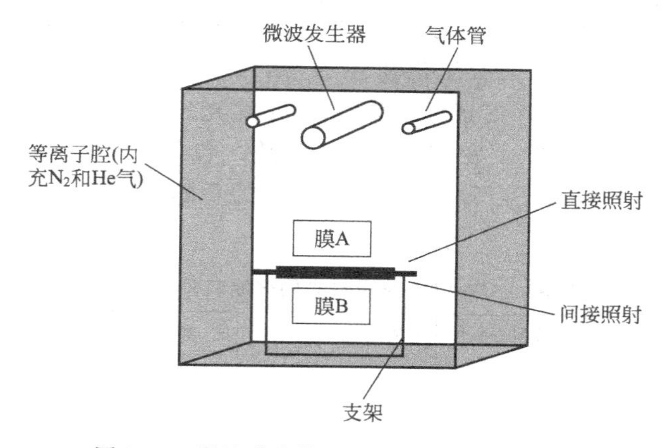

图 2-16　微波激发等离子体固化装置示意图

一次涂装革命。

2.3.3.6　UV-LED 光源

发光二极管（light emitting diodes，缩写为 LED）是一种半导体发光的新光源，可直接将电能转化为光和辐射能。发光二极管的核心部分是由 p 型半导体和 n 型半导体组成的晶片，在 p 型半导体和 n 型半导体之间有一个过渡层，称为 pn 结（图 2-17）。在某些半导体材料的 pn 结中，注入的少数载流子与多数载流子复合时会把多余的能量以光的形式释放出来，从而把电能直接转换为光能。其发射波长取决 pn 结所使用半导体材料的能隙大小，采用不同的材料或对半导体进行不同的掺杂，便可以得到不同的发射光谱。

20 世纪 60 年代，最早采用镓砷的磷化物（GaAsP）制成 LED 光源，它可发

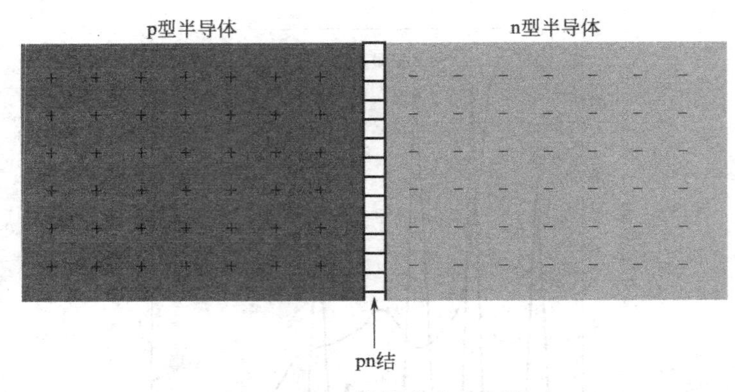

图 2-17　pn 结的形成示意图

射红光（波长为 650nm），70 年代后陆续将半导体材料引入铟（In）和氮（N）等元素，使 LED 光源产生绿光（波长为 555nm）、黄光（波长为 590nm）和橙光（波长为 610nm），特别是 20 世纪 80～90 年代镓铟氮化物（GaInN）成功开发使 LED 光源可发射蓝光，而将蓝色 LED 与红色、绿色混合便可产生出白光，从而使 LED 发光覆盖整个可见光波段。近年来，产生短波长的半导体材料氮化铝（AlN）、氮化镓（GaN）、铟镓氮化物（InGaN）、铝镓氮化物（AlGaN）、铝铟镓氮化物（AlInGaN）相继开发成功，制成紫外发光二极管（ultraviolet light emitting diode，简称 UV-LED）发射近紫外光谱，包括 365nm、375nm、385nm、390nm、395nm、405nm、415nm、437nm，成为新的 UV 光源并开始用于辐射固化领域（表 2-5）。

表 2-5　UV-LED 光源在光固化涂料领域的应用

输出光谱/nm	芯片数目/个	输出功率/mW	清漆固化	油墨固化
365	100	1.38	可	否
375	15	156μW	否	否
385	40	3.58	可	可
385nm 线性组合	100	5.69	可	可
385nm 线性组合	100	8.15	可	可
390	40	3.96	可	否
395	1	1.3	可	可
395	50	20	可	可
415	40	27.5	可	否
416	1	3μW	否	否
437	1	48.3μW	否	否

UV-LED 与高压汞灯、微波无极灯等 UV 光源相比，具有体积小、重量轻、运行费用低、使用寿命长、效率高、安全性好、低电压、低温、无臭氧产生等优点

（表 2-6）。但是，UV-LED 要用于常规 UV 涂料和 UV 油墨，必须采用矩阵排列多个 UV-LED，组成线光源或面光源，但目前 UV-LED 成本较高，影响推广应用。另外，UV-LED 仍然不能克服氧气在涂层表面的氧阻聚作用，而目前每个 UV-LED 能量输出在 100～300mW，远远低于传统的 UV 光源的紫外光能量输出，UV-LED 的功率密度仍然无法与高压汞灯和微波无极灯等常规 UV 光源竞争，另外，LED 光源与光引发剂吸收波长的匹配等也有问题。所以，为了最大限度利用 UV-LED 的能量，UV-LED 灯管到被固化物表面的距离很短，一般在 1cm 左右。正因为 UV-LED 的紫外光波段和输出功率还受到限制，而且价格也相对较高，使 UV-LED 在辐射固化领域的应用仍处于起步阶段。

表 2-6　UV-LED 与高压汞灯和无极灯的比较

比较项目	高压汞灯	无极灯	UV-LED
运用费用	高	高	低
光源寿命/h	≤1000	8000	20000～40000
光输出衰减	逐渐衰减	衰减较小	几乎不衰减
光输出均一性	良好	良好	优秀
光谱分布	谱带宽	谱带宽	谱带窄(±10nm)
光源设备	灯管、电源变压器	灯管,磁控管	平面薄板
电压	高电压	高电压	低电压
臭氧	有	有	无
冷却	空气或水	空气或水	空气或水
光源热效应	高	较高	低
启动	慢启动,关闭后冷却 20min 才能启动	较快	快,随时启动

2.3.3.7　准分子紫外灯

准分子（excimer 是受激二聚体 excited dimer 的缩写）是指该双原子分子不存在稳定的基态，只有在激发状态下两原子才能结合成为的分子，它是一种处于不稳定状态（受激态）的分子，寿命极短，为纳秒（ns）级，准分子衰变同时释放出具有很强单色性的紫外光子，即准分子辐射。准分子 UV 光源工作原理如图 2-18 所示。

一些稀有气体原子和卤素分子在能量大于 10eV 的电子作用下可以形成稀有气体与卤素的准分子，它极不稳定，在几纳秒之内发射光子而分解，不同稀有气体与卤化物准分子发射光谱不同，具有各自的主峰波长，它们都在紫外光区（表 2-7）。

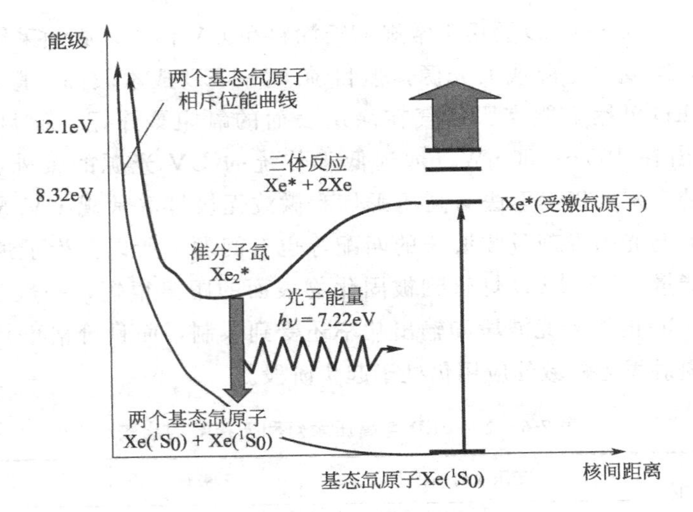

图 2-18　准分子 UV 光源工作原理

表 2-7　稀有气体各种卤化物准分子的主峰波长

准分子	主峰波长/nm	准分子	主峰波长/nm
NeF	108	KrBr	207
ArF	193	KrI	190
ArCl	175	XeF	351
ArBr	165	XeCl	308①
KrF	248	XeBr	282①
KrCl	222①	XeI	253

① 准分子灯商业化。

准分子 UV 光源具有光源结构紧凑，易于安装；瞬时启动和关闭，不需预热时间；使用寿命较长（2000h）；放电过程中不含红外线，有利于热敏基材的固化；在氮气气氛下固化无臭氧产生，同时可减低因材料固化时产生的气味等特点。

目前，介质阻挡放电型准分子 UV 光源已实用化（图 2-19）。氟化氪（KrF，248nm）、氟化氩（ArF，193nm）和氟（F_2，157nm）准分子激光光源已用于步进式深紫外曝光设备中。

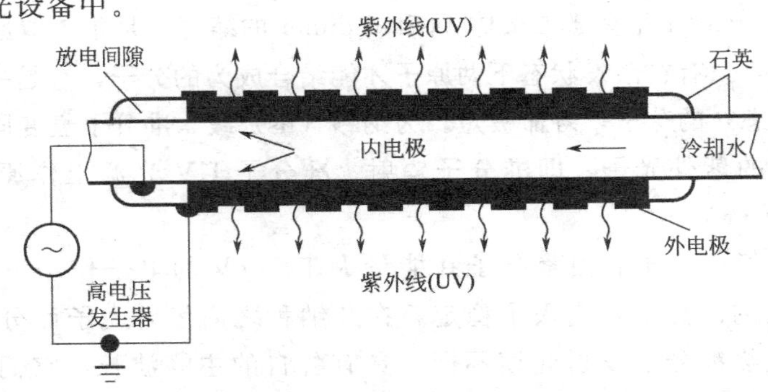

图 2-19　准分子 UV 光源介质阻挡放电示意图

第3章

光固化涂料的原材料

光固化涂料与普通涂料的基本组成类似，均由以下四类物质构成：

普通涂料	光固化涂料
树脂	低聚物
溶剂	活性稀释剂
催化剂	光引发剂
各种添加剂	各种添加剂

光固化涂料中的低聚物相当于普通涂料中的树脂，都是成膜物，它们的性能对涂料的性能起主要作用，在结构上低聚物必须具有光固化基团，属于感光性树脂。光固化涂料中的活性稀释剂相当于普通涂料中的溶剂，它除了具有稀释作用、调节体系黏度外，并不挥发，要参与光固化反应，影响涂料的光固化速率和涂膜的力学性能，在结构上它是具有光固化基团的有机化合物。光引发剂相当于普通涂料中的催化剂，普通涂料由于固化方式不同（如氧化、热固化、湿固化等），所用的催化剂也不同，如催化剂、固化剂等，而光固化涂料通过光引发剂吸收紫外光而产生自由基或阳离子，引发低聚物和活性稀释剂发生聚合和交联反应，形成网状结构的涂膜。添加剂在这两类涂料中大体相同，都需要用颜料、填料及各种助剂，只是光固化涂料所用添加剂要尽量减少对紫外光的吸收，以免影响光固化反应的进行。同时光固化涂料中须添加一定量的阻聚剂，以保证生产、贮存、运输及施工时光固化涂料的稳定性。

光固化涂料是目前用量最大、应用最广泛的辐射固化材料。本章将对光固化涂料的原材料光引发剂、活性稀释剂、低聚物以及添加剂进行详细介绍。光引发剂一节介绍典型的夺氢型自由基型光引发剂和阳离子型光引发剂，近年来研究开发的大分子光引发剂、混杂光引发剂、水基光引发剂、可见光光引发剂和马来酰亚胺-乙烯基醚无光引发剂体系的结构与特点，以及光引发剂主要生产厂商、产品及应用领域。

活性稀释剂一节全面介绍活性稀释剂的结构与特点，包括不同官能度活性稀释剂以及烷氧基化活性稀释剂、丙烯酸二噁茂酯、烷氧基化双酚 A 二（甲基）丙烯酸酯、乙烯基醚类活性稀释剂、第三代（甲基）丙烯酸酯类活性稀释剂、含磷的阻燃型丙烯酸酯、新型光固化阳离子活性稀释剂及带有特殊功能基的（甲基）丙烯酸酯类活性稀释剂，常用活性稀释剂的合成及活性稀释剂主要生产厂商，活性稀释剂的选择方法、毒性与贮存运输中的要求。

低聚物一节涉及常规的低聚物包括环氧丙烯酸酯、聚氨酯丙烯酸酯、聚酯丙烯酸酯、聚醚丙烯酸酯、纯丙烯酸树脂、不饱和聚酯，以及近年来逐渐得到应用的乙烯基树脂、有机硅丙烯酸树脂、环氧树脂、水性 UV 低聚物、超支化低聚物、双重固化低聚物、自引发功能的低聚物、脂肪族和脂环族环氧丙烯酸酯、低黏度低聚物、光固化聚丁二烯低聚物、UV 固化粉末涂料用低聚物、杂化低聚物等的合成、结构与特点，以及低聚物的主要生产厂商。光固化涂料依据其不同应用，其添加剂亦不同，添加剂一节中介绍包括颜料、填料、助剂（消泡剂与脱泡剂、表面控制助剂、分散剂、基材润湿剂）、阻聚剂、消光剂、触变剂等不同类型的添加剂在光固化涂料中的使用。

3.1 光引发剂

3.1.1 概述

光引发剂（photoinitiator，PI）是光固化涂料的关键组分，它对光固化涂料的光固化速率起决定性作用。光引发剂是一种能吸收辐射能，经激发发生化学变化，产生具有引发聚合能力的活性中间体（自由基或阳离子）的物质。在光固化涂料中，光引发剂含量比低聚物和活性稀释剂要低得多，一般在 3%～5%左右，不超过 7%～10%。在实际应用中，光引发剂本身或其光化学反应的产物均不应对固化后涂层的化学和物理力学性能产生不良影响。

光引发剂因吸收辐射能不同，可分为紫外光引发剂（紫外光区 200～400nm）和可见光引发剂（可见光区 400～700nm）。光引发剂因产生的活性中间体不同，可分为自由基型光引发剂和阳离子型光引发剂两类。自由基型光引发剂因产生自由基的作用机理不同，又可分为裂解型光引发剂和夺氢型光引发剂两类。

目前，光固化技术主要为紫外光固化，所用的光引发剂为紫外光光引发剂。可见光引发剂因对日光和普通照明光源敏感，在生产和使用上受到限制，仅在少数领域如牙科、印刷制版上应用。近些年，随着光固化技术得到越来越多的应用，光引发剂又增加了一些新的类别，如混杂型光引发剂、水基光引发剂、大分子光引发剂等。

在光固化体系中，有时光引发剂与其它辅助组分一起使用，可以促进自由基或阳离子等活性中间体的产生，以提高光引发效率。这些辅助组分由光敏剂（photosesitizer）和增感剂（sesitizer）。光敏剂是指该分子能吸收光能跃迁至激发态，通过能量转移给光引发剂，光引发剂接受能量后由基态跃迁至激发态，本身发生化学变化，产生活性中间体，从而引发聚合反应，而光敏剂将能量传递给光引发剂后，自身又回到初始非活性状态，其化学性质未发生变化。增感剂自身并不吸收光能，也不引发聚合，但在光引发过程中，协同光引发剂并参与光化学反应，从而提高了光引发剂的引发效率，也称助引发剂（coinitiator）。配合夺氢型光引发剂的氢供体三级胺，就属于增感剂。

对光引发剂的选择要考虑下面因素。

（1）光引发剂的吸收光谱与光源的发射光谱相匹配。目前，光固化的光源主要为高压汞灯，其中发射光谱中 365nm、313nm、302nm、254nm 谱线非常有用，许多光引发剂在上述波长处均有较大吸收（见附录）。光引发剂分子对光的吸收，可以用此波长处的摩尔消光系数来反映（见表 3-1 和表 3-2）。

表 3-1　部分光引发剂在高压汞灯各发射光波的摩尔消光系数

光引发剂	254nm	302nm	313nm	365nm	405nm	435nm
184	3.317×10^{4}	5.801×10^{2}	4.349×10^{2}	8.864×10^{1}		
369	7.470×10^{3}	3.587×10^{4}	4.854×10^{4}	7.858×10^{3}	2.800×10^{2}	
500	6.230×10^{4}	1.155×10^{3}	5.657×10^{2}	1.756×10^{2}		
651	4.708×10^{4}	1.671×10^{3}	7.223×10^{2}	3.613×10^{2}		
784	7.488×10^{5}	1.940×10^{4}	1.424×10^{4}	2.612×10^{3}	1.197×10^{5}	1.124×10^{3}
819	1.953×10^{4}	1.823×10^{4}	1.509×10^{4}	2.309×10^{3}	8.990×10^{2}	3.000×10^{1}
907	3.936×10^{3}	6.063×10^{4}	5.641×10^{4}	4.665×10^{2}		
1300	3.850×10^{4}	1.240×10^{4}	1.560×10^{4}	2.750×10^{3}	9.300×10^{1}	9.000×10^{1}
1700	3.207×10^{4}	5.750×10^{3}	4.162×10^{3}	8.316×10^{2}	2.464×10^{2}	
1800	2.660×10^{4}	6.163×10^{3}	4.431×10^{3}	9.290×10^{2}	2.850×10^{2}	
1850	2.235×10^{4}	1.280×10^{4}	8.985×10^{3}	1.785×10^{3}	5.740×10^{2}	
2959	3.033×10^{4}	1.087×10^{4}	2.568×10^{3}	4.893×10^{1}		
1173	4.064×10^{4}	8.219×10^{2}	5.639×10^{2}	7.388×10^{1}		
4265	2.773×10^{4}	4.903×10^{3}	3.826×10^{3}	7.724×10^{2}	2.176×10^{2}	

表 3-2　部分光引发剂的摩尔消光系数

光引发剂	260nm	360nm	405nm
IPBE	11379	50	
BP	14922	51	
MK	8040	37500	1340
CTX	42000	3350	1780
BETX	42000	3300	1800
DEAP	5775	19	

(2) 光引发效率高，即具有较高的产生活性中间体（自由基或阳离子）的量子产率，同时产生的活性中间体具有较高的反应活性。

(3) 对于有色体系，由于颜料的加入，在紫外区都有不同的吸收，因此，必须要选用颜料受紫外吸收影响最小的光引发剂。

(4) 在活性稀释剂和低聚物中有良好的溶解性，见表 3-3 和表 3-4。

表 3-3　部分光引发剂的溶解性（一）（质量分数）　　单位：%

光引发剂	丙酮	正丁酯	IBOA	IDA	PEA	HDDA	TPGDA	TMPTA	TMPEOTA	1173
184	＞50	＞50	＞50	＞50	＞50	＞50	＞50	＞50	＞50	＞50
500	＞50	＞50	＞50	＞50	＞50	＞50	＞50	＞50	＞50	＞50
1173	＞50	＞50	＞50	＞50	＞50	＞50	＞50	＞50	＞50	—
2959	19	3	5	5	5	10	20	5	5	35
MBF	＞50	＞50	＞50	＞50	＞50	＞50	＞50	＞50	＞50	＞50
651	＞50	＞50	40	30	＞50	40	25	＞50	45	＞50
369	17	11	10	5	15	10	6	5	5	25
907	＞50	35	35	25	45	35	22	25	20	＞50
1300	＞50	45	＞50	35	＞50	＞50	35	25	25	＞50
TPO	47	25	15	7	34	22	16	14	13	＞50
4265	＞50	＞50	＞50	＞50	＞50	＞50	＞50	＞50	＞50	＞50
819	14	6	5	5	15	5	5	5	＞5	30
2005	＞50	＞50	＞50	＞50	＞50	＞50	＞50	＞50	＞50	＞50
2010	＞50	＞50	＞50	＞50	＞50	＞50	＞50	＞50	＞50	＞50
2020	＞50	＞50	＞50	＞50	＞50	＞50	＞50	＞50	＞50	＞50
784	30	10	5	NA	15	10	5	5	NA	7

注：在将固态光引发剂溶入液态单体中时，应加热至 50～60℃并混合均匀。溶解后的液体应在室温下贮存 24h，如无结晶出现则说明溶解成功。

表 3-4　部分光引发剂的溶解性（二）（质量分数）　　单位：%

光引发剂	MMA	HDDA	TPGDA	TMPTA	芳香族 PUA	DMB
ITX	43	25	16	15	24	31
CTX	2	3.3		1.5		4.7
CPTX		6	4	3		9
DEAP	＞50	＞50	＞50	＞50	＞50	
BMS	26	13.5		2.4		3.3
EDAB	50	45	40	30	40	

注：DMB 苯甲酸二甲胺乙酯 $C_6H_5-\overset{O}{\overset{\|}{C}}-O-CH_2-CH_2-N(CH_3)_2$ 和 EDAB 4，二甲氨基苯甲酸乙酯 $(CH_3)_2N-C_6H_4-\overset{O}{\overset{\|}{C}}-O-C_2H_5$ 都是助引发剂活性叔胺。

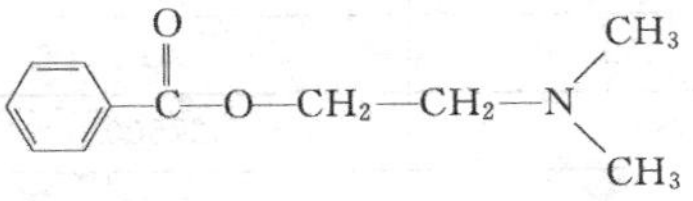

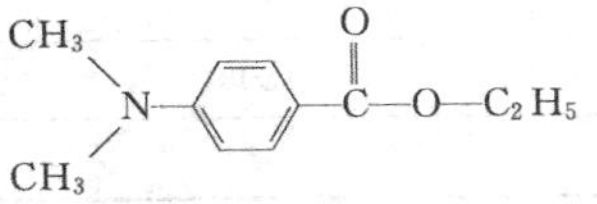

（5）气味小，毒性低，特别是光引发剂的光解产物要低气味和低毒。

（6）不易挥发和迁移，见表3-5和表3-6。

表3-5　部分光引发剂的挥发性

光引发剂	结晶时损失/%	在10%TMPEOTA浓度时损失/%
184	17.4	2.6
369	0	0
500	25.9	2.8
651	7.0	2.8
819	0	0.9
907	0.7	0
1300	6.7	2.0
1800	26.0	3.5
1850	23.8	3.1
2959	0.8	0
BP	26.6	2.8
1173	98.6	8.6

注：条件为0.5g样品溶于2ml甲苯中，在110℃±5℃烘60min。

表3-6　部分光引发剂的热失重性能

光引发剂	失重所需温度/℃		
	5%	10%	15%
184	155	170	179
369	248	264	274
500	142	156	165
651	170	184	194
784	213	217	220
819	241	254	261
907	198	214	224
1000	116	130	140
1300	157	174	185
1700	104	119	127
1800	153	169	179
1850	157	174	185
2959	204	218	228
BP	153	167	176
1173	101	115	123
4265	156	174	185

注：条件为在N_2下，升温速度10℃/min。

（7）光固化后不能有黄变现象，这对白色、浅色及无色体系特别重要；也不能在老化时引起聚合物的降解。

（8）热稳定性和贮存稳定性好，见表3-7。

表3-7 不同光引发剂的贮存稳定性

光引发剂	环氧丙烯酸酯体系	不饱和聚酯-苯乙烯体系
无	>40	35
3%651	>40	35
3%184	>40	
3%IPBE	3	14
2%IBBE	1	25
3%BP+5%MDEA	1	

注：表中数据为60℃下贮存的天数（IPBE为安息香异丙醚，IBBE为安息香异丁醚，MDEA为甲基二乙醇胺）。

（9）合成容易，成本低，价格便宜。

常见光引发剂的物理性能见表3-8。

表3-8 常见光引发剂的物理性能

光引发剂	外观	相对分子质量	熔点/℃	相对密度	UV吸收峰/nm
184	白色或月白色结晶粉末	204.27	44～49	1.17	240～250 320～335
369	微黄色粉末	366.5	110～114	1.18	325～335
500	清澈、浅淡黄色液体	192.62	<18有结晶	1.11	240～260 375～390
651	白色到浅黄色粉末	256.30	63～66	1.21	330～340
784	橙色粉末	534.39	190～195		380～390 460～480
819	浅黄色粉末	417.97	131～135	1.23～1.25	360～365 405
907	白色到浅褐色粉末	279.4	70～75	1.21	320～325
1300	浅黄色粉末	277.13	55～60		
1700	清澈、亮黄色液体	196.94		1.01	245、325
1800	浅黄色粉末	239.13	48～55	1.10～1.20	325～330 390～405
1850	浅黄色粉末	288.34	≥45	1.201	325～330 390～405
2959	月白色粉末	224.26	86.5～89.5	1.270	275～285 320～330
1173	清澈、浅黄色液体	164.2	4 （沸点80～81）	1.074～1.078	265～280 320～335

续表

光引发剂	外观	相对分子质量	熔点/℃	相对密度	UV 吸收峰/nm
4265	清澈、浅黄色液体	223.20		1.12	270～290 360～380
1000	清澈、浅淡黄色液体	172.2	＜4	1.10	245 280 331

注：500——50%184/50%BP；1000——80%1173/20%184；1300——30%369/70%651；1700——25% BAPO/75% 1173；1800——25% BAPO/75% 184；1850——50% BAPO/50% 184；4265——50% TPO/50%1173。

3.1.2　裂解型自由基光引发剂

自由基光引发剂按光引发剂产生活性自由基的作用机理不同，主要分为两大类：裂解型自由基光引发剂，也称 PI-1 型光引发剂；夺氢型自由基光引发剂，又称 PI-2 型光引发剂。

所谓裂解型自由基光引发剂是指光引发剂分子吸收光能后跃迁至激发单线态，经系间蹿跃到激发三线态，在其激发单线态或激发三线态时，分子结构呈不稳定状态，其中的弱键会发生均裂，产生初级活性自由基，引发低聚物和活性稀释剂聚合交联。

裂解型自由基光引发剂从结构上看，多是芳基烷基酮类化合物，主要有苯偶姻及其衍生物、苯偶酰及其衍生物、苯乙酮及其衍生物、α-羟烷基苯乙酮、α-胺烷基苯乙酮、酰基膦氧化物等。

3.1.2.1　苯偶姻及其衍生物

苯偶姻及其衍生物的常见结构如下：

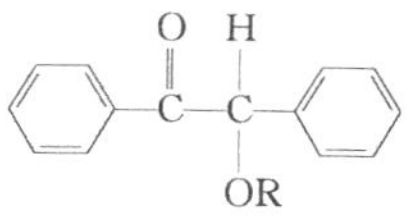

$$\mathrm{C_6H_5{-}C(=O){-}CH(OR){-}C_6H_5} \qquad (3\text{-}1)$$

R：H、CH_3、C_2H_5、$CH(CH_3)_2$、$CH_3CH(CH_3)_2$、C_4H_9

苯偶姻（benzoin，简称 BE）俗名安息香，是最早商品化的光引发剂，在早期第一代光固化涂料不饱和聚酯-苯乙烯体系中广泛应用。该光引发剂在 300～400nm 有较强吸收，最大吸收波长（λ_{max}）在 320nm 处，吸收光能后能裂解生成苯甲酰自由基和苄醚自由基，苯甲酰自由基反应活性很高，是引发聚合的主要自由基，苄醚自由基反应活性较低。

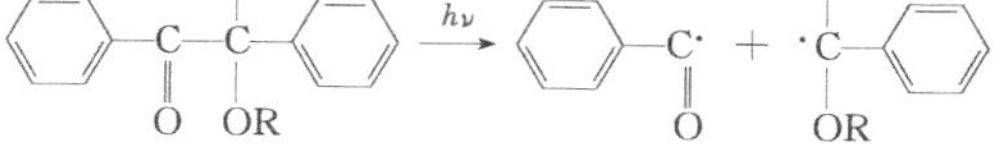

$$\mathrm{C_6H_5{-}C(=O){-}CH(OR){-}C_6H_5} \xrightarrow{h\nu} \mathrm{C_6H_5{-}\dot{C}(=O)} + \mathrm{\cdot CH(OR){-}C_6H_5} \qquad (3\text{-}2)$$

安息香醚类光引发剂在苯甲酰基邻位碳原子上的 α-H，受苯甲酰基共轭体系吸电子的影响特别活泼，在室温不见光时，比较容易失去 α-H 产生自由基，导致暗反应的发生，特别当涂料配方中混有重金属离子或与金属器皿接触时，重金属离子会促进暗反应的发生，严重影响贮存稳定性。容易发生暗反应，热稳定性差，这是安息香醚类光引发剂最大的弊病。同时苯甲酰基自由基夺氢后，生成的苯甲醛有一定的臭味。

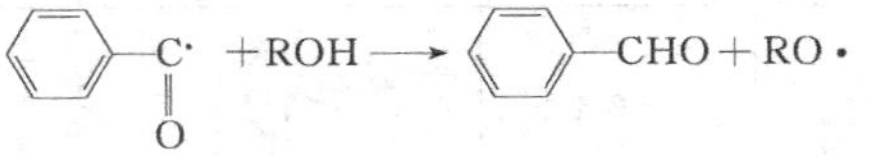

$$C_6H_5\text{-}\dot{C}(=O) + ROH \longrightarrow C_6H_5\text{-}CHO + RO\cdot \qquad (3\text{-}3)$$

安息香醚类光引发剂另一缺点是易黄变，这是因为光解产物中含有醌类结构的缘故。

$$C_6H_5\text{-}\dot{C}(=O) + C_6H_5\text{-}\dot{C}(H)(OR) \longrightarrow C_6H_5\text{-}C(=O)\text{-}C_6H_5(H)\text{=}C(H)(OR) \qquad (3\text{-}4)$$

安息香醚类光引发剂虽然合成容易，成本较低，但因热稳定性差，易发生暗聚合和易黄变，目前已较少使用。

3.1.2.2 苯偶酰及其衍生物

苯偶酰（benzil）又名联苯甲酰，光解虽可产生两个苯甲酰自由基，因效率太低，溶解性不好，一般不作光引发剂使用。其衍生物 α,α'-二甲基苯偶酰缩酮，就是最常见的光引发剂 Irgacure 651（DMPA、DMBK、BDK），简称 651。

651 是白色到浅黄色粉末，熔点 64～67℃，在活性稀释剂中溶解性良好，λ_{max} 为 254nm、337nm，吸收波长可达 390nm。651 在吸收光能后裂解生成苯甲酰自由基和二甲氧苯基自由基，苯甲酰自由基反应活性很高，二甲氧苯基自由基活性较低，但可继续发生裂解，生成活泼的甲基自由基和苯甲酸甲酯。

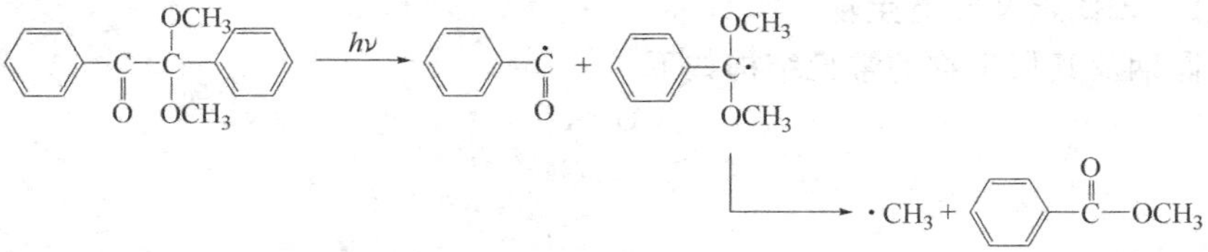

$$C_6H_5\text{-}C(=O)\text{-}C(OCH_3)_2\text{-}C_6H_5 \xrightarrow{h\nu} C_6H_5\text{-}\dot{C}(=O) + C_6H_5\text{-}\dot{C}(OCH_3)_2 \qquad (3\text{-}5)$$

$$C_6H_5\text{-}\dot{C}(OCH_3)_2 \longrightarrow \cdot CH_3 + C_6H_5\text{-}C(=O)\text{-}OCH_3$$

651 有很高的光引发活性，因此广泛地应用于各种光固化涂料、油墨和胶黏剂中。651 分子结构中苯甲酰基邻位没有 α-H，所以热稳定性非常优良。651 合成较容易，价格较低。但 651 与安息香醚类光引发剂一样，易黄变，其原因也是光解产物有醌式结构形成。

$$C_6H_5\text{-}\dot{C}(=O) + C_6H_5\text{-}\dot{C}(OCH_3)_2 \longrightarrow C_6H_5\text{-}C(=O)\text{-}C_6H_5(H)\text{=}C(OCH_3)_2 \qquad (3\text{-}6)$$

$$\cdot CH_3 + C_6H_5\text{-}\dot{C}(OCH_3)_2 \longrightarrow H_3C\text{-}C_6H_5(H)\text{=}C(OCH_3)_2 \qquad (3\text{-}7)$$

另外，光解产物苯甲醛和苯甲酸甲酯有异味，这些缺点都影响了它的应用，特别是易黄变性，使 651 不能在有耐黄变要求的清漆中使用，但它与 ITX、907 等光

引发剂配合，常用于光固化色漆和油墨中。

3.1.2.3　苯乙酮衍生物

苯乙酮（acetophenone）衍生物中作为光引发剂的主要是 α，α-二乙氧基苯乙酮（DEAP），它是浅黄色透明液体，与低聚物与活性稀释剂相容性好，λ_{max} 在 242nm 和 325nm。DEAP 在吸收光能后有两种方式裂解方式。

$$\mathrm{C_6H_5{-}CO{-}CH(OC_2H_5)_2 \xrightarrow[\text{Norrish I}]{h\nu} C_6H_5{-}\dot{C}{=}O + \cdot CH(OC_2H_5)_2}$$
$$\mathrm{\cdot CH(OC_2H_5)_2 \longrightarrow \cdot C_2H_5 + CHOOC_2H_5} \qquad (3\text{-}8)$$

$$\mathrm{DEAP \xrightarrow{h\nu} A \longrightarrow B \xrightarrow{\text{Norrish II}} C_6H_5{-}CO{-}CH_2(OC_2H_5) + CH_3CHO}$$
$$\mathrm{B \longrightarrow C} \qquad (3\text{-}9)$$

A　B　C

DEAP 按 Norrish Ⅰ型机理裂解产生苯甲酰自由基与二乙氧基甲基自由基，都是引发聚合的自由基，后者还可进一步裂解产生乙基自由基和甲酸乙酯。

DEAP 还能经过以上六环中间态 A，形成双自由基 B，并裂解成 2-乙氧基苯乙酮和乙醛，此过程为 Norrish Ⅱ型裂解，或者双自由基 B 发生分子内闭环反应得到 C。由于双自由基 B 引发聚合的活性很低，故此反应历程不能产生有效的活性自由基。

DEAP 的光解历程主要为 Norrish Ⅰ型裂解，产生的苯甲酰自由基与二乙氧基甲基自由基以及二次裂解产物乙基自由基的反应活性很高，所以 DEAP 的光引发活性也很高，几乎与 651 相当。而且 DEAP 光解产物中没有导致黄变的取代苄基结构，因此与 651 相比不易黄变。但 DEAP 与安息香醚类一样，在苯甲酰基邻位有 α-H 存在，活泼性高，热稳定性差；相对价格较高，在国内较少使用。DEAP 主要用于各种清漆，同时可与 ITX 等配合用于光固化色漆或油墨中。

3.1.2.4　α-羟基酮衍生物

α-羟基酮（α-hydroxy ketone）类光引发剂是目前最常用，也是光引发剂活性很高的光引发剂。已经商品化的光引发剂主要有：

$$\mathrm{C_6H_5{-}CO{-}C(OH)(CH_3){-}CH_3} \qquad (3\text{-}10)$$

Darocur 1173（HMPP），简称 1173

$$\mathrm{C_6H_5{-}CO{-}C_6H_{10}OH} \qquad (3\text{-}11)$$

Irgacure 184（HCPK），简称 184

$$HO-CH_2-CH_2-O-C_6H_4-C(=O)-C(OH)(CH_3)-CH_3 \quad (3\text{-}12)$$

Darocur 2959（HHMP），简称 2959

1173(2-羟基-2-甲基-1-苯基丙酮）为无色或微黄色透明液体，沸点 80～81℃，与低聚物和活性稀释剂溶解性良好；λ_{max}在 245nm、280nm 和 331nm。1173 吸收光能后，经裂解产生苯甲酰自由基和 α-羟基异丙基自由基，都是引发活性很高的自由基。发生氢转移后可形成苯甲醛和丙酮。

$$C_6H_5-C(=O)-C(CH_3)_2-OH \xrightarrow{h\nu} C_6H_5-\dot{C}=O + \cdot C(CH_3)_2-OH \xrightarrow[\text{Transfer}]{[H]} C_6H_5-CHO + CH_2=C(CH_3)-OH \rightleftharpoons CH_3-C(=O)-CH_3 \quad (3\text{-}13)$$

1173 分子结构中苯甲酰基邻位没有 α-H，所以热稳定性优良。光解时没有导致黄变的取代苄基结构，有良好的耐黄变性。1173 合成也较容易，价格较低，又是液体，使用方便，是用量最大的光引发剂之一。在各类光固化清漆中，1173 是主引发剂，也可与其它光引发剂 907，特别是 TPO、819 等配合用于光固化色漆和油墨。1173 的缺点是光解产物中苯甲醛有不良气味，同时挥发性较大。

184（1-羟基-环己基苯甲酮）为白色到月白色结晶粉末，熔点在 45～49℃，在活性稀释剂中有良好的溶解性；λ_{max}在 246nm、280nm 和 333nm。184 吸收光能后，经裂解产生苯甲酰自由基和羟基环己基自由基，都是引发活性很高的自由基。

$$C_6H_5-C(=O)-C_6H_{10}(OH) \xrightarrow{h\nu} C_6H_5-\dot{C}=O + \cdot C_6H_{10}(OH) \quad (3\text{-}14)$$

184 与 1173 一样，分子结构中苯甲酰基邻位没有 α-H，具有优良的热稳定性。光解时没有取代苄基结构，耐黄变性优良，也是最常用的光引发剂，是耐黄变要求高的光固化清漆的主引发剂，也常与其它光引发剂配合用于光固化有色体系。184 的缺点是光解产物中苯甲醛和环己酮带有异味。

2959（2-羟基-2-甲基-1-对羟乙基醚基苯基丙酮）为白色晶体，熔点 86.5～89.5℃；λ_{max}在 276nm 和 331nm。2959 吸收光能后，经裂解产生对羟乙基醚基苯甲酰自由基和 α-羟基异丙基自由基，都是引发活性很高的自由基。

$$HO-CH_2-CH_2-O-C_6H_4-C(=O)-C(CH_3)_2-OH \xrightarrow{h\nu} HO-CH_2-CH_2-O-C_6H_4-\dot{C}=O + \cdot C(CH_3)_2-OH \quad (3\text{-}15)$$

2959 与 1173 一样，分子结构中苯甲酰基邻位无 α-H，有优良的热稳定性；光解产物无取代苄基结构，耐黄变性优良，可以用于各种光固化清漆，也可与其它光引发剂配合用于光固化有色体系。但因 2959 价格比 1173 和 184 高，加之在活性稀释剂中溶解性差，在实际光固化配方中很少使用。2959 分子结构中苯甲酰基对位引入羟乙基醚基，水溶性比 1173 要好，1173 在水中溶解度仅为 0.1%，而 2959 在水中溶解度为 1.7%，可以作为水性 UV 光固化涂料的光引发剂。另外，2959 熔点比 184 高 40 多摄氏度，所以也可在 UV 光固化粉末涂料中作光引发剂使用。

为了使用方便，还有两种液态 α-羟基酮复合光引发剂：Irgacure 500（简称 500）、Irgacure 1000（简称 1000）。

500 为浅淡黄色透明液体，低于 18℃时会有结晶，组成为 1173∶BP＝50∶50（质量比），是裂解型光引发剂和夺氢型光引发剂配合的复合光引发剂，λ_{max} 在 250nm 和 332nm。

1000 为浅淡黄色透明液体，组成为 1173∶184＝50∶50（质量比），是两种裂解型光引发剂配合的复合光引发剂，λ_{max} 在 245nm、280nm、331nm。

500 和 1000 这两种复合光引发剂常用于各种光固化清漆中。

3.1.2.5 α-胺基酮衍生物

α-胺基酮（α-amino ketone）类光引发剂也是一类反应活性很高的光引发剂，常与硫杂蒽酮类光引发剂配合，应用于有色体系的光固化，表现出优异的光引发性能。已经商品化的光引发剂有：

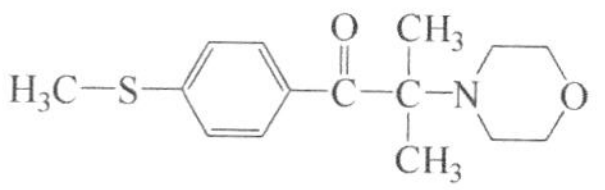

$H_3C-S-C_6H_4-C(=O)-C(CH_3)_2-N(C_4H_8O)$ (3-16)

Irgacure 907（MMMP），简称 907

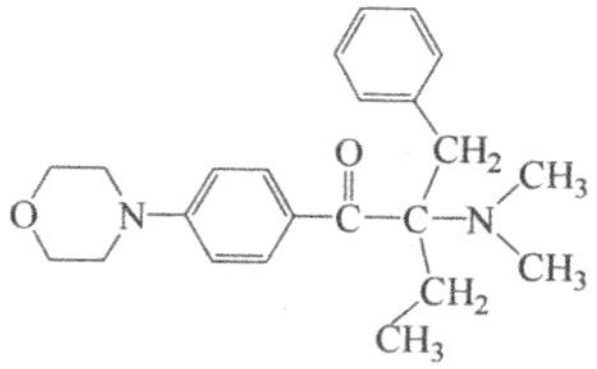

$O(C_4H_8)N-C_6H_4-C(=O)-C(CH_2C_6H_5)(CH_2CH_3)-N(CH_3)_2$ (3-17)

Irgacure 369（BDMB），简称 369

907[2-甲基 1-(4-甲巯基苯基)-2-吗啉-1-丙酮] 为白色到浅褐色粉末，熔点 70～75℃，在活性稀释剂中有较好的溶解度；λ_{max} 为 232nm、307nm。907 光解时产生对甲巯基苯甲酰自由基和吗啉异丙基自由基，都具有较高的引发活性。

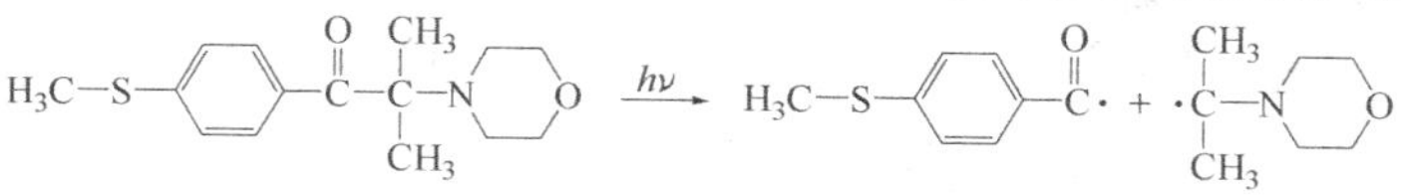

$H_3C-S-C_6H_4-C(=O)-C(CH_3)_2-N(C_4H_8O) \xrightarrow{h\nu} H_3C-S-C_6H_4-\dot{C}(=O) + \cdot C(CH_3)_2-N(C_4H_8O)$ (3-18)

在光固化有色体系中，907 与硫杂蒽酮类光引发剂配合使用，有很高的光引发活性。由于有色体系中颜料对紫外光的吸收，使 907 光引发效率大大降低，但硫杂蒽酮类光引发剂的存在，它的吸收波长可达 380～420nm，在 360～405nm 处有较高的摩尔消光系数，在有色体系中与颜料竞争吸光，从而激发至激发三线态，与

907 光引发剂发生能量转移，使 907 由基态跃迁到激发三线态，间接实现光引发剂 907 光敏化，而硫杂蒽酮类光引发剂变回基态。

$$TX \xrightarrow{h\nu} TX^{*} \;+\; 907 \xrightarrow{\text{能量转移}} TX + 907^{*} \longrightarrow \text{产生自由基引发聚合} \tag{3-19}$$

另外，907 分子中有吗啉基为叔胺结构，它与夺氢型硫杂蒽酮类光引发剂形成激基复合物并发生电子转移，产生自由基引发聚合，在这双重作用下，呈现在有色体系的光固化时有很高的光引发活性。

907 光引发剂其光解产物为含硫化合物即对甲巯基苯甲醛，有明显臭味，使其应用受到限制。另外 907 也存在耐黄变性差，故不能用于光固化清漆和白漆中。

369［2-苄基-2-二甲氨基-1-(4-吗啉苯基)-1-丁酮］是微黄色粉末，熔点 110～114℃；λ_{max} 为 233nm、324nm。369 光解时有两种裂解方式：α 裂解和 β 裂解，其中以 α 裂解为主。

$$\text{O(CH}_2\text{CH}_2)_2\text{N}-C_6H_4-\overset{O}{\overset{\|}{C}}-C(CH_2C_6H_5)(C_2H_5)-N(CH_3)_2 \xrightarrow[\alpha]{h\nu} \text{O(CH}_2\text{CH}_2)_2\text{N}-C_6H_4-\overset{O}{\overset{\|}{C}}\cdot + \cdot C(CH_2C_6H_5)(C_2H_5)-N(CH_3)_2 \tag{3-20}$$

$$\xrightarrow[\beta]{h\nu} \text{O(CH}_2\text{CH}_2)_2\text{N}-C_6H_4-\overset{O}{\overset{\|}{C}}-\dot{C}(CH_2C_6H_5)(C_2H_5) + \cdot N(CH_3)_2 \tag{3-21}$$

369 光解后，α 裂解产生的对吗啉基苯甲酰基自由基和胺烷基自由基都是活性很高的自由基。369 和 907 光引发剂一样，与硫杂蒽酮类光引发剂配合，在光固化有色体系中有很高的光引发活性，因此特别适用于光固化色漆和油墨。但 369 也存在黄变性，故不能在光固化清漆和白漆中使用。369 分子中没有含硫结构，同时光解产物对吗啉基苯甲醛气味也较小。369 因合成工艺较 907 复杂，价格也贵，在活性稀释剂中溶解性也比不上 907，所以不如 907 的应用广泛。

3.1.2.6 酰基膦氧化物

酰基膦氧化物 (acyl phosphine oxide) 光引发剂是一类光引发活性很高、综合性能较好的光引发剂，已商业化的产品主要有：

$$2,4,6\text{-}(CH_3)_3C_6H_2-\overset{O}{\overset{\|}{C}}-\overset{O}{\overset{\|}{P}}(OC_2H_5)-C_6H_5 \tag{3-22}$$

TEPO

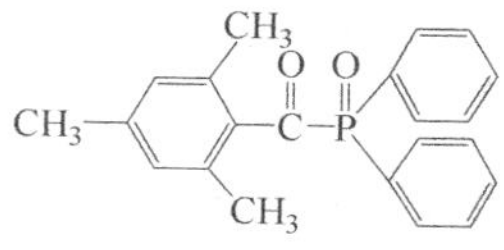

(3-23)

TPO

(3-24)

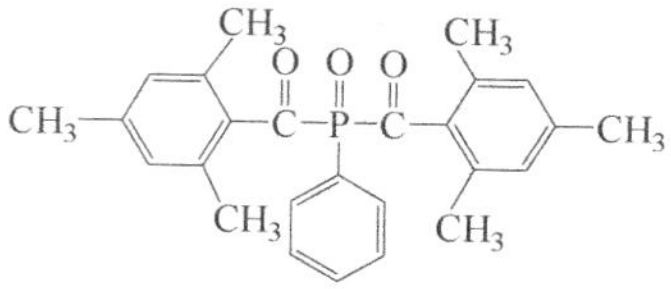

BAPO　Irgacure 819（简称 819）

TEPO(2,4,6-三甲基苯甲酰基-乙氧基-苯基氧化膦）为浅黄色透明液体，与低聚物和活性稀释剂溶解性好；λ_{max}在 380nm，吸收波长可达 430nm。光解产物为三甲基苯甲酰基自由基和苯基-乙氧基-膦酰自由基，都是引发活性很高的自由基。

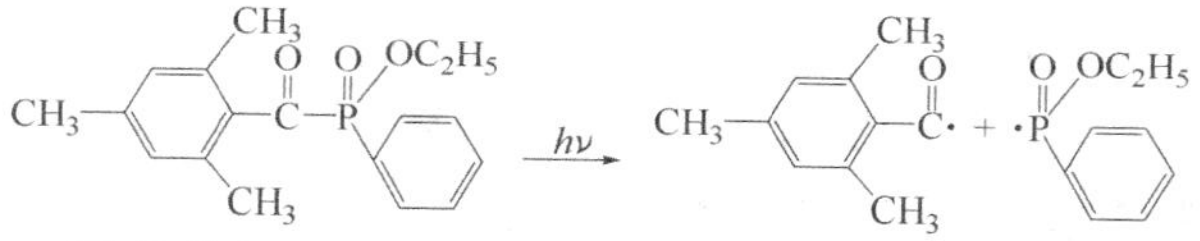

(3-25)

TPO(2,4,6-三甲基苯甲酰基-二苯基氧化膦）为浅黄色粉末，熔点 90～94℃，在活性稀释剂中有足够的溶解度；λ_{max}在 269nm、298nm、379nm、393nm，吸收波长可达 430nm。光解产物为三甲基苯甲酰基自由基和二苯基膦酰自由基，都是引发活性很高的自由基。

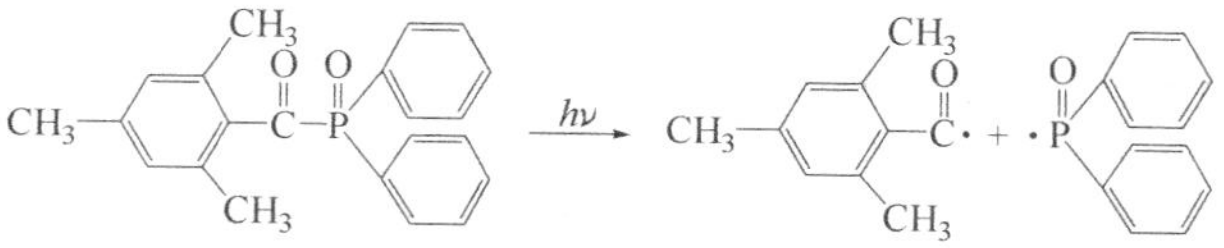

(3-26)

TPO 和 TEPO 的 λ_{max}均在 380nm，可见光区 430nm 还有吸收，因此特别适合于有色体系的光固化。其光解产物的吸收波长可向短波移动，具有光漂白效果，有利于紫外光透过，适用于厚涂层的固化。其热稳定性优良，加热至 180℃无化学反应发生，贮存稳定性好。虽然自身都带有浅黄色，但光解后变为无色，不发生黄变。TEPO 在低聚物、活性稀释剂中溶解性能好，但光引发效果不如 TPO，所以市场上的应用主要为 TPO，在有色涂层、厚涂层和透光性较差的涂层光固化中广泛应用，鉴于 TPO 在可见光区也有吸收，因此在生产制造和贮存运输时应注意避光。

819 也叫 BAPO［双(2,4,6-三甲基苯甲酰基）苯基氧化膦］为浅黄色粉末，熔点 127～133℃，λ_{max}在 370nm、405nm，最长吸收波长可达 450nm。光解产物有两个三甲基苯甲酰基自由基和一个苯基膦酰自由基，都是引发活性很高的自由基，所以比 TPO 的光引发活性更高。

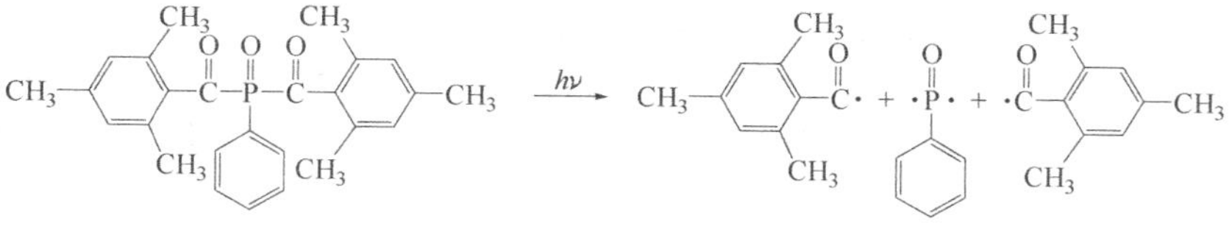

(3-27)

由于 TPO 特别是 BAPO 光引发活性高，加之价格较贵，所以配制了与 α-羟基酮光引发剂复配的组分，即复合光引发剂。例如 1700（25%819/75%1173）、1800（25%819/75%184）、1850（50%819/50%184）、4265（50%TPO/50%1173）、819DW（819 稳定的水分散液）。

1700 和 4265 都是液体，使用也更方便，819DW 用于水性 UV 体系。

3.1.2.7 含硫光引发剂

C—S 键的键能较低，约为 272kJ/mol，只需较少的能量即可使其均裂为两个自由基，如与适当的吸光基团连接，在吸收光能后，就可实现 C—S 键的光裂解，已商品化的产品有 BMS。

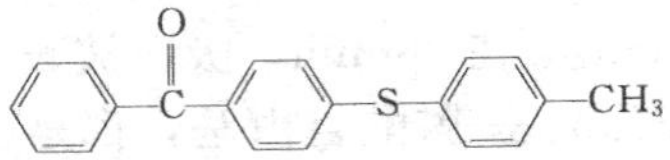

$$C_6H_5-C(=O)-C_6H_4-S-C_6H_4-CH_3 \qquad (3\text{-}28)$$

BMS（4-对甲苯巯基二苯甲酮）为奶黄色结晶粉末，熔点 73～83℃，λ_{max}为 245nm 和 315nm。BMS 吸收光能后，可以发生两种方式的 C—S 键裂解，产生取代苯基自由基和芳巯基自由基，都可引发聚合。

如有叔胺时，还可同时发生二苯甲酮与叔胺之间的夺氢反应，产生活性很高的胺烷基自由基。BMS 虽然有较好的光引发活性，由于光解后产物有极其难闻的硫醇化合物，故影响其应用。

3.1.3 夺氢型自由基型光引发剂

夺氢型光引发剂是指光引发剂分子吸收光能后，经激发和系间窜跃到激发三线态，与助引发剂——氢供体发生双分子作用，经电子转移产生活性自由基，引发低聚物和活性稀释剂聚合交联。

夺氢型光引发剂从结构上看，都是二苯甲酮或杂环芳酮类化合物，主要有二苯甲酮及其衍生物、硫杂蒽酮类、蒽醌类等。

与夺氢型光引发剂配合的助引发剂——氢供体主要为叔胺类化合物，如脂肪族叔胺、乙醇胺类叔胺、叔胺型苯甲酸酯、活性胺（带有丙烯酰氧基，可参与聚合和交联的叔胺）等。

3.1.3.1 二苯甲酮及其衍生物

二苯甲酮（benzophenone，简称 BP）为白色到微黄色结晶，熔点 47～49℃，λ_{max}在 253nm、345nm。BP 吸收光能后，经激发三线态与助引发剂叔胺作用形成激基复合物（Exciplex），发生电子转移，BP 得电子形成二苯甲醇负离子和胺正离子，二苯甲醇负离子从胺正离子夺氢生成无引发活性的二苯甲醇自由基（羰自由基，ketyl radical）和活性很高的胺烷基自由基，后者引发低聚物和活性稀释剂聚合交联。

$$\text{Ph-C(=O)-Ph} \xrightarrow{h\nu} [\text{Ph-C(=O)-Ph}]^* \xrightarrow{R_2N-CH_2R'} [\text{Ph}_2C{=}O\cdots{:}NR_2-CH_2R']^* \quad (3\text{-}29)$$

$$\longrightarrow \text{Ph}_2\dot{C}-O^- + {}^{+}\dot{N}R_2-CH_2R' \longrightarrow \text{Ph}_2\dot{C}-OH + R_2N-\dot{C}HR'$$

BP由于结构简单，合成容易，是价格最便宜的一种光引发剂。但光引发活性不如651、1173等裂解型光引发剂，光固化速率较慢，容易使固化涂层泛黄，与助引发剂叔胺复配使黄变加重。另外，BP熔点较低，具有升华性，易挥发，不利于使用。但BP与活性胺配合使用，有一定的抗氧阻聚功能，所以表面固化功能较好。

BP的衍生物有很多都是有效的光引发剂，如下面所列5种结构的BP衍生物。

$$\text{2,4,6-}(CH_3)_3C_6H_2-C(=O)-C_6H_5 \quad (3\text{-}30)$$

2,4,6-三甲基二苯甲酮

$$H_3C-C_6H_4-C(=O)-C_6H_5 \quad (3\text{-}31)$$

4-甲基二苯甲酮

$$(CH_3)_2N-C_6H_4-C(=O)-C_6H_4-N(CH_3)_2 \quad (3\text{-}32)$$

4,4′-双（二甲氨基）二苯甲酮，俗称米蚩酮（michler's ketone，简称MK）

$$(C_2H_5)_2N-C_6H_4-C(=O)-C_6H_4-N(C_2H_5)_2 \quad (3\text{-}33)$$

4,4′-双（二乙氨基）二苯甲酮，俗称四乙基米蚩酮（DEMK）

$$(H_3C)_2N-C_6H_4-C(=O)-C_6H_4-N(C_2H_5)_2 \quad (3\text{-}34)$$

4,4′-双（甲基、乙基氨基）二苯甲酮，俗称甲乙基米蚩酮（MEMK）

2,4,6-三甲基二苯甲酮和4-甲基二苯甲酮和混合物即光引发剂Esacure TZT。TZT为无色透明液体，沸点310～330℃，与低聚物和活性稀释剂有很好的溶解性；λ_{max}在250nm、340nm，吸收波长可达400nm。与助引发剂叔胺配合使用有很好的光引发效果，可用于各种光固化清漆，但因价格比BP贵，一般仅用于高档光固化清漆中。

MK为黄色粉末，在365nm处有很强的吸收，本身有叔胺结构，单独使用就是很好的光引发剂，与 BP 配合使用，其光引发活性远远高于 BP/叔胺或 MK/叔胺体系，光聚合速率是后两者的 10 倍左右，因此是早期色漆和油墨光固化配方中首选的光引发剂组合。但 MK 被确认为致癌物，不宜推广使用。DEMK 虽然毒性比 MK 小，但溶解性较差，也与 MK 一样易黄变；MEMK 溶解性有改善，可与 BP 配合用于有色体系的光固化中。

3.1.3.2 硫杂蒽酮及其衍生物

硫杂蒽酮（thioxanthone，简称 TX）是常见的夺氢型自由基光引发剂，但 TX 在低聚物和活性稀释剂中的溶解性很差，现多用其衍生物作光引发剂，已商品化的产品主要有：

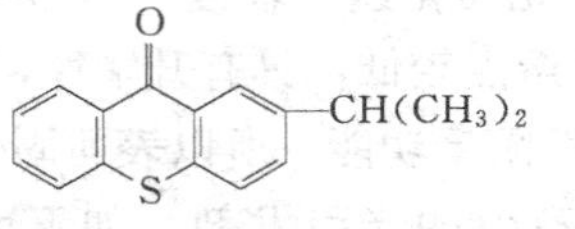

$—CH(CH_3)_2$ (3-35)

异丙基硫杂蒽酮（ITX）

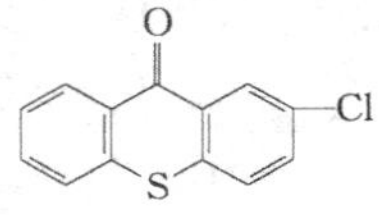

—Cl (3-36)

2-氯硫杂蒽酮（CTX）

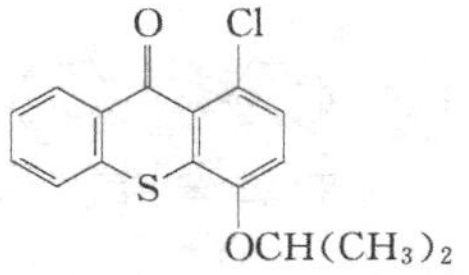

Cl, $OCH(CH_3)_2$ (3-37)

1-氯-4-丙氧基硫杂蒽酮（CPTX）

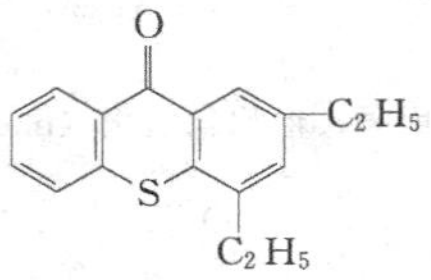

$—C_2H_5$, C_2H_5 (3-38)

2,4-二乙基硫杂蒽酮（DETX）

目前，应用最广、用量最大的为 ITX。

ITX 为淡黄色粉末，熔点 66～77℃，在活性稀释剂和低聚物中有较好的溶解性。λ_{max} 在 257.5nm、382nm，吸收波长可达 430nm，已进入可见光吸收区域。ITX 吸收光能后，经激发三线态必须与助引发剂叔胺配合，形成激基复合物发生电子转移，ITX 得电子形成无引发活性的硫杂蒽酮酚氧自由基和引发活性很高的 α-胺烷基自由基，引发低聚物和活性稀释剂聚合、交联。

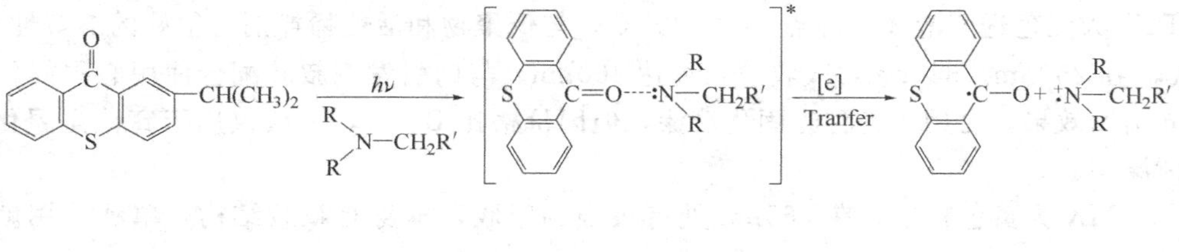

$$\text{ITX}\ (—CH(CH_3)_2) \xrightarrow[R_2N—CH_2R']{h\nu} [\text{S}\cdots C=O\cdots\dot{N}(R)_2—CH_2R']^* \xrightarrow[\text{Tranfer}]{[e]} \text{S}\cdots\cdot C—O + \dot{N}(R)_2—CH_2R'$$

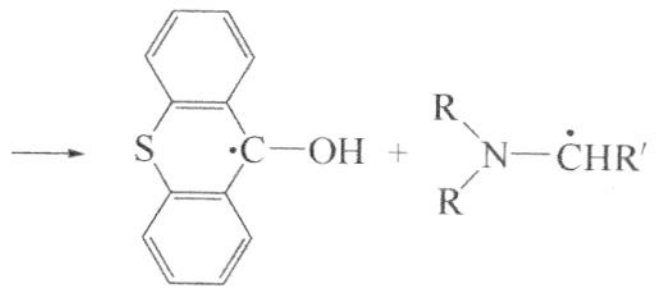

$$\longrightarrow \text{(硫杂蒽)}\cdot C{-}OH + \begin{matrix}R\\R\end{matrix}\!\!>N{-}\dot{C}HR' \qquad (3\text{-}39)$$

与ITX配合使用的助引发剂以4-二甲氨基苯甲酸乙酯（EDAB）较好，不仅引发活性高，而且黄变较小。ITX有较高的吸光波长，较强的吸光性能，与907、369等α-氨基酮光引发剂配合，特别适用于有色体系的光固化。ITX也常与阳离子光引发剂二芳基碘鎓盐配合使用，ITX吸光后激发，经电子转移使二芳基碘鎓盐发生光解，产生阳离子和自由基引发光聚合。

3.1.3.3 蒽醌及其衍生物

蒽醌（anthraquinone）类光引发剂是又一类夺氢型自由基光引发剂。蒽醌溶解性很差，难以在低聚物和活性稀释剂中分散，故多用溶解性好的2-乙基蒽醌作光引发剂。

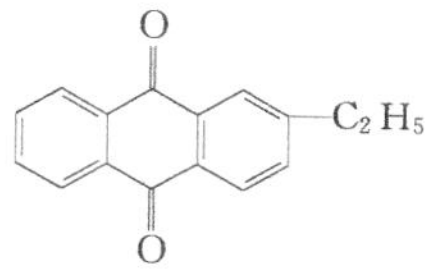

(3-40)

2-乙基蒽醌（2-EA）

2-EA为淡黄色结晶，熔点107～111℃，λ_{max}在256nm、275nm和325nm，吸收波长可达430nm，已进入可见光吸收区域。2-EA吸收光能后，在激发三线态与助引发剂叔胺作用，夺氢后生成没有引发活性的酚氧自由基（A）和引发活性很高的胺烷基自由基，后者引发低聚物和活性稀释剂聚合、交联。酚氧自由基经双分子歧化生成9,10-蒽二酚（B）和2-EA，而酚氧自由基和蒽二酚都能被O_2氧化又都生成2-EA。因此在有氧条件下，光引发剂效率比无氧时高，也就是说2-EA对氧阻聚敏感性小，这是蒽醌类光引发剂的特点。

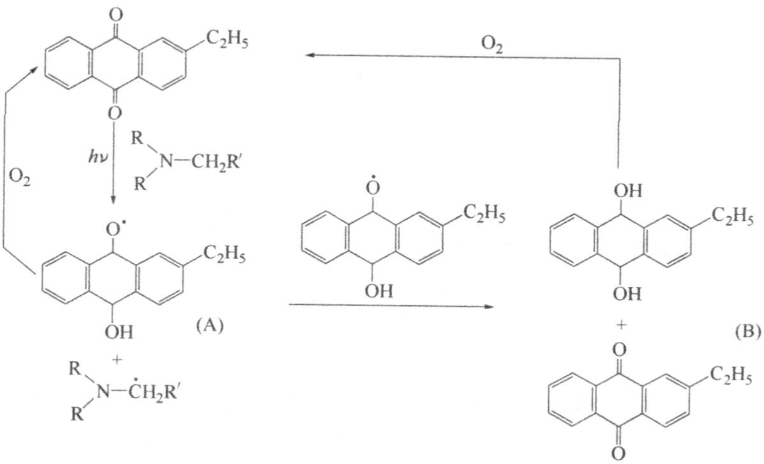

(3-41)

蒽醌类光引发剂虽然对氧阻聚敏感性小，但酚氧自由基和蒽二酚都是自由基聚合的阻聚剂，它们虽然可以经氧化再生为蒽醌，但与自由基或链增长自由基的结合也是一种有利的竞争反应，导致聚合过程受阻，因此，蒽醌类光引发剂的光引发活性并不高。2-EA 主要用于阻焊剂，而且酚醛环氧丙烯酸酯低聚物有较多活性氧存在，可以不用再加助引发剂活性胺。

3.1.3.4 助引发剂

与夺氢型自由基光引发剂配合的助引发剂——供氢体，从结构上都是至少有一个 α-H 的叔胺，与激发态夺氢型光引发剂作用，形成激基复合物，氮原子失去一个电子，N 邻位 α-C 上的 H 呈强酸性，很容易呈质子离去，产生 C 中心的活泼的胺烷基自由基，引发低聚物和活性稀释剂聚合交联。

叔胺类化合物有脂肪族叔胺、乙醇胺类叔胺、叔胺性苯甲酸酯和活性胺（带有丙烯酰氧基的叔胺）。

① 脂肪族叔胺　最早使用的叔胺如三乙胺，价格低，相容性好，但挥发性太大，臭味太重，现已不使用。

② 乙醇胺类叔胺　有三乙醇胺、*N*-甲基乙醇胺、*N*,*N*-二甲基乙醇胺、*N*,*N*-二乙基乙醇胺等。三乙醇胺虽然成本低，活性高，但亲水性太强，影响涂层性能，黄变严重，所以不能使用。其它三种取代乙醇胺活性高，相容性好，不少配方中仍在使用。

③ 叔胺性苯甲酸酯　有 *N*,*N*-二甲基苯甲酸乙酯、*N*,*N*-二甲基苯甲酸-2-乙基己酯和苯甲酸二甲氨基乙酯。

$$(CH_3)_2N-C_6H_4-C(=O)-O-C_2H_5 \tag{3-42}$$

N,*N*-二甲基苯甲酸乙酯（EDAB 或 EPA）

$$(CH_3)_2N-C_6H_4-C(=O)-O-CH_2-CH(C_2H_5)-C_4H_9 \tag{3-43}$$

N,*N*-二甲基苯甲酸-2-乙基己酯（ODAB 或 EHA）

$$C_6H_5-C(=O)-O-CH_2-CH_2-N(CH_3)_2 \tag{3-44}$$

苯甲酸二甲氨基乙酯（quantacure，DMB）

这三个叔胺都是活性高、溶解性好，低黄变的助引发剂，特别是 EDAB（λ_{max} 315nm）和 ODAB（λ_{max}310nm）在紫外区有较强的吸收，对光致电子转移有促进作用，有利于提高反应活性。但价格较贵，主要与 TX 类光引发剂配合，用于高附加值油墨中。

④ 活性胺　带有丙烯酰氧基的叔胺既有很好的相容性，气味也低，又能参与联合交联，不会发生迁移。这类叔胺是由仲胺（二乙胺或二乙醇胺）与二官能团丙

烯酸酯或多官能团丙烯酸酯经迈克尔加成反应直接制得。在活性稀释剂一节表3-45中可看到各种牌号的活性胺。

3.1.4 阳离子型光引发剂

阳离子光引发剂（cationic photoinitiator）是又一类非常重要的光引发剂，它在吸收光能后到激发态，分子发生光解反应，产生超强酸即超强质子酸（也叫布朗斯特酸 Bronsted Acid）或路易斯酸（Lewis Acid），从而引发阳离子低聚物和活性稀释剂进行阳离子聚合。阳离子光聚合的低聚物和活性稀释剂主要有环氧化合物和乙烯基醚，将在本章3.2和3.3中介绍，另外还有内酯、缩醛、环醚等。

阳离子光固化与自由基光固化比较有下列特点。

① 阳离子光固化不受氧影响；而自由基光固化对氧敏感，发生氧阻聚。

② 阳离子光固化对水汽、碱类物质敏感，导致阻聚；而自由基光固化对水汽、碱类物质不敏感。

③ 阳离子光固化时体积收缩小，有利于对基材的附着；而自由基光固化时体积收缩大。

④ 阳离子光固化速率较慢，升高温度有利于光固化速率提高；而自由基光固化速率快，温度影响小。

⑤ 阳离子光固化的活性中间体超强酸在化学上是稳定的，因带正电荷不会发生偶合而消失，在链终止时也会产生新的超强酸，因此光照停止后，仍能继续引发聚合交联，进行后固化，寿命长，适合于厚涂层和有色涂层的光固化；而自由基光固化因自由基很容易偶合而失去引发活性，一旦光照停止，光固化就马上停止，没有后固化现象。表3-9反映了两种光固化的比较。

表3-9　阳离子光固化与自由基光固化比较

项目	自由基光固化	阳离子光固化
低聚物	(甲基)丙烯酸酯树脂、不饱和聚酯	环氧树脂、乙烯基醚树脂
活性稀释剂	(甲基)丙烯酸酯、乙烯类单体	乙烯基醚、环氧化合物
光引发活性中间体	自由基	阳离子
活性中间体寿命	短	长
光固化速率	快	慢
后固化	可忽略	强
体积收缩	7%～15%	3%～5%
对氧的敏感性	强	无
对水汽的敏感性	无	强
对碱的敏感性	无	强
气味	高	低
价格	低	高

阳离子光引发剂主要有芳基重氮盐、二芳基碘鎓盐、三芳基硫鎓盐、芳基茂铁盐等。

3.1.4.1 芳基重氮盐

芳基重氮盐（aryldiazo salt）吸收光能后，经激发态分解产生氟苯、多氟化物和氮气，多氟化物是强路易斯酸，直接引发阳离子聚合，也能间接产生超强质子酸，再引发阳离子聚合。

$$C_6H_5-\overset{+}{N}_2PF_6^- \xrightarrow{h\nu} C_6H_5-F + N_2 + PF_5 \qquad (3\text{-}45)$$

$$PF_5 \xrightarrow{ROH} \underset{\text{超强质子酸}}{ROPF_5 + H^+}$$

但芳基重氮盐热稳定性差，且光解产物中有氮气，会在涂层中形成气泡，应用受到限制，因此目前已不再使用。

3.1.4.2 二芳基碘鎓盐

二芳基碘鎓盐（diaryliodonium salt）是一类重要的阳离子光引发剂，由于合成较方便，热稳定性较好，体系贮存稳定性好，光引发活性高，已商品化。

二芳基碘鎓盐在最大吸收波长处的摩尔消光系数可高达 10^4 数量级，但吸光波长比较短，绝大多数吸收波长在 250nm 以下，即使苯环上引入各种取代基，对吸光性能无显著改善作用，与紫外光源不匹配，利用率很低。只有当碘鎓盐连接在吸光性很强的芳酮基团上时，可使碘鎓盐吸收波长增至 300nm 以上（表 3-10）。

表 3-10 碘鎓盐的最大吸收波长

碘鎓盐	最大吸收波长/nm	摩尔消光系数
$C_6H_5-I^+-C_6H_5\ BF_4^-$	227	17800
$CH_3O-C_6H_4-I^+-C_6H_5\ BF_4^-$	246	15400
$O_2N-C_6H_4-I^+-C_6H_4(NO_2)\ AsF_6^-$	245	17000
$CH_3-C_6H_4-I^+-C_6H_4-CH_3BF_4^-$	236	18000
$CH_3-C_6H_4-I^+-C_6H_4-CH_3PF_4^-$	237	18200
$(CH_3)_3C-C_6H_4-I^+-C_6H_4-(CH_3)CBF_4^-$	238	20800

续表

碘鎓盐	最大吸收波长/nm	摩尔消光系数
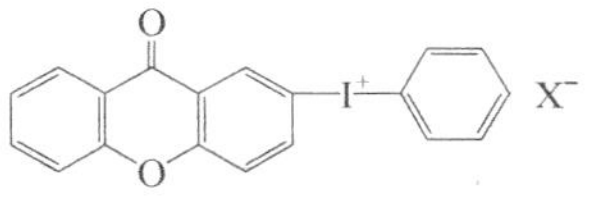 O　$-I^+-$　X^-　O	335	
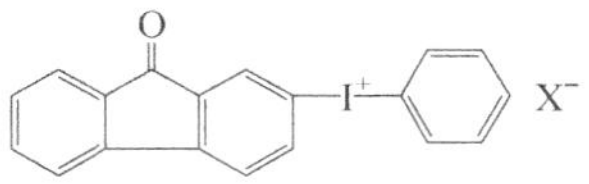 O　$-I^+-$　X^-	296、336	

二芳基碘鎓盐的阴离子对吸光性没有影响，但对光引发活性有较强影响，阴离子为 SbF_6^- 时，引发活性最高，这是因为 SbF_6^- 亲核性最弱，对增长链碳正离子中心的阻聚作用最小。当阴离子为 BF_4^- 时，碘鎓盐引发活性最低，因 BF_4^- 比较容易释放出亲核性较强的 F^- 离子，导致碳正离子活性中心与 F^- 结合，终止聚合。从光引发活性看，不同阴离子活性大小依次为：

$$SbF_6^- > AsF_6^- > PF_6^- > BF_4^-$$

二芳基碘鎓盐吸收光能后，发生光解时有均裂和异裂，既产生超强酸，又产生自由基。因此，碘鎓盐既可引发阳离子光聚合，又能引发自由基光聚合。

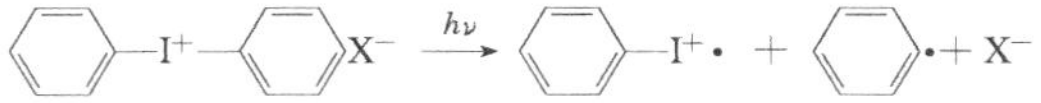

$$-I^+- \; X^- \xrightarrow{h\nu} -I^+\cdot + \;\cdot + X^- \qquad (3\text{-}46)$$

$$-I^+\cdot + HR \longrightarrow -I^+\,H + R\cdot \qquad (3\text{-}47)$$

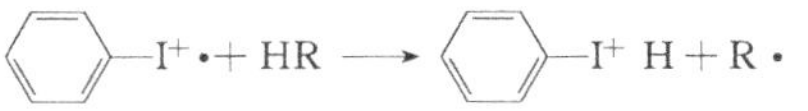

$$-I^+\,H \longrightarrow -I + H^+ \qquad (3\text{-}48)$$

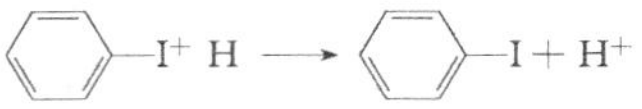

超强酸

二芳基碘鎓盐只对波长 250nm 附近的 UV 光有强的吸收，对大于 300nm 的 UV 光和可见光吸收很弱，故对 UV 光源的能量利用率很低。为了提高 UV 光引发效率和体系对 UV 光的能量利用率，通常使用光敏剂和自由基光引发剂来拓宽体系的 UV 吸收谱带，光敏剂和自由基光引发剂首先吸收 UV 光能而激发，再通过电子转移给碘鎓盐，进而产生超强酸引发阳离子光聚合和自由基引发自由基光聚合。所以硫杂蒽酮和二苯甲酮等自由基光引发剂时常与碘鎓盐配合使用，以提高碘鎓盐的光引发效率和 UV 光吸收效率。

碘鎓盐在活性稀释剂中溶解性较差，同时碘鎓盐的毒性较大，特别是六氟锑酸盐是剧毒品，无法在商业上应用，这是制约碘鎓盐作为阳离子光引发剂推广应用的两个问题。目前通过在苯环上增加取代基的方法，使这两个问题得到克服，如苯环上引入十二烷基后碘鎓盐溶解性大为改善，在苯环上引发 8～10 个碳的烷氧基链，碘鎓盐的半致死量 R_{50} 从 40mg/kg（剧毒）提升至 5000mg/kg（基本无毒）。

$$C_{12}H_{25}- \; -I^+- \; -C_{12}H_{25} \quad SbF_6^- \qquad (3\text{-}49)$$

双十二烷基苯碘鎓盐

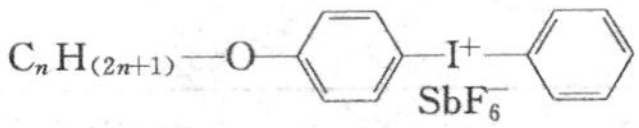

$$C_nH_{(2n+1)}—O—C_6H_4—I^+—C_6H_5 \quad SbF_6^- \tag{3-50}$$

长链烷氧基二苯基碘鎓盐

3.1.4.3 三芳基硫鎓盐

三芳基硫鎓盐（triarylsulfonium salt）是又一类重要的阳离子光引发剂。三芳基硫鎓盐热稳定性比二芳基碘鎓盐更好，加热至300℃不分解，与活性稀释剂混合加热也不会引发聚合，故体系贮存稳定性极好（表3-11），光引发活性高，也已商品化。

表3-11　几种阳离子光引发剂的贮存稳定性比较

阳离子光引发剂	贮存稳定性①
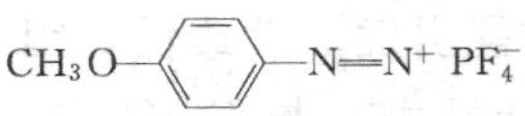 $CH_3O—C_6H_4—N{=}N^+\ PF_4^-$	<12h
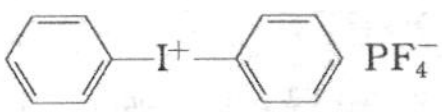 $C_6H_5—I^+—C_6H_5\ PF_4^-$	13d
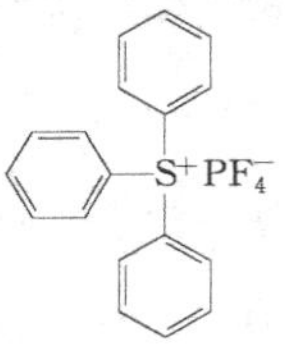 $(C_6H_5)_3S^+\ PF_4^-$	6个月内无变化

① 阳离子光引发剂加入到3,4-环氧环己酸、3′,4′-环氧环己基甲酯混合物中，40℃避光保存。

三芳基硫鎓盐的最大吸收波长为230nm，因此对紫外光源的利用率很低，但苯环取代物吸收波长明显增加，如苯硫基苯基二苯基硫鎓盐的最大吸收波长为316nm。

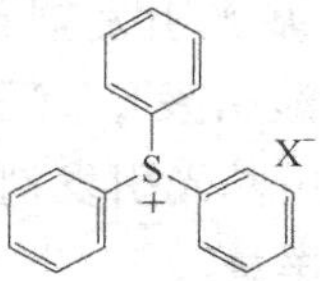

$$(C_6H_5)_3S^+\ X^- \tag{3-51}$$

三苯基硫鎓盐

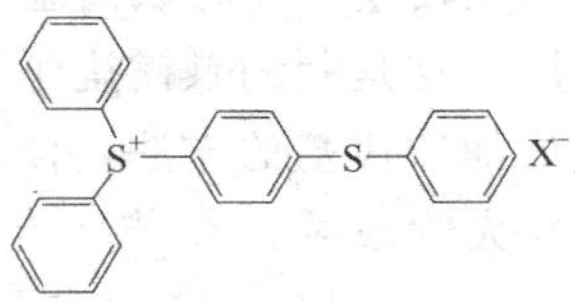

$$(C_6H_5)_2S^+—C_6H_4—S—C_6H_5\ X^- \tag{3-52}$$

苯硫基苯基二苯基硫鎓盐

三芳基硫鎓盐的阴离子对吸光性影响不大，但对光引发活性有较强影响，其阴离子活性大小与二芳基碘鎓盐一样依次为：

$$SbF_6^- > AsF_6^- > PF_6^- > BF_4^-$$

三苯基硫鎓盐与二芳基碘鎓盐相似，吸收光能后光解反应既产生超强酸引发阳离子光聚合，又能产生自由基引发自由基光聚合。

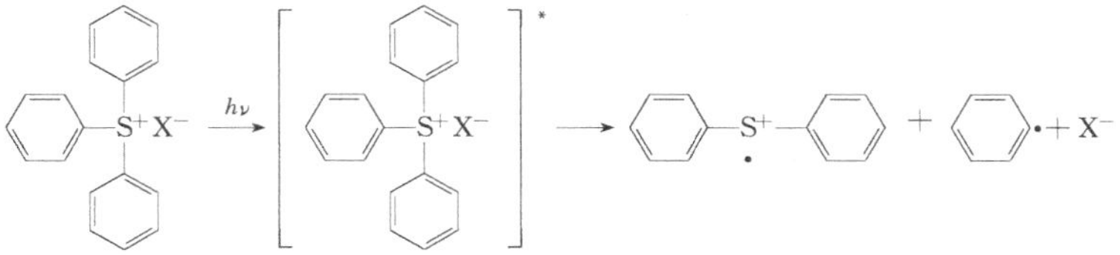

(3-53)

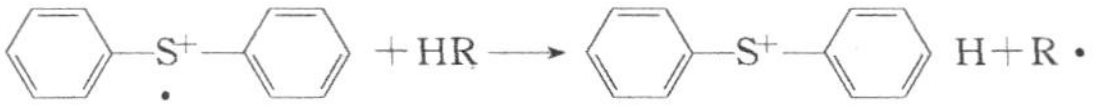

(3-54)

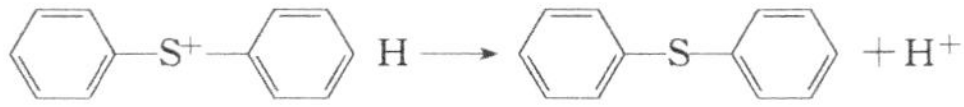

(3-55)

超强酸

三苯基硫鎓盐在活性稀释剂中溶解性不好，所以商品化的三苯基硫鎓盐都是50%碳酸丙烯酯溶液。

三苯基硫鎓盐也和二芳基碘鎓盐一样存在吸光波长在 250nm 以下，不能充分利用 UV 光源的 UV 光能，为此要与一些稠环芳烃化合物（蒽、芘、苝等）配合使用，以使三芳基硫鎓盐光敏化，从而发生光解，产生阳离子超强酸和自由基引发聚合。三芳基硫鎓盐的另一个缺点是光解产物二苯基硫醚有臭味。商品化的三芳基硫鎓盐为陶氏化学公司的 UV1 6974 和 UV1 6990。

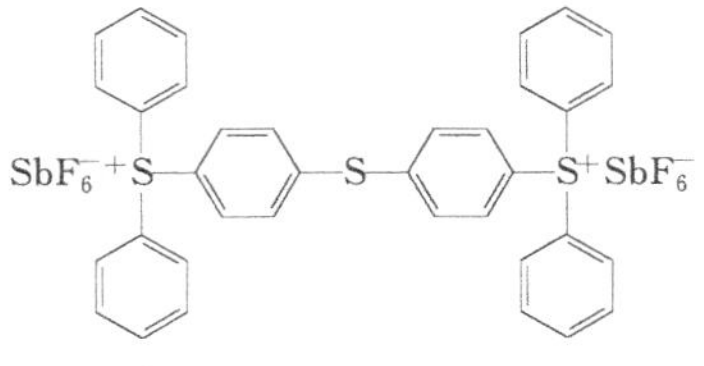

(3-56)

双（4,4′-硫醚三苯基硫鎓）六氟锑酸盐

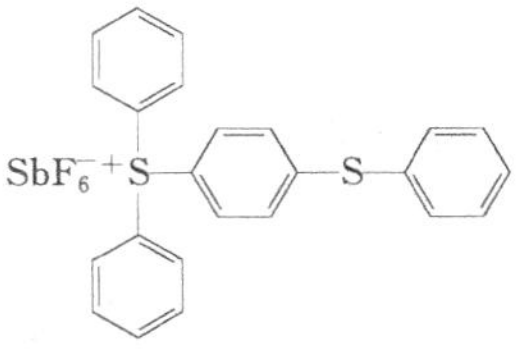

(3-57)

苯硫基苯基-二苯基硫鎓六氟锑酸盐

UV1 6974 是上述二种三芳基硫鎓盐的 50%碳酸丙烯酯溶液。

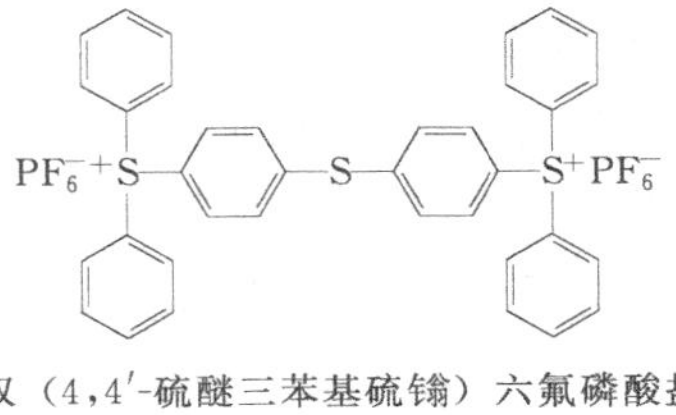

(3-58)

双（4,4′-硫醚三苯基硫鎓）六氟磷酸盐

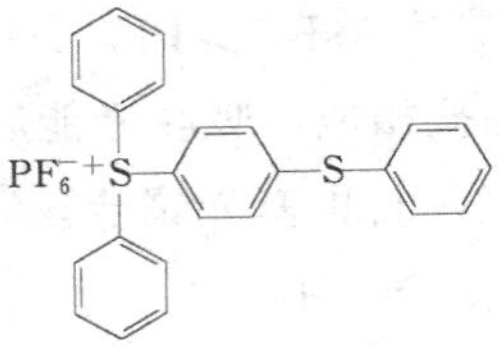

$$PF_6^- \ {}^+S(C_6H_5)_2-C_6H_4-S-C_6H_5 \quad (3\text{-}59)$$

苯硫基苯基-二苯基硫鎓六氟磷酸盐

UV1 6990 是上述二种三芳基硫鎓盐的 50%碳酸丙烯酯溶液。

3.1.4.4 芳茂铁盐

芳茂铁盐（aryl ferrocenium salt）是继二芳基碘鎓盐和三芳基硫鎓盐后，开发的又一种阳离子光引发剂，已商品化的是 lrgacure 261，简称 261。

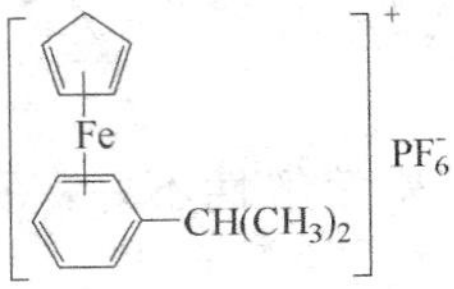

$$[C_5H_5\text{-Fe-}C_6H_5CH(CH_3)_2]^+ PF_6^- \quad (3\text{-}60)$$

η^6-异丙苯茂铁六氟磷酸盐（简称 261）

261 黄色粉末，熔点 85～88℃，它在远紫外（240～250nm）和近紫外（390～400nm）均有较强吸收，在可见光 530～540nm 也有吸收，因此是紫外光和可见光双重光引发剂。261 吸光后发生分解，生成异丙苯和茂铁路易斯酸引发阳离子聚合。

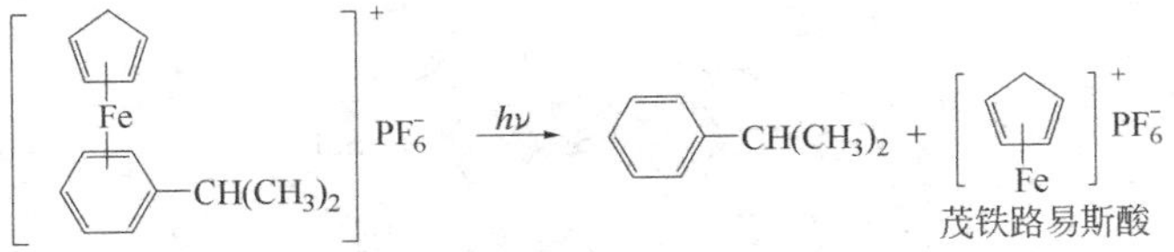

$$[C_5H_5\text{-Fe-}C_6H_5CH(CH_3)_2]^+ PF_6^- \xrightarrow{h\nu} C_6H_5CH(CH_3)_2 + [C_5H_5\text{-Fe}]^+ PF_6^- \quad (3\text{-}61)$$

茂铁路易斯酸

3.1.5 大分子光引发剂

目前使用的光引发剂都为有机小分子，在使用中存在下面的问题。

① 相容性　一些固体光引发剂在低聚物和活性稀释剂中溶解性差，需加热溶解，当放置时遇到低温，引发剂可能会析出，从而影响使用。

② 迁移性　涂层固化后残留的光引发剂和光解产物会向涂层表面迁移，影响涂层表观和性能，也可能引起毒性和黄变性。

③ 气味　有的光引发剂易挥发，大多数光引发剂的光解产物有不同程度的异味，因此在卫生和食品包装材料上影响其使用。

为了克服小分子光引发剂上述弊病，人们设计了大分子光引发剂或可聚合的光引发剂，目前已经商品化的大分子光引发剂为 Esacure KIP150 以及 KIP150 为主的 KIP 系列和 KT 系列。

$$CH_3-\left[-C(CH_3)(C_6H_4-CO-C(CH_3)_2OH)-CH_2-\right]_n-R \qquad (3\text{-}62)$$

2-羟基-2-甲基-1-(4-甲基乙烯基-苯基)丙酮(KIP150)

KIP150 为橙黄色黏稠物，相对分子质量在 2000 左右，在大多数活性稀释剂和低聚物中有较好的溶解性。它实际上可看作将 1173 连接在甲基乙烯基上组成的低聚物，属于 α-羟基酮类光引发剂，λ_{max} 在 245nm、325nm。KIP150 是一个不迁移、气味淡和耐黄变的光引发剂，虽然其光引发效率只有 1173 的 1/4（表 3-12），但 KIP150 在光照后，可在大分子上同时形成多个自由基，局部自由基浓度可以很高，能有效克服氧阻聚，提高光聚合速度，在使用时有较好的光引发作用，可应用于各种清漆和涂料，也可用于油墨、印刷版和胶黏剂。

表 3-12 1173、KIP150 光引发效率

光引发剂	激发三线态寿命/ns	光聚合速率/s	光引发效率/%
1173	1.4	41	0.28
4-十二烷基 1173	4.0	30	0.12
KIP150	8.0	26	0.07

为使用方便，KIP150 由活性稀释剂稀释或与别的液态光引发剂配成各种新的组成物如下：KIPLE 为 KIP150 和 TMPTA 组成物；KIP75LT 为 75%KIP150 和 25%TPGDA 组成物；KIP100F 为 70%KIP150 和 30%1173 组成物；KIP/KB 为 73.5%KIP150 和 26.5%651 组成物；KIPEM 为 KIP150 的稳定的水乳液；KIP55 为 50%KIP150 和 50%TZT 组成物；KIP37 为 30%KIP150 和 70%TZT 组成物；KIP46 为 KIP150、TZT 和 TPO 组成物。

除了 KIP/KB 是黏稠物外都是液体，使用方便，KIPEM 用于水性 UV 体系。

3.1.6 混杂光引发剂

将夺氢型光引发基团和裂解型光引发基团组合在同一个分子中，形成双引发基的混杂光引发剂，已商品化的有 Esacure 100。

$$C_6H_5-CO-C_6H_4-S-C_6H_4-CO-C(CH_3)_2-SO_2-C_6H_4-CH_3 \qquad (3\text{-}63)$$

Esacure 1001

其光裂解过程为：

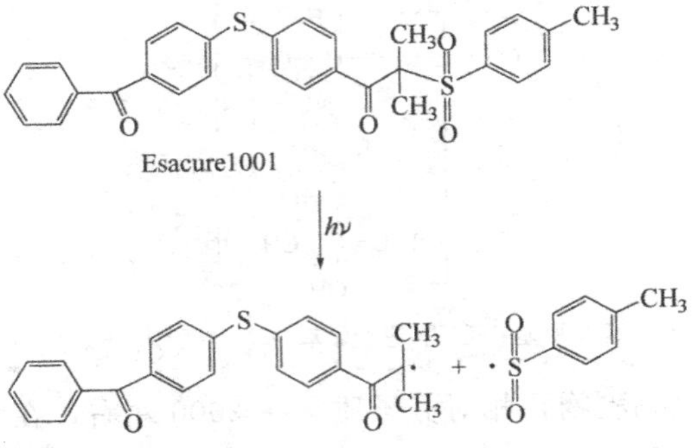

Esacure1001

(3-64)

由于有二苯甲酮结构，也可发生夺氢反应。Esacure 1001 光分解后，分解产物无气味，而且毒性低。其 λ_{max} 为 316nm，在 370nm 处摩尔消光系数达到 1000L/(mol・cm)，因此可用于 UV 油墨和 UV 色漆中。

北京英力科技发展公司和 IGM 公司联合开发的含自由基和阳离子双引发基团的混杂光引发剂 Omnicat550 和 Omnicat650。

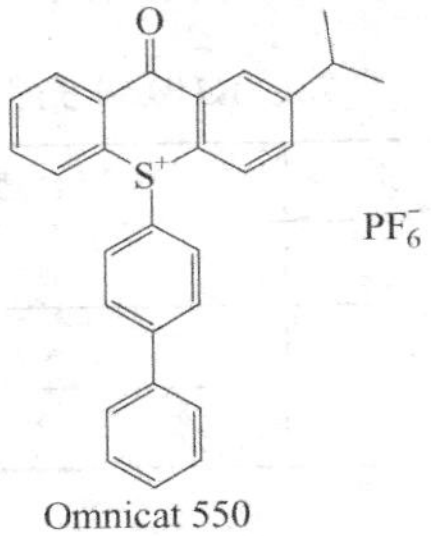

(3-65)

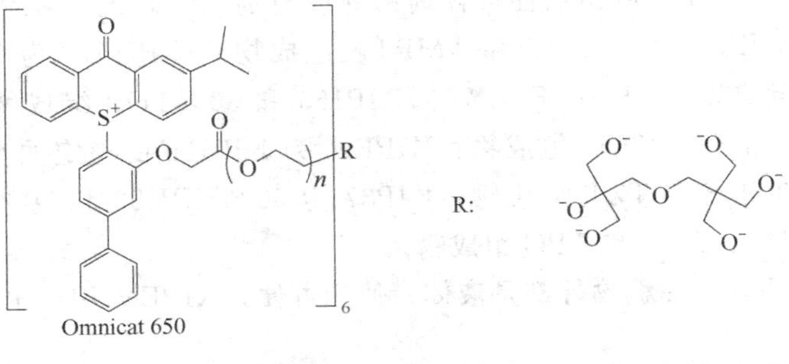

Omnicat 550

(3-66)

Omnicat 650

此外还有将二苯甲酮与 α-羟基酮、硫杂蒽酮与 α-羟基酮设计在一个分子中的双引发基的混杂光引发剂。

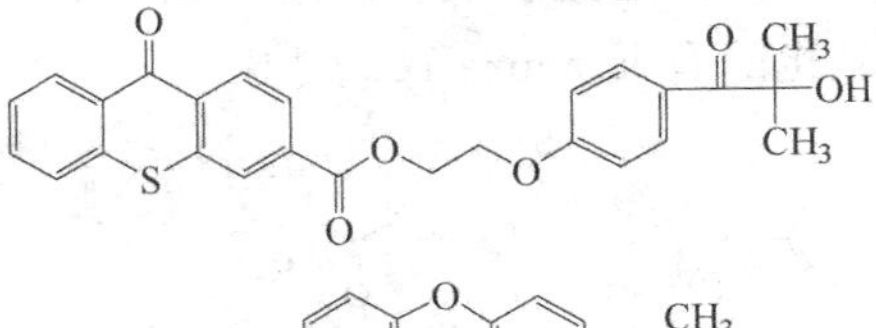

(3-67)

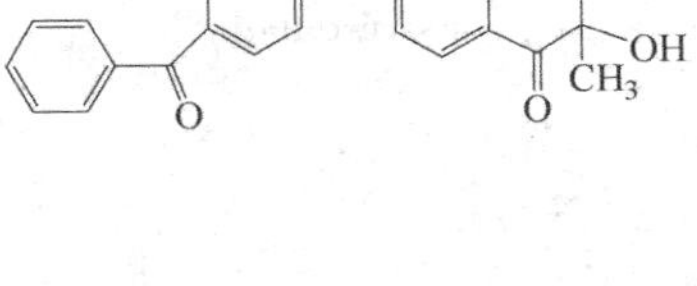

(3-68)

3.1.7 水性光引发剂

水性光固化涂料是光固化涂料最新发展的一个领域，它是用水作为稀释剂，代替活性稀释剂来稀释低聚物调节黏度，没有活性稀释剂的皮肤刺激性和臭味，价廉，不燃不爆又安全。水性光固化涂料是由水性低聚物和水性光引发剂组成，它要求水性光引发剂在水性低聚物中相容性好，在水介质中光活性高，引发效率高，以及其它光引发剂要求的低挥发性、无毒、无味、无色等。水性光引发剂可分为水分散型和水溶性两大类，目前常规光固化涂料所用光引发剂大多为油溶性的，在水中不溶或溶解度很小，不适用于水性光固化涂料，所以近年来水性光引发剂的研究和开发已成为热门课题，并取得了可喜的进展。不少水性光引发剂是在原来油溶性光引发剂结构中引入阴离子、阳离子或亲水性的非离子基，使其变成水溶性。已经商品化的水性光引发剂有 KIPEM、819DW 和 QTX 等。

KIPEM 是高分子型光引发剂 KIP150 稳定的水乳液，含有 32%KIP150，λ_{max} 在 245nm、325nm。

819DW 是光引发剂 819 稳定的水乳液，λ_{max} 在 370nm、405nm。

QTX 为 2-羟基-3-（2′-硫杂蒽酮氧基）-*N*,*N*,*N*-三甲基-1-丙胺氯化物，黄色固体，熔点 245～246℃，为水溶性光引发剂，λ_{max} 为 405nm。

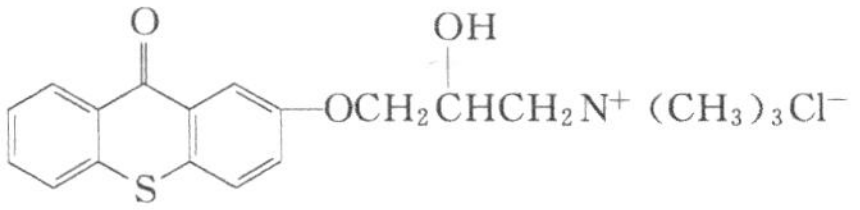

$$\text{(thioxanthone)}-OCH_2CH(OH)CH_2N^+(CH_3)_3Cl^- \qquad (3\text{-}69)$$

另外，光引发剂 2959 由于在 1173 苯环对位引入了羟基乙氧基（$HOCH_2CH_2$—）；使其在水中溶解度从 0.1%提高 1.7%，因此也常用在水性光固化涂料中。

3.1.8 可见光引发剂

以上介绍的大多数光引发剂都是紫外光引发剂，它们对紫外光（主要指 300～400nm），特别是紫外光源 365nm 敏感，吸收光能后光解产生自由基或阳离子引发聚合；对可见光几乎无响应，便于生成、应用和贮运。但随着信息技术、计算机技术、激光技术和成像技术的发展，不少光信息记录材料需要采用可见光和红外光波段，进行光化学反应，为此可见光引发剂的研究也引起人们的重视，目前已经商品化的有樟脑醌和钛茂可见光引发剂。

3.1.8.1 樟脑醌

樟脑醌（camenthol quinone，简称 CQ），λ_{max} 在 470nm，为可见光引发剂。CQ 吸收光能后，在激发三线态与助引发剂叔胺作用，夺氢后产生羰基自由基和引发剂活性很高的胺烷基自由基，引发聚合。

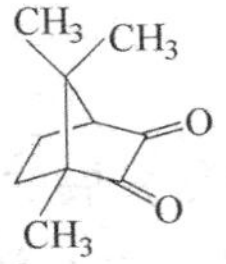

CH_3 CH_3 O O CH_3

(3-70)

CH_3 CH_3 O O CH_3 + R′—CH_2N NH_2 NH_2 $h\nu$ → CH_3 CH_3 O OH CH_3 + R′—$\dot{C}HN$ NH_2 NH_2

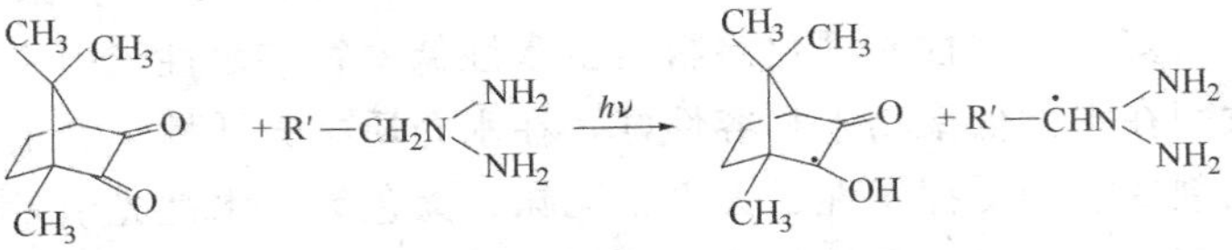

(3-71)

樟脑醌由于对人体无毒害，生物相容性好，光解反应后其长波吸光性能消失，具有光漂白作用，因此非常适合在光固化牙科材料上应用。

3.1.8.2 钛茂

很多金属有机化合物具有光聚合引发活性，如过渡金属乙酰丙酮络合物、8-羟基喹啉络合物、多羰基络合物等，由于引发效率不高，热稳定性差，毒性也较大，没有实用意义。

氟代二苯基钛茂具有良好的光活性、热稳定性和较低的毒性，可作为光引发剂使用，并商品化。

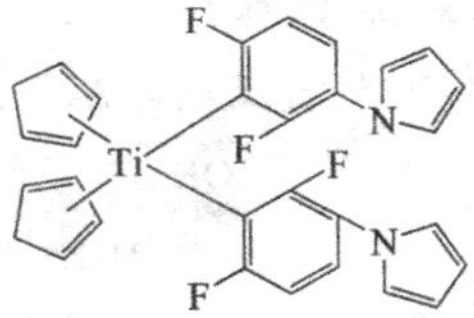

F F N Ti F F N

(3-72)

双［2,6-二氟-3-（1H-吡咯基-1)苯基］钛茂，商品名 Irgacure 784，简称 784。784 为橙色粉末，熔点 160～170℃；λ_{max}在 398nm、470nm，最大吸收波长可达 560nm。784 与氩离子激光器 488nm 发射波长匹配，是很好的可见光引发剂。氟代二苯基钛茂 784 光引发剂的光引发过程既不属于裂解型，也不属于夺氢型，而是 784 吸收光能后，光致异构变为环戊基光反应中间体（A)，与低聚物和活性稀释剂中丙烯酸酯的酯羰基发生配体置换，产生自由基（B)，引发聚合和交联。

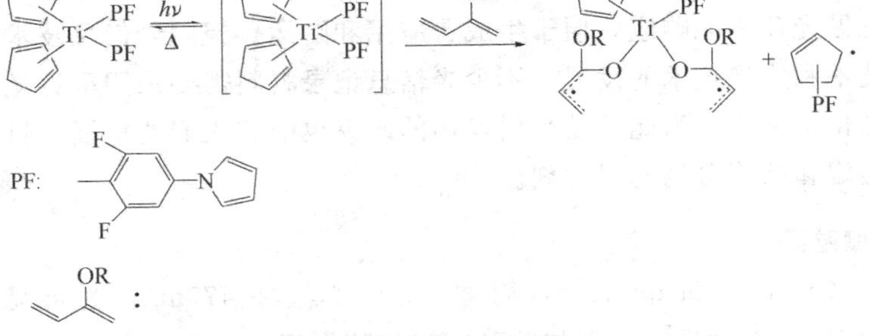

Ti PF PF $h\nu$ Δ [Ti PF PF]* OR → Ti PF OR O OR O + PF·

(3-73)

PF: F F N

OR :

丙烯酸酯低聚物或活性稀释剂

784 在可见光处吸收良好，光解后有漂白作用，非常适合于厚涂层的可见光固化，可固化 70μm 以上厚度的涂层；热分解温度 230℃，可在乙酸或氢氧化钠溶液中煮沸几个小时不发生变化，有极好的热稳定性。784 的感光灵敏度和光引发活性都很高，在丙烯酸酯体系中，只需 0.8MJ/cm^2 的 488nm 光照就可引发聚合；0.3% 784 的光引发效率比 2% 651 高 2～6 倍。但因在 UV 光区摩尔消光系数太大，光屏蔽作用强，只能用于薄涂层固化。784 主要用于高技术含量和高附加值领域，如氩离子激光扫描固化、全息激光成像、聚酰亚胺光固化以及光固化牙科材料中。

3.1.9　无光引发剂体系

通过分子结构设计，突破传统光引发剂结构，赋予树脂或单体一定的感光自引发活性，在无光引发剂条件下，经 UV 光照射后，引发体系发生光固化反应，而自身光解不产生苯系碎片，残留的未反应树脂、单体本身低毒或为非苯系化合物，这可能是解决光引发剂存在的残留、迁移、气味、毒性、泛黄等弊病的重要途径。这就是目前正在研究开发的无光引发剂体系，该体系的材料自感光特性并不基于传统光引发剂结构，材料体系在无传统光引发剂前提下自行发生 UV 交联固化，现在这方面的研究主要包括马来酰亚胺体系、丙烯酸酯化超支化聚合物、*beta*-二羰基迈克尔加成体系以及丙烯酸乙烯酯相似单体等。

3.1.9.1　*N*-烷基马来酰亚胺自引发体系

自引发马来酰亚胺（MI，maleimide）是指 *N*-烷基取代的各种衍生产物，包括单体和低聚物，马来酰亚胺 *N*-烷基取代产物种类繁多，在自感光固化研究中较为常见的有下列 *N*-烷基取代 MI：

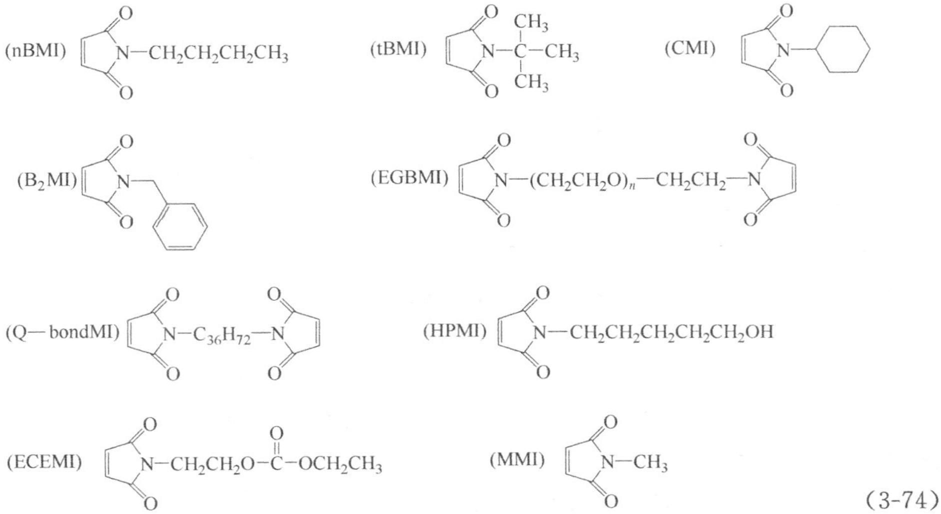

(nBMI) 马来酰亚胺环—N—$CH_2CH_2CH_2CH_3$　(tBMI) 马来酰亚胺环—N—$C(CH_3)_3$　(CMI) 马来酰亚胺环—N—环己基

(B_2MI) 马来酰亚胺环—N—CH_2—苯基　(EGBMI) 马来酰亚胺环—N—$(CH_2CH_2O)_n$—CH_2CH_2—N—马来酰亚胺环

(Q—bondMI) 马来酰亚胺环—N—$C_{36}H_{72}$—N—马来酰亚胺环　(HPMI) 马来酰亚胺环—N—$CH_2CH_2CH_2CH_2CH_2OH$

(ECEMI) 马来酰亚胺环—N—CH_2CH_2O—C(=O)—OCH_2CH_3　(MMI) 马来酰亚胺环—N—CH_3

(3-74)

早在 1968 年研究发现 *N*-烷基 MI 添加到丙烯酸酯官能化树脂中，经紫外光辐照，可快速进行 UV 交联固化，*N*-烷基 MI 经反应进入到丙烯酸酯交联网络中。在双官能团的丙烯酸酯中加入 10%的 *N*-甲基 MI 或 *N*-环己基 MI，在紫外光照射下就能发生聚合反应，表明 *N*-烷基 MI 和普通的光引发剂类似，具有引发光聚合的能力。

N-烷基 MI 的光引发聚合机理比较复杂，目前较为认同的机理包括夺氢机理、电荷转移机理以及双自由基机理。*N*-烷基 MI 吸收紫外光，到达激发三线态，具备较强夺氢能力，可以从醚键、伯醇或仲醇等结构上夺取活性氢，形成活泼自由基，引发 *N*-烷基 MI 双键以及丙烯酸酯双键进行自由基聚合。该机理显示，*N*-烷基 MI 经激发态夺氢后产生烯醇式自由基，它可以与自由基 R_1· 结合得到取代琥珀酰亚胺。上述过程中产生的烯醇式自由基与 R_1· 自由基可以引发烯类单体聚合，这就是 MI 引发光聚合的夺氢机理。

RMI $\xrightarrow[ISC]{h\nu}$ $[\ ]^*_{T_1}$; R_1-H 夺氢 ; 重排 ; R_1^* ; 烯醇-酮重排 (3-75)

N-烷基 MI 夺氢自引发机理这个夺氢过程与二苯甲酮的夺氢引发过程是相似的。它们的不同之处在于 MI 的夺氢能力要强于二苯甲酮。MI 在夺氢后产生两个可引发聚合的活性自由基，而二苯甲酮只能产生一个活性自由基。*N*-烷基 MI 激发态夺氢能力比常用的二苯甲酮还强。但二苯甲酮的最大吸光波长在 253nm 和 345nm，高于 *N*-烷基 MI（最大吸光波长很少超过 300nm），消光系数也远大于 *N*-烷基 MI，因此 *N*-烷基 MI 的总体引发效率不如二苯甲酮。

乙烯基醚是阳离子光固化领域重要的稀释单体，但在与 *N*-烷基 MI 配合时，形成自感光自由基引发体系，可进行光固化。*N*-烷基 MI 与乙烯基醚复合体系的光聚合总能获得单体单元接近 1∶1 的交替共聚产物，其机理较为复杂，考虑到乙烯基醚单体含有富电子的碳-碳双键，该光聚合历程可能包含电子转移——夺氢机理和双自由基机理，前者即指光激发态的 *N*-烷基 MI 处于缺电子状态，可从富电子的乙烯基醚分子上夺取电子，形成活泼中间态。经光激发、电子转移、夺氢等步骤形成活泼自由基，引发乙烯基单体聚合。

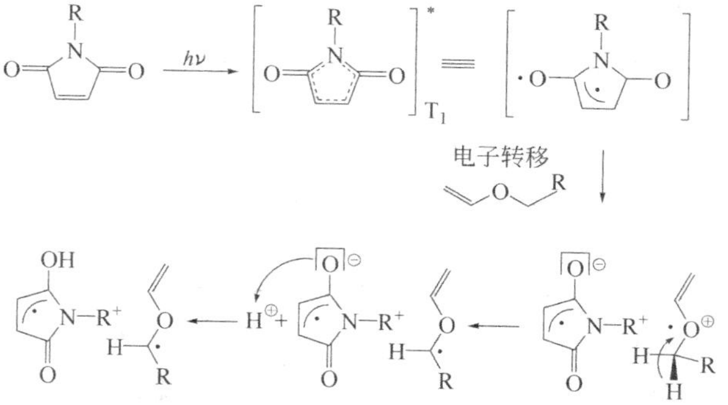

(3-76)

N-烷基 MI 与乙烯基醚的交替共聚特征可以通过双自由基机理来进行解释，N-烷基 MI 既是单体，又是感光活性物质，由于羰基拉电子共轭效应，其碳-碳双键具有缺电子特征，在光激发态时，这种缺电子特征可能强化。而另一单体乙烯基醚属于富电子单体。这两种单体在暗条件下有可能形成低浓度的电荷转移复合物(CTC)，两种单体的碳-碳双键发生结合。或者在光激发条件下，激发态的 N-烷基 MI 与乙烯基醚发生作用，形成低浓度的激基复合物（exciplex），进而演变为双自由基，引发单体聚合。

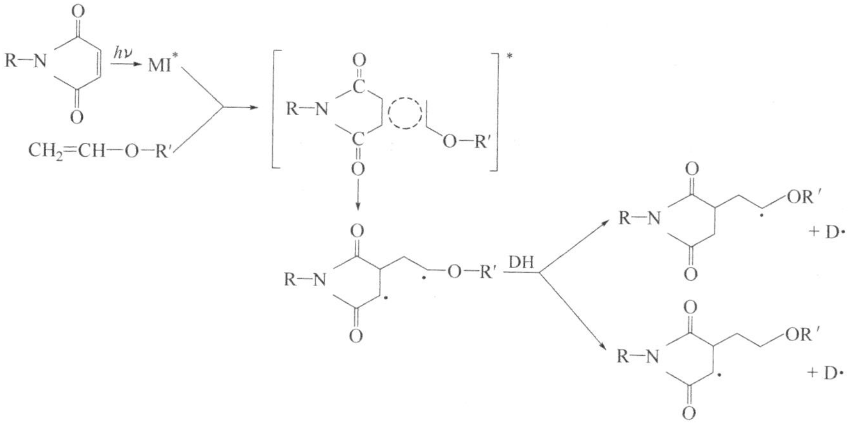

(3-77)

研究指出，N-烷基 MI 与乙烯基醚光引发共聚时，初期发生 1∶1 交替共聚，后期 MI 单体转化较快，可能发生了 MI 单体的均聚或成环反应。N-羟戊基 MI 因含有活性较高的氢原子结构，与乙烯基醚配合表现出很高的自感光引发活性，$50mW/cm^2$ 光强辐照 10s，光引发共聚双键转化率可达 90%；而相同条件下，N-叔丁基 MI 与乙烯基醚光共聚活性较低，光照 10s，双键转化率仅 20%。说明活性氢对于取代 MI 自感光引发活性的重要性。MI 氮原子取代基团对自引发活性的影响遵循如下顺序：

碳酸二乙酯基≈羟乙基≈羟戊基＞环己基＞已基＞甲基＞叔丁基

带有芳香族 *N* 取代基的 MI 一般引发效率较低，*N*-苯基 MI 几乎没有引发活性。但是在苯环邻位引入别的取代基时，如 *N*-(2-碘苯基)-马来酰亚胺却表现出非常高的引发活性。

研究还发现，MI/乙烯基醚体系的共聚对氧气不是很敏感。这与一般的自由基聚合不同，具有潜在的商业应用价值。另外加入叔胺、氯乙酸、氯乙酸酯等很多化合物可作为 *N*-烷基 MI 自感光引发聚合的促进剂。但出于合成效率、成本、感光敏感度、光源波长匹配等原因，马来酰亚胺自感光引发 UV 固化技术产业应用发展一直很慢。另外还须注意，MI 上 *N*-取代基团如果太小，产物通常具有较高毒性，例如，*N*-乙基 MI 经大鼠口服，半致死量 LD50 仅为 25mg/kg，属于剧毒药品。因而，像 *N*-甲基、*N*-乙基、*N*-苯基等小取代基 MI 不宜使用，仅作研究目的。

3.1.9.2 丙烯酸酯化超支化聚合物

作为光固化材料的超支化聚合物，其末端丙烯酸酯官能基密集，属于高官能度光固化树脂，光交联后常常形成高硬度涂层。瑞典 Perstorp 公司的一项研究显示，基于二羟甲基丙酸的超支化聚酯 Boltorn H20，将其末端羟基转化为丙烯酸酯基团后，除了可以在光引发剂存在下进行正常光交联外，即使不加入光引发剂，该树脂在较强紫外光辐照下也可发生光固化。尽管其感光固化效率不如传统外加光引发剂体系，但超支化聚合物末端引入少量活性胺中心后，感光固化速率大大提高。从而成为一种新型的无光引发剂 UV 固化材料。

中山大学对丙烯酸酯化超支化聚酯自固化行为进行了研究，在对 Boltorn 超支化聚酯进行末端丙烯酸酯化时，调节丙烯酸与丙酸的比例，获得一系列不同丙烯酸/丙酸酯化比例的超支化树脂：

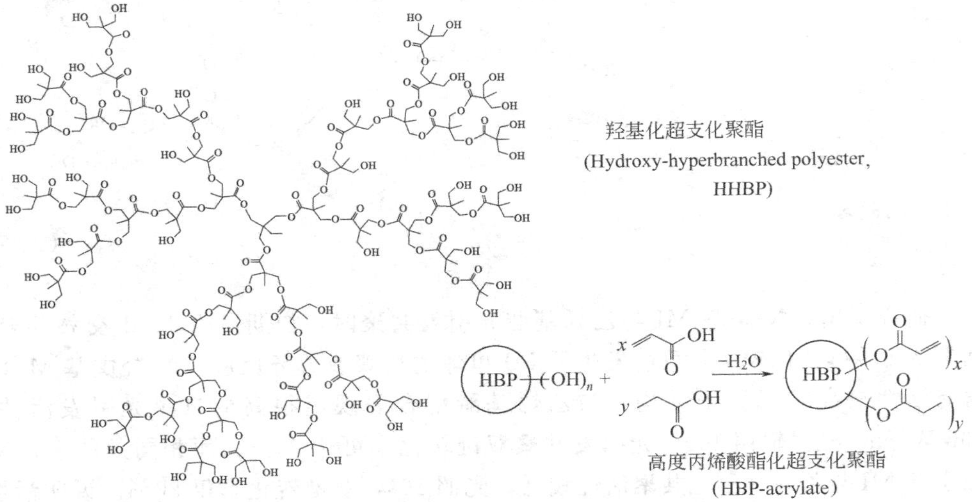

羟基化超支化聚酯
(Hydroxy-hyperbranched polyester, HHBP)

$$\mathrm{HBP}\text{-}(\mathrm{OH})_n + x\ \mathrm{CH_2{=}CHCOOH} + y\ \mathrm{CH_3CH_2COOH} \xrightarrow{-\mathrm{H_2O}} \mathrm{HBP}\text{-}(\mathrm{OCOCH{=}CH_2})_x(\mathrm{OCOCH_2CH_3})_y$$

高度丙烯酸酯化超支化聚酯
(HBP-acrylate)

(3-78)

研究发现在无光引发剂条件下，所合成的丙烯酸/丙酸改性超支化聚酯可顺利发生 UV 固化，以三代超支化聚酯改性产物为例，用光照 DSC 量热法对光聚合过程进行跟踪，在 $15mW/cm^2$ 光强辐照下，全丙烯酸酯官能化的超支化聚酯表现出较强的自引发活性，双键转化率可达 45%左右（高官能度树脂最终转化率通常不高），随着丙酸比例的增加，树脂的丙烯酸酯官能度降低，自感光引发活性也降低，相比一般丙烯酸酯单体，TMPTA、TPGDA 则没有自感光引发活性。研究显示，丙烯酸酯化超支化聚合物随丙烯酸酯官能度增加，UV 吸收光谱出现异常，于 285nm 附近出现一新的吸收峰，该吸收峰的出现与树脂自感光固化特征相关，吸收峰波长位置与汞灯 280～320nm 区间密集能量发射匹配，树脂可有效吸收光能，到达激发态，实现自感光聚合。该吸收峰的出现应该对应树脂结构的某种变化，推测可能是由于超支化树脂末端密集排列的丙烯酸酯基团有一定几率“贴合”在一起，基团相互发生电子作用（有可能是碳-碳双键 π 堆叠），形成吸光活性结构，导致自感光固化。

需要提出的是，超支化光固化树脂尽管具有低黏度、高官能度、固化膜高硬度、自感光固化等诸多特点，但该类树脂在交联固化时属于球状微结构成膜，固化涂层的综合机械性能常常不如传统的线性微结构成膜。目前，该树脂在光固化涂料、油墨领域有部分应用，主要用于增加涂层硬度，但总体应用面不宽，有待深入应用拓展。

3.1.9.3 *beta*-二羰基迈克尔加成体系

beta-二羰基化合物是指含有－CO－CHR－CO－结构的化合物，两个羰基可以是酮羰基、酯羰基、醛羰基、酰胺羰基等，R 基团可以为 H、Cl、烷基等。常见 *beta*-二羰基化合物包括乙酰乙酸乙酯（EAA）、乙酰乙酸甲酯（MAA）、乙酰丙酮（acac）、丙二酸酯等。两羰基中间的 CH 或 CH_2 结构由于受到羰基吸电子效应与共轭效应影响而表现出一定的酸性，pK_a 约为 10，与苯酚酸性相当，在碱性环境下脱除一个质子，变为碳负离子，受邻位羰基共轭影响，碳负离子异构化为烯醇负离子。一般来说，*beta*-二羰基化合物在一定条件下可发生显著互变异构，形成烯醇-二羰基化合物互变平衡。

$$R-CO-CH_2-CO-R' \rightleftharpoons R-C(OH)=CH-CO-R' \quad (3\text{-}79)$$

beta-二羰基化合物析出互变异构倾向受溶剂环境影响较大，一般而言，弱极性和非极性环境有利于形成互变异构体，而高极性溶剂不利于发生烯醇互变异构。不同溶剂环境中，*beta*-二羰基化合物烯醇互变异构倾向大小列于表 3-13。

烯醇结构很容易与缺电子双键发生迈克尔加成反应，因而，acac、EAA 等 *beta*-二羰基化合物能以较高的效率对丙烯酸酯双键进行迈克尔加成，形成含有季碳二羰基结构的加成产物，例如 TMPTA 与 acac 在碱性催化条件下的加成反应。

表 3-13　*beta*-二羰基化合物烯醇互变异构倾向大小

酮式互变异构体	烯醇式互变异构体	烯醇异构体所占百分比/%		
		纯液体	水溶液	己烷溶液
$CH_3COCH_2COCH_3$　pK_a=9　acac	$CH_3C(OH)=CHCOCH_3$	76	20	92
$CH_3COCH_2COOC_2H_5$　pK_a=11　EAA	$CH_3C(OH)=CHCOOC_2H_5$	8	0.4	46
$C_2H_5OCOCH_2COOC_2H_5$　pK_a=13　丙二酸二乙酯	$C_2H_5OC(OH)=CHCOOC_2H_5$	<0.1	0	<1

Ashland 公司系统研究了这类迈克尔加成低聚物的合成与应用，由此获得的迈克尔加成树脂保留部分丙烯酸酯基团，用于光交联，加成结构对紫外光有一定敏感度，于紫外辐照下产生自由基，引发聚合交联，属于一类新型、但最具直接应用价值的自引发 UV 固化树脂。其合成设计完全基于 *beta*-二羰基化合物与多官能丙烯酸酯单体（或树脂），常用的 TMPTA、TPGDA、HDDA、EOTMPTA 等活性稀释单体经常用以合成迈克尔加成树脂，官能度较高时，须注意凝胶产生。单官能丙烯酸酯单体有时也少量使用，用以调节加成产物结构和性能。相对分子质量较大、黏度较高的光固化树脂用来合成迈克尔加成低聚物更能够获得应用性能俱佳的新型光固化树脂。加成反应后，树脂保留部分丙烯酸酯基团，相对分子质量增大，交联结构改变，固化膜综合性能往往提高。出于防止凝胶化的考虑，光固化树脂一般很少使用三官能、四官能或更高官能度树脂，而较多采用双官能树脂。环氧丙烯酸酯、聚酯丙烯酸酯、聚氨酯丙烯酸酯、聚硅氧烷丙烯酸酯等都可用来进行迈克尔加成，获得性能突出的新型树脂。合成设计中引入少量丙烯酸酯化的活性胺，使活性胺进入到部分迈克尔加成树脂结构上，可以提高应对氧阻聚的能力，增强自引发效率。

合成迈克尔加成树脂的工艺条件非常重要。原则上，碱性物质都可作为该反应的催化剂，包括无机碱、有机碱等，一般的苛性碱、碳酸碱作为催化剂，容易导致凝胶，不能直接使用。叔胺类催化剂，三乙胺、吡啶、*N*,*N*-二甲基苄胺等都可高效率催化上述迈克尔加成反应，反应温和，但产品颜色较深，加速老化过程中较容易出现凝胶，贮存稳定性不良。如果在反应结束后能够将碱性催化剂从产物中分离出来，则对产品的稳定性有利。例如，将氟化钾、氟化铯等碱性催化剂负载于中性氧化铝固体颗粒上，行使完催化作用后，在产物黏度不是太高条件下，通过热压滤方式，可将固体催化剂与产品树脂分离，防止进一步发生负面作用。

这类基于 *beta*-二羰基化合物与丙烯酸酯迈克尔加成的光固化树脂，其感光结构特征显然不同于传统光引发剂，分子结构设计上可以完全没有芳环。对这类光固化树脂自引发聚合原理进行研究，发现加成产物在 290nm 附近出现较强吸收，可有效利用汞灯 280～320nm 区间的较强紫外辐射，而一般丙烯酸酯单体或树脂在此波长附近没有吸收。

迈克尔加成树脂因其自身感光活性，现已部分用于 UV 色漆、UV 油墨的配方，为使光固化效率达到理想水平，可以在配方中使用很少量的光引发剂，但用量相对于传统 UV 色漆和 UV 油墨已经非常少，在光引发剂残留、气味等方面已大为改善。另一方面，该类自引发树脂应用于 UV 色漆、UV 油墨时，配方体系中的颜料含量可以增加，提高色漆、油墨遮盖力，而又不降低固化性能，这对当前 UV 色漆须以低颜料含量配方多次涂覆的工艺可起到改善作用，简化工艺操作。对迈克尔加成树脂进行结构设计，引入少量非离子强亲水基团，可赋予树脂适当的乳化性能，能够作为 UV 胶印油墨的主体树脂使用。迈克尔加成树脂结构设计灵活，性能易于调节，是目前应用最为成功的自引发树脂。

3.1.9.4　丙烯酸乙烯酯及其类似结构

丙烯酸乙烯酯（VA）结构为 $CH_2=CH-CO-OCH=CH_2$，是一类结构与性能非常特别的单体，对汞灯 254nm 发射谱线有较强吸收，长波无吸收。在紫外光激发下可自行发生光交联，并且可作为自引发单体，引发常规丙烯酸酯单体、树脂聚合交联，起到类似光引发剂的作用，以 10%（质量分数）和 HDDA 配合，紫外光辐照下，能引起 HDDA 快速交联固化。

丙烯酸乙烯酯分子两端均有碳-碳双键，原则上都可进行自由基聚合。但两个双键的电子状态不同，丙烯酸酯双键为缺电子状态，乙烯氧基双键为富电子状态，仅就此单体本身而言，其丙烯酸酯双键的聚合转化远快于乙烯氧双键的聚合转化。和其它饱和羧酸乙烯氧酯的对比研究发现，VA 单体中乙烯氧双键与丙烯酸酯双键的协同作用是其具有自感光引发活性的关键，鉴于两种双键不同的电子状态特征，在光激发下，激发态分子可通过两种双键发生相互作用，引起电子重新分布的可能，形成自由基，引发聚合。

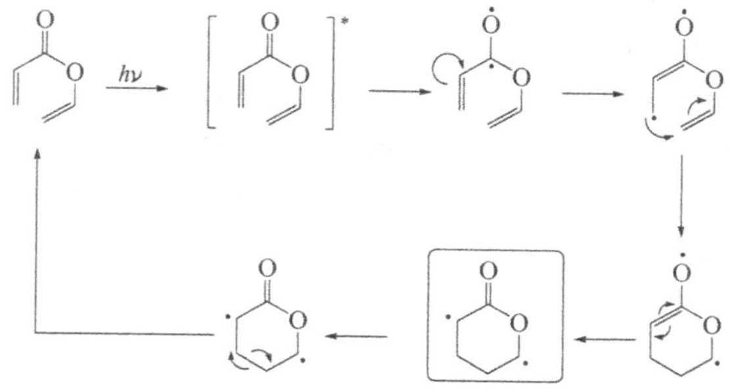

(3-80)

VA 单体虽然具有突出的自引发功能，但其长波吸收，尤其是 300nm 附近或以上的紫外吸收基本没有，对光源利用效率低下；况且其沸点仅 90℃，易挥发；单体合成制造并不简便，应用上受到限制。基于以上结构分析，还可设计合成一系列具有相似结构特征、性能适当提高的自引发单体。

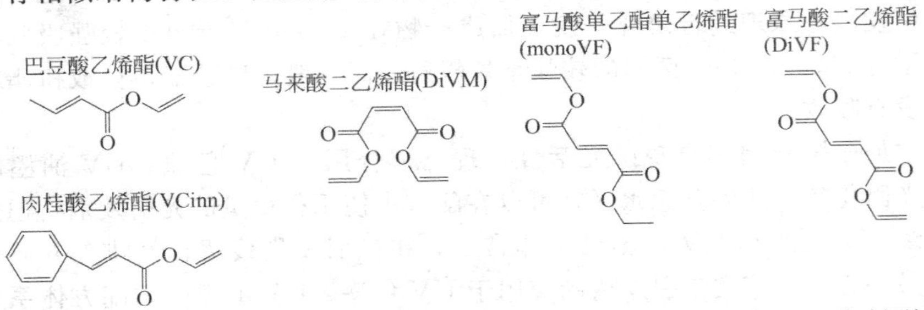

巴豆酸乙烯酯(VC)　马来酸二乙烯酯(DiVM)　富马酸单乙酯单乙烯酯(monoVF)　富马酸二乙烯酯(DiVF)

肉桂酸乙烯酯(VCinn)

(3-81)

上述单体对紫外光的吸收性能有所改善，对汞灯 254、313nm 发射谱线的吸收摩尔消光系数见表 3-14。显示结构改良后的 α,β-不饱和羧酸乙烯酯单体吸光性有所增强，VCinn、DiVF、DiVM 单体在 313nm 处吸光能力比传统光引发剂I 651 还强。

表 3-14　几种衍生 α,β-不饱和羧酸乙烯酯单体摩尔消光系数

品　种	254nm	313nm
Irgacure 651	12067	185
VA	1262	—
VC	1482	—
VCinn	10794	857
DiVF	6831	379
DiVM	7913	448
MonoVF	3529	83

将上述 α，β-不饱和羧酸乙烯酯单体、651 以较低比例混合于 HDDA 单体中，几个自引发单体表现出不同的引发活性，其活性顺序为：

$$651 > \text{VCinn} > \text{DiVF} \approx \text{DiVM} \approx \text{MonoVF} > \text{VA} \sim \text{VC}$$

进一步研究显示，这些 α，β-不饱和羧酸乙烯酯单体在光激发下，主要发生裂解重排，产生活泼自由基，引发丙烯酸酯单体和树脂聚合。

无光引发作用的自感光固化属于光聚合领域的新兴技术，目前的研究还不十分广泛、深入。尽管如此，其独特引发功能、避免传统光引发剂的副作用等优势，使得在这一领域的应用研发比较活跃，在并不长的研究时间里，就已有成系列的自引发树脂体系获得规模商业化应用。作为先进光固化技术的一种有力补充，其发展前景十分乐观。

表 3-15　常用光引发剂国外生产厂家及商品名称

（一）

光引发剂	651	184	907	369	500	1000	819	1700	1800	261	784	1173	2959	4265	TPO
瑞士汽巴精化	Irgacure 651	Irgacure 184	Irgacure 907	Irgacure 369	Irgacure 500	Irgacure 1000	Irgacure 819	Irgacure 1700	Irgacure 1800	Irgacure 261	Irgacure 784	Darocur 1173	Darocur 2959	Darocur 4265	Darocur 4263

（二）

光引发剂	BP	651	1173	184	ITX	CTX	CPTX	BMS	TPO	DEAP	KIP150	TZT	TZM	KTO	硫鎓盐 SbF_6^-	硫鎓盐 PF_6^-	碘鎓盐 SbF_6^-	助引发剂	
																		EDAB	ODAB
意大利宁柏迪	Esacure BZO	Esacure KB1	Esacure KL200	Esacure KS300	Esacure ITX						Esacure KIP150	Esacure TZT	Esacure TZM	Esacure KTO				EAB	
美国沙多玛		SR1120	SR1021	SR1122	SR1124						SR1130	SR1137	SR1136	SR1135	SR1010	SR1011	SR1012	SR1125	
美国第一化学		Firstcure BDK			Firstcure ITX					Firstcure DEAP								Firstcure EDAB	Firstcure ODAB
美国陶氏															UV16976	UV16992			
英国大湖					Quanta-cure ITX	Quanta-cure CTX	Quanta-cure CPTX	Quanta-cure BMS										Quantacure EPD	Quantacure EHA
德国巴斯夫									Lucirin TPO LR8953	Lucirin① TPO-L									
德国科宁	Photomer BP	Photomer 51											Photomer 81						

① Lucirin TPO-L 为 $CH_3-C_6H_2(CH_3)_2-\overset{O}{\overset{\|}{C}}-\overset{O}{\overset{\|}{P}}(C_2H_5)-C_6H_5$。

表 3-16　常用光引发剂国内生产厂家及商品名称

光引发剂	BP	651	1173	184	907	ITX	TPO	BMS	500	1000	4265	4-MBP①	MBB②	助引发剂	
														EDAB	ODAB
北京英力			YL-PI 1173	YL-PI 184	YL-PI 907	YL-PI ITX	YL-PI TPO								
天津久日						ITX									
天津试剂所	二苯甲酮	安息香双甲醚													
大连大雪	二苯甲酮														
兰州长欣					CX-907	CX-ITX CX-ITX（m）									
南京贸桥	BP	Chemcure 651	Chemcure 1173	Chemcure 184	Chemcure 907	Chemcure ITX	Chemcure TPO								
常州华钛	Runtecure 1020	Runtecure 1065	Runtecure 1103	Runtecure 1104	Runtecure 1107	Runtecure 1105	Runtecure 1108	Runtecure 1030	Runtecure 1500	Runtecure 1100	Runtecure 1265	Runtecure 1024	Runtecure 1056	Runtecure 1101	Runtecure 1098
宁柏迪（江阴）	二苯甲酮		XT1173	XT184											
昆山玉山						ITX									
靖江宏泰	CHC21	CHC651	CHC1173	CHC184	CHC907	ITX									
大丰德尔明	二苯甲酮														
大丰三立	二苯甲酮		D73	D84											
海宁光华		651			907										
浙江寿尔福					YF-TI 907	YF-TI ITX	YF-TI TPO								
长沙新宇	BP	BDK	UV1173	UV184	UV907	ITX	TPO		UV500		UV4265	4-MBP	MBB	EPD	EHA

① 4-MBP 为 4-甲基二苯甲酮。

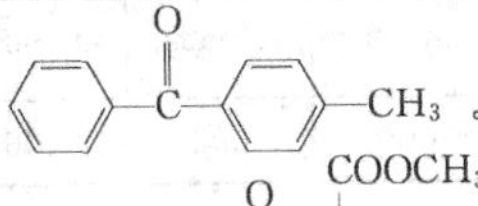

② MBB 为 2-苯甲酰基苯甲酸甲酯。

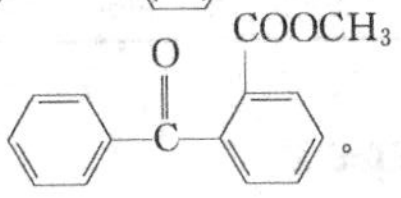

表 3-17 常见光引发剂的应用领域

应用领域	184	261	369	500	651	784	819	907	1000	1800	2959	1173	4265	TPO	DEAP	BP	TZM	TZT	BMS	2-EA	ITX	KIP150	KIP100F	KTO/46	KIP/EM
不饱和聚酯木器漆					○		○			○		○		○	○	△	○	△	○			○	○	○	
丙烯酸系木器清漆	○			○			△					○		△	○	△	△	○	○		△	○	○	○	
白木器漆							○			○			△	○	△									○	
塑料、金属清漆	○			△			△				○	△		△	○	△	△	△	○		△	○	○		
纸张上光油	○			○			△	△	○		○	○		△	○	○	○	○	○			○	○		
耐 UV 清漆	△						○			○		△		○								○			
阳离子光固化涂料		○																							
UV 粉末涂料							○			△	○			○							△				
水性 UV 油墨和涂料				△							○	△													○
低挥发、低气味涂层			○				○				○			○								○			

续表

应用领域	184	261	369	500	651	784	819	907	1000	1800	2959	1173	4265	TPO	DEAP	BP	TZM	TZT	BMS	2-EA	ITX	KIP150	KIP100F	KTO/46	KIP/EM
厚涂层	△						O							O											
光纤涂料					△		O			△												△			
胶黏剂	O		△				O			△	△	△	△	O	△			O			△	O	O		
PCB 用抗蚀剂			O		O	O	△	O						△						O	O	△		△	
阻焊剂			O		O	O	△	O						O						O	O	△		△	
环氧 抗蚀剂		O																							
柔性版			△		O		△							△								△	△		
CTP 版						O																			
胶印 油墨	△		O		△		O	O		△	△	△	△	O	△			△	△	△	O	△	△	O	
丝印 油墨	O		O		△		O	O		O	△		△	O	△			△	△	△	O	△	△	O	
柔印 油墨	△		O		△		O	O		△	△		△	O	△			△	△	△	O	△	△	O	

注：O 推荐使用；△ 可以使用或作助引发剂用。

3.1.10　光引发剂主要生产厂商、产品及应用领域

光引发剂的生产厂家国外主要有瑞士汽巴精化公司（Ciba）、意大利宁柏迪公司（Lamberti）、英国大湖公司（Great Lakes）、比利时优比西公司（UCB）、德国巴斯夫公司（BASF）、德国科宁公司（Cognis）、美国第一化学（First Chemical）、美国陶氏化学公司（Dow Chemical）、美国沙多玛（Sartomer）等。国内主要有北京英力科技发展公司、天津日久化工公司、天津化学试剂研究所、大连大雪集团精细化工公司、兰州长欣精细化工公司、南京贸桥化工公司、常州华钛化学公司、宁勃迪化工（江阴）公司、昆山玉山化工厂、靖江宏泰化工公司、大丰德尔明化工公司、大丰三立化工公司、海宁光华化工公司、浙江寿尔福化工公司、长沙新宇化工实业公司等。它们的主要产品及商品名称见表 3-15 和表 3-16。常见光引发剂的应用领域见表 3-17。

3.2　活性稀释剂

3.2.1　概述

活性稀释剂（reactive diluent）通常称单体（monomer）或功能性单体（functional monomer），它是一种含有可聚合官能团的有机小分子，在光固化涂料的各种组分中活性稀释剂也是一个重要的组成，它不仅溶解和稀释低聚物，调节体系的黏度，而且参与光固化过程，影响涂料的光固化速率和固化膜的各种性能，因此选择合适的活性稀释剂也是光固化涂料配方设计的重要环节。

从结构上看，自由基光固化用的活性稀释剂都是具有“$>C=C<$”不饱和双键的单体，如丙烯酰氧基、甲基丙烯酰氧基、乙烯基、烯丙基，光固化活性依次为：

丙烯酰氧基＞甲基丙烯酰氧基＞乙烯基＞烯丙基

因此，自由基光固化活性稀释剂主要为丙烯酸酯类单体。阳离子光固化用的活性稀释剂为具有乙烯基醚“$CH_2=CH-O-$”或环氧基“$\underset{\diagdown O \diagup}{CH_2-CH-}$”的单体。乙烯基醚类单体也可参与自由基光固化，因此可用作两种光固化体系的活性稀释剂（见表 3-18）。

活性稀释剂按其每个分子所含反应性基团的多少，可以分为单官能团活性稀释剂、双官能团活性稀释剂和多官能团活性稀释剂。每个分子中含有官能团的数目称为官能度，所以单官能团活性稀释剂的官能度为 1，双官能团活性稀释剂的官能度为 2，多官能团活性稀释剂的官能度可以是 3、4 或更多。活性稀释剂中含有可参与光固化反应的官能团越多，官能度越大，则光固化反应活性越高，光固化速率越快。

表 3-18　活性稀释剂的种类

名称	官能团	实例	光固化类型
丙烯酸酯	$CH_2=CH-COO-$	$CH_2=CHCOO-(CH_2-CH(CH_2)-O)_3-COCH=CH_2$ 三缩丙二醇二丙烯酸酯(TPGDA)	自由基
甲基丙烯酸酯	$CH_2=C(CH_3)-COO-$	$CH_2=C(CH_3)-COO-CH_2CH_2-OH$ 甲基丙烯酸 β-羟乙酯(HEMA)	自由基
乙烯基类	$CH_2=CH-$	$CH_2=CH-C_6H_5$ 苯乙烯(St)	自由基
乙烯基醚类	$CH_2=CH-O-$	$CH_2=CH-O-(CH_2CH_2O)_3-CH=CH_2$ 三乙二醇二乙烯基醚(DVE-3)	自由基、阳离子
环氧类	CH_2-CH-（环氧，O桥接）	$O-CH_2-CH-CH_2$（CH与CH₂间O桥接成环氧） 苯基缩水甘油醚(PGE)	阳离子

从光固化活性看：多官能团活性稀释剂＞双官能团活性稀释剂＞单官能团活性稀释剂。

随着活性稀释剂官能度的增加，除了增加光固化反应活性外，同时增加固化膜的交联密度。单纯的单官能团单体光聚合后，只能得到线形聚合物，不发生交联。当官能度≥2 的活性稀释剂存在时，光固化后得到交联聚合物网络，官能度高的活性稀释剂可得到高交联度的网状结构。交联度的高低对固化膜的物理力学性能和化学性能产生极大的影响。表 3-19 列出了活性稀释剂官能度和相对分子质量对固化膜性能的影响规律。

活性稀释剂自身的化学结构对固化膜的性能有很大影响，因此在制备光固化涂料时，要根据涂料性能要求，选择合适的活性稀释剂。表 3-20 列出活性稀释剂化学结构对固化膜性能的影响。

活性稀释剂中随着官能团的增多，其相对分子质量也相应增加，分子间相互作用增大，因而黏度也增大，这样稀释作用就减少。从活性稀释剂的黏度看：多官能团活性稀释剂＞双官能团活性稀释剂＞单官能团活性稀释剂。从活性稀释剂的稀释作用看：单官能团活性稀释剂＞双官能团活性稀释剂＞多官能团活性稀释剂。表 3-21 列出常用活性稀释剂对体系黏度和固化速率的影响。

表 3-19　活性稀释剂官能度和相对分子质量对固化膜性能的影响规律

固化膜性能	固化速率	交联度	伸长率	硬度	柔韧性	耐磨性	抗冲击性	热稳定性	耐化学性	收缩率
官能度提高	慢 ↓ 快	低 ↓ 高	高 ↓ 低	软 ↓ 硬	柔 ↓ 脆	差 ↓ 好	好 ↓ 差	差 ↓ 好	差 ↓ 好	低 ↓ 高
分子量增加	慢 ↓ 快	高 ↓ 低	低 ↓ 高	硬 ↓ 软	脆 ↓ 柔	好 ↓ 差	差 ↓ 好	好 ↓ 差	好 ↓ 差	高 ↓ 低

表 3-20　活性稀释剂化学结构对固化膜性能的影响

活性稀释剂结构	固化膜性能特点
链烷结构	耐高温，疏水性，耐候性，抗黄变，耐化学药品，促进附着力
酯结构	耐候性(耐高温，耐黄变，抗紫外)，耐溶剂，但遇碱易水解，良好的附着力
芳香环结构	耐高温，耐化学药品，提供硬度、附着力、疏水性，易黄变
酯环结构	耐高温，耐候性，不黄变，耐化学药品，提供附着力、疏水性
醚结构	固化快，耐碱和链烷类溶剂，对环氧和聚氨酯溶解力良好，一旦氧化易黄变

表 3-21　常用活性稀释剂对体系黏度和固化速率影响①

活性稀释剂	官能度 f	体系黏度/mPa·s	固化速率/s
2-EHA	1	1180	12.5
NVP	1	1400	75
POEA	1	5000	110
IBOA	1	13000	75
HDDA	2	2088	200
TEGDA	2	4050	125
TPGDA	2	7550	100
TMPTMA	3	10400	15
PETA	3	25000	110
TMPTA	3	25400	200
OTA—480②	3	46250	125

① 活性稀释剂：低聚物=30：70。

② 甘油衍生物三丙烯酸酯。

制备光固化涂料选择活性稀释剂时，应考虑以下因素。

① 低黏度　稀释能量强。

② 低毒性　低气味、低挥发、低刺激。

③ 低色相　特别在无色体系、白色体系必须加以考虑。

④ 低体积收缩　增加对基材的附着力。

⑤ 高反应性　提高光固化速率。

⑥ 高溶解性　与树脂相容性好，对光引发剂溶解性好。

⑦ 高纯度　水分、溶剂、酸含量、聚合物含量低。

⑧ 玻璃化温度 T_g 适合涂层性能的要求。

⑨ 热稳定性好　利于生成加工、运输和贮存。

⑩ 价格便宜　降低成本。

要根据光固化涂料涂装需要的黏度、固化速率、基材的附着性能、涂层所要求的物理机械性能（如光泽、硬度、柔韧性、耐冲击性、抗伸强度、耐磨性、耐化学性、耐黄变性等），综合考虑进行选择。单一的活性稀释剂不能满足上述要求，大多数要选择两种或多种不同官能度的活性稀释剂搭配，以获得综合性能最佳的涂料配方。表 3-22 为部分活性稀释剂的固化收缩率和表面张力。

表 3-22　部分活性稀释剂的固化收缩率和表面张力

产品代号	化学名称	相对分子质量	官能度	收缩率/%	表面张力/(mN/m)
IOBA	丙烯酸异冰片酯	208	1	8.2	32
EB 114	乙氧基化丙烯酸氧苯酯	236	1	6.8	39
ODA	丙烯酸十八烷基酯	200	1	8.3	30
TCDA	三环癸基二甲醇二丙烯酸酯	304	2	5.9	40
EB 145	丙氧基化新戊二醇二丙烯酸酯	328	2	9.0	31
DPGDA	二丙二醇二丙烯酸酯	242	2	13.0	35
TPGDA	三丙二醇二丙烯酸酯	300	2	18.1	34
HDDA	己二醇二丙烯酸酯	226	2	19.0	36
EB 160	乙氧基化三羟甲基丙烷三丙烯酸酯	428	3	14.1	39
OTA 480	丙氧基化甘油三丙烯酸酯	480	3	15.1	36
TMPTA	三羟甲基丙烷三丙烯酸酯	296	3	25.1	38
EB 40	烷氧基化季戊四醇四丙烯酸酯	571	4	8.7	40
EB 140	二羟甲基丙烷四丙烯酸酯	438	4	10.0	38

3.2.2　活性稀释剂的合成

丙烯酸酯类活性稀释剂的合成方法主要有直接酯化法、酯交换法、酰氯法、相转移法和加成酯化法等，但大多数是通过直接酯化法制得。

① 直接酯化法

$$CH_2=CHCOOH+ROH\xrightarrow{CAT}CH_2=CHCOOR+H_2O \tag{3-82}$$

直接酯化法常用催化剂为浓 H_2SO_4，$CH_3-C_6H_4-SO_3H$，CH_3SO_3H 等。用浓 H_2SO_4 作酯化反应的催化剂，常使反应物发生脱水、氧化和自身酯化等副反应，产生多种副产物，给产物的精制和原料回收带来困难，使后处理过程复杂化，影响产品质量，同时腐蚀设备，所以目前生产中大多用对甲苯磺酸作催化剂，它具有用量少，反应温度低，转化率高，产品质量好等优点；反应结束后，催化剂和产物容易分离，解决催化剂回收，可多次循环或重复使用等问题，工艺流程简便，减少三废排除。

酯化反应生产的水，通过脱水剂除去。常用脱水剂有苯、甲苯、二甲苯、环己烷、正庚烷等，利用与酯化反应生产的水形成共沸液而带走水。烷烃价格贵，挥发性强；二甲苯沸点高；苯沸点偏低，挥发性大，不易回收，其毒性大。故一般选用甲苯作脱水剂，甲苯沸点 110℃，与水共沸点 84℃，在减压蒸馏脱溶剂中易于冷凝，回收率高，甲苯毒性比苯低，价格也较便宜。

酯化反应必须要加阻聚剂，以防止原料丙烯酸和产物丙烯酸酯聚合。常用的有对苯二酚、叔丁基对苯二酚等酚类化合物，噻吩嗪，对苯二胺等胺类化合物，二甲氨基二乙基氨基酸铜、二丁基二硫代氨基甲酸铜等铜配位化合物，用一种或几种组成。

对丙烯酸高级酯也可以用熔融酯化法进行酯化反应，不必用脱水剂，催化剂和阻聚剂用量也可减少，在 110～120℃ 回流反应后，进行脱水，最后减压蒸馏除去未反应的丙烯酸和残余水，得到纯度较高的丙烯酸高级酯，产率也高。

② 酯交换法

$$CH_2=CHCOOCH_3+ROH\longrightarrow CH_2=CHCOOR+CH_3OH \tag{3-83}$$

酯交换法制备丙烯酸高级醇或官能性丙烯酸酯时，低级酯大多用丙烯酸甲酯，由于其沸点较低（80℃），故酯化反应只能在较低温度下进行，使反应时间延长；产物甲醇又能与丙烯酸甲酯形成共沸物，其沸点 62～63℃，会将反应物丙烯酸甲酯带走，从而降低高级醇的收率。丙烯酸甲酯和丙烯酸高级酯容易发生共聚和均聚，也使高级酯产率降低，因此常要使用更多的阻聚剂。从成本和后处理困难考虑，工业上本法已不用于制备丙烯酸高级醇和官能性丙烯酸酯。

③ 酰氯法

$$CH_2=CHCOOH+SOCl_2\longrightarrow CH_2=CHCOCl+HCl+CO_2 \tag{3-84}$$

$$CH_2=CHCOOH+ROH\longrightarrow CH_2=CHCOOR+HCl \tag{3-85}$$

本方法先将丙烯酸与二氯亚砜反应制得丙烯酰氯，再与醇酯化反应，不用催化剂和脱水剂，由于低温反应也不用加阻聚剂，酯化反应几乎定量进行，产品纯度高。但要经两步反应，成本高。反应中有大量 HCl 和 SO_2 产生，要用多级稀碱液和水吸收。

④ 相转移法

$$2CH_2{=}C(CH_3){-}COOH + Na_2CO_3 \longrightarrow 2CH_2{=}C(CH_3){-}COONa + CO_2 + H_2O \tag{3-86}$$

$$CH_2{=}C(CH_3){-}COONa + ClCH_2{-}\underset{\text{O}}{CH{-}CH_2} \xrightarrow{CAT} CH_2{=}C(CH_3){-}COOCH_2{-}\underset{\text{O}}{CH{-}CH_2} + Na \tag{3-87}$$

甲基丙烯酸钠是固体，环氧氯丙烷是液体，在无催化剂存在下，它们之间很难发生反应，需用相转移催化剂进行催化反应。相转移催化剂有季铵盐、季磷盐、冠醚等，但以季铵盐最常见，如十六烷基三甲基溴化铵、苄基三甲基氯化铵、四甲基氯化铵等。在反应体系中有水存在时，会有副反应，因此要提高产率就应该保持原料和系统干燥无水。

⑤ 加成酯化法

$$CH_2{=}C(R_1){-}COOH + \underset{\text{O}}{CH_2{-}CH}{-}R_2 \xrightarrow{CAT} CH_2{=}C(R_1){-}COO{-}CH_2{-}CH(OH){-}R_2 \tag{3-88}$$

将环氧乙烷或环氧丙烷直接通入（甲基）丙烯酸，在催化剂存在下发生开环加成酯化反应，制得（甲基）丙烯酸羟基酯。

阳离子光固化活性稀释剂乙烯基醚合成可以通过以下方法：

① 乙烯氧化法

$$ROH + CH_2{=}CH_2 + 1/2O_2 \xrightarrow{CAT} ROCH{=}CH_2 + H_2O \tag{3-89}$$

用醇、乙烯和氧气在催化剂 $PdCl_2 \cdot CuCl_2 \cdot HCl$ 存在下，生成乙烯基醚和水。

② 乙烯交换法

$$ROH + CH_2{=}CHOCOCH_3 \xrightarrow{CAT} ROCH{=}CH_2 + CH_3COOH \tag{3-90}$$

将醇与醋酸乙烯酯在催化剂 $PdCl_2 \cdot Na_2WO_4$ 存在下，生成乙烯基醚和醋酸。

③ 乙炔法

$$CH{\equiv}CH + ROH \longrightarrow ROCH{=}CH_2 \tag{3-91}$$

在高温高压下，醇与乙炔直接反应制得乙烯基醚，但本法使用高压高温设备，收率低，特别是乙炔气爆炸危险（乙炔的爆炸极限范围宽，与空气的体积比为2.5%～81%），操作稍有不慎就会引发爆炸。为此改用 CaC_2，不直接使用乙炔气与醇反应制备乙烯基醚。

$$CaC_2 + ROH \longrightarrow ROCH{=}CH_2 + Ca(OR)_2 \tag{3-92}$$

④ 脱卤化氢法

$$XCH_2{-}CH_2OR \xrightarrow[-HX]{CAT} CH_2{=}CHOR \tag{3-93}$$

催化剂用碱金属化合物如 KOH、NaOH 等；通常需要使用高压反应釜并在220℃以上高温反应，如使用相转移催化剂如季铵盐等，可使反应更为温和，150℃反应即可。

⑤ 缩醛热分解法

$$R_1R_2CHCY(OR_3)_2 \xrightarrow[\triangle]{CAT} R_1R_2C=CY-OR_3 \qquad (3\text{-}94)$$

R_1，$R_2=C_1 \sim C_3$ 烷基、芳基、H；$R_3=CH_3$、C_2H_5；Y=H、CH_3

以前用气相裂解法，催化剂为铂等贵金属，价格昂贵，裂解设备要求耐压，反应条件控制要求严格，产物复杂，后处理困难。

用液相分解，设备简单，反应条件温和，容易控制，催化剂 85% H_3PO_4、98% H_2SO_4 或 $CH_3-C_6H_4-SO_3H$，但仍存在转化率较低问题。

3.2.3 单官能团活性稀释剂

单官能团活性稀释剂每个分子仅含一个可参与光固化反应的活性基团，相对分子质量较低，因此具有如下的特点。

① 黏度低，稀释能力强。

② 光固化速率低，这是因为单官能团活性稀释剂的反应基团含量低，导致光固化速率低。

③ 交联密度低，只含一个光活性基团，因此在光固化反应中不会产生交联点，使反应体系交联密度下降。

④ 转化率高，由于单官能团活性稀释剂的碳碳双键的含量低，黏度小，容易参与聚合，故转化率高。

⑤ 体积收缩率低，在自由基加成聚合时，碳碳双键转化成单键，由原来分子间距离变成碳碳单键，距离变小，密度增大，造成体积收缩。但单官能团活性稀释剂因碳碳双键含量低，所以体积收缩较少。

⑥ 挥发性较大，气味大、易燃，毒性也相对较大。

常见单官能团活性稀释剂的物理性能见表 3-23，部分活性稀释剂的挥发性和闪点见表 3-24。

表 3-23　常见单官能团活性稀释剂的物理性能

活性稀释剂	相对分子质量	沸点/℃	密度(25℃)/(g/cm³)	黏度(25℃)/mPa·s	折射率(25℃)	表面张力/(mN/m)	玻璃化温度/℃
St	104	145	0.906	0.78	1.5468		100
VA	86	72	0.9312(20℃)	0.43(20℃)	1.3959		30
NVP	111	123/6666Pa	1.04	2.07	1.5110		
BA	128	147	0.894	0.9	1.4160		−56
2-EHA	184	213	0.881	1.54	1.4330	28.0	−74
IDA	212	158/6666Pa	0.885	5	1.440	28.6	−60
LA	240		0.88	8		29.8	−65
HEA	116	202	1.1038(20℃)	5.34	1.4505(20℃)		−60

续表

活性稀释剂	相对分子质量	沸点/℃	密度(25℃)/(g/cm³)	黏度(25℃)/mPa·s	折射率(25℃)	表面张力/(mN/m)	玻璃化温度/℃
HPA	130	205	1.057(20℃)	5.70	1.4450(0℃)		-60
HEMA	130	205	1.064		1.4505		55
HPMA	144	96/1333Pa	1.027		1.4456		26
POEA	192	134/1333Pa	1.10	12		39.2	5
IBOA	208	275	0.990	9	1.4744	31.7	94
GA	128	83/2666Pa		5	1.4472		
GMA	142	176	1.073	3.39	1.4482		41

表 3-24 部分活性稀释剂的挥发性和闪点

活性稀释剂	失重速率/(mg/min)	闪点/℃
St	19.0	31
BA	17.0	49
2-EHA	0.5	90
IBOA	0.2	
IDA	0.08	127
NPGDA	0.07	115
HDDA	0.02	151

单官能团活性稀释剂从结构上的不同可分为丙烯酸烷基酯、(甲基)丙烯酸羟基酯、带有环状结构或苯环的(甲基)丙烯酸酯和乙烯基活性稀释剂。

① 丙烯酸烷基酯

丙烯酸丁酯(BA)

$$CH_2{=}CH\overset{\overset{\large O}{\|}}{C}{-}O{-}CH_2CH_2CH_2CH_3 \tag{3-95}$$

低黏度,稀释效果好,早期作为活性稀释剂使用,但气味大、挥发性大,易燃,故现在已基本上不用。

丙烯酸异辛酯(2-EHA)

$$CH_2{=}CH\overset{\overset{\large O}{\|}}{C}{-}O{-}CH_2{-}\underset{\underset{\large C_2H_5}{|}}{CH}{-}C_4H_9 \tag{3-96}$$

低黏度,稀释效果好,低 T_g,有较好的增塑效果,早期作为活性稀释剂使用;因有气味、挥发性稍大,影响使用。

丙烯酸异癸酯（IDA）

$$CH_2{=}CH\overset{\overset{O}{\|}}{C}{-}O{-}(CH_2)_7CH(CH_3)_2 \tag{3-97}$$

低黏度，稀释效果好，低 T_g，有较好的增塑效果，挥发性较小。

丙烯酸月桂酯（LA）

$$CH_2{=}CH\overset{\overset{O}{\|}}{C}{-}O{-}(CH_2)_{11}CH_3 \tag{3-98}$$

低黏度，低挥发，有疏水性脂肪族长主链，低 T_g，有较好的增塑效果。

②（甲基）丙烯酸羟基酯

丙烯酸羟乙酯（HEA）和丙烯酸羟丙酯（HPA）

$$CH_2{=}CH\overset{\overset{O}{\|}}{C}{-}O{-}CH_2CH_2OH \qquad (HEA) \tag{3-99}$$

$$CH_2{=}CH\overset{\overset{O}{\|}}{C}{-}O{-}CH_2CH_2CH_2OH \qquad (HPA) \tag{3-100}$$

高沸点，低黏度，低 T_g，反应活性适中，带有羟基，有利于提高对极性基材的附着力，是早期最常用的活性稀释剂，但皮肤刺激性和毒性较大，目前也较少使用。由于 HEA 和 HPA 分子带有丙烯酰氧基，又含有羟基，可与异氰酸基反应，现主要用于制备 PUA 的原料。

甲基丙烯酸羟乙酯（HEMA）和甲基丙烯酸羟丙酯（HPMA）

$$CH_2{=}\underset{\underset{CH_3}{|}}{C}{-}\overset{\overset{O}{\|}}{C}{-}O{-}CH_2CH_2OH \qquad (HEMA) \tag{3-101}$$

$$CH_2{=}\underset{\underset{CH_3}{|}}{C}{-}\overset{\overset{O}{\|}}{C}{-}O{-}CH_2CH_2CH_2OH \qquad (HPMA) \tag{3-102}$$

高沸点，低黏度，因是甲基丙烯酸酯，所以固化速率比 HEA 和 HPA 慢，但皮肤刺激性和毒性又低于 HEA 和 HPA，带有羟基，有利于提高对极性基材附着力，HEA 是阻焊剂常用的活性稀释剂。

③ 带有环状结构或苯环的（甲基）丙烯酸酯

甲基丙烯酸缩水甘油酯（GMA）

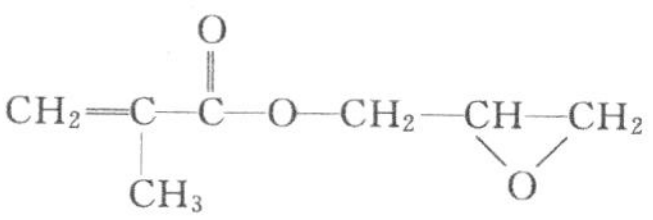

$$CH_2{=}\underset{\underset{CH_3}{|}}{C}{-}\overset{\overset{O}{\|}}{C}{-}O{-}CH_2{-}\underbrace{CH{-}CH_2}_{O} \tag{3-103}$$

沸点较高，低黏度，带有环氧基，有利于提高附着力，但价格贵，因是甲基丙烯酸酯，固化速率较慢。

甲基丙烯酸异冰片酯（IBMA）

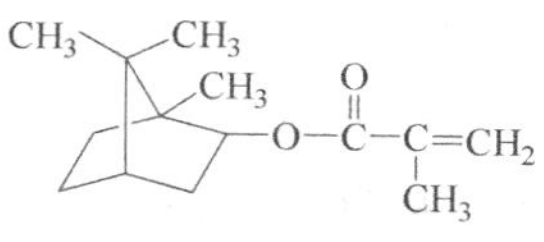

$$\text{(isobornyl: }CH_3, CH_3, CH_3\text{)}{-}O{-}\overset{\overset{O}{\|}}{C}{-}\underset{\underset{CH_3}{|}}{C}{=}CH_2 \tag{3-104}$$

高沸点，黏度较低，高折射率和高 T_g，固化收缩率低（8.2%），有利于提高附着力，低皮肤刺激性，但价格高，又有气味，影响其使用。

甲基丙烯酸四氢呋喃甲酯（THFFA）

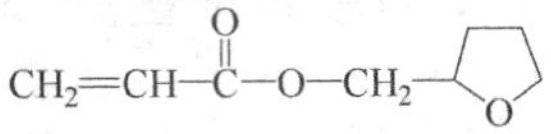

$$CH_2{=}CH{-}\overset{\overset{O}{\|}}{C}{-}O{-}CH_2{-}\text{(四氢呋喃环)} \tag{3-105}$$

高沸点，黏度较低，低 T_g，含有极性的四氢呋喃环，有利于附着力提高。

丙烯酸苯氧基乙酯（POEA）

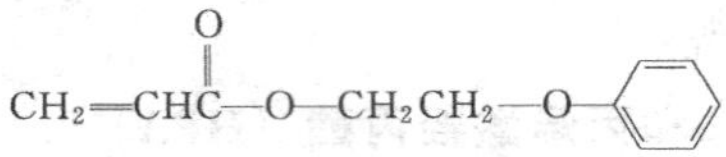

$$CH_2{=}CH\overset{\overset{O}{\|}}{C}{-}O{-}CH_2CH_2{-}O{-}C_6H_5 \tag{3-106}$$

高沸点，黏度较低，低 T_g，反应活性较高，低皮肤刺激性，但有酚的气味。

④ 乙烯基活性稀释剂

苯乙烯（St）

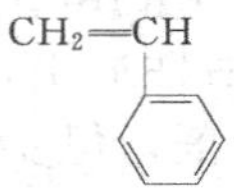

$$CH_2{=}CH{-}C_6H_5 \tag{3-107}$$

最早与不饱和聚酯配合作为第一代光固化涂料应用于木器涂料，虽然价廉，黏度低，稀释能力强，但因其高挥发性、高易燃性、气味大、毒性大以及固化速率较慢，目前在光固化涂料中很少使用 St 作活性稀释剂。

醋酸乙烯酯（VA）

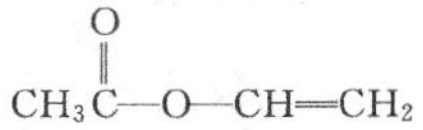

$$CH_3\overset{\overset{O}{\|}}{C}{-}O{-}CH{=}CH_2 \tag{3-108}$$

价廉，低黏度，稀释能力强，反应活性较高，但低沸点，高挥发性、易燃易爆，实际上光固化涂料中不采用 VA 作活性稀释剂。

N-乙烯基吡咯烷酮（NVP）

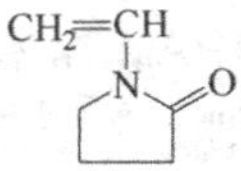

$$CH_2{=}CH{-}N\text{(吡咯烷-2-酮环，C=O)} \tag{3-109}$$

低黏度，稀释能力强，反应活性高，低皮肤刺激性，曾是最受欢迎的活性稀释剂。但因价格贵，气味大，特别发现有致癌毒性，限制了它的使用。一般用量不能超过 10%～20%，因 NVP 及其聚合物都是水溶性的，加入量大会影响涂料的耐水性。

3.2.4 双官能团活性稀释剂

双官能团活性稀释剂每个分子中含有两个可参与光固化反应的活性基团，因此光固化速率比单官能团活性稀释剂要快，成膜时发生交联，有利于提高固化膜的物理力学性能和耐抗性。由于相对分子质量增大，黏度也相应增加，但仍保持良好的稀释性，挥发性较小，气味较低，因此双官能团活性稀释剂大量应用于光固化涂料中。表 3-25 列出了常用双官能团活性稀释剂的物理性能。

表 3-25　常用双官能团活性稀释剂的物理性能

活性稀释剂	相对分子质量	沸点/℃	密度(25℃)/(g/cm³)	黏度(25℃)/mPa·s	折射率(25℃)	表面张力/(mN/m)	玻璃化温度/℃
BDDA	198	275	1.057(20℃)	8		36.2	45
HDDA	226	295	1.03	9	1.458	35.7	43
NPGDA	212		1.03	10	1.452	33.8	107
DEGDA	214	100/400.0Pa	1.006	12		38.2	100
TEGDA	258	162/266.6Pa	1.109	15		39.1	70
PEG(200)DA	302		1.110	25		41.3	
PEG(400)DA	508		1.12	57	1.467	42.6	3
PEG(600)DA	742			90		43.7	−42
DPGDA	242			10		32.8	104
TPGDA	300		1.05	15	1.457	33.3	62
PDDA	450			150			

双官能团活性稀释剂从二元醇结构上可分为乙二醇类二丙烯酸酯、丙二醇类二丙烯酸酯和其它二醇类二丙烯酸酯。

① 乙二醇类二丙烯酸酯

二乙二醇类二丙烯酸酯（DEGDA）

$$CH_2{=}CH{-}\overset{\overset{\displaystyle O}{\|}}{C}{-}O{-}CH_2{-}CH_2{-}O{-}CH_2{-}CH_2{-}O{-}\overset{\overset{\displaystyle O}{\|}}{C}{-}CH{=}CH_2 \qquad (3\text{-}110)$$

低黏度，光固化速率快，但皮肤刺激性严重，故现在很少使用。

三乙二醇类二丙烯酸酯（TEGDA）

$$CH_2{=}CH{-}\overset{\overset{\displaystyle O}{\|}}{C}{-}O{-}CH_2{-}CH_2{-}O{-}CH_2{-}CH_2{-}O{-}CH_2{-}CH_2{-}O{-}\overset{\overset{\displaystyle O}{\|}}{C}{-}CH{=}CH_2 \qquad (3\text{-}111)$$

低黏度，光固化速率快，因皮肤刺激性大，现在很少使用。

聚乙二醇(200)二丙烯酸酯[PEG(200)DA]、聚乙二醇(400)二丙烯酸酯[PEG(400)DA]和聚乙二醇(600)二丙烯酸酯[PEG(600)DA]

$$CH_2{=}CH{-}\overset{\overset{\displaystyle O}{\|}}{C}{-}O{-}(CH_2{-}CH_2{-}O)_n{-}O{-}\overset{\overset{\displaystyle O}{\|}}{C}{-}CH{=}CH_2 \qquad (3\text{-}112)$$

这是聚乙二醇二丙烯酸酯系列，PEG(200)DA 中 $n\approx4$，PEG(400)DA 中 $n\approx8\sim9$，PEG(600)DA 中 $n\approx13$，随着 n 增大，黏度变大，T_g 下降，毒性和皮肤刺激性降低，因此，膜柔韧性增加，亲水性也增加。

② 丙二醇类二丙烯酸酯

二丙二醇类二丙烯酸酯（DPGDA）

$$CH_2{=}CH{-}\overset{\overset{\displaystyle O}{\|}}{C}{-}O{-}CH_2{-}\overset{\overset{\displaystyle CH_3}{|}}{CH}{-}O{-}CH_2{-}\overset{\overset{\displaystyle CH_3}{|}}{CH}{-}O{-}\overset{\overset{\displaystyle O}{\|}}{C}{-}CH{=}CH_2 \tag{3-113}$$

低黏度，稀释能力强，光固化速率快，但皮肤刺激性稍大，是光固化涂料常用的活性稀释剂之一。

三丙二醇类二丙烯酸酯（TPGDA）

$$CH_2{=}CH{-}\overset{\overset{\displaystyle O}{\|}}{C}{-}O{-}CH_2{-}\overset{\overset{\displaystyle CH_3}{|}}{CH}{-}O{-}CH_2{-}\overset{\overset{\displaystyle CH_3}{|}}{CH}{-}CH_2{-}\overset{\overset{\displaystyle CH_3}{|}}{CH}{-}O{-}\overset{\overset{\displaystyle O}{\|}}{C}{-}CH{=}CH_2 \tag{3-114}$$

黏度较低，稀释能力强，光固化速率快，体积收缩较小，皮肤刺激性也较小，价格较低，是目前光固化涂料最常用的双官能团活性稀释剂。

③ 其它二醇类二丙烯酸酯

1,4-丁二醇二丙烯酸酯（BDDA）

$$CH_2{=}CH{-}\overset{\overset{\displaystyle O}{\|}}{C}{-}O{-}CH_2{-}CH_2{-}CH_2{-}CH_2{-}O{-}\overset{\overset{\displaystyle O}{\|}}{C}{-}CH{=}CH_2 \tag{3-115}$$

低黏度，对低聚物溶解性好，稀释能力强，但皮肤刺激性大。

1,6-己二醇二丙烯酸酯（HDDA）

$$CH_2{=}CH{-}\overset{\overset{\displaystyle O}{\|}}{C}{-}O{-}CH_2{-}CH_2{-}CH_2{-}CH_2{-}CH_2{-}CH_2{-}O{-}\overset{\overset{\displaystyle O}{\|}}{C}{-}CH{=}CH_2 \tag{3-116}$$

低黏度，稀释能力强，对塑料附着力好，可改善固化膜的柔韧性，但皮肤刺激性较大，价格较高，是光固化涂料常用的活性稀释剂之一。

新戊二醇二丙烯酸酯（NPGDA）

$$CH_2{=}CH{-}\overset{\overset{\displaystyle O}{\|}}{C}{-}O{-}CH_2{-}\underset{\underset{\displaystyle CH_3}{|}}{\overset{\overset{\displaystyle CH_3}{|}}{C}}{-}CH_2{-}O{-}\overset{\overset{\displaystyle O}{\|}}{C}{-}CH{=}CH_2 \tag{3-117}$$

低黏度，稀释能力强，高活性，光固化速率快，对塑料附着力好，高 T_g，但皮肤刺激性较大，是光固化涂料常用的活性稀释剂之一。

邻苯二甲酸乙二醇二丙烯酸酯（PDDA）

$$C_6H_4\left[\overset{\overset{\displaystyle O}{\|}}{C}{-}O{-}CH_2{-}CH_2{-}O{-}\overset{\overset{\displaystyle O}{\|}}{C}{-}CH{=}CH_2\right]_2 \tag{3-118}$$

价廉，光固化速率快，是我国自行开发的活性稀释剂，因黏度高，稀释效果稍差。

3.2.5 多官能团活性稀释剂

多官能团活性稀释剂每个分子中含有三个或三个以上可参与光固化反应的活性基团，因此不仅光固化速率快，而且交联密度大，相应地固化膜硬度高，脆性大，耐抗性优异。相对分子质量大，黏度高，稀释性较差；高沸点，低挥发性，收缩率大。常用的多官能团活性稀释剂的物理性能见表 3-26。

表 3-26　常用多官能团活性稀释剂的物理性能

活性稀释剂	相对分子质量	密度(25℃)/(g/cm³)	黏度(25℃)/mPa·s	折射率(25℃)	表面张力/(mN/m)	玻璃化温度/℃
TMPTA	296	1.11	106	1.475	36.1	62
PETA	298	1.18	520	1.477	39.0	103
PETTA	352	1.185(20℃)	342(38℃)		40.1	103
DTMPTTA	482	1.11	600		36.0	98
DPPA	524	1.18	13600	1.491	39.9	90

三羟甲基丙烷三丙烯酸酯（TMPTA）

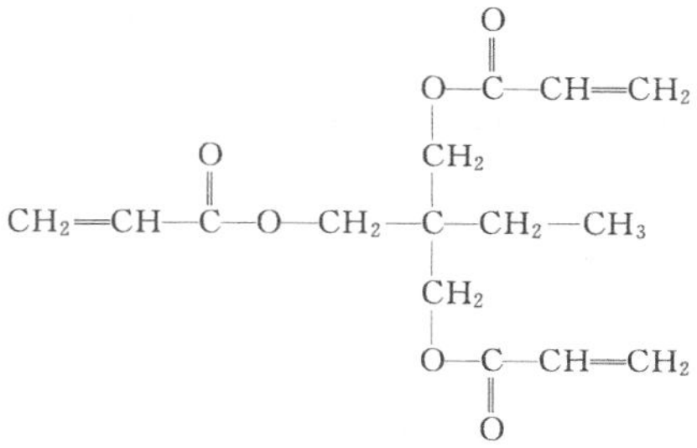

$$CH_2{=}CH{-}C(=O){-}O{-}CH_2{-}C(CH_2{-}O{-}C(=O){-}CH{=}CH_2)_2{-}CH_2{-}CH_3 \quad (3\text{-}119)$$

黏度较大，但在多官能团活性稀释剂中是最低的一种；光固化速率快，交联密度大；固化膜坚硬而发脆，耐抗性好。价格较廉，虽然皮肤刺激性较大，但仍是光固化涂料中最常用的多官能团活性稀释剂。

季戊四醇三丙烯酸酯（PETA）和季戊四醇四丙烯酸酯（PETTA）

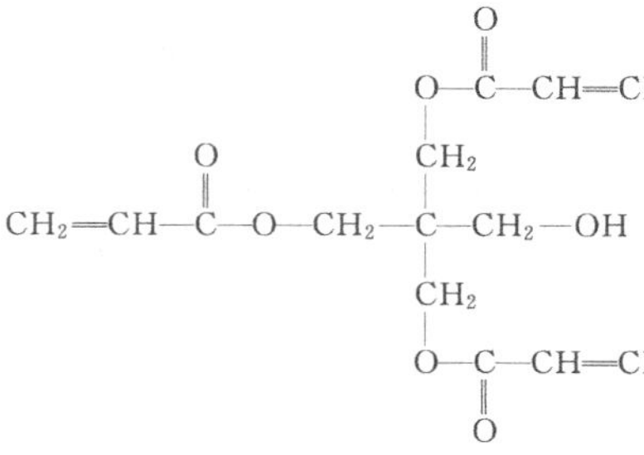

$$CH_2{=}CH{-}C(=O){-}O{-}CH_2{-}C(CH_2{-}O{-}C(=O){-}CH{=}CH_2)_2{-}CH_2{-}OH \quad (3\text{-}120)$$

PETA

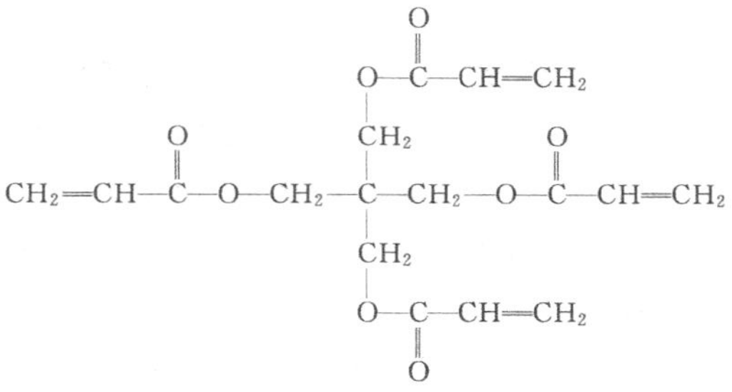

$$CH_2{=}CH{-}C(=O){-}O{-}CH_2{-}C(CH_2{-}O{-}C(=O){-}CH{=}CH_2)_2{-}CH_2{-}O{-}C(=O){-}CH{=}CH_2 \quad (3\text{-}121)$$

PETTA

黏度大，稀释性差；光固化速率快，交联密度大；固化膜硬而脆，耐抗性好。PETA 有羟基，有利于提高附着力；但 PETA 毒性大，怀疑有致癌性，因而限制其使用。

二缩三羟甲基丙烷四丙烯酸酯（DTMPTTA）

```
              O                                  O
              ‖                                  ‖
CH2═CH—C—O—CH2      CH2—O—C—CH═CH2
                      |               |
        CH3—CH2—C—O—C—CH2—CH3
              O       |               |         O
              ‖       |               |         ‖
CH2═CH—C—O—CH2      CH2—O—C—CH═CH2
```

(3-122)

高黏度，高反应活性，高交联密度，极低的皮肤刺激性；固化膜硬，富有弹性而不脆，耐拉伸性能优良。在光固化涂料中不作活性稀释剂，而作为提高光固化速率和交联密度使用。

二季戊四醇五丙烯酸酯（DPPA）和二季戊四醇六丙烯酸酯（DPHA）

```
                  O                                          O
                  ‖                                          ‖
        CH2═CH—C—O—CH2                         CH2—O—C—CH═CH2
           O              |                            |
           ‖              |                            |
CH2═CH—C—O—CH2—C—CH2—O—CH2—C—CH2—OH        (DPPA)
           O              |                            |     O
           ‖              |                            |     ‖
        CH2═CH—C—O—CH2                         CH2—O—C—CH═CH2
```

(3-123)

```
                  O                                          O
                  ‖                                          ‖
        CH2═CH—C—O—CH2                         CH2—O—C—CH═CH2
           O              |                            |         O
           ‖              |                            |         ‖
CH2═CH—C—O—CH2—C—CH2—O—CH2—C—CH2—O—C—CH═CH2     (DPHA)
           O              |                            |     O
           ‖              |                            |     ‖
        CH2═CH—C—O—CH2                         CH2—O—C—CH═CH2
```

(3-124)

高黏度，极高反应活性和交联密度，极低的皮肤刺激性；固化膜有极高的硬度、耐刮性和耐抗性。同样在光固化涂料中不作活性稀释剂，而为提高光固化速率和交联密度使用。

常用的单、双、多官能团活性稀释剂的主要生产厂家产品代号见表 3-27。

3.2.6 烷氧基化丙烯酸酯

这是第二代的丙烯酸酯活性稀释剂，都是由乙氧基化（$—CH_2—CH_2—O—$）或丙氧基化（$—CH_2—CH_2—CH_2—O—$）的醇类丙烯酸酯构成。

乙氧基化或丙氧基化的醇类丙烯酸酯活性稀释剂的开发是为了改善第一代丙烯酸酯活性稀释剂存在的皮肤刺激性和毒性偏大以及固化收缩率大的弊病，同时仍保持其较快的光固化速率。由表 3-28 和表 3-29 看到丙烯酸酯母体经乙氧基化或丙氧基化后，皮肤刺激性和固化收缩率有明显的降低，有的黏度也有降低。

表 3-27　常用的单、双、多官能团活性稀释剂的主要生产厂家产品代号

活性稀释剂	官能度	沙多玛	优比西	巴斯夫	科宁	新中村	美源	长兴	石梅	天骄	天津试剂所	东方亚克力	宏辉	里天	高科
2-EHA	1	SR440						EM216				2-EHA			
IDA	1	SR395			4810			EM219							
LA	1	SR335		LA	4812			EM215		LA					
GMA	1	SR379										GMA			
IBOA	1	SR506	IBOA			A-IB		EM70		IBOA					
POEA	1	SR339	EB110	POEA	4035	AMP-10G		EM210		PHEA					
BDDA	2	SR213		BDDA				EM2241		BDDA	BDDA			BDDA	BDDA
HDDA	2	SR238	HDDA	HDDA	4017	A-HD-N	M-200	EM221	VM2001	HDDA	HDDA	HDDA	HDDA	HDDA	
PDDA	2										PDDA	PDDA	PDDA		PDDA
NPGDA	2	SR247						EM225	VM2003		NPGDA	NPGDA	NPGDA	NPGDA	NPGDA
DEGDA	2	SR230				APG-100						DEGDA		DEGDA	
TEGDA	2	SR272										TEGDA			
PEG(200)DA	2	SR259			4050	A200	M-240	EM224		PEG (200)DA	PEG (200)DA	PEG (200)DA			
PEG(400)DA	2	SR344			4226	A400	M-280	EM226	VM2005			PEG (400)DA			
DPGDA	2	SR508	DPGDA	DPGDA	4061			EM222	VM2004	DPGDA	DPGDA		DPGDA	DPGDA	DPGDA
TPGDA	2	SR306	TPGDA	TPGDA	4006	APG-200	M-220	EM223	VM2002	TPGDA	TPGDA	TPGDA	TPGDA	TPGDA	TPGDA
TMPTA	3	SR351	TMPTA	TMPTA		TMPT	M-300	EM231	VM3001	TMPTA	TMPTA	TMPTA	TMPTA	TMPTA	TMPTA
PETA	3	SR444	PET1A			A-TMM-3	M-340	EM235						PETA	PETA
PETTA	4	SR295				A-TMM-4		EM241							PETA4
DTMPTTA	4	SR355				D-TMP		EM242							
DPPA	5	SR399	EB140		4399				VM5001						
DPHA	6		DPHA			A-DPH			VM6001						

表 3-28　活性稀释剂烷氧基化性能比较

活性稀释剂	性能	母体	乙氧基化	丙氧基化
NPGDA	黏度(25℃)/mPa·s	10	13	15
	PII	4.96	0.2	0.8
TMPTA	黏度(25℃)/mPa·s	106	60	85
	PII	4.8	1.5	1.0
PETA	黏度(25℃)/mPa·s	600		225
	PII	2.8		1.0

注：PII为初期皮肤刺激指数。

表 3-29　乙氧基化、丙氧基化及甲氧基化活性稀释剂固化收缩率

活性稀释剂	固化收缩率/%
TMPTA	26
TMP(EO)TA	17～24
TMP(PO)TA	12～15
TMP(EO)MEDA	19
TMP(PO)MEDA	6
HDDA	14
HDDMEMA	8
TEGDA	20
TEGMEMA	9

表3-30列出部分烷氧基化丙烯酸酯活性稀释剂的物理性能，表3-31为不同乙氧基化的TMPTA的物理性能。显然，随着分子中乙氧基增加，黏度增加，表面张力也增大，而玻璃化温度下降，亲水性也增加，$TMP(EO)_{15}TA$也易溶于水了。

表 3-30　部分烷氧基化丙烯酸酯活性稀释剂的物理性能

烷氧基化 活性稀释剂	相对分子质量	黏度(25℃) /mPa·s	表面张力 /(mN/m)	玻璃化温度 /℃
$NPG(PO)_2DA$	328	15	32.0	32
$BP(EO)_3DA$	468	1600	43.6	67
$TMP(EO)_3TA$	428	60	39.6	13
$TMP(PO)_3TA$	470	90	34.0	−15
$PE(EO)_4TTA$	528	150	37.9	2
$GP(PO)_3TA$	428	95	36.1	18

表 3-31　不同乙氧基化 TMPTA 的物理性能

乙氧基化 TMPTA	相对分子质量	黏度(25℃)/mPa·s	表面张力/(mN/m)	玻璃化温度/℃	其它
$TMP(EO)_3TA$	328	60	39.6	13	
$TMP(EO)_6TA$	560	95	38.9	−8	
$TMP(EO)_9TA$	692	130	40.2	−19	
$TMP(EO)_{15}TA$	956	168	41.5	−32	易溶于水
$TMP(EO)_{20}TA$	1176	225	41.8	−48	水分散性

乙氧基基化的三羟甲基丙烷三丙烯酸酯［TMP(EO)TA］结构式如下：

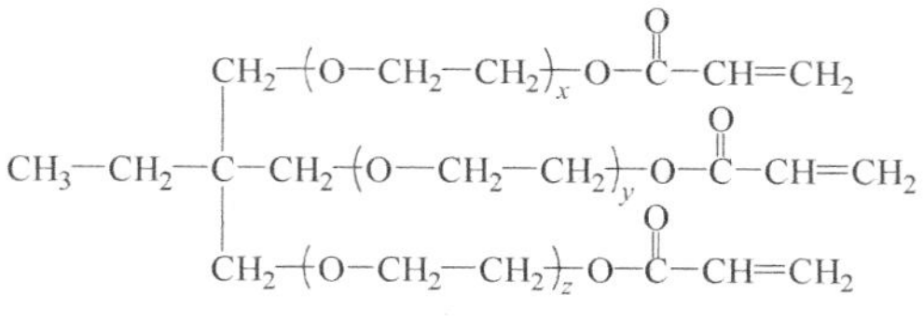

$$CH_3-CH_2-C[CH_2-(O-CH_2-CH_2)_x-O-C(=O)-CH=CH_2][CH_2-(O-CH_2-CH_2)_y-O-C(=O)-CH=CH_2][CH_2-(O-CH_2-CH_2)_z-O-C(=O)-CH=CH_2] \quad (3\text{-}125)$$

[TEP(EO)TA]

3.2.7　丙烯酸二噁茂酯

丙烯酸二噁茂酯是一类杂环结构的活性稀释剂，具有低皮肤刺激性特点。它是由丙三醇和酮在对甲苯磺酸催化下，与环己烷脱水生成缩醇；再与丙烯酸甲酯，在锡催化剂和正己烷中，经酯交换反应制得。

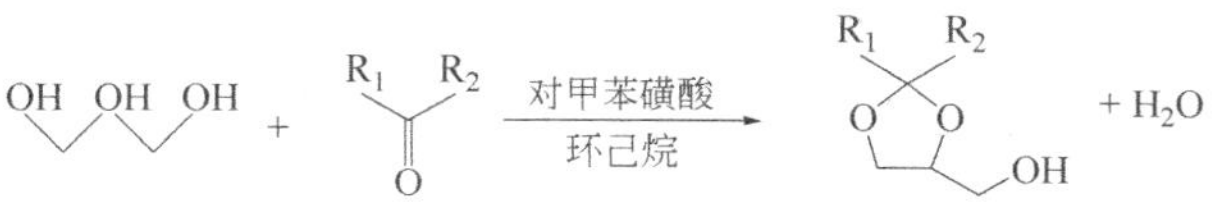

$$HOCH_2CH(OH)CH_2OH + R_1COR_2 \xrightarrow[\text{环己烷}]{\text{对甲苯磺酸}} \text{2,2-}R_1R_2\text{-1,3-二噁茂-4-甲醇} + H_2O \quad (3\text{-}126)$$

$$\text{2,2-}R_1R_2\text{-1,3-二噁茂-4-甲醇} + H_3C-O-C(=O)-CH=CH_2 \xrightarrow[\text{正己烷}]{\text{锡催化剂}} \text{2,2-}R_1R_2\text{-1,3-二噁茂-4-甲基丙烯酸酯} + CH_3OH \quad (3\text{-}127)$$

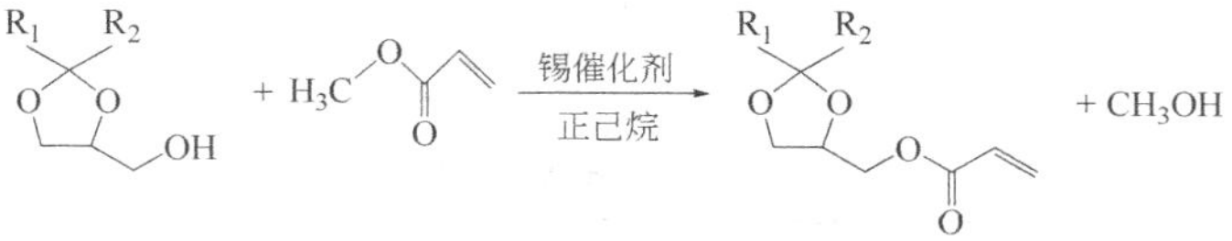

已商品化的丙烯酸二噁茂酯有大阪有机化学公司的 MEDOL10、MIBDOL10、CHDOL10，它们的理化性能见表 3-32。从表中看到 MEDOL10 和 MIBDOL10 都有较低黏度，三个活性稀释剂皮肤刺激指数都很低，尤其 CHDOL10 仅为 0.6。DOL 系列活性稀释剂与低聚物相容性良好，光固化速率：CHDOL10＞MEDOL10＞MIBDOL10。

表 3-33 和表 3-34 是 DOL 系列活性稀释剂对不同基材的粘接性能和固化膜性能。显示 CHDOL10 粘接性能最好，除 PET 外，对其它塑料和玻璃与铝都有极好的粘接性能，弹性拉伸模量也最好。

表 3-32 大阪有机化学公司 DOL 系列活性稀释剂的理化性能

商品名称	MEDOL10	MIBDOL10	CHDOL10
化学名称	丙烯酸（2-乙基-2-甲基-1,3-二氧戊环)4-甲酯	丙烯酸(2-异丙基-2-甲基-1,3-二氧戊环)4-甲酯	丙烯酸(5-环乙基-2-甲基-1,4-二氧戊环）2-甲酯
化学结构	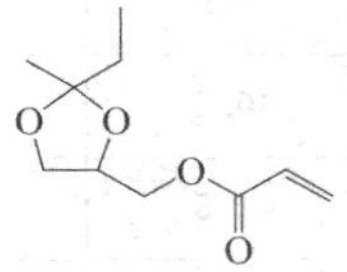	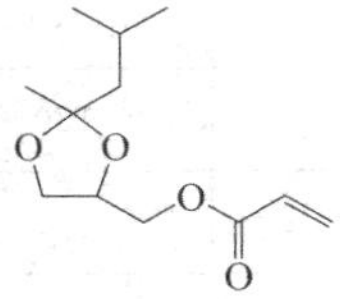	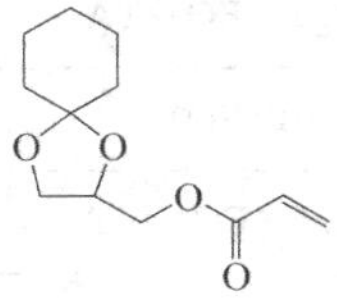
相对分子质量	200.2	228.3	226.3
密度(20℃)/(g/cm^3)	1.056	1.017	1.104
折射率(20℃)	1.447	1.447	1.475
溶解性(20℃,水中)/%	1.2	0.7	0.9
固化膜 T_g/℃	−7	−19	22
表面张力/(×10^{-3}N/m)	32.3	29.9	37.4
黏度(20℃)/(mPa·s)	5.1	5.3	16.9
沸点/℃	100(0.7kPa)	115(0.7kPa)	135(0.7kPa)
闪点/℃	113	124	—
PII 值	1.3	1.0	0.6
艾姆斯氏试验	阴性	阴性	阴性

表 3-33 DOL 系列活性稀释剂的粘接性能（划格法）

基材	玻璃	铝	PC	PVC	ABS	PET
MEDOL10	12	52	100	100	100	0
MIBDOL10	23	32	100	100	100	0
CHDOL10	100	100	100	100	100	0

注：试验配方为 PUA 70，DOL 30，11734。100 最好，0 最差。

表 3-34 DOL 系列固化膜性能

拉伸性能	弹性拉伸模量/MPa	拉伸率/%	铅笔硬度
MEDOL10	50	55.8	H
MIBDOL10	39	57.6	H
CHDOL10	205	47.4	H

注：试验配方为 PUA 70，DOL 30，11734。

3.2.8 烷氧基化双酚 A 二（甲基）丙烯酸酯

烷氧基化双酚 A 二（甲基）丙烯酸酯（简称为 BPA 活性稀释剂）是一类含有

双酚 A 结构且不同程度乙氧基化或丙氧基化的活性稀释剂，这类活性稀释剂结构为：

$$CH_2=\underset{R_1}{C}-\overset{O}{\overset{\|}{C}}-O\!\left(\underset{R_2}{CHCH_2O}\right)_m\!-\!\langle\bigcirc\rangle\!-\!\underset{CH_3}{\overset{CH_3}{C}}\!-\!\langle\bigcirc\rangle\!-\!\left(OCH_2\underset{R_2}{CH}\right)_n\!O-\overset{O}{\overset{\|}{C}}-\underset{R_1}{C}=CH_2 \tag{3-128}$$

式中，$R_1=H$、CH_3；$R_2=H$、CH_3

表 3-35～表 3-39 介绍了长兴公司、新中村化学工业株式会社、沙多玛公司商品化的烷氧基化双酚 A 二（甲基）丙烯酸酯活性稀释剂的性能。

表 3-35 长兴公司 BPA 活性稀释剂结构与名称

化学名称	商品名	R_1	R_2	$m+n$
二乙氧基双酚 A 二丙烯酸酯	EM2260	H	H	2
四乙氧基双酚 A 二丙烯酸酯	EM2261	H	H	4
十乙氧基双酚 A 二丙烯酸酯	EM2265	H	H	10
十丙氧基双酚 A 二丙烯酸酯	EM2268	H	CH_3	10
二乙氧基双酚 A 二丙烯酸酯	EM3260	CH_3	H	2
四乙氧基双酚 A 二丙烯酸酯	EM3261	CH_3	H	4
十乙氧基双酚 A 二丙烯酸酯	EM3265	CH_3	H	10
三十乙氧基双酚 A 二丙烯酸酯	EM3269	CH_3	H	30

表 3-36 长兴公司 BPA 活性稀释剂的物理性质

单体名	黏度(20℃)/mPa·s	表面张力/(mN/m)	折射率(25℃)	T_g/℃	分子量	与水相溶性
EM2260	固态	—	1.5482	101.9	424	不溶于水
EM2261	1222	42.9	1.5387	87.5	512	水油分离
EM2265	678	43.0	1.5166	5.8	776	乳化
EM2268	927	—	1.4921	—	916	水油分离
EM3260	1492	38.7	1.5436	98.6	452	水油分离
EM3261	676	40.7	1.5330	55	540	水油分离
EM3265	474	41.9	1.5137	1	804	乳化
EM3269	714	—	1.4914	—	1684	溶解于水
EA621	4000～7000(60℃)					

从表 3-36 表 3-37 看到 BPA 类活性稀释剂具有如下特点。

① 比一般低聚物，如标准型双酚 A 环氧双丙烯酸酯（621）黏度低很多；而且随烷氧基化增加，黏度有逐渐下降趋势。

② 含有双酚 A 结构，具有较高的折射率；用于配方产品中可以获得高光泽。

表 3-37　长兴公司 BPA 活性稀释剂应用配方的性能

配方中所含活性稀释剂	黏度①(20℃)/mPa·s	固化速率①/(m/min)	固化膜光泽(60°)		固化膜硬度②
			银白色底材	黑色纸材	
EM2260	1290	20	97.7	92.6	4H
EM2261	1070	19.5	97.5	92.0	3H
EM2265	800	18.5	95.7	89.4	2H
EM2268	1150	9.2	95.4	90.4	2H
EM3260	992	7.4	96.6	91.8	4H
EM3261	746	8.5	96.1	91.1	3H
EM3265	605	10	96.2	91.4	2H
EM3269	750	13	94.3	90.6	2H
TPGDA			93.8	86.9	3H
TMPTA			94.3	89.3	3H
EA(621A-80)			96.1	89.8	3H

① 脂肪族 PUA 30、BPA 活性稀释剂 40、TMPTA 18、184 3、BP 4、活性胺 5、助剂 0.2。

② 脂肪族 PUA 30、BPA 及比较材料 40、TMPTA 25、184 5、助剂 0.2。

③ 随着乙氧基化或丙氧基化程度增加，涂层的 T_g 下降、柔性增加、抗冲击性能提高。

④ 二乙氧基化的两种 BPA，对提高涂层硬度的作用超过了双酚 A 环氧丙烯酸酯和 TMPTA。

⑤ 随着乙氧量化程度增加，使 BPA 活性稀释剂由亲油疏水过渡到亲水疏油，甚至溶解于水。

表 3-38　新中村化学工业株式会社乙氧基化双酚 A 二（甲基）丙烯酸酯物理性质

品名	R_1	R_2	$m+n$	分子量	色度(APHA)	黏度(25℃)/mPa·s	折射率	T_g/℃	PII
ABE-300	H	H	3	466	30	1500	1.543		
A-BPE-4	H	H	4	512	150	1100	1.537	82	0.7
A-BPE-6	H	H	6	600	70	710	1.528		
A-BPE-10	H	H	10	776	70	550	1.516	−12	
A-BPE-20	H	H	20	1216	200	700	1.504		
A-BPE-30	H	H	30	1656	100	750	1.493		
BPE-80N	CH_3	H	2.3	452	50	1200	1.543		
BPE-100N	CH_3	H	2.6	478	50	1000	1.540		
BPE-200	CH_3	H	4	540	50	600	1.532		1
BPE-300	CH_3	H	6	628	50	500	1.525		
BPE-500	CH_3	H	10	804	150	400	1.512	7.5	0.9
BPE-900	CH_3	H	17	1112	50	500	1.502		
BPE-1300N	CH_3	H	30	1680	50	650	1.491	−65	

表 3-39　美国沙多玛公司乙氧基化双酚 A 二（甲基）丙烯酸酯物理性质

品名	R_1	R_2	$m+n$	黏度(25℃)/(mPa·s)	色度(APHA)	表面张力(20℃)/(×10^{-3} N/m)	T_g/℃
SR349	H	H	3	1600	80	43.6	67
SR601	H	H	4	1080	130	36.6	60
SR602	H	H	10	610	80	37.6	2
CD540	CH_3	H	4	555	100	35.2	108
CD541	CH_3	H	6	440	50	35.3	54
CD542	CH_3	H	8	420	40		
SR101	CH_3	H	2	1100	2.5	41.0	

3.2.9 乙烯基醚类活性稀释剂

乙烯基醚类是 20 世纪 90 年代开发的一类新型活性稀释剂，它是含有乙烯基醚（$CH_2=CH-O-$）或丙烯基醚（$CH_2=CH-CH_2-O-$）结构的活性稀释剂。氧原子上的孤电子对与碳碳双键发生共轭，使双键的电子云密度增大，所以乙烯基醚的碳碳双键是富电子双键，反应活性高，能进行自由基聚合、阳离子聚合和电荷转移复合物交替共聚。因此，乙烯基醚可在多种辐射固化体系中应用，例如在自由基固化体系、阳离子固化体系以及混杂体系（自由基光固化与阳离子光固化同时存在）中作为活性稀释剂使用。另外，如与马来酰亚胺类缺电子双键配合，则乙烯基醚与马来酰亚胺形成强烈的电荷转移复合物（CTC），经光照后，可在没有光引发剂存在下发生聚合，这也是正在研究开发中的无光引发剂的光固化体系。

乙烯基醚与丙烯酸酯类活性稀释剂相比，具有低黏度，稀释能力强，高沸点，气味小、毒性小、皮肤的刺激性低，优良的反应活性，但价格较高，影响了它在光固化涂料的应用。

目前商品化的乙烯基醚类活性稀释剂有：

三甘醇二乙烯基醚（DVE-3）

$$CH_2=CH-O-CH_2-CH_2-O-CH_2-CH_2-O-CH_2-CH_2-O-CH=CH_2 \qquad (3\text{-}129)$$

1,4-环己基二甲醇二乙烯基醚（CHVE）

$$CH_2=CH-O-CH_2-HC\begin{matrix}H_2C-CH_2\\ \\ H_2C-CH_2\end{matrix}CH-CH_2-O-CH=CH_2 \qquad (3\text{-}130)$$

4-羟丁基乙烯基醚（HBVE）

$$CH_2=CH-O-CH_2-CH_2-CH_2-CH_2-OH \qquad (3\text{-}131)$$

甘油碳酸酯丙烯基醚（PEPC）

$$\text{(cyclic carbonate: O=C, O–O ring)}\ CH_2\text{—}CH\text{—}CH_2\text{—}O\text{—}CH{=}CH\text{—}CH_3 \tag{3-132}$$

十二烷基乙烯基醚（DDVE）

$$CH_3\text{—}(CH_2)_{11}\text{—}O\text{—}CH{=}CH \tag{3-133}$$

这五种乙烯基醚类活性稀释剂的物理性能见表 3-40。

表 3-40　乙烯基醚类活性稀释剂的物理性能

简　称	DVE-3	CHVE	HBVE	PEPC	DDVE
化学品名	三甘醇二乙烯基醚	1,4-环己基二甲醇二乙烯基醚	4-羟丁基乙烯基醚	甘油碳酸酯丙烯基醚	十二烷基乙烯基醚
官能度数	2	2	2	1	1
外观	澄清液体	澄清液体	澄清液体	澄清液体	澄清液体
气味	淡	特殊气味、持久	淡	淡	淡
沸点(13332.2Pa)/℃	133	130	125	155	120～142 (666.6Pa)
凝固点/℃	−8	6	−39	−60	−12
闪点/℃	119	110	85	165	115
密度(25℃)/(g/cm^3)	1.0016	0.9340	0.94	1.10	0.82
黏度(25℃)/mPa·s	2.67	5.0	5.4	5.0	2.8
急性经口毒性/(mg/kg)	>5000	>5000	2050	5000	7500
皮肤接触毒性/(mg/kg)	>2000	>2000			
皮肤刺激性	极小	中等	弱	无刺激	

3.2.10　第三代（甲基）丙烯酸酯类活性稀释剂

最新开发的第三代（甲基）丙烯酸酯类活性稀释剂为含甲氧端基的（甲基）丙烯酸酯活性稀释剂，它们除了具有单官能团活性稀释剂的低收缩性和高转化率外，还具有高反应活性。目前已商品化的有沙多玛公司的 CD550、CD551、CD552、CD553 和科宁公司的 8061、8127、8149。

甲氧基聚乙二醇（350）单甲基丙烯酸酯（CD550）

$$CH_3\text{+}O\text{—}CH_2\text{—}CH_2\text{)}_8O\text{—}\overset{\overset{\displaystyle O}{\|}}{C}\text{—}\underset{\underset{\displaystyle CH_3}{|}}{C}{=}CH_2 \tag{3-134}$$

甲氧基聚乙二醇（350）单丙烯酸酯（CD551）

$$CH_3\text{—}(O\text{—}CH_2\text{—}CH_2)_8\text{—}O\text{—}\overset{\overset{\displaystyle O}{\|}}{C}\text{—}CH{=}CH_2 \tag{3-135}$$

甲氧基聚乙二醇（550）单甲基丙烯酸酯（CD552）

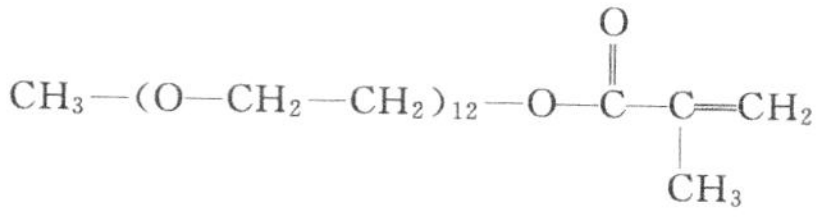

$$CH_3-(O-CH_2-CH_2)_{12}-O-\overset{\overset{O}{\|}}{C}-\underset{\underset{CH_3}{|}}{C}=CH_2 \tag{3-136}$$

甲氧基聚乙二醇（550）单丙烯酸酯（CD553）

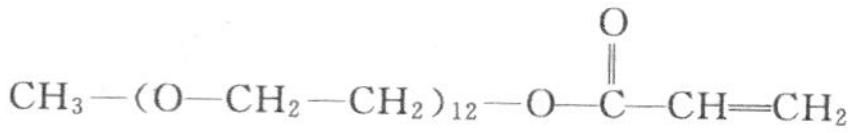

$$CH_3-(O-CH_2-CH_2)_{12}-O-\overset{\overset{O}{\|}}{C}-CH=CH_2 \tag{3-137}$$

甲氧基三丙二醇单丙烯酸酯（8061）

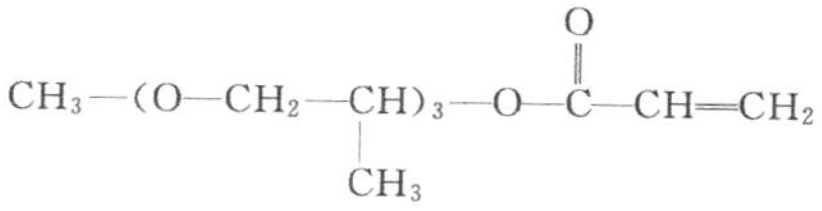

$$CH_3-(O-CH_2-\underset{\underset{CH_3}{|}}{CH})_3-O-\overset{\overset{O}{\|}}{C}-CH=CH_2 \tag{3-138}$$

甲氧基丙氧基新戊二醇单丙烯酸酯（8127）

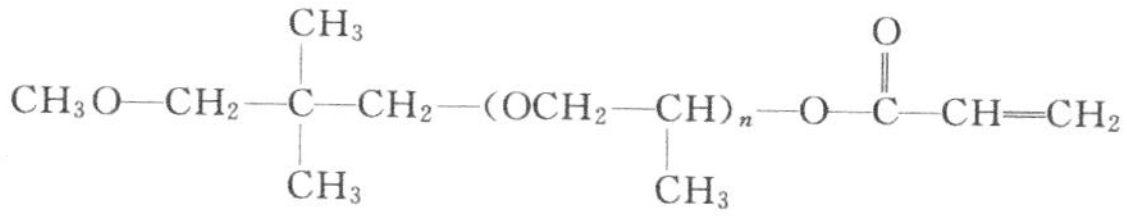

$$CH_3O-CH_2-\underset{\underset{CH_3}{|}}{\overset{\overset{CH_3}{|}}{C}}-CH_2-(OCH_2-\underset{\underset{CH_3}{|}}{CH})_n-O-\overset{\overset{O}{\|}}{C}-CH=CH_2 \tag{3-139}$$

甲氧基乙氧基三羟甲基丙烷二丙烯酸酯（8149）

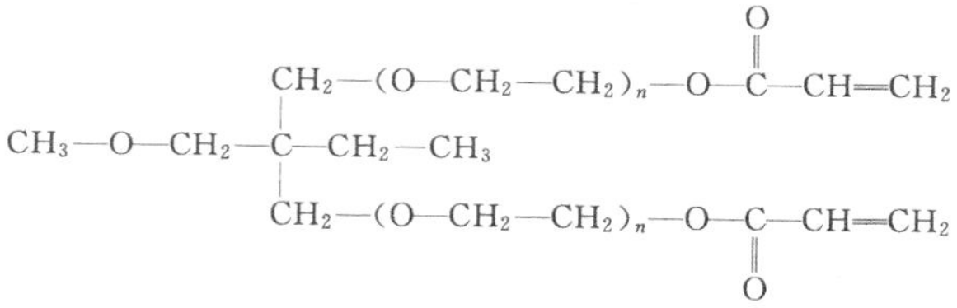

$$CH_3-O-CH_2-\underset{\underset{CH_2-(O-CH_2-CH_2)_n-O-\underset{\underset{O}{\|}}{C}-CH=CH_2}{|}}{\overset{\overset{CH_2-(O-CH_2-CH_2)_n-O-\overset{\overset{O}{\|}}{C}-CH=CH_2}{|}}{C}}-CH_2-CH_3 \tag{3-140}$$

表 3-41 介绍了甲氧基化丙烯酸酯活性稀释剂的物理性能。

表 3-41　甲氧基化丙烯酸酯活性稀释剂的物理性能

公司	活性稀释剂	黏度(25℃)/mPa·s	密度(25℃)/(g/cm³)	表面张力/(mN/m)	玻璃化温度/℃
沙多玛	CD550	19			−62
	CD551	22			
	CD552	39			−65
	CD553	50			
科宁	8016	8	0.99	30.1	
	8127	8	0.96	25.7	
	8149	28	1.08	35.2	

此外，SNPE 公司产品的 Acticryl CL-960、CL-959 和 CL-1042 为含氨基甲酸酯、环碳酸酯的单官能团丙烯酸酯，却显示出高反应活性和高转化率，见表 3-42。

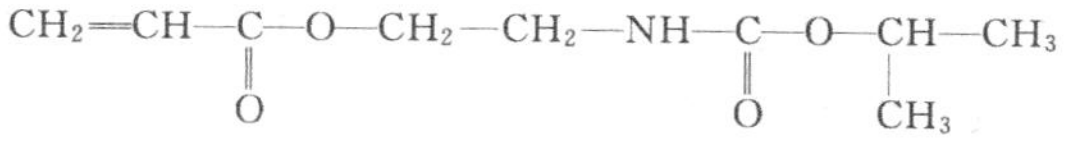

$$CH_2=CH-\underset{\underset{O}{\|}}{C}-O-CH_2-CH_2-NH-\underset{\underset{O}{\|}}{C}-O-\underset{\underset{CH_3}{|}}{CH}-CH_3 \quad (CL\text{-}960) \tag{3-141}$$

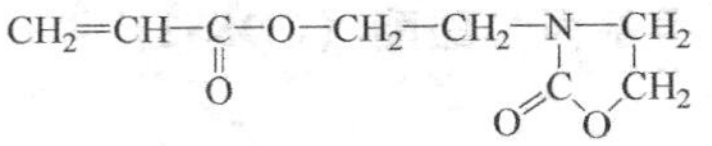

$$CH_2{=}CH{-}\underset{\|}{\overset{}{C}}(O){-}O{-}CH_2{-}CH_2{-}N{-}CH_2{-}CH_2{-}O{-}C(=O){-}\ (\text{CL-959}) \quad (3\text{-}142)$$

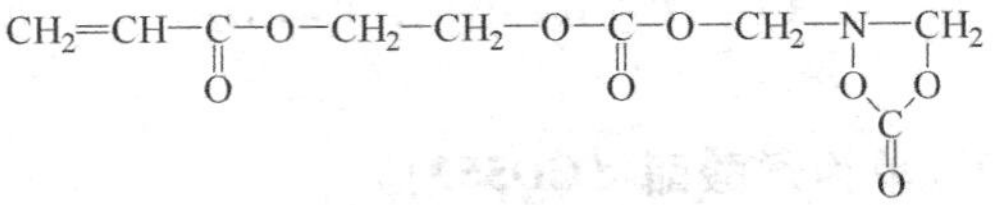

$$CH_2{=}CH{-}C(=O){-}O{-}CH_2{-}CH_2{-}O{-}C(=O){-}O{-}CH_2{-}N{-}CH_2{-}O{-}C(=O){-}O{-}\ (\text{CL-1042}) \quad (3\text{-}143)$$

表 3-42　不同活性稀释剂的光固化特性比较

低聚物	活性稀释剂	官能度	相对反应活性	敏感度/(J/m²)	不饱和键残余量/%
PUA	EDGA	1	1	1.0	2
	Acticryl CL-960	1	10	0.06	4
	Acticryl CL-959	1	14	0.05	3
	Acticryl CL-1042	1	18	0.04	4
	TPGDA	2	3	0.4	10
	HDDA	2	3	0.43	15
	TMPTA	3	11	0.1	36
EA	EDGA	1	1	0.9	5
	Acticryl CL-960	1	7	0.13	9
	Acticryl CL-959	1	13	0.06	10
	Acticryl CL-1042	1	17	0.05	18
	TPGDA	2	3	4	20
	HDDA	2	3	4	23

注：活性稀释剂配方（质量份）为低聚物 50 份，活性稀释剂 50 份，光引发剂 5 份。

3.2.11　含磷的阻燃型丙烯酸酯

阻燃剂的发展趋向于低烟、低毒和无卤化，故含磷化合物成为重要的高效、无卤阻燃剂。普通的丙烯酸酯都为易燃有机物，而丙烯酸膦酸酯则有较好的阻燃效果，见表 3-43。

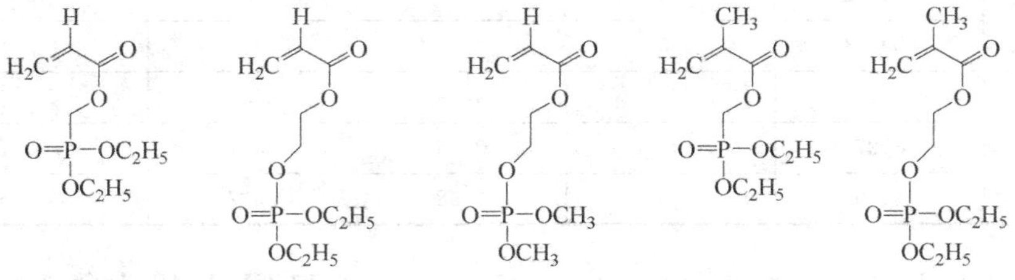

$$\text{DEAMP: } CH_2{=}CH{-}C(=O){-}O{-}CH_2{-}P(=O)(OC_2H_5)_2$$
$$\text{DEAEP: } CH_2{=}CH{-}C(=O){-}O{-}CH_2CH_2{-}O{-}P(=O)(OC_2H_5)_2$$
$$\text{DAP: } CH_2{=}CH{-}C(=O){-}O{-}CH_2CH_2{-}O{-}P(=O)(OCH_3)_2$$
$$\text{DEMMP: } CH_2{=}C(CH_3){-}C(=O){-}O{-}CH_2{-}P(=O)(OC_2H_5)_2$$
$$\text{DEMEP: } CH_2{=}C(CH_3){-}C(=O){-}O{-}CH_2CH_2{-}O{-}P(=O)(OC_2H_5)_2 \quad (3\text{-}144)$$

阻燃性试验结果如下。PMMA：480℃，93s 自燃；氧指数 17.2。PMMA＋10%DEMMP：480℃，未自燃；氧指数 22.8。大阪有机化学公司生产的含磷丙烯酸酯 VISCOAT-3PA 为三丙烯酸乙基膦酸酯。

表 3-43　含磷的阻燃型丙烯酸酯

代　　号	化　学　名　称
DEAMP	丙烯酸甲基膦酸二乙酯
DEAEP	丙烯酸乙基膦酸二乙酯
DAP	丙烯酸乙基膦酸二甲酯
DEMMP	甲基丙烯酸甲基膦酸二乙酯
DEMEP	甲基丙烯酸乙基膦酸二乙酯

3.2.12　杂化型活性稀释剂

杂化型活性稀释剂是指含有自由基光固化和阳离子光固化两种不同光聚合机理的活性基团的活性稀释剂，由于杂化型活性稀释剂中分子内部两种活性基团相互作用，使得自由基光聚合和阳离子光聚合可以相互促进，从而加快光聚合速率，提高转化率。

大阪有机化学公司开发的新产品 OXE-10 和 OXE-30 就是杂化型活性稀释剂。

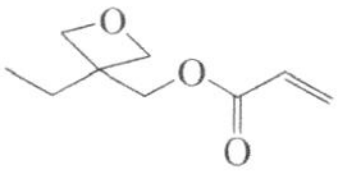

(3-145)

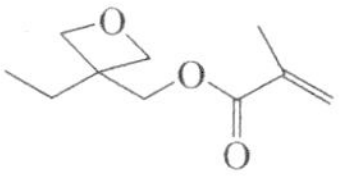

OXE-10

(3-146)

OXE-30

3.2.13　光固化阳离子活性稀释剂

阳离子光引发体系具有不受氧阻聚影响、体积收缩小、光照后还能后固化等优点，其应用和研究范围日益广泛。以往阳离子光引发体系使用的活性稀释剂主要为乙烯基醚类和环氧类稀释剂，品种较少。近年来，研究开发了多种阳离子光固化用的活性稀释剂，对促进和推动阳离子光引发体系的应用起重要作用。

1-丙烯基醚类（A）、1-丁烯基醚类（B）、1-戊烯基醚类（C）

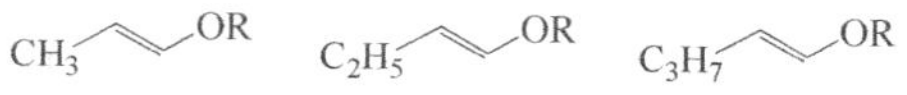

CH_3—CH=CH—OR　　C_2H_5—CH=CH—OR　　C_3H_7—CH=CH—OR

A　　B　　C

此类活性稀释剂多为无色、高沸点、低黏度液体，都具有很高的阳离子聚合活性。

乙烯酮缩二乙醇类

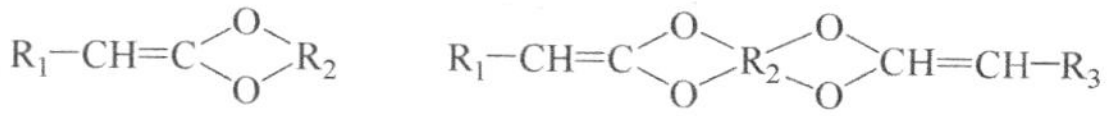

R_1—CH=C(O)(O)R_2　　R_1—CH=C(O)(O)R_2(O)(O)C—CH=CH—R_3　　(3-147)

此类活性稀释剂中双键与两个强的释电子基团相连，因此特别易被亲电子试剂进攻，所以比乙烯基醚类活性稀释剂更活泼，更易进行阳离子聚合。

环氧类

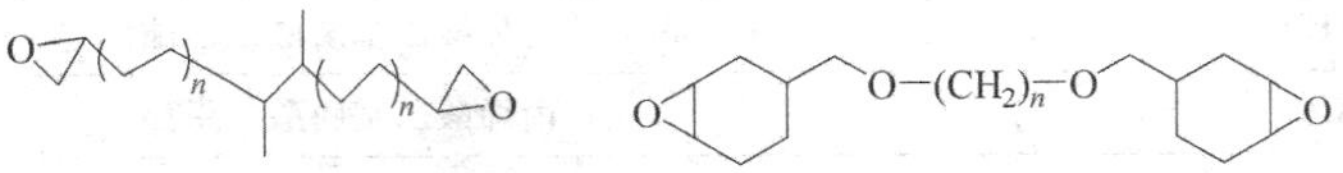

(3-148)

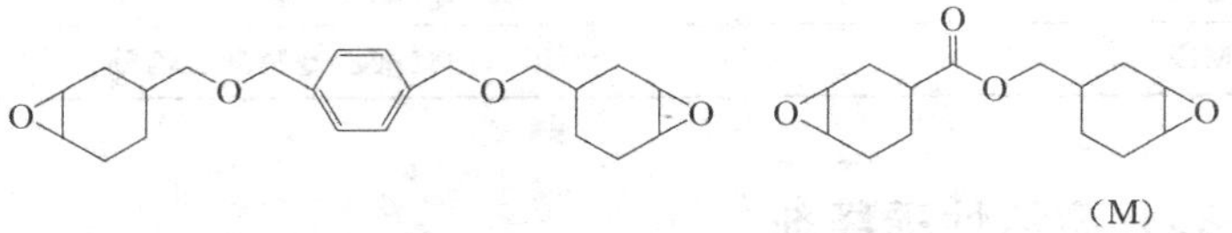

(3-149)

(M)

此类活性稀释剂阳离子聚合活性比常用的环氧单体3,4环氧环己基甲基-3,4环氧环己基甲酸酯（M）快，聚合转化率高。由于后者有酯羰基，会使反应活性降低。

环氧化三甘油酯

自然界中不少植物的种子含有不饱和三甘油酯，如已经大规模商业生产的大豆油、亚麻油、向日葵籽油和蓖麻油等。经环氧化可以得到各种环氧化单体，进行阳离子光聚合，它们原料丰富、合成容易、价格低廉、毒性低，是一类很有潜力的阳离子光固化的活性稀释剂。

氧杂环丁烷类

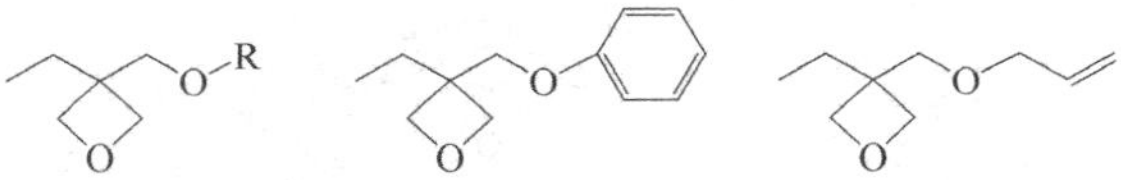

(3-150)

氧杂环环丁烷类都可以进行阳离子光聚合，也是一类低黏度阳离子活性稀释剂。

含有环氧基和烯醇醚基团的混合型活性稀释剂

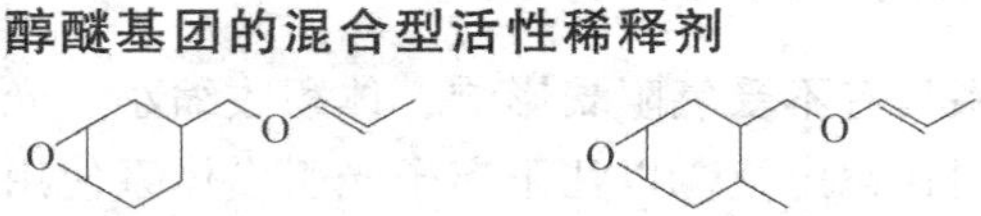

(3-151)

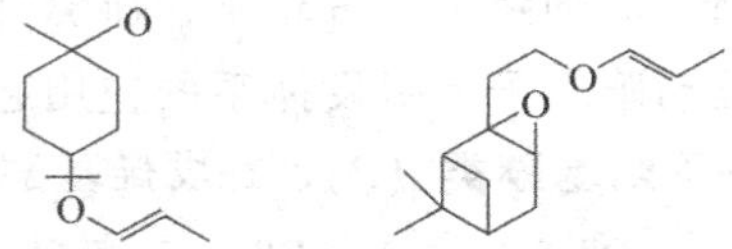

(3-152)

这一类活性稀释剂含有环氧基和烯醇醚基都可以进行阳离子光聚合。而且由于烯醇醚基存在，使环氧基聚合活性显著增强。

3.2.14 具有特殊功能的（甲基）丙烯酸酯类活性稀释剂

除了以上介绍的各种（甲基）丙烯酸酯类活性稀释剂外，还有一类具有特殊功能的活性稀释剂，它们不仅参与光固化反应，还赋予提高对基材（金属、塑料等）

的附着力，或能提高光固化速率，有的能改善颜料分散等功能。

3.2.14.1　提高附着力的活性稀释剂

最常用的是为了提高对金属附着力的（甲基）丙烯酸酯 PM-1 和 PM-2。

$$CH_2{=}C(CH_3){-}C({=}O){-}O{-}CH_2{-}CH_2{-}O{-}P({=}O)(OH)_2 \quad (PM\text{-}1) \tag{3-153}$$

$$CH_2{=}C(CH_3){-}C({=}O){-}O{-}CH_2{-}CH_2{-}O{-}P({=}O)(OH){-}O{-}CH_2{-}CH_2{-}O{-}C({=}O){-}C(CH_3){=}CH_2 \quad (PM\text{-}2) \tag{3-154}$$

沙多玛公司的 SR9008、SR9009、SR9011、SR9012 和 SR9016，优比西公司的 EB111、EB112、EB1039，科宁公司的 4703、4846、4173 等都是属于提高附着力的活性稀释剂，其性能特点见表 3-44。

表 3-44　提高附着力的活性稀释剂

公司	产品代号	化学名称	产品性能特点
沙多玛公司	PM-1	甲基丙烯酸磷酸单酯	金属附着力促进剂
	PM-2	甲基丙烯酸磷酸双酯	金属附着力促进剂
	SR9008	烷氧基三官能团丙烯酸酯	快速固化，金属、塑料附着力促进剂，低收缩率，柔韧性好
	SR9009	三官能团甲基丙烯酸酯	快速固化，金属、塑料附着力促进剂
	SR9011	三官能团甲基丙烯酸酯	快速固化，金属、塑料附着力促进剂
	SR9012	三官能团丙烯酸酯	快速固化，金属、塑料附着力促进剂
	SR9016	二丙烯酸金属盐	溶于水，对金属附着力强，低皮肤刺激
优比西公司	EB111	脂肪族单丙烯酸酯	低黏度，低气味，柔韧性好，对塑料、木器等底材有良好附着力
	EB112	脂肪族单丙烯酸酯	低气味，良好反应活性，柔韧性好，可增强对塑料附着力
	EB1039	氨基甲酸酯单丙烯酸酯	低黏度，优异的柔韧性，增强附着力
	EB168	甲基丙烯酸磷酸酯	金属附着力促进剂
	EB170	丙烯酸磷酸酯	金属附着力促进剂
科宁	4703	高酸值丙烯酸磷酸酯	低黏度，对塑料和玻璃附着力有促进作用

3.2.14.2　提高光固化速率的活性稀释剂

这是一类带叔胺基团的丙烯酸酯，俗称活性胺，它们作为助引发剂，与二苯甲酮等夺氢型自由基光引发剂配合使用，能提高光固化速率；能减少氧阻聚的影响，有利于改善表面固化；带有可聚合的丙烯酸基团，参与光固化反应，避免以往用低分子叔胺气味大，不能参与光固化反应，残留易迁移的弊病。表 3-45 列举了国内外企业生产的活性胺。

表 3-45 提高光固化速率的活性稀释剂—活性胺

公司	产品代号	化学名称	性能特点
国内厂家	活性胺	叔胺丙烯酸酯	低黏度，高效助引发剂
沙多玛	CN371	叔胺丙烯酸酯	高效助引发剂
	CN373	叔胺丙烯酸酯	低迁移，低刺激，高效助引发剂
	CN381	叔胺丙烯酸酯	低迁移，低刺激，表面不起花，高效助引发剂
	CN383	叔胺丙烯酸酯	低黏度，低气味，高效助引发剂
	CN384	叔胺丙烯酸酯	低气味，降低褪色，高效助引发剂
	CN386	叔胺丙烯酸酯	低黏度，低迁移，低刺激性，表面不起花，高效助引发剂
优比西	P115	叔胺丙烯酸酯	低黏度，高效助引发剂
	7100	叔胺丙烯酸酯	有良好附着力，高效助引发剂
科宁	4771	叔胺丙烯酸酯	耐黄变，高效助引发剂
	4967	叔胺丙烯酸酯	低黏度，高效助引发剂
巴斯夫	LR8956	叔胺丙烯酸酯	低黏度，高效助引发剂
长兴	641	叔胺丙烯酸酯	低黏度，高效助引发剂，提高光泽
	645	叔胺丙烯酸酯	低黏度，高效助引发剂
	6420	叔胺丙烯酸酯	低气味，低黏度，高效助引发剂，稳定性佳
	6421	叔胺丙烯酸酯	低气味，低黏度，高效助引发剂，稳定性佳
	6422	叔胺丙烯酸酯	低气味，低黏度，高效助引发剂，促进对塑料附着力
	6430	叔胺丙烯酸酯	低气味，低黏度，高效助引发剂
石梅	M8300	叔胺丙烯酸酯	低气味，高效助引发剂
	M8400	叔胺丙烯酸酯	高效助引发剂

3.2.14.3 改善颜料分散性的活性稀释剂

沙多玛公司 CD802 为烷氧基化二丙烯酸酯，就属于此类活性稀释剂，黏度不高，对颜料的稳定性好，还能增加已磷化钢材表面的附着力。

3.2.14.4 高纯度活性稀释剂

高纯度活性稀释剂具有极低的酸含量和残留溶剂含量［如沙多玛公司的高纯度活性稀释剂，残留溶剂含量只有 10×10^{-6} （10ppm）］，因此固化后几乎没有溶剂逸出，都用于高性能产品中。表 3-46 为高纯度活性稀释剂。

3.2.15 活性稀释剂的毒性

目前光固化涂料中常用的活性稀释剂大多数沸点很高，蒸汽压很小，不易挥发，在光固化过程中又都参与固化反应，所以在生产和涂装中极少挥发到大气中，也就是说具有很低的挥发性有机物（VOC）含量，这就使光固化涂料成为低污染的环保型涂料。

表 3-46　高纯度活性稀释剂

公　司	产品代号	化学名称
沙多玛	SR306HP	高纯度 DPGDA
	SR351HP	高纯度 TMPTA
	SR454HP	高纯度三乙氧基化 TMPTA
	SR9020HP	高纯度三丙氧基化甘油三丙烯酸酯
优比西	DPGDA DE0	高纯度 DPGDA
	TMPTA DE0	高纯度 TMPTA
	TPGPA DE0	高纯度 TPGPA
	EB53	高纯度甘油衍生物三丙烯酸酯
	EB1110	高纯度 POEA
	EB1140	高纯度 DTMPTTA
	EB1160	高纯度乙氧基化 TMPTA

从化学品的毒性看，光固化涂料所用的丙烯酸酯类活性稀释剂具有较低的毒性；但在生产和使用时，长时间暴露在丙烯酸酯的气氛下，则会引起对皮肤、黏膜和眼睛的刺激，直接接触会产生刺激性疼痛，甚至出现过敏、灼伤；由于沸点高，室温下蒸汽压很低，对呼吸系统没有明显的伤害。

化学毒性通常用半致死计量 LD_{50}（Lethal Dose-50）来表示毒性程度，通过实验动物（鼠、兔）的口服吸收、皮肤吸收和吸入吸收造成死亡 50%来确定毒性大小，单位（mg/kg）见表 3-47。

表 3-47　半致死计量 LD_{50} 的毒性表示

LD_{50}/(mg/kg)	<1	1～50	50～500	500～5000	5000～15000	>15000
毒性程度	剧毒	高毒	中毒	低毒	实际上无毒	相当非毒品

皮肤刺激性可用初期皮肤刺激指数 PII（primary skin initiation index）来表示，见表 3-48。

表 3-48　初期皮肤刺激指数 PII 的皮肤刺激性程度表示

PII	0.00～0.03	0.04～0.99	1.00～1.99	2.00～2.99	3.00～5.99	6.00～8.00
皮肤刺激性程度	无刺激	略感刺激	弱刺激	中刺激	刺激性较强	强刺激

表 3-49 和表 3-50 分别列出了部分活性稀释剂的半致死计量 LD_{50} 表示和初期皮肤刺激指数 PII。

在生产和使用过程中，应避免直接接触活性稀释剂，一旦接触应立即用清水冲洗有关部位。若发现出现红斑甚至水疱，应立即去医院请医生治疗。

表 3-49　部分活性稀释剂的半致死计量 LD_{50}

活性稀释剂	BA	2-EHA	IDA	HEA	HPA	IBOA	DEGDA	TMPTA	PETA	NGA $(PO)_2DA$
LD_{50}/(mg/kg)										
(口服)	3730	5600	10885	600	1120	2300	1568	>5000	1350	15000
(皮肤)	3000	7488	3133					5170	>2000	5000

表 3-50　部分活性稀释剂的初期皮肤刺激指数 PII

活性稀释剂	NVP	IDA	POEA	IBOA	DEGDA	TEGDA	PEG (200)DA	PEG (400)DA	NPGDA
PII	0.4	2.2	1.5	1.8	6.8	6.0	3.0	0.9	4.96
活性稀释剂	DPGDA	TPGDA	BDDA	HDDA	TMPTA	PETA	PETTA	DTMPTTA	DPPA
PII	5.0	3.0	5.5	5.0	4.8	4.3	0.4	0.5	0.54

3.2.16　活性稀释剂的贮存和运输

① 贮存容器　活性稀释剂要存放在不透明、深色、干燥的内衬酚醛树脂或聚乙烯的铁桶或深色的聚乙烯桶内。铁或铜类容器会引发聚合，因此应避免接触这类材料。

注意容器中要留有一定空间，以满足阻聚剂对氧气的需要。

② 贮存温度　贮存温度低于 30℃，最好 10℃左右。大批贮存推荐温度为 16～27℃。如果发生冻结，请将材料加热至 30℃，并低温搅拌混合，使阻聚剂均匀混在材料中。这些预防措施对于保持产品的性能指标是必要的，否则容易发生聚合反应，而使产品固化报废。

③ 贮存条件　贮存时除注意温度条件外，应避免阳光直射，避免与氧化剂、引发剂和能产生自由基的物质接触。

贮存时须加入足量的阻聚剂对甲氧基苯酚（MEHQ）和对苯二酚（HQ）以增强在贮存时的稳定性。

注意定期检查阻聚剂含量及材料黏度的变化以防聚合。

产品在收到六个月内使用可得到最好的效果。

④ 运输　运输时，注意避免阳光直射；温度不要超过 30℃；要防止局部高温，以免发生聚合；不能与氧化剂、引发剂等物质放于一起。

在生产过程中输送活性稀释剂时，必须要用不锈钢、聚乙烯管或其它塑料管道。

3.2.17　活性稀释剂的主要生产厂家

公司	TMPTA	TPGDA	DPGDA	HDDA	NPGDA	PDDA	PETA	EO-TNPTA	PO-TMPTA	PO-NPGDA	OTA	GPTA	HEA HPA	HEMA HPMA	IBOA IBOMA	其　它
北京东方亚科力化工科技公司													√	√		
天津天骄辐射固化材料公司	√	√	√	√	√	√	√	√	√	√	√				√	LA、SA、EOEOEA、PEGDA、DPHA 等
天津市化学试剂研究所	√	√		√	√	√	√	√		√					√	LA、HA、PEGDA、BODA 等
天津高科化工公司	√	√	√		√	√	√	√		√						PET_4A、BODA
辽宁奥克集团	√	√	√	√				√								PEGDA、EO-BPDA、EO-TMPTMA
上海泰禾(集团)公司	√	√						√								
江苏利田科技公司	√	√	√	√	√	√	√	√		√						LA、POEA、BODA、PEGDA、TMPTMA 等
江苏三木集团	√	√	√	√	√	√	√	√	√	√						BODA、TMPTMA 等
宜兴宏辉化工公司	√	√	√	√	√		√	√		√						TMPTMA 等
常州雪龙化工公司	√	√	√	√	√		√	√		√						
江苏银燕化工股份公司													√	√		
无锡金盏助剂厂													√	√		
无锡杨市三联化工厂													√	√		

续表

公司	TMPTA	TPGDA	DPGDA	HDDA	NPGDA	PDDA	PETA	EO-TNPTA	PO-TMPTA	PO-NPGDA	OTA	GPTA	HEA HPA	HEMA HPMA	IBOA IBOMA	其　它
无锡博尼尔化工公司															√	
无锡万博涂料化工公司																含氟单体
常熟三爱富中昊化工新材料公司																含氟单体
南通新兴树脂公司															√	
南京大有精细化工公司	√	√		√	√											TMPTMA
上海忠诚精细化工公司	√	√	√	√												
池州通达林产化工公司															√	
洞头美利丝油墨涂料公司	√	√														
日本共荣社化学株式会社	√						√	√				√	√	√	√	PEGDA、PPGDA、POEA、DPHA、环酯、MMA 酯、含氟单体等
日本油脂株式会社		√											√	√		LA、SA、GMA、PEG-DA、PPGDA、MMA 酯、BPADA 等
日本东亚合成株式会社	√						√	√								DPHA

续表

公司	TMPTA	TPGDA	DPGDA	HDDA	NPGDA	PDDA	PETA	EO-TNPTA	PO-TMPTA	PO-NPGDA	OTA	GPTA	HEA HPA	HEMA HPMA	IBOA IBOMA	其　它
日本 Arakawa 化学工业株式会社	√						√					√				BPADA、DPHA
日本 Toagosei 化学工业株式会社	√	√					√	√	√							PEGDA、PPGDA、POEA、BPADA、DPHA
张家港东亚迪爱生化学公司	√						√	√								PPGDA、DPHA、DTMPTA
韩国美源特殊化工株式会社	√						√	√	√			√				PEGDA、BPADA、DPHA、DTMPTA、MMA 酯
美国 Akcros 公司	√	√	√	√			√	√				√				DTMPTA
美国 Performance 化学公司													√	√		PEGDA、PPGDA、MMA 酯
美国 Crodamer 化学公司		√		√				√				√				
罗地亚公司上海办事处															√	β-CEA
德国赢创德固赛(中国)投资公司上海分公司													√	√		MMA 酯
德国赫斯公司上海办事处													√	√		SA
巴斯夫(中国)公司	√	√	√	√												LA、POEA、BDDA、阳离子单体等

续表

公司	TMPTA	TPGDA	DPGDA	HDDA	NPGDA	PDDA	PETA	EO-TNPTA	PO-TMPTA	PO-NPGDA	OTA	GPTA	HEA HPA	HEMA HPMA	IBOA IBOMA	其它
上海科宁油脂化学公司	√	√	√	√				√	√	√			√			PEGDA、高纯度单体
达质化学(马来西亚)公司														√		
岳阳昌德化工实业公司																丙烯酸羟基环己酯、1,2环己二醇二缩水甘油醚
江门恒光新材料公司	√	√														
江门君力化工实业公司		√														
中山千叶合成化工厂	√	√														
恒昌涂料(惠阳)公司	√	√														
长兴化学材料(珠海)公司	√	√	√	√	√		√	√	√	√		√				POEA、EOEOEA、PEGDA、BPADA、DPHA、$DTMPT_4A$、MMA酯等
东莞宏德化工公司	√	√	√	√	√		√					√				PEGDA、DPHA等
台湾 Sicchem公司	√	√	√	√				√								

续表

公司	TMPTA	TPGDA	DPGDA	HDDA	NPGDA	PDDA	PETA	EO-TNPTA	PO-TMPTA	PO-NPGDA	OTA	GPTA	HEA HPA	HEMA HPMA	IBOA IBOMA	其它
台湾新力美科技股份公司								√				√			√	LA、THFA、POEA、EOEOEA、POEA、BPADA 等
氰特	√	√	√	√			√	√			√				√	DTMPT$_4$A、DPHA、MMA 酯、高纯度单体等
美国沙多玛(广州)化学公司	√	√	√	√	√		√	√	√	√		√	√	√	√	LA、SA、EOEOEA、POEA、THFA、DPHA、MMA 酯、高纯度单体等
美国国际特品公司																乙烯基醚阳离子单体
美国道化学(中国)投资公司																乙烯基醚、环氧阳离子单体
日本大阪有机化学公司	√	√		√			√	√	√				√			LA、SA、POEA、EOEOEA、BPADA、PEGDA、氧杂环、含氟单体等
日本新中村化学工业株式会社	√	√	√	√	√		√	√	√			√			√	POEA、PEGDA、PPGDA、DPHA、MMA 酯、BPADA、环酯等
日本化药株式会社	√				√		√	√	√			√				BPADA、DPHA、环酯、DTMPTA 等

3.3 低聚物

3.3.1 概述

3.3.1.1 低聚物的结构特点

光固化涂料用的低聚物（oligomer）是一种相对分子质量相对较低的感光性树脂，具有可以进行光固化反应的基团，如各类不饱和双键或环氧基等。在光固化涂料中的各组分中，低聚物是光固化涂料的主体，它的性能基本上决定了固化后材料的主要性能，因此，低聚物的合成和选择无疑是光固化涂料配方设计的重要环节。

自由基光固化涂料用的低聚物都是具有“>C=C<”不饱和双键的树脂，如丙烯酰氧基（$CH_2=CH-COO-$）、甲基丙烯酰氧基（$CH_2=C(CH_3)-COO-$）、乙烯基（>C=C<）、烯丙基（$CH_2=CH-CH_2-$）等。按照自由基聚合反应速率快慢排序：丙烯酰氧基＞甲基丙烯酰氧基＞乙烯基＞烯丙基。因此，自由基光固化用的低聚物主要是各类丙烯酸树脂，如环氧丙烯酸树脂、聚氨酯丙烯酸树脂、聚酯丙烯酸树脂、聚醚丙烯酸树脂、丙烯酸酯化的丙烯酸酯树脂或乙烯基树脂等。其中实际应用最多的是环氧丙烯酸树脂、聚氨酯丙烯酸树脂。表 3-51 列举了几种低聚物的性能。

阳离子光固化涂料用的低聚物，具有环氧基团（>C—C< 以 O 桥接的环氧结构）或乙烯基醚基团（$CH_2=CH-O-$），如环氧树脂、乙烯基醚树脂。

表 3-51 常用低聚物的性能

低聚物	固化速率	拉伸强度	柔性	硬度	耐化学药品性	耐黄变性
环氧丙烯酸树脂(EA)	高	高	不好	高	极好	中
聚氨酯丙烯酸树脂(PUA)	可调	可调	好	可调	好	可调
聚酯丙烯酸树脂(PEA)	可调	中	可调	中	好	不好
聚醚丙烯酸树脂	可调	低	好	低	不好	好
纯丙烯酸酯树脂	慢	低	好	低	好	极好
乙烯基树脂(UPE)	慢	高	不好	高	不好	不好

3.3.1.2 低聚物的选择原则

光固化涂料中低聚物的选择要综合考虑下列因素。

（1）黏度　选用低黏度树脂，可以减少活性稀释剂用量，但低黏度树脂往往相对分子质量低，会影响成膜后物理力学性能。

（2）光固化速率　选用光固化速率快的树脂是一个很重要的条件，不仅可以减少光引发剂用量，而且可以满足光固化涂装生产线快速固化的要求。一般说来，官能度越高，光固化速率越快，环氧丙烯酸酯光固化速率快，胺改性的低聚物光固化速率也快。

（3）物理力学性能　光固化涂料漆膜的物理力学性能主要由低聚物固化膜的性能来决定，而不同品种的光固化涂料其物理力学性能要求也不同，所选用的低聚物也不同。漆膜的物理力学性能主要有下列几种。

① 硬度　环氧丙烯酸酯和不饱和聚酯一般硬度高；低聚物中含有苯环结构也有利于提高硬度；官能度高，交联密度高，T_g 高，硬度也高。

② 柔韧性　聚氨酯丙烯酸树脂、聚酯丙烯酸树脂、聚醚丙烯酸树脂和纯丙烯酸酯一般柔韧性都较好；低聚物含有脂肪族长碳链结构，柔韧性好；相对分子质量越大，柔韧性也越好；交联密度低，柔韧性变好；T_g 低，柔韧性好。

③ 耐磨性　聚氨酯丙烯酸树脂有较好的耐磨性；低聚物分子间易形成氢键的，耐磨性好；交联密度高的，耐磨性好。

④ 拉伸强度　环氧丙烯酸酯和不饱和聚酯有较高的抗张强度，一般相对分子质量较大，极性较大，柔韧性较小和交联度大的低聚物有较高的拉伸强度。

⑤ 抗冲击性　聚氨酯丙烯酸树脂、聚酯丙烯酸树脂、聚醚丙烯酸树脂和纯丙烯酸酯有较好的抗冲击性；低 T_g、柔韧性好的低聚物一般抗冲击性好。

⑥ 附着力　收缩率小的低聚物，对基材附着力好；含—OH、—COOH 等基团的低聚物对金属附着力好。低聚物表面张力低，对基材润湿铺展好，有利于提高附着力。

⑦ 耐化学性　环氧丙烯酸酯、聚氨酯丙烯酸树脂和聚酯丙烯酸树脂都有较好的耐化学性，但聚酯丙烯酸树脂耐碱性较差；提高交联密度，耐化学性增强。

⑧ 耐黄变　脂肪族聚氨酯丙烯酸树脂、聚醚丙烯酸树脂和纯丙烯酸酯有很好的耐黄变性。

⑨ 光泽　环氧丙烯酸酯和不饱和聚酯有较高的光泽，交联密度增大，光泽增加；T_g 高，折光率高的低聚物光泽好。

⑩ 颜料的润湿性　一般脂肪酸改性和胺改性的低聚物对颜料有较好的润湿性；含—OH 和—COOH 的低聚物也有较好的颜料润湿性。

（4）低聚物的玻璃化温度 T_g　低聚物 T_g 高，一般硬度高，光泽好；低聚物 T_g 低，柔韧性好，抗冲击性也好。表 3-52 为常用低聚物的折射率和玻璃化温度。

表 3-52　常用低聚物的折射率和玻璃化温度

产品代号	化学名称	折射率(25℃)	玻璃化温度 T_g/℃	拉伸强度 /Pa	伸长率 /%
CN111	大豆油 EA	1.4824	35		
CN120	EA	1.5556	60		

续表

产品代号	化学名称	折射率(25℃)	玻璃化温度 T_g/℃	拉伸强度 /Pa	伸长率 /%
CN117	改性 EA	1.5235	51	5400	6
CN118	酸改性 EA	1.5290	48		
CN2100	胺改性 EA		60	1900	6
CN112C60	酚醛 EA (含 40%TMPTA)	1.5345	40		
CN962	脂肪族 PUA	1.4808	−38	265	37
CN963A80	脂肪族 PUA (含 20%TPGDA)	1.4818	48	7217	6
CN929	三官能度脂肪族 PUA	1.4908	13	1628	58
CN945A60	三官能度脂肪族 PUA(含 40%TPGDA)	1.4758	53	1623	6
CN983	脂肪族 PUA	1.4934	90	2950	2
CN972	芳香族 PUA	1.4811	−47	142	17
CN970E60	芳香族 PUA (含 40%EOTMPTA)	1.5095	70	6191	4
CN2200	PEA		−20	700	20
CN2201	PEA		93	5000	4
CN292	PEA	1.4681	1	1345	3
CN501	胺改性聚醚丙烯酸酯	1.4679	24		
CN550	胺改性聚醚丙烯酸酯	1.4704	−10		

(5) 低聚物的固化收缩率　低的固化收缩率有利于提高固化膜对基材的附着力，低聚物官能度增加，交联密度提高，固化收缩率也增加。表 3-53 为常见低聚物固化收缩率。

表 3-53　常见低聚物固化收缩率①

低聚物	相对分子质量 M	官能度 f	收缩率/%
EA	500	2	11
酸改性 EA	600	2	9
大豆油 EA	1200	3	7
芳香族 PUA(1)	1000	6	10
芳香族 PUA(2)	1500	2	5
脂肪族 PUA(1)	1000	6	10
脂肪族 PUA(2)	1500	2	3
聚醚	1000	4	6
PEA(1)	1000	4	11
PEA(2)	1500	4	14
PEA(3)	1500	6	10

① 100%低聚物，5% 1500 光引发剂；在 120W/cm、10m/min 条件下固化。

（6）毒性和刺激性　低聚物由于相对分子质量都较大，大多为黏稠状树脂，不挥发，不是易燃易爆物品，其毒性也较低，皮肤刺激性也较低。表 3-54 为常用低聚物的皮肤刺激性。

表 3-54　常用低聚物的皮肤刺激性

产品代号	化学名称	官能度	PII
EB600	双酚 A 型 EA	2	0.2
EB860	大豆油 EA	3	0.4
EB3600	胺改性双酚 A 型 EA	2	0.1
EB3608	脂肪酸改性 EA	2	0.5
EB210	芳香族 PUA	2	2.2
EB230	高相对分子质量脂肪族 PUA	2	2.3
EB270	脂肪族 PUA	2	1.7
EB264	三官能度脂肪族 PUA(含 15%HDDA)	3	3.0
EB220	六官能度脂肪族 PUA	6	0.7
EB1559	PEA(含 40%HEMA)	2	1.8
EB810	四官能度 PEA	4	1.3
EB870	六官能度 PEA	6	0.6
EB438	氯化 PEA(含 40%OTA480)		2.2
EB350	有机硅丙烯酸酯	2	0.9
EB1360	六官能度有机硅丙烯酸酯	6	1.2

3.3.2　不饱和聚酯

不饱和聚酯（unsaturated polyester，简称 UPE）是最早用于光固化材料的低聚物。1968 年德国拜耳公司开发的第一代光固化材料就是不饱和聚酯与苯乙烯组成的光固化涂料，用于木器涂装。

3.3.2.1　不饱和聚酯的合成

$$\text{(马来酸酐)} + \text{(邻苯二甲酸酐)} + \mathrm{HOROH} \longrightarrow \mathrm{HO{-}R{-}O{-}\overset{O}{\overset{\|}{C}}{-}CH{=}CH{-}\overset{O}{\overset{\|}{C}}{-}O{-}R{-}O{-}\overset{O}{\overset{\|}{C}}{-}C_6H_4{-}\overset{O}{\overset{\|}{C}}{-}O{-}R{-}OH} \tag{3-155}$$

不饱和聚酯是由二元醇和二元酸加热缩聚而制得。其中二元醇有乙二醇、多缩乙二醇、丙二醇、多缩丙二醇、1,4-丁二醇等。二元酸必须有不饱和二元酸或酸酐，如马来酸、马来酸酐、富马酸；并配以饱和二元酸如邻苯二甲酸、邻苯二甲酸酐、丁二酸、丁二酸酐、己二酸、己二酸酐等。不饱和二元酸通常用马来酸酐，价廉易得，而且随马来酸酐用量增加，光固化速率也会增加，并达到一个最佳值，通常马来酸酐摩尔含量应不低于总羧酸量的一半。加入饱和二元酸可改善不饱和聚酯的弹性，起到增塑作用，还可减少体积收缩，但会影响树脂的光固化速率。一般使用酸酐和二元醇反应制备不饱和聚酯，可减少水的生成量，有利于缩聚反应进行，特别是马来酸酐不易发生均聚，可在较高反应温度下进行脱水缩聚。

将二元酸、二元醇和适量阻聚剂（如对苯二酚）加入到反应器中，通入氮气，搅拌升温到160℃回流，测酸值至200mg KOH/g左右，开始出水，升温至175～200℃，当酸值达到设定值时，停止反应，降温至80℃左右，加入20%～30%活性稀释剂（苯乙烯或丙烯酸酯类活性稀释剂）和适量阻聚剂出料。

反应中通氮气，可促进脱水，也能防止树脂在反应中因高温而颜色变深。反应程度控制通过测定反应体系的酸值来监控；反应结束可以通过测定产物的碘值了解产物的双键含量。

3.3.2.2 不饱和聚酯的性能和应用

不饱和聚酯由于原料来源方便、较廉，合成工艺简单，与苯乙烯配合使用，价格便宜，得到固化涂层硬度好，耐溶剂和耐热，在木器涂装上涂成厚膜产生光泽丰满的装饰效果，故至今仍在欧洲、美国、日本的木器涂装生产线使用，用作光固化木器涂料得填充料、底漆和面漆。

不饱和聚酯光固化基团是乙烯基C═C双键，反应活性低，因此光固化速率慢，表干性能差，涂层不够柔软，聚酯主链上大量酯基耐酸碱性差。苯乙烯作为不饱和聚酯的活性稀释剂，价廉，黏度低，稀释效果好，反应活性也较高，但它是挥发性易燃易爆液体，有特殊臭味，具有较大毒性，使用受到限制。可以用部分丙烯酸酯活性稀释剂来代替苯乙烯，克服上述弊病。常用不饱和聚酯低聚物的性能和应用见表3-55。

表3-55 常用不饱和聚酯低聚物的性能和应用

公司	产品代号	化学名称	黏度	特点和应用
拜耳	300/1	UPE，含30%St	650	坚硬，柔韧，抗划擦性优异，丰满度好，用于高光或亚光木器上
	500	UPE，含32%St	1600	柔韧性优，抛光性优，丰满度好，用于亮光木器上
	UAVPLS2380	UPE，含30%TPGDA	29000	漆膜坚硬，光泽高，良好的附着力及打磨性，用于木器及家具底漆和面漆
	UAVPLS2110	UPE，含30%TPGDA	17000	耐黄变，更佳的抗刮擦性，用于木器及家具底漆和面漆
盖斯塔夫	UV78	UPE，含30%St		抛光性、丰满度好，用于淋涂木器着色底漆和面漆
	UV82	UPE，含30%St		抛光性，用于辊涂木器底漆
	UV92	UPE，含25%St		高反应活性，用于木器打磨底漆
	G650	UPE，含30%St		高反应活性，高光泽，高硬度，极好抛光性，用于木器清漆和色漆
巴斯夫	UP35D	UPE，含45%DPGDA	3000～6000	高硬度，高耐抗性，良好的砂磨性能，用于木器漆

3.3.3　环氧丙烯酸酯

环氧丙烯酸酯（epoxy acrylate，简称EA）是目前应用最广泛、用量最大的光固化低聚物，它是由环氧树脂和（甲基）丙烯酸酯化而制得。环氧丙烯酸酯按结构类型不同，可分为双酚A环氧丙烯酸酯、酚醛环氧丙烯酸酯、环氧化油丙烯酸酯和改性环氧丙烯酸酯，其中以双酚A环氧丙烯酸酯最为常用，用量也最大。

3.3.3.1　环氧丙烯酸酯的合成

$$\underset{\diagdown O \diagup}{CH_2-CH}-R-\underset{\diagdown O \diagup}{CH-CH_2}+2CH_2=CH-COOH\xrightarrow{CAT}CH_2=CH-\underset{\parallel}{\overset{}{C}}(=O)-O-CH_2-\underset{OH}{CH}-R-\underset{OH}{CH}-CH_2-O-\underset{}{C}(=O)-CH=CH_2 \quad (3\text{-}156)$$

环氧丙烯酸酯是用环氧树脂和丙烯酸在催化剂作用下经开环酯化而制得。为了得到高光固化速率的环氧丙烯酸酯，要选择高环氧基含量和低黏度的环氧树脂，这样可引入更多的丙烯酸基团。因此双酚A环氧丙烯酸酯一般选用E-51（环氧值为0.51±0.03eq/100g）或E-44［环氧值为（0.44±0.03)eq/100g］；酚醛环氧树脂选用F-51［环氧值为（0.51±0.03)eq/100g］或F-44［环氧值为（0.44±0.03)eq/100g］。

催化剂一般用叔胺、季铵盐，常用三乙胺、*N*,*N*-二甲基苄胺、*N*,*N*-二甲基苯胺、三甲基苄基氯化铵、三苯基磷、三苯基锑、乙酰丙酮铬、四乙基溴化铵等，用量0.1%～3%（质量比）。三乙胺虽然价廉，但催化活性相对较低，产品稳定性稍差；季铵盐催化活性稍强，但成本稍高；三苯基磷、三苯基锑、乙酰丙酮铬催化活性高，产物黏度低，但色泽较深。

丙烯酸和环氧基开环酯化是放热反应，因此反应初期控制温度是非常重要的，通常采用将环氧树脂升温至80～90℃，滴加丙烯酸、催化剂和阻聚剂混合物，控制反应温度100℃，同时取样测定酸值，到反应后期升温至110～120℃，使酸值降至小于5mg KOH/g停止反应（一般反应时间需要4～6h），冷却到80℃出料。由于环氧丙烯酸酯黏度较大，可以在冷至80℃时加入20%活性稀释剂（三丙三醇二丙烯酸酯、三羟甲基丙烷三丙烯酸酯）和适量阻聚剂。

由于反应温度较高，为防止丙烯酸和环氧丙烯酸酯的聚合，必须加入阻聚剂，常用的阻聚剂为对甲氧基苯酚、对苯二酚、2,5-二甲基对苯二酚、2,6-二叔丁基对甲苯酚等，加入量约为0.01%～1%（质量分数）。

丙烯酸和环氧树脂投料比，大多数情况下控制在环氧树脂稍微过量，即丙烯酸(mol)：环氧树脂环氧基（mol）（1：1)～(1：0.5)，以防止残存的丙烯酸对基材和固化膜有不良影响。但残留的环氧基也会影响树脂的贮存稳定性。

环氧丙烯酸酯的合成（以双酚A-环氧丙烯酸酯为例）主反应为：

$$\underset{\diagdown O \diagup}{CH_2-CH}-R-\underset{\diagdown O \diagup}{CH-CH_2}+2CH_2=CH-COOH\longrightarrow CH_2=CH-C(=O)-O-CH_2-\underset{OH}{CH}-R-\underset{OH}{CH}-CH_2-O-C(=O)-CH=CH_2 \quad (3\text{-}157)$$

其中：R：

$$-CH_2-O\!\!\left(\!\!-\!C_6H_4-\underset{CH_3}{\overset{CH_3}{C}}-C_6H_4-O-CH_2-\underset{|}{CH}(OH)-CH_2-O\!\right)_{\!n}\!C_6H_4-\underset{CH_3}{\overset{CH_3}{C}}-C_6H_4-O-CH_2- \quad n=0\sim4 \tag{3-158}$$

$$CH_2{=}CH-COOH + -R-\underset{OH}{CH}CH_2OOCCH{=}CH_2 \longrightarrow -R-\underset{CH_2=CH-COO}{CH}CH_2OOCCH{=}CH_2 \tag{3-159}$$

$$-R-\underset{OH}{CH}CH_2OOCCH{=}CH_2 + \underset{\backslash O/}{CH_2-CH}-R- \longrightarrow \begin{matrix}-R-CHCH_2OOCCH{=}CH_2\\ |\\ -R-CH_2-\underset{OH}{CH}-O\end{matrix} \tag{3-160}$$

副反应为：

$$-R-\underset{OH}{CH}CH_2OOCCH{=}CH_2 \longrightarrow -R-\underset{OH}{CH}CH_2OOCCH-CH_2-CH_2-CH_2-COOCH_2\underset{OH}{CH}-R- \tag{3-161}$$

$$CH_2{=}CHCOOH \longrightarrow \left(CH_2-\underset{COOH}{CH}\right)_n \tag{3-162}$$

后两个副反应都可以引起树脂发生交联而凝胶，因此反应时控制好反应温度（反应初期和中期不宜过高）极为重要。反应程度通过测定反应体系的酸值来了解；反应结束可以通过产物的碘值测量，了解合成过程中双键的损失，还可以通过产物的环氧值了解残存的环氧基含量。

3.3.3.2 环氧丙烯酸酯的性能和应用

3.3.3.2.1 双酚 A 环氧丙烯酸酯

双酚 A 环氧丙烯酸酯分子中含有苯环，使树脂有较高的刚性、强度和热稳定性，同时侧链的羟基有利于极性基材的附着，也有利于颜料的润湿。

$$CH_2{=}CH-\underset{O}{\overset{\|}{C}}\!\left(O-CH_2-\underset{OH}{CH}-CH_2-C_6H_4-\underset{CH_3}{\overset{CH_3}{C}}-C_6H_4\right)_{\!n}O-CH_2-\underset{OH}{CH}-CH_2-O-\underset{O}{\overset{\|}{C}}-CH{=}CH_2 \tag{3-163}$$

双酚 A 环氧丙烯酸酯在低聚物中是光固化速率最快的一种，固化膜具有硬度大，高光泽、耐化学药品性能优异、较好的耐热性和电性能，加之双酚 A 环氧丙烯酸酯原料来源方便，价格便宜，合成工艺简单，因此广泛地用作光固化纸张、木器、塑料、金属涂料的主体树脂，也用作光固化油墨、光固化胶黏剂的主体树脂。

双酚 A 环氧丙烯酸酯的缺点主要是固化膜柔性差，脆性高，同时耐光老化和耐黄变性差，不适合户外使用，这是由于双酚 A 环氧丙烯酸酯含有芳香醚键，涂膜经阳光（紫外线）照射后易降解断链而粉化。

$$\sim\!\!\sim\!\text{C}_6\text{H}_4\text{—O—CH}_2\text{—CH(OH)—CH}_2\!\sim\!\!\sim \xrightarrow[UV]{[O]} \sim\!\!\sim\!\text{C}_6\text{H}_4\text{—O—CH(OOH)—CH(OH)—CH}_2\!\sim\!\!\sim$$

$$\longrightarrow \sim\!\!\sim\!\text{C}_6\text{H}_4\text{—O—CH(O}\cdot\text{)—CH(OH)—CH}_2\!\sim\!\!\sim + \cdot\text{OH} \longrightarrow \sim\!\!\sim\!\text{C}_6\text{H}_4\text{—O—CH(=O)} + \cdot\text{CH(OH)—CH}_2\!\sim\!\!\sim \tag{3-164}$$

3.3.3.2.2　酚醛环氧丙烯酸酯

酚醛环氧丙烯酸酯为多官能团丙烯酸酯，因此比双酚 A 环氧丙烯酸酯反应活性更高，交联密度更大；苯环密度大，刚性大，耐热性更佳。其固化膜也具有硬度大、高光泽、耐化学药品性优异、电性能好等优点。只是原料价格稍贵，树脂的黏度较高，因此目前主要用作光固化阻焊油墨，一般很少用于光固化涂料。

$$\text{酚醛环氧树脂（—C}_6\text{H}_3\text{(O—CH}_2\text{—CH(O)CH}_2\text{)—CH}_2\text{—）} + \text{CH}_2\text{=CH—COOH} \longrightarrow \text{酚醛环氧丙烯酸酯（各苯环上 —O—CH}_2\text{—CH(OH)—CH}_2\text{—O—C(=O)—CH=CH}_2\text{，苯环间以 —CH}_2\text{— 连接，}n\text{）} \tag{3-165}$$

3.3.3.2.3　环氧化油丙烯酸酯

环氧化油丙烯酸酯价格便宜、柔韧性好、附着力强，对皮肤刺激性小，特别是对颜料有优良的润湿分散性；但光固化速率慢，固化膜软，力学性能差，因此在光固化涂料中不单独使用，只是与其它活性高的低聚物配合使用，以改善柔韧性和对颜料的润湿分散性。

$$\begin{array}{l}\text{CH}_2\text{—C(=O)—O—R—CH(OH)—O—C(=O)—CH=CH}_2\\ |\\ (\text{CH}_2\text{—C(=O)—O—R—CH(OH)—O—C(=O)—CH=CH}_2)_n \quad n=1\sim2\\ |\\ \text{CH}_2\text{—C(=O)—O—R—CH(OH)—O—C(=O)—CH=CH}_2\end{array} \tag{3-166}$$

3.3.3.2.4　改性环氧丙烯酸酯

① 胺改性环氧丙烯酸酯，利用少量的伯胺或仲胺与环氧树脂中部分环氧基缩合，余下的环氧基再丙烯酸酯化，得到胺改性环氧丙烯酸酯。

② 脂肪酸改性环氧丙烯酸酯，先用少量脂肪酸与环氧树脂中部分环氧基酯化，余下环氧基再丙烯酸酯化，得到脂肪酸改性环氧丙烯酸酯。

③ 磷酸改性环氧丙烯酸酯，先用不足量丙烯酸酯化环氧树脂，余下的环氧基用磷酸酯化，得到磷酸改性环氧丙烯酸酯。

④ 聚氨酯改性环氧丙烯酸酯，利用环氧丙烯酸酯侧链上羟基与二异氰酸和丙

烯酸羟乙酯（摩尔比 1∶1）的半加成物中异氰酸根反应，得到聚氨酯改性环氧丙烯酸酯。

⑤ 酸酐改性环氧丙烯酸酯，酸酐与环氧丙烯酸酯侧链上羟基反应，得到带有羧基的酸酐改性环氧丙烯酸酯。

⑥ 有机硅改性环氧丙烯酸酯，环氧树脂的环氧基与少量带胺基或羟基的有机硅氧烷缩合，再与丙烯酸酯化得到有机硅改性的环氧丙烯酸酯。

上述几种改性环氧丙烯酸酯的性能特点见表 3-56，不同酸酐改性环氧丙烯酸酯性能见表 3-57。表 3-58 列举了国内外生产厂商的环氧丙烯酸酯低聚物的性能和应用。

表 3-56　改性环氧丙烯酸酯的性能特点

改性环氧丙烯酸酯	性能特点
胺改性	提高光固化速率，改善脆性、附着力和对颜料的润湿性
脂肪酸改性	改善柔韧和对颜料的润湿性
磷酸改性	提高阻燃性，对金属附着力
聚氨酯改性	提高耐磨性、耐热性、弹性
酸酐改性	变成碱溶性光固化树脂作光成像材料的低聚物；经胺或碱中和后，作水性 UV 固化材料的低聚物
有机硅改性	提高耐候性、耐热性、耐磨性和防污性

表 3-57　不同酸酐改性环氧丙烯酸酯性能比较

低聚物	EA	丁二酸酐改性 EA	戊二酸酐改性 EA	马来酸酐改性 EA	苯酐改性 EA	四溴苯酐改性 EA	四氢苯酐改性 EA
硬度	3H	3H	3H	4H	4H	4H	4H
耐磨性/(mg/1000r)	8.4	7.5	7.6	6.8	6.8	6.8	6.8
附着力	20	60	60	60	60	60	60

注：改性配方（质量份）为低聚物 50 份，TMPTA20 份，TPGDA25 份，光引发剂 651　5 份；在 80W/cm、30m/min 条件下固化。

表 3-58　国内外生产厂商的环氧丙烯酸酯低聚物的性能和应用

公司	产品代号	化学名称	官能度	黏度(25℃)/mPa·s	特点和应用
沙多玛	CN104	双酚 A EA	2	18900(49℃)	高反应性，硬度高，耐化学药品性好，用于木器、纸张、金属涂料
	CN121	低黏度 EA	2	57500	快速固化，高光泽，用于纸张、木器、塑料涂料、压敏胶
	CN2100	胺改性 EA		43000(65℃)	快速固化，柔韧性好、耐化学药品性好，润湿性好，用于木器、纸张、金属涂料，油墨
	CN2101	脂肪酸改性 EA		43000	快速固化，柔韧性和强度兼有，适用柔印、胶印、凹印、丝印油墨
	CN111	大豆油 EA		25100	柔韧性、附着力、颜料润湿性好，用于油墨，木器、纸张、金属涂料
	CN112C60	酚醛 EA（含 20%TMPTA）	3	57900	高反应活性、耐热性、硬度好，用于阻焊剂，纸张、木器、金属涂料

续表

公司	产品代号	化学名称	官能度	黏度(25℃)/mPa·s	特点和应用
优比西	EB600	双酚 A EA	2	3000(60℃)	极低皮肤刺激性(PII＝0.2),快速固化,高光泽、抗溶剂性好,用于罩光清漆
	EB6040	低黏度改性EA	2	25000	低黏度、高光泽、固化速率快,良好的耐溶解性,用于罩光清漆
	EB3600	胺改性 EA		2200(60℃)	快速固化,优异耐溶剂性,适用于罩光清漆
	EB3702	脂肪酸改性EA		3800(60℃)	低气味,润湿性和流平性好,用于丝印油墨
	EB860	大豆油 EA		25000	低皮肤刺激性(PII＝0.4),良好的流平性、颜料润湿性和黏附性,用于胶印油墨
	EB639	酚醛 EA(含30% TMPTA 和5%HEMA)	3	10000	高反应活性、高交联密度,耐热性好,用于阻焊剂和金属、木器涂料
盖斯塔夫	104	EA(含 25% TPGDA)	2		高黏度、高活性、高硬度,用于清漆和色漆
科宁	3015	双酚 A EA	2	85000	高活性,高光泽、柔韧性好,用于罩光清漆、胶印油墨
	3215	低黏度 EA	2	15000	低黏度,高活性,高光泽,用于罩光清漆、胶黏剂、印刷版材
	3660	胺改性 EA		7000	低黏度,高硬度,耐化学药品性好,用于罩光清漆、木器涂料、柔印油墨
	3005	大豆油 EA		16500	低黏度,柔韧性和颜料润湿性好,用于罩光清漆、胶印油墨
	3082	亚麻油 EA		100000	颜料润湿性、附着力、柔韧性好,用于胶印、丝印油墨
巴斯夫	EA81	EA(含 20% HDDA)	2	8000～14000	硬度高,固化快,耐化学药品性优异,用于各种涂料
	LR8986	改性 EA	2.5	3000～6000	低黏度,硬度好,耐化学药品性优异,用于各种涂料
	LR8765	脂肪族 EA	2	600～1200	高反应活性、柔韧性好,用于各种涂料
	LR9022	脂肪族 EA	2	20000～30000	低黏度,低黄变,耐化学药品性优异,提高附着力,用于各种涂料
拜耳	UAVPLS2266	EA 和 PEA 混合物		8000(23℃)	高反应活性,用于塑料、纸张、木器涂料,层压胶黏剂
长兴	621A-80	双酚 A EA(含20%TPGDA)	2	28500～40000	快速固化,高光泽,硬度、耐化学药品性好,用于纸张、塑料、木器涂料,油墨
	6210G	改性 EA	2	30000～35000	快速固化,硬度高,耐溶剂性好,用于清漆、木器、纸张、塑料涂料,胶印、丝印油墨
	622A-80	脂肪酸改性 EA(含 20%TPGDA)	1.9	18000～25000	低气味,润湿性和流平性佳,促进柔韧性,用于纸张、木器涂料
	6261	大豆油 EA	3～4	25000	柔韧性和颜料分散性佳,用于纸张、塑料清漆、木器涂料
	625C-45	酚醛 EA(含55%TMPTA)	3～4	6000～9000	快速固化,高硬度,耐热性、耐化学药品性极佳,用于阻焊剂,丝印油墨

续表

公司	产品代号	化学名称	官能度	黏度(25℃)/mPa·s	特点和应用
石梅	M6200	双酚A EA(含20%TPGDA)	2	300000～500000	快速固化,硬度高,耐化学药品性好,用于纸张、木器涂料,丝印油墨
德谦	UE-1	双酚A EA(含20%TPGDA)	2		快速固化,硬度高,用于纸张、木器、硬塑料、金属涂料
江苏三木	6104	双酚A EA	2	7000～10000(60℃)	低色相,高光泽,硬度佳,耐化学性佳,用于纸张、地板、摩托车涂料,油墨,胶黏剂
	6104O	低黏度双酚A EA	2	3000～5000(60℃)	低色相,流平性佳,高反应活性,用于纸张、木器、塑料涂料
	6109	脂肪酸改性EA(含20%TPGDA)	2	3000～6000(60℃)	润湿性、流平性佳,高反应活性,用于亚光化、金属、塑料涂料
	6118	溴化双酚A EA(含20%TPGDA)	2	2000～8000(60℃)	阻燃性、耐热性佳,用于木器、塑料涂料,油墨
陕西金岭	EA200	EA	2	800～1300(50℃)	低黏度,高硬度,高光泽,快速固化,低刺激性,良好的耐溶剂性,用于纸张、木器、塑料涂料,油墨,胶黏剂
	EA205	多元醇改性EA	2	800～1300(50℃)	高光泽,快速固化,良好的柔韧性,较强的附着力,用于金属、纸张、塑料涂料,油墨,胶黏剂
	EA210	多元酸改性EA	2	2000～3000(50℃)	高光泽,快速固化,良好的柔韧性,优异的颜料润湿性,用于纸张、塑料涂料,胶印、丝印、金属油墨,胶黏剂
	EA215	脂肪酸改性EA	2	1500～2000	高光泽,优异的柔韧性,中等固化速率和黏度,对颜料润湿性好,用于胶印油墨,罩光油
	EA220	大豆油EA	2	900～1500	低黏度,优异的柔韧性,优异的颜料润湿性,良好的流平性和附着力,固化速率慢,用于胶印、丝印油墨
中山千叶合成	UV1000	EA(含20%TPGDA)	2	10000～16000	高硬度,高固化速率,低色相,低黏度,用于纸张、木器、塑料、金属涂料,胶印油墨、金属油墨
	UV1100	酸改性EA(含20%TPGDA)	2	20000～30000	低色相,高硬度,高固化速率,耐溶解性好,用于纸张、木器、塑料、金属涂料,胶印、丝印油墨
无锡树脂厂	WSR-U120	酚醛EA	3	16500±50(65℃)	高反应活性,耐热性好,用于阻焊剂,耐热性涂料
	WSR-U125	双酚A EA	2	4100±50(65℃)	高反应活性,气味小,色泽浅,用于上光油,罩光漆,各种涂料
	WSR-U133	低黏度EA	2	10000±500(40℃)	黏度低,柔韧性好,反应活性高,用于柔韧性涂料

续表

公司	产品代号	化学名称	官能度	黏度(25℃)/mPa·s	特点和应用
顺德永大	EP102	EA	2	25000±500	固化快,高光泽,高硬度,耐化学性好,用于纸张、木器、塑料涂料,胶印、丝印油墨,胶黏剂
	EP104	多元酸改性 EA	≤2	80000±2000	固化快,高光泽,高黏度,柔性好,对颜料润湿性好,用于纸张、木器、塑料涂料,胶印、丝印油墨,胶黏剂
	EP105	多元醇改性 EA	2	50000±1000	固化快,高光泽,高柔韧性,附着力好,用于木器、金属、塑料、纸张涂料,油墨,胶黏剂
	EP107	脂肪酸改性 EA	2	10000±2000	低黏度,高光泽,高柔韧性,分散润湿性好,附着力好,固化速率稍差,用于胶印、丝印金属油墨,金属、纸张、木器涂料
	EP108	大豆油 EA	2	10000±2000	高柔韧性,润湿分散性、流平性好,附着力好,低黏度,用于纸张、PVC、木器涂料,胶印、丝印金属油墨

3.3.4 聚氨酯丙烯酸酯

聚氨酯丙烯酸酯（polyurethane acrylate，简称 PUA）是一种重要的光固化低聚物。它是用多异氰酸酯、长链二醇和丙烯酸酯羟基酯经两步反应合成。由于多异氰酸酯和长链二醇有多种结构可选择，通过分子设计来合成设定性能的低聚物，因此是目前产品牌号最多的低聚物，广泛应用在光固化涂料、油墨、黏合剂中，用量仅次于环氧丙烯酸酯。

3.3.4.1 聚氨酯丙烯酸酯的合成

聚氨酯丙烯酸酯的合成是利用异氰酸酯中异氰酸根—NCO 与长链二醇和丙烯酸酯羟基酯中羟基—OH 反应，形成氨酯键—NHCOO—（氨基甲酸酯）而制得。

（1）多异氰酸酯　用于聚氨酯丙烯酸酯合成的多异氰酸酯为二异氰酸酯，又有芳香族二异氰酸酯和脂肪族二异氰酸酯两大类，主要有下列几种。

① 甲苯二异氰酸酯（简称 TDI）为水白色或浅黄色液体，是最常用的芳香族二异氰酸酯，它有 2,4 体和 2,6 体两种异构体，商品 TDI 有 TDI-80（80%2,4 体和 20%2,6 体）、TDI-65（65%2,4 体和 35%2,6 体）、TDI-100（100%2,4 体）三种。TDI 价格较低，反应性高，所合成的聚氨酯硬度高，耐化学性优良，耐磨性较好；但耐黄变性较差，其原因是在光老化中会形成有色的醌或偶氮结构。TDI 有强烈的刺激性气味，对皮肤、眼睛和呼吸道有强烈刺激作用，毒性较大。国际标准规定，空气中允许浓度 0.2mg/m^3。

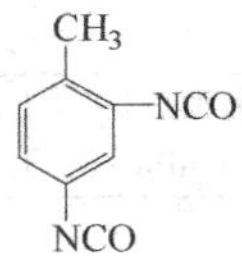

CH_3 NCO NCO (3-167)

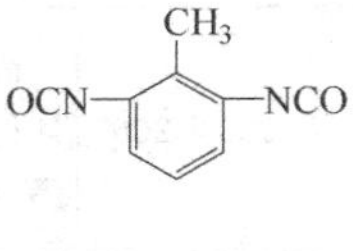

2,4-TDI

CH_3 OCN NCO (3-168)

2,6-TDI

—O—C(=O)—N(H)—(C₆H₃)(CH₃)(NHCOO—) $\xrightarrow[\text{[O]}]{h\nu}$ H_2N—(C₆H₃)(CH₃)(NHCOO—) ⟶ HN=(C₆H₃)=CH_2 (NHCOO—) (3-169)

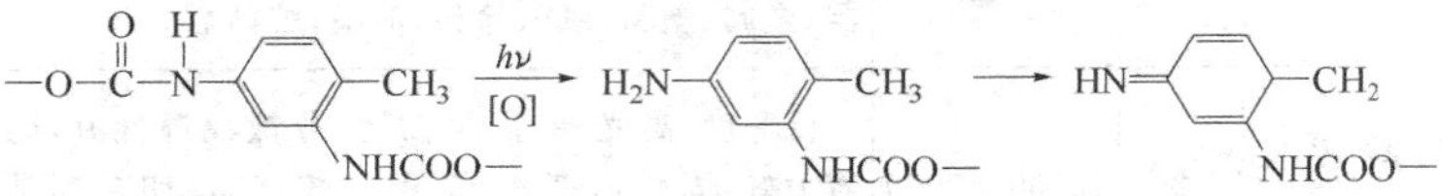

醌式结构

⟶ H_3C—(C₆H₃)(—OOCHN)—N=N—(C₆H₃)(—CH_3)(NHCOO—) (3-170)

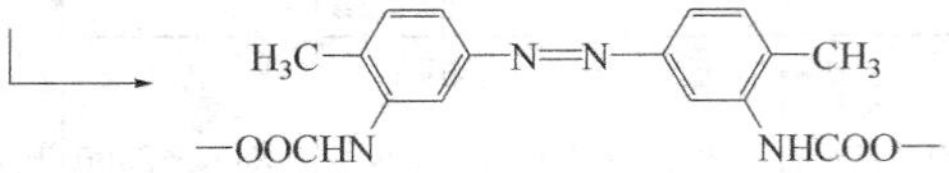

偶氮结构

② 二苯基甲烷二异氰酸酯（MDI）为白色固体结晶，室温下易生成不溶解的二聚体，颜色变黄，要低温贮存，又是固体使用不方便。为此商品化有液体 MDI 供应，为淡黄色透明液体，NCO 含量为 28.0%～30.0%。MDI 毒性比 TDI 低，由于结构对称，故制成涂料涂膜强度、耐磨性、弹性优于 TDI，但其耐黄变性比 TDI 更差，在光老化中，更易生成有色的醌式结构。

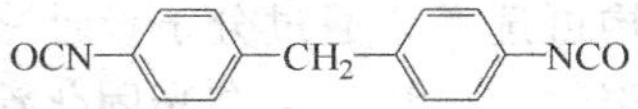

OCN—(C₆H₄)—CH_2—(C₆H₄)—NCO (3-171)

MDI

—O—C(=O)—N(H)—(C₆H₄)—CH_2—(C₆H₄)—N(H)—C(=O)— $\xrightarrow[\text{[O]}]{h\nu}$ —C(=O)—N=(C₆H₄)=C=(C₆H₄)=N—C(=O)— (3-172)

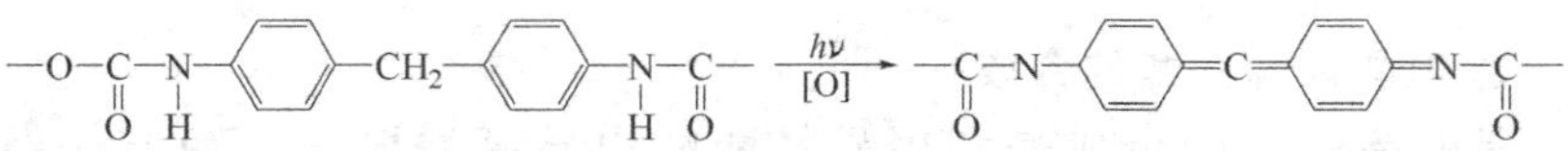

③ 苯二亚甲基二异氰酸酯（XDI）为无色透明液体，由 71%间位 XDI 和 29%对位 XDI 组成。XDI 虽为芳香族二异氰酸酯，但苯基与异氰酸基之间有亚甲基间隔，因此不会像 TDI 和 MDI 那样易黄变，接近脂肪族二异氰酸酯。它的反应性比 HDI 快，但耐黄变性和保光性比 HDI 稍差，比 TDI 优越。

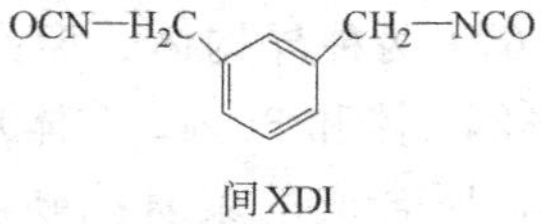

OCN—H_2C—(C₆H₄)—CH_2—NCO (3-173)

间XDI

OCN—H_2C—(C₆H₄)—CH_2—NCO (3-174)

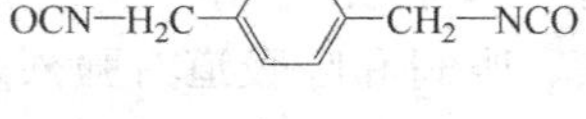

对XDI

④ 六亚甲基二异氰酸酯（HDI）为无色或浅黄色液体，是最常用的脂肪族二异氰酸酯，反应活性较低，所合成的聚氨酯丙烯酸酯有较高的柔韧性和较好的耐黄变性。

⑤ 异佛尔酮二异氰酸酯（IPDI）为无色或浅黄色液体，是脂肪族二异氰酸酯，所合成的聚氨酯丙烯酸酯有优良的耐黄变性，良好的硬度和柔顺性。

$$OCN{+}CH_2{+}_6NCO \qquad (3\text{-}175)$$

HDI

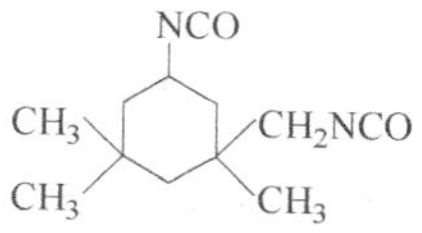

NCO；CH_3，CH_3，CH_2NCO，CH_3 (3-176)

IPDI

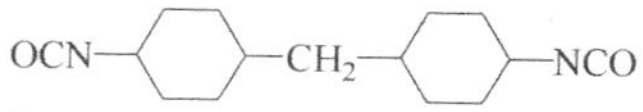

OCN—⬡—CH_2—⬡—NCO (3-177)

HMDI

⑥ 二环己基甲烷二异氰酸酯（HMDI）为无色或浅黄色液体，也是脂肪族二异氰酸酯，其反应性低于 TDI，所合成的聚氨酯丙烯酸酯有优良的耐黄变性，良好的挠性和硬度。

常见二异氰酸酯的物理性能、应用性能和毒性见表 3-59、表 3-60 和表 3-61。

表 3-59　常见二异氰酸酯的物理性能

二异氰酸酯	相对分子质量	相对密度(25℃)/(g/cm³)	沸点/℃	闪点/℃	蒸气压/Pa	NCO 含量(N)/%	
TDI	174	1.22	120(1333Pa)	127	3.3(25℃)	48.2	87
MDI	250	1.19	190(667Pa)	202	107(160℃)	33.5	125
XDI	188	1.202	161(1333Pa)	185		44.6	94
HDI	168	1.05	112(667Pa)	130	1.5(20℃)	50.0	84
IPDI	222	1.058	153(1333Pa)	155	0.09(20℃)	37.8	126
HMDI	258	1.07	160～165(110Pa)	>202		32.5	131

表 3-60　常见二异氰酸酯的应用性能

二异氰酸酯	反应活性	耐黄变性	相容性	价格
TDI	高	差	好	低
MDI	较高	最差	较好	低
XDI	较高	较好	好	较低
HDI	低	好	差	高
IPDI	最低	好	好	高
HMDI	低	好	好	高

表 3-61　常见二异氰酸酯的毒性

二异氰酸酯	饱和蒸汽浓度(20℃)/(mg/m²)	LD_{50}经口服(大鼠)/(mg/kg)	LD_{50}吸入(大鼠)/(mg/kg)	危险品操作等级①
TDI	142	5800	110(气溶胶,4h)	有毒
MDI	0.8	>1500	370(气溶胶,4h)	有害健康
HDI	47.7	913	150(气溶胶,4h)	有毒
IPDI	3.1	4700	123(气溶胶,4h)	有毒
HMDI	3.5	>11000		有毒

① 欧盟采用的危险品标识。

二异氰酸酯中 NCO 基团与醇羟基反应活性和二异氰酸酯结构有关。芳香族二异氰酸酯比脂肪族二异氰酸酯活性要高；NCO 基团邻位若有—CH_3 等其它基团，由于空间位阻影响反应活性，所以 TDI 中 4 位 NCO 活性明显高于 2 位 NCO；二异氰酸酯中，第一个 NCO 基团反应活性高于第二个 NCO，见表 3-62。

表 3-62　二异氰酸酯醇羟基反应活性比较

二异氰酸酯	第一个 NCO 基团反应活性	第二个 NCO 基团反应活性
TDI	400(4 位)	33(2 位)
XDI	27	10
HDI	1	0.5

(2) 长链二醇　用于合成聚氨酯丙烯酸酯的长链二醇，主要有聚醚二醇和聚酯二醇两大类。

① 聚醚二醇　有聚乙二醇、聚丙二醇、环氧乙烷-环氧丙烷共聚物、聚四氢呋喃二醇等。

$$HO\!+\!CH_2CH_2O\!+_{n}\!H \quad \text{聚乙二醇} \tag{3-178}$$

$$HO\!+\!CH_2\underset{\underset{CH_3}{|}}{C}HO\!+_{n}\!H \quad \text{聚丙二醇} \tag{3-179}$$

$$HO\!+\!CH_2CH_2O\!+_{m}\!+\!CH_2\underset{\underset{CH_3}{|}}{C}HO\!+_{n}\!H \quad \text{环氧乙烷-环氧丙烷共聚物} \tag{3-180}$$

$$HO\!+\!CH_2CH_2CH_2CH_2O\!+_{n}\!H \quad \text{聚四氢呋喃二醇} \tag{3-181}$$

由于聚醚中的醚键内聚能低，柔性好，因此合成的聚醚型聚氨酯丙烯酸酯低聚物黏度较低，固化膜的柔性好，但是力学性能和耐热性稍差。

② 聚酯二醇　传统的聚酯二元醇，由二元酸和二元醇缩聚制得，或由聚己内酯二醇制得。

$$HO-R'\!+\!O-\overset{\overset{O}{\|}}{C}-R-\overset{\overset{O}{\|}}{C}-O-R'\!+_{n}\!OH \quad \text{聚酯二元醇} \tag{3-182}$$

$$H\!+\!OCH_2CH_2CH_2CH_2-\overset{\overset{O}{\|}}{C}\!+_{n}\!OH \quad \text{聚己内酯二醇} \tag{3-183}$$

聚酯键一般机械强度较高，因此合成的聚酯型聚氨酯丙烯酸酯低聚物具有优异的拉伸强度、模量、耐热性。若聚酯为苯二甲酸型，则硬度好；己二酸型，则柔韧性优良。若酯中二元醇为长链碳，则柔韧性好；但如用短链的三元醇或四元醇代替二元醇，则可得到具有高度交联能力的刚性支化结构，固化速率快，硬度高，力学性能更好。但聚酯遇碱易发生水解，故聚酯型聚氨酯丙烯酸酯耐碱性较差。

(3)（甲基）丙烯酸羟基酯　有丙烯酸羟乙酯（HEA）、丙烯酸羟丙酯（HPA）、甲基丙烯酸羟乙酯（HEMA）、甲基丙烯酸羟丙酯（HPMA）、三羟甲基丙烷二丙烯酸酯（TMPDA）、季戊四醇三丙烯酸酯（PETA）。

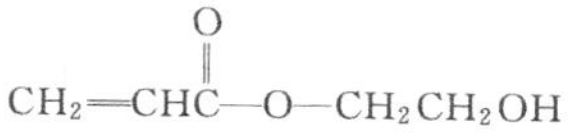

$$CH_2{=}CH\overset{\overset{\displaystyle O}{\|}}{C}{-}O{-}CH_2CH_2OH \quad \text{(HEA)} \tag{3-184}$$

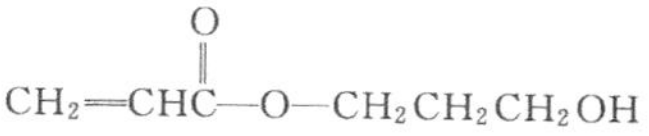

$$CH_2{=}CH\overset{\overset{\displaystyle O}{\|}}{C}{-}O{-}CH_2CH_2CH_2OH \quad \text{(HPA)} \tag{3-185}$$

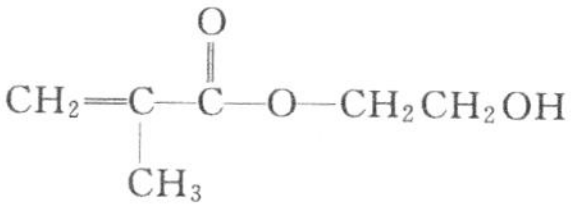

$$CH_2{=}\underset{\underset{\displaystyle CH_3}{|}}{C}{-}\overset{\overset{\displaystyle O}{\|}}{C}{-}O{-}CH_2CH_2OH \quad \text{(HEMA)} \tag{3-186}$$

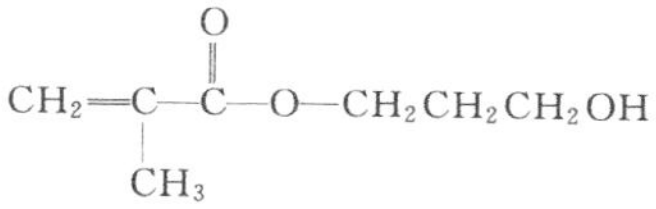

$$CH_2{=}\underset{\underset{\displaystyle CH_3}{|}}{C}{-}\overset{\overset{\displaystyle O}{\|}}{C}{-}O{-}CH_2CH_2CH_2OH \quad \text{(HPMA)} \tag{3-187}$$

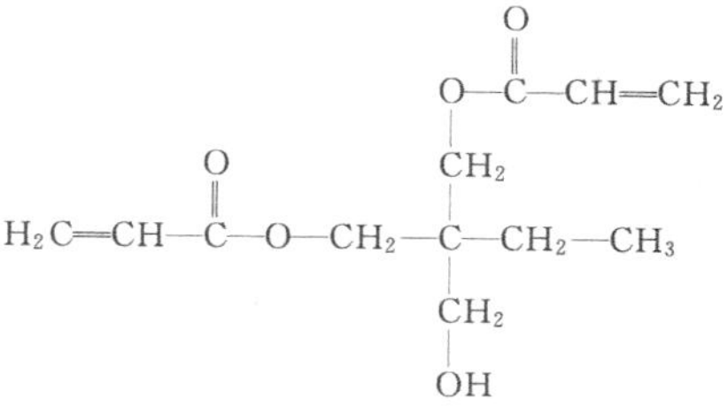

$$H_2C{=}CH{-}\overset{\overset{\displaystyle O}{\|}}{C}{-}O{-}CH_2{-}\overset{\overset{\displaystyle O-\overset{\overset{O}{\|}}{C}-CH{=}CH_2}{|}}{\overset{\displaystyle CH_2}{|}}\!\!\!\!\underset{\underset{\displaystyle OH}{|}}{\underset{\displaystyle CH_2}{|}}\!\!\!\!C{-}CH_2{-}CH_3 \quad \text{(TMPDA)} \tag{3-188}$$

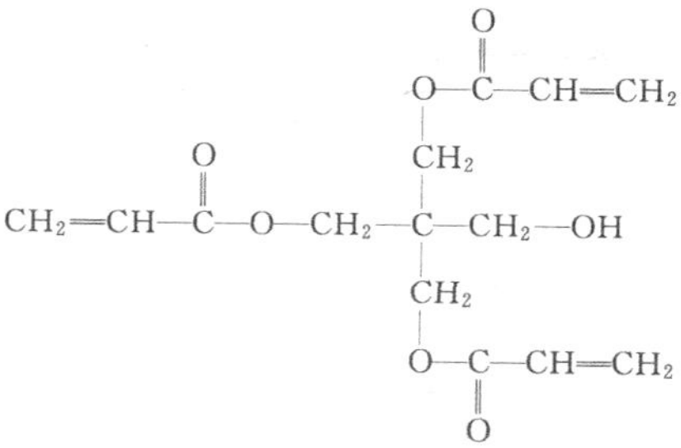

$$CH_2{=}CH{-}\overset{\overset{\displaystyle O}{\|}}{C}{-}O{-}CH_2{-}\overset{\overset{\displaystyle O-\overset{\overset{O}{\|}}{C}-CH{=}CH_2}{|}}{\overset{\displaystyle CH_2}{|}}\!\!\!\!\underset{\underset{\displaystyle O-\underset{\underset{O}{\|}}{C}-CH{=}CH_2}{|}}{\underset{\displaystyle CH_2}{|}}\!\!\!\!C{-}CH_2{-}OH \quad \text{(PETA)} \tag{3-189}$$

由于丙烯酸酯光固化速率要比甲基丙烯酸酯快得多，故绝大多数用丙烯酸羟基酯。

异氰酸根与醇羟基的反应活性：伯醇＞仲醇＞叔醇，相对反应速率约为伯醇：仲醇：叔醇＝1：0.3：(0.003～0.007)，因此大多数 HEA（伯醇）与异氰酸酯反应，而很少用 HPA（仲醇）。

为了制备多官能度的聚氨酯丙烯酸酯，需用 TMPDA 和 PETA 与异氰酸酯反应。

(4) 催化剂　二异氰酸酯中NCO虽然比醇羟基反应活性高，容易进行，但为了缩短反应时间，降低反应速率，引导反应沿着预期的方向进行，反应中都需要加入少量催化剂，常用的催化剂有叔胺类、金属化合物和有机磷，不同催化剂的催化活性不同，见表3-63。实际应用上，常用催化剂为月桂酸二丁基锡，用量为总投料量的0.01%～1%。

表3-63　不同催化剂的作用情况

催化剂	NCO/OH=1∶1,密封后凝胶时间/min		
	TDI	XDI	HDI
无	>240	>240	>240
三乙醇胺	120	>240	>240
三亚乙基二胺	4	80	>240
月桂酸二丁基锡	6	3	3
辛酸亚锡	4	3	4
辛酸钴	12	4	4
辛酸铅	2	1	2
环烷酸锌	60	6	10

叔胺对芳香族TDI有显著催化作用，但对脂肪族HDI催化作用极弱；金属化合物对芳香族和脂肪族异氰酸酯都有强烈的催化作用，但环烷酸锌对芳香族TDI催化作用弱，对脂肪族HDI作用较强。

在2,4-TDI中，4位NCO与2位NCO反应活性有较大差距，但温度升高，则两者差距缩小，见表3-64。

表3-64　甲苯二异氰酸酯中NCO反应速率①

反应温度/℃	29	49	72	100
2位NCO	1.5×10^{-6}	1.8×10^{-5}	7.2×10^{-5}	3.2×10^{-4}
4位NCO	4.5×10^{-5}	1.2×10^{-4}	3.4×10^{-4}	8.5×10^{-5}
相差倍数	7.9	6.7	4.7	2.7

① 表中反应速率是指用己二酸与一缩二乙二醇制得的聚酯，取0.2mol聚酯与0.02mol的2,4-TDI在氯苯中反应，不同温度下的反应速率常数k (L/mol·s)。

在较低温度下，2,4-TDI主要是4位NCO与醇羟基反应，因此利用二异氰酸酯中NCO基团与醇羟基反应活性的差别，可以选择性进行反应，制得相对分子质量分布较均匀的半加成物和聚氨酯丙烯酸酯低聚物。

(5) 聚氨酯丙烯酸酯的合成工艺　聚氨酯丙烯酸酯的合成路线有两条，第一条合成路线是二异氰酸酯先与二醇反应，再与丙烯酸羟基酯反应。

$$2OCN-R-NCO + HO-R'-OH \longrightarrow OCN-R-NH-\overset{\overset{O}{\|}}{C}-O-R'-O-\overset{\overset{O}{\|}}{C}-NH-R-NCO \quad (3\text{-}190)$$

$$OCN-R-NH-\overset{\overset{O}{\|}}{C}-O-R'-O-\overset{\overset{O}{\|}}{C}-NH-R-NCO + 2CH_2{=}CH\overset{\overset{O}{\|}}{C}-O-CH_2CH_2OH$$
$$\longrightarrow CH_2{=}CH\overset{\overset{O}{\|}}{C}-O-CH_2CH_2O-\overset{\overset{O}{\|}}{C}-NH-R-NH-\overset{\overset{O}{\|}}{C}-O-R'-O-\overset{\overset{O}{\|}}{C}-NH-R-NH-\overset{\overset{O}{\|}}{C}-OCH_2CH_2O-\overset{\overset{O}{\|}}{C}-CH{=}CH_2 \quad (3\text{-}191)$$

第二条合成路线是二异氰酸酯先与丙烯酸羟基酯反应，再与二醇反应。

$$OCN-R-NCO + CH_2{=}CH\overset{\overset{O}{\|}}{C}-O-CH_2CH_2OH \longrightarrow CH_2{=}CH\overset{\overset{O}{\|}}{C}-O-CH_2CH_2O-\overset{\overset{O}{\|}}{C}-NH-R-NCO \quad (3\text{-}192)$$

$$2\ H_2C{=}\underset{H}{C}-\overset{\overset{O}{\|}}{C}-O-CH_2CH_2O-\overset{\overset{O}{\|}}{C}NH-R-NCO + OH-R'-OH \longrightarrow$$
$$H_2C{=}\underset{H}{C}-\overset{\overset{O}{\|}}{C}-O-CH_2CH_2O-\overset{\overset{O}{\|}}{C}NH-R-NH-\overset{\overset{O}{\|}}{C}-O-R'-O-\overset{\overset{O}{\|}}{C}-NH-R-NH-\overset{\overset{O}{\|}}{C}-O-CH_2CH_2O-\overset{\overset{O}{\|}}{C}-CH{=}CH_2 \quad (3\text{-}193)$$

两条合成路线比较，由于第一条合成路线是先异氰酸酯扩链，再丙烯酸酯酯化，这样丙烯酸酯在反应釜内停留时间较短，有利于防止丙烯酸酯受热时间过长而容易聚合、凝胶。虽然可能丙烯酸酯封端反应不彻底，会存在少量没有反应的丙烯酸羟基酯，但不会影响使用。而第二条合成路线，由于二异氰酸酯先与丙烯酸羟基酯反应生成丙烯酸酯，再与二醇反应时，丙烯酸酯受热聚合可能性增加，需加入更多阻聚剂，这对产品的色度和光聚合反应活性产生不良影响。

对芳香族 2,4-TDI 来讲，由于 4 位 NCO 基团反应活性远高于 2 位 NCO 基团活性，可以在较低温度下与二醇反应，生成 4 位半加成物，再在较高温度下，2 位 NCO 基团与丙烯酸羟基酯反应制得分子结构和相对分子质量较均匀的聚氨酯丙烯酸酯。

由于异氰酸基团与羟基反应是放热反应，为避免反应因放热而使反应温度升高，以至发生凝胶化，故反应物要采取滴加方法，将二醇慢慢滴加在含有催化剂的二异氰酸酯中。

异氰酸基团也极易与水反应生成胺，可继续与异氰酸酯反应，形成缩脲结构。

$$\sim NCO + H_2O \longrightarrow \sim NH-\overset{\overset{O}{\|}}{C}-OH \longrightarrow \sim NH_2 + CO_2 \quad (3\text{-}194)$$

$$\sim NH_2 + OCN\sim \longrightarrow \sim NH-\overset{\overset{O}{\|}}{C}-NH\sim \quad (3\text{-}195)$$

在碱性条件下，二异氰酸酯与二醇生成的氨基甲酸酯（$\sim NH-\overset{\overset{O}{\|}}{C}-O-$）会继续

与 NCO 基团反应。

$$\sim\sim NH-\overset{\overset{O}{\|}}{C}-O\sim\sim \; + \; OCN\sim\sim \longrightarrow \begin{array}{l} \sim\sim N-\overset{\overset{O}{\|}}{C}-O\sim\sim \\ \quad\; | \\ \quad\; \underset{\underset{O}{\|}}{C}-NH\sim\sim \end{array} \tag{3-196}$$

这两个副反应会使聚氨酯丙烯酸酯合成过程中黏度增大，甚至发生交联而凝胶化，因此所用二醇和丙烯酸羟基酯都需进行脱水处理和清除微量碱离子。

聚氨酯丙烯酸酯的合成是将 2mol 二异氰酸酯和月桂酸二丁基锡加入反应器中，升温到 40～50℃，慢慢滴加 1mol 二醇，反应 1h 后，可升温到 60℃，测定 NCO 值到计算值，加入 2mol 丙烯酸羟基酯和阻聚剂对苯二酚，升温至 70～80℃，直至 NCO 值为零。鉴于 NCO 有较大毒性，反应时可以适当使丙烯酸羟基酯稍微过量一点，以使 NCO 基团完全反应。反应完毕，考虑到聚氨酯丙烯酸酯黏度较大，可加入适量的丙烯酸酯活性稀释剂，如三丙二醇二丙烯酸酯进行稀释，搅拌均匀出料。

3.3.4.2 聚氨酯丙烯酸酯的性能和应用

聚氨酯丙烯酸酯分子中有氨酯键，能在高分子链间形成多种氢键，使固化膜具有优异的耐磨性和柔韧性，断裂伸长率高，同时有良好的耐活性药品性和耐高、低温性能，较好的耐冲击性，对塑料等基材有较好的附着力，总之，PUA 具有较佳的综合性能。

由芳香族异氰酸酯合成的 PUA 称为芳香族 PUA，由于含有苯环，因此链呈刚性，其固化膜有较高的机械强度和较好的硬度和耐热性。芳香族 PUA 相对价格较低，最大缺点是固化膜耐候性较差，易黄变。

由脂肪族和脂环族异氰酸酯制得的 PUA 称为脂肪族 PUA，主链是饱和烷烃和环烷烃，耐光、耐候性优良，不易黄变，同时黏度较低，固化膜柔韧性好，综合性能较好，但价格较贵，涂层硬度较差。

由聚酯多元醇与异氰酸酯反应合成的 PUA，主链为聚酯，一般机械强度高，固化膜有优异的拉伸强度、模量和耐热性，但耐碱性差。由聚醚多元醇与异氰酸酯合成的 PUA，有较好的柔韧性，较低的黏度，耐碱性提高，但硬度、耐热性稍差。

PUA 虽然有较佳综合性能，但其光固化速率较慢，黏度也较高，价格相对较高，只在一些高档的性能要求高的光固化涂料中作主体树脂用，在一般的光固化涂料中较少用 PUA 作为主体树脂，常常为了改善涂料的某些性能，如增加涂层的柔韧性、改善附着力、降低应力收缩、提高抗冲击性而作为辅助性功能树脂使用。芳香族 PUA 在光固化纸张、木器、塑料涂料上应用，脂肪族 PUA 在光固化摩托车涂料、汽车车灯涂料和手机涂料上应用。

3.3.4.2.1 芳香族聚氨酯丙烯酸酯低聚物

表 3-65 为芳香族聚氨酯丙烯酸酯低聚物的性能和应用。

表 3-65　芳香族聚氨酯丙烯酸酯低聚物的性能和应用

公司	产品代号	化学名称	官能度	黏度(25℃)/mPa·s	特点和应用
沙多玛	CN972	芳香族 PUA	2	4155	低 T_g,柔韧性好,用于纸张、木器、金属涂料,油墨,胶黏剂
	CN997	六官能度芳香族 PUA	6	25000	快速固化,耐化学药品性好,用于金属、塑料涂料,油墨
	CN999	经济型芳香族 PUA	2	1200	低黏度,杰出的耐摩擦性,比 EA 更好的耐磨性和耐候性,用于高耐磨涂料
优比西	EB210	芳香族 PUA	2	3900(60℃)	具有广泛的通用性,用于各种罩光清漆
	EB205	三官能度芳香族 PUA(含 25%HDDA)	3	17000	非常好的反应活性和耐磨性,用于各种罩光清漆
	EB2220	六官能度芳香族 PUA	6	28500	极快固化速率,高硬度和耐溶剂性,常加入涂料、油墨中加快固化速率
科宁	6363	芳香族 PUA	2	5200(60℃)	快速固化,优异的柔性,用于纸张、木器涂料,柔印、胶印、丝印油墨
	6572	芳香族 PUA	2	10000(23℃)	高柔韧性和弹性,用于纸张、塑料、金属涂料,柔印、丝印油墨,胶黏剂
拜耳	UA VP LS2298/1	芳香族 PUA	2		耐磨性优异,适合于各种应用,尤为地板漆
盖斯塔夫	303	芳香族 PUA(含 15% TPGDA)	2	5000～10000(23℃)	高反应活性,高柔韧性,适用于抗划伤木器漆
巴斯夫	UA9031V	芳香族 PUA	2.1	43000(65℃)	高反应活性,坚韧,良好的耐磨性能
石梅	M1772	芳香族 PUA	2	30000～50000	硬度高,韧性佳,用于纸张、木器、金属涂料,油墨
长兴	6120F-80	芳香族聚酯 PUA(含 20% DPGDA)	2	30000	柔韧性、耐刮性和附着力佳、耐化学药品性好,用于纸张、木器清漆,胶印、丝印油墨
	6146-100	六官能度芳香族 PUA	6	25000	固化速率快,耐磨性、柔韧性、耐溶剂性佳,用于纸张、塑料涂料,油墨
德谦	UR-23	芳香族 PUA(含 25%HDDA)	2	25000～40000	固化速率快,兼具硬度与耐磨性,适用于纸张、木器、塑料涂料,丝印油墨
	UR-33	芳香族 PUA(含 25%稀释单体)	2.5		交联密度高,耐溶剂性好,用于各种涂料和油墨
江苏三木	SM6201	芳香族聚醚 PUA(含 20%TPGDA)	2	8000～12000	柔韧性和附着力佳,用于各种涂料和油墨
	SM6318	三官能度芳香族聚醚 PUA(含 20% TPGDA)	3	30000～60000	反应活性高,硬度高,耐刮性好,用于清漆、涂料和油墨

续表

公司	产品代号	化学名称	官能度	黏度(25℃)/mPa·s	特点和应用
陕西金岭	UA315	芳香族聚酯 PUA	2	3500～4500(50℃)	高光泽,固化速率快,优良的柔韧性,用于各种涂、油墨和胶黏剂
中山千叶合成	UV2000	芳香族聚酯 PUA	2	50000±5000	色相低,刺激性小,耐磨,柔韧性和附着力好,耐化学性和抗冲击性优,用于木器、塑料耐磨涂料,印刷油墨、胶黏剂
	UV2100	芳香族聚醚 PUA	2	15000±3000	
	UV2300	三官能度芳香族 PUA	3	35000±5000	
	UV2600	六官能度芳香族 PUA	6	100000	

3.3.4.2.2　脂肪族聚氨酯丙烯酸酯低聚物

表 3-66 为脂肪族聚氨酯丙烯酸酯低聚物的性能和应用。

表 3-66　脂肪族聚氨酯丙烯酸酯低聚物的性能和应用

公司	产品代号	化学名称	官能度	黏度(25℃)/mPa·s	特点和应用
沙多玛	CN965	脂肪族 PUA	2	9975(60℃)	柔韧性好,耐黄变,用于金属涂料,丝印油墨,胶黏剂
	CN968	低黏度脂肪族 PUA	2	350(60℃)	低黏度,耐黄变,固化速率快,用于地板、塑料、木器涂料,油墨
	CN981	脂肪族 PUA	2	6190(60℃)	高柔韧性,耐黄变,颜料润湿性好,用于金属、纸张、PVC 涂料、油墨
	CN929	三官能度脂肪族 PUA	3	15600	低黏度,耐黄变,固化速率快,用于各种涂料,移印、胶印油墨
优比西	EB245	脂肪族 PUA(含 25%TPGDA)	2	2500(60℃)	良好的柔韧性,耐黄变,低刺激性,用于塑料等各种涂料,胶黏剂
	EB4858	低黏度脂肪族 PUA	2	7000	低黏度,快速固化,良好的耐候性和耐化学药品性,用于各种涂料,丝印油墨
	EB264	三官能度脂肪族 PUA(含 15%HDDA)	3	4500	良好的反应活性,耐候性,抗磨损性,用于地板、PVC 涂料,丝印油墨
	EB5129	六官能度脂肪族 PUA	6	700(60℃)	良好的抗划伤性,抗磨损性和柔韧性,用于各种涂料,油墨,胶黏剂
科宁	6008	三官能度脂肪族 PUA	3	15000(60℃)	高反应活性,低气味,低刺激,耐黄变,耐候性,抗磨损性,用于金属、塑料涂料,丝印油墨,胶黏剂
	6010	脂肪族 PUA	2	5900(60℃)	不黄变,耐候性,耐磨性,柔韧性好,用于塑料涂料,上光油,柔印、丝印油墨
	6891	低黏度脂肪族 PUA	2	8500	低黏度,耐黄变,优良的表面硬度和耐老化性,用于木器和塑料涂料

续表

公司	产品代号	化学名称	官能度	黏度(25℃)/mPa·s	特点和应用
科宁	6019	三官能度脂肪族 PUA	3	3300(60℃)	优良的柔韧性和耐候性，用于木器、塑料、金属涂料，上光油，柔印、丝印油墨
盖斯塔夫	306	六官能度脂肪族 PUA	6		高反应活性，高光泽，优异耐化学性，用于各种涂料
	305	脂肪族 PUA(含 24%903 稀释剂)	2		通用型 PUA，极好的耐黄变性，用于各种涂料
拜耳	UA VP LS2258	脂肪族 PUA	2	7300(23℃)	低黏度，耐磨性优异，适合各种应用，尤其地板涂料
	UA VP LS2265	脂肪族 PUA	2	800(23℃)	低黏度，硬度好，高耐磨，用于木器、塑料涂料，层压胶黏剂
	UA VP LS2959	脂肪族 PUA	2	60000(23℃)	耐磨性、柔韧性好，适合各种应用，尤其地板涂料
	UA VP LS2337	双重固化脂肪族 PUA(含 12.5% NCO 根)		12500(23℃)	硬度好，增进附着力，双重固化，适合各种应用
	UA VP LS2396	双重固化脂肪族 PUA(含 7.5% NCO 根)		12500(23℃)	柔韧性好，增进附着力，双重固化，适合各种应用
巴斯夫	UA 9030V	脂肪族 PUA(含 30% LR8887)	1.7	8000～15000	高弹性，低黄变性，低温下有良好柔韧性和附着力，用于各种涂料
	LR 8987	脂肪族 PUA(含 30%HDDA)	2.8	2000～6000	低黏度，良好的室外耐候性、耐老化性、硬度和反应活性，用于各种涂料
	UA 19T	脂肪族 PUA	2	20000～35000	低黄变性、柔韧性和粘附性佳，用于各种涂料
石梅	M1800	脂肪族 PUA(含 10%EHA)	2	12000～15000	柔韧性和可挠性佳，用于塑料、PVC、金属涂料
长兴	611B-85	脂肪族 PUA(含 15%HDDA)	2	22000～32000	耐黄变，硬度、光泽与柔韧性佳，用于清漆，木器、PVC 涂料
	615-100	聚醚脂肪族 PUA	2	13000	光固化快，柔韧性佳，低色泽，用于亚光清漆，涂料，油墨，胶黏剂
	6130B-80	三官能度脂肪族 PUA	3	40000～60000	气味低，高交联密度，硬度佳，用于木器、塑料涂料，油墨
	6145-100	六官能度脂肪族 PUA	6	55000～75000	固化速率快，高硬度，高光泽，促进附着力，用于纸张、木器涂料，硬涂料，阻焊剂
德谦	UR-21	脂肪族 PUA(含 15%HDDA)	2		耐黄变，兼具硬度和柔韧性佳，用于 PVC、木器涂料，油墨
	UR-22	脂肪族 PUA(含 20%EHA)	2		低黏度，耐黄变，延展性佳，作韧性改性树脂，用于木器、PVC 涂料，油墨

续表

公司	产品代号	化学名称	官能度	黏度(25℃)/mPa·s	特点和应用
德谦	UR-25	脂肪族 PUA(含 25%TPGDA)	2		耐黄变,兼具硬度和柔韧性,用于木器、塑料涂料,油墨
陕西金岭	UA320	脂肪族聚酯 PUA	2	3500～4800(50℃)	耐黄变,优异柔韧性,耐磨性和耐化学性,用于柔性塑料和弹性涂料,丝印油墨,胶黏剂
中山千叶合成	UV3000	脂肪族 PUA	2		良好柔韧性,优异耐候性,耐磨性,耐溶剂性好,由于各种耐磨涂料,油墨
	UV3100	脂肪族 PUA	2		
	UV3300	三官能度脂肪族 PUA	3		
	UV3600	六官能度脂肪族 PUA	6		
中山横兆	UA1006	五官能度低相对分子质量脂肪族 PUA(含 20%醋酸丁酯/甲苯)	5	35000±3000	高硬度,耐化学性好,对塑料有很好密着性,用于塑料涂料
	UA1106	五官能度中相对分子质量脂肪族 PUA(含 30%醋酸丁酯/甲苯)	5	45000±3000	高韧性和密着性,用于塑料涂料
	UA1101	五官能度中相对分子质量脂肪族 PUA(含 25%醋酸丁酯/甲苯)	5	45000±3000	高韧性和密着性,用于塑料涂料
	UA8702M	五官能度中相对分子质量脂肪族 PUA(含 30%醋酸丁酯/甲苯)	5	≥100000	高韧性和消光性,用于塑料涂料
	UA1009	三官能度高相对分子质量脂肪族 PUA(含 25%醋酸丁酯)	3		低收缩,高韧性和密着性,用于塑料涂料
	UA1109	三官能度高相对分子质量脂肪族 PUA(含甲苯/醋酸丁酯/异丁酯)	3		低收缩,高韧性和密着性,用于塑料涂料
	UA2000	六官能度中相对分子质量脂肪族 PUA(含 20%醋酸丁酯/甲苯)	6		高光泽,透明性好,高硬度,用于塑料涂料
	UA2001	六官能度中相对分子质量脂肪族 PUA(含 20%醋酸丁酯/甲苯)	6		高光泽,高韧性和透明性好,高硬度,用于塑料涂料

3.3.5 聚酯丙烯酸酯

3.3.5.1 聚酯丙烯酸酯的合成

聚酯丙烯酸酯（polyester acrylate，简称PEA）也是一种常见的低聚物，它是由低相对分子质量聚酯二醇经丙烯酸酯化而制得，合成方法可有下列几种。

（1）二元酸、二元醇、丙烯酸一步酯化。

$$\mathrm{2HOOC{-}R'{-}COOH+2HO{-}R{-}OH+2CH_2{=}CH{-}COOH \xrightarrow{Cat} CH_2{=}CH{-}COO{-}R{-}OOC{-}R'{-}COO{-}ROOC{-}CH{=}CH_2} \tag{3-197}$$

（2）先将二元酸与二元醇反应得到聚酯二醇，再与丙烯酸酯化。

$$\mathrm{2HOOC{-}R'{-}COOH+2HO{-}R{-}OH \xrightarrow{Cat} HO{-}R{-}OOC{-}R'{-}COO{-}R{-}OH}$$

$$\mathrm{HO{-}R{-}OOC{-}R'{-}COO{-}R{-}OH+2CH_2{=}CH{-}COOH \xrightarrow{Cat} CH_2{=}CH{-}COO{-}R{-}OOC{-}R'{-}COO{-}ROOC{-}CH{=}CH_2} \tag{3-198}$$

（3）二元酸与环氧乙烷加成后，再与丙烯酸酯化。

$$\mathrm{2HOOC{-}R{-}COOH+2n\ \underset{\diagdown O \diagup}{CH_2{-}CH_2} \longrightarrow H{\leftarrow}OCH_2CH_2{\rightarrow_n}OCO{-}R{-}COO{\leftarrow}CH_2CH_2{\rightarrow_n}OH} \tag{3-199}$$

$$\mathrm{H{\leftarrow}OCH_2CH_2{\rightarrow_n}OCO{-}R{-}COO{\leftarrow}CH_2CH_2{\rightarrow_n}OH+2CH_2{=}CH{-}COOH}$$
$$\mathrm{\xrightarrow{Cat} CH_2{=}CH{-}COO{\leftarrow}OCH_2CH_2{\rightarrow_n}OCO{-}R{-}COO{\leftarrow}CH_2CH_2{\rightarrow_n}OCO{-}CH{=}CH_2} \tag{3-200}$$

（4）丙烯酸羟基酯与酸酐反应，制得酸酐半加成物，再与聚酯二醇酯化。

$$\mathrm{C_6H_4(CO)_2O + CH_2{=}CH{-}COOCH_2CH_2OH \xrightarrow{Cat} C_6H_4(COOH){-}\overset{O}{\overset{\|}{C}}{-}OCH_2CH_2OCO{-}CH{=}CH_2} \tag{3-201}$$

$$\mathrm{2\ C_6H_4(COOH){-}\overset{O}{\overset{\|}{C}}{-}OCH_2CH_2OCO{-}CH{=}CH_2 + HO{-}R_2{-}O{\leftarrow}CO{-}R_1{-}COO{-}R_2{-}O{\rightarrow_n}H}$$
$$\mathrm{\xrightarrow{Cat} CH_2{=}CH\overset{O}{\overset{\|}{C}}OCH_2CH_2O\overset{O}{\overset{\|}{C}}{-}C_6H_4{-}CO{-}O{-}R_2{-}O{\leftarrow}CO{-}R_1{-}CO{-}O{-}R_2{-}O{\rightarrow_n}CO{-}C_6H_4{-}\overset{O}{\overset{\|}{C}}OCH_2CH_2O\overset{O}{\overset{\|}{C}}CH{=}CH_2} \tag{3-202}$$

（5）聚酯二元酸与（甲基）丙烯酸缩水甘油酯反应。

$$\mathrm{HO{\leftarrow}\overset{O}{\overset{\|}{C}}{-}R_1{-}\overset{O}{\overset{\|}{C}}{-}O{-}R_2{-}O{\rightarrow_n}\overset{O}{\overset{\|}{C}}{-}R_1{-}\overset{O}{\overset{\|}{C}}{-}OH+CH_2{=}CH{-}\overset{O}{\overset{\|}{C}}{-}O{-}CH_2{-}\underset{\diagdown O \diagup}{CH{-}CH_2}}$$
$$\mathrm{\xrightarrow{Cat} CH_2{=}CH{-}\overset{O}{\overset{\|}{C}}{-}O{-}CH_2{-}\overset{OH}{\overset{|}{C}H}{-}CH_2{-}O{\leftarrow}\overset{O}{\overset{\|}{C}}{-}R_1{-}\overset{O}{\overset{\|}{C}}{-}O{-}R_2{-}O{\rightarrow_n}\overset{O}{\overset{\|}{C}}{-}R_1{-}\overset{O}{\overset{\|}{C}}{-}O{-}CH_2{-}\overset{OH}{\overset{|}{C}H}{-}CH_2O{-}\overset{O}{\overset{\|}{C}}{-}CH{=}CH_2} \tag{3-203}$$

（6）用少量三元醇或三元羧酸代替部分二元醇或二元酸，制得支化的多官能度聚酯。

$$\underset{\text{(过量)}}{HOOC-R_1-COOH} + HO-R_2(OH)_2 \xrightarrow{Cat}$$

$$HOOC-R_1-\overset{O}{\overset{\|}{C}}-O-R_2\begin{cases} O-\overset{O}{\overset{\|}{C}}-R_1-COOH \\ O-\underset{O}{\underset{\|}{C}}-R_1-COOH \end{cases}$$

$$\xrightarrow{CH_2{=}CH-\overset{O}{\overset{\|}{C}}-OCH_2CH_2OH} CH_2{=}CH-\overset{O}{\overset{\|}{C}}-OCH_2CH_2OH-\overset{O}{\overset{\|}{C}}-R_1-$$

$$-\overset{O}{\overset{\|}{C}}-O-R_2\begin{cases} O-\overset{O}{\overset{\|}{C}}-R_1-\overset{O}{\overset{\|}{C}}-OCH_2CH_2O-\overset{O}{\overset{\|}{C}}-CH{=}CH_2 \\ O-\underset{O}{\underset{\|}{C}}-R_1-\underset{O}{\underset{\|}{C}}-OCH_2CH_2O-\underset{O}{\underset{\|}{C}}-CH{=}CH_2 \end{cases} \tag{3-204}$$

3.3.5.2 聚酯丙烯酸酯的性能和应用

聚酯丙烯酸酯价格低和黏度低是最大的特点，由于黏度低，聚酯丙烯酸酯既可作为低聚物，也可作为活性稀释剂使用。此外，聚酯丙烯酸酯大多具有低气味，低刺激性，较好的柔韧性和颜料润湿性，适用于色漆和油墨。为了提高光固化速率，可以制备四官能度的聚酯丙烯酸酯；采用胺改性的聚酯丙烯酸酯，不仅可以减少氧阻聚的影响，提高固化速率，还可以改善附着力、光泽和耐磨性。见表 3-67。

氯化聚酯丙烯酸酯是聚酯丙烯酸酯经氯化反应制得，这是一种对金属和塑料基材具有优异附着力的低聚物，并有良好的耐磨性、柔韧性和耐化学性，应用于金属和塑料色漆和油墨中，见表 3-68。

表 3-67　聚酯丙烯酸酯低聚物的性能和应用

公司	产品代号	化学名称	官能度	黏度(25℃)/mPa·s	特点和应用
沙多玛	CN2200	PEA	2	52000	快速固化，流平性和流动性好，可增加颜料用量，专用于柔印、凹印、胶印、丝印油墨
	CN2251	三官能度 PEA	3	1300(60℃)	高固化速率，高光泽，耐磨性好，耐化学性好，用于纸张、木器、塑料、PVC 涂料，层压胶黏剂
	CNUVP220	四官能度 PEA	4	10000	快速固化，高硬度并保持柔韧性，对木器、塑料附着力好，用于木器、塑料涂料，丝印、柔印、凹印油墨
	CN293	六官能度 PEA	6	7700	快速固化，优良的颜料润湿性，耐磨性好，用于耐磨涂料，胶印、柔印、凹印油墨

续表

公司	产品代号	化学名称	官能度	黏度(25℃)/mPa·s	特点和应用
优比西	EB84	PEA	2	5000	高反应活性，塑料附着力好，用于各种罩光清漆
	EB81	低黏度PEA	2.5	100	极低黏度，高反应活性，用于各种罩光清漆
	EB810	四官能度PEA	4	500	低黏度，低刺激性，用于各种罩光清漆，有色涂料
	EB657	四官能度PEA	4	3500(60℃)	低气味，低刺激性，突出的颜料润湿性和胶印印刷性，用于胶印油墨，胶黏剂
	EB830	六官能度PEA	6	50000	快速固化，高硬度，抗磨损性好，用于耐磨涂料
科宁	5429	四官能度PEA	4	300	极低黏度，低刺激性，高反应活性，柔韧性好，用于木器、塑料、金属涂料，柔印油墨
	5430	四官能度PEA	4	3000	高反应活性，柔韧性、附着力和颜料润湿性好，用于木器、塑料、金属涂料，胶印、柔印、丝印油墨
	5010	PEA	2	3000	低光泽，柔韧性好，用于木器、工业涂料，丝印油墨
拜耳	UA VP LS2380	PEA(含30% TPGDA)	2	29000	反应活性高，抗划伤性和附着力好，用于家具、地板涂料，层压胶黏剂
巴斯夫	PE56F (LR8793)	PEA	2.5	20000～40000 (23℃)	高反应活性，柔韧性和弹性好
	PE44F (LR8799)	PEA	3.5	2000～5000 (23℃)	低气味，柔韧性好
	LR8800	PEA	3.5	4000～8000 (23℃)	高硬度，低气味，耐化学性优异
	LR8992	四官能度改性PEA(含15%TPGDA)	4	4000～8000 (23℃)	优良的耐化学性和耐磨性，用于地板涂料
盖斯塔夫	201	芳香族PEA	3		高活性，高黏度，高硬度，易打磨，适用于木器涂料
	203	芳香族PEA	4		高活性，极好的颜料润湿性，适用于色漆和油墨
	206	芳香族、脂肪族混合PEA	2		高活性，低黏度，适用于木器清漆和色漆
石梅	M2100	PEA	2	1500(60℃)	固化速率快，附着力佳，用于木器、金属、塑料涂料，油墨
长兴	6331	PEA	2	18000	高光泽和表面硬度，耐溶剂性佳，用于纸张、木材、金属、塑料涂料，油墨
	6331-100	四官能度PEA	4	3000～4000 (60℃)	低气味和刺激性，颜料润湿性佳，利于胶印，用于纸张、木材、金属、塑料涂料，胶印、丝印油墨

续表

公司	产品代号	化学名称	官能度	黏度(25℃)/mPa·s	特点和应用
长兴	6312-100	六官能度 PEA	6	40000～60000	快速固化,颜料润湿性、耐刮性、耐溶剂性佳,利于胶印,用于胶印油墨,清漆
陕西金岭	PEA400	PEA	2	400～700	极低黏度,优良的柔韧性好,用于上光油、涂料、油墨、胶黏剂
中山千叶合成	UV701	PEA	2	23000±3000	快速固化,低气味和刺激性,良好硬度,用于罩光清漆,涂装 PU 革,软硬 PVC、皮革、金属装饰、木器涂料
	UV702	三官能度 PEA	3	16000±3000	
	UV703	脂肪族改性 PEA	2	16000±3000	快速固化,低刺激性,良好的流平性和对颜料润湿性,用于涂装 PU 革,软硬 PVC、皮革、金属装饰、木器涂料,胶印和丝印油墨

表 3-68 氯化聚酯丙烯酸酯低聚物的性能和应用

公司	产品代号	化学名称	黏度(25℃)/mPa·s	密度/(g/cm^3)	特点和应用
优比西	EB408	氯化 PEA(含27%甘油衍生物三丙烯酸酯)	1750(60℃)	1.31	固化速率快,良好的胶印性能,对金属、塑料、纸张附着力强,用于上光清漆,胶印、丝印油墨
	EB436	氯化 PEA(含 40%TMPTA)	1500(60℃)	1.28	高反应活性,对金属、塑料附着力强,用于金属、塑料涂料,上光清漆,胶印、丝印油墨
	EB584	氯化 PEA(含 40%HDDA)	2000	1.32	固化速率快,对塑料附着力强,用于金属、塑料涂料,上光清漆,玻璃粘接
	EB585	氯化 PEA(含 40%TPGDA)	4700	1.3	固化速率快,对塑料附着力强,用于塑料涂料,玻璃粘接
	EB3438	高纯度氯化 PEA	1350(60℃)	1.26	固化速率快,对金属、塑料附着力强,用于金属、塑料涂料,胶印、丝印油墨

3.3.6 聚醚丙烯酸酯

3.3.6.1 聚醚丙烯酸酯的合成

聚醚丙烯酸酯（polyether acrylate）是光固化涂料低聚物的一种，主要指聚乙二醇和聚丙二醇结构的丙烯酸酯。这些聚醚是由环氧乙烷或环氧丙烷与二元醇或多元醇在强碱中经阴离子开环聚合，得到端羟基聚醚，再经丙烯酸酯化得到聚醚/丙烯酸酯。由于酯化反应要在酸性条件下进行，而醚键对酸敏感，会被破坏，所以都用酯交换法来制备聚醚丙烯酸酯。一般将端羟基聚醚与过量的丙烯酸乙酯及阻聚剂混合加热，在催化剂（如钛酸三异丙酯）作用下发生酯交换反应，产生的乙醇和丙烯酸乙酯形成共沸物而蒸馏出来，经分馏塔，丙烯酸乙酯馏分重新回到反应釜，而乙醇分馏出来，使酯交换反应进行彻底，再把过量的丙烯酸乙酯真空蒸馏除去。

$$\underset{\underset{+OH+_n}{|}}{HO-polyether-OH} + (n+2)CH_3CH_2O-\underset{\underset{O}{\|}}{C}-CH=CH_2 \longrightarrow$$

$$CH_2=CH-\overset{\overset{O}{\|}}{C}-O-\underset{\underset{\left(\begin{array}{c}O\\|\\C=O\\|\\CH\\\|\\CH_2\end{array}\right)_n}{|}}{polyether}-O-\underset{\underset{O}{\|}}{C}-CH=CH_2 + (n+2)C_2H_5OH \quad (3\text{-}205)$$

$n\geqslant 2$

3.3.6.2 聚醚丙烯酸酯的性能和应用

聚醚丙烯酸酯的柔韧性和耐黄变性好，但机械强度、硬度和耐化学性差，因此，在光固化涂料、油墨中不作为主体树脂使用，但其黏度低，稀释性好，所以用作活性稀释剂。国外公司还采用胺改性等方法，使聚醚丙烯酸酯不仅具有极低黏度，而且有极高的反应活性，有的还具有较好的颜料润湿性，可用于色漆和油墨，参见表3-69。

表3-69 聚醚丙烯酸酯低聚物的性能和应用

公司	产品代号	化学名称	官能度	黏度(25℃)/mPa·s	特点和应用
沙多玛	CN501	胺改性聚醚丙烯酸酯		64	极低黏度，快速固化，用于纸张、木材涂料
	CN551	胺改性聚醚丙烯酸酯		525	快速固化，用于纸张、木材涂料
科宁	5025F	改性聚醚丙烯酸酯	2	120	低黏度，用于木器喷涂涂料
	5026F	四官能度聚醚丙烯酸酯	4	600	高反应性，耐黄变，用于纸张、木器涂料
	5662F	四官能度改性聚醚丙烯酸酯	4	3000	高反应性，用于木器、塑料、金属涂料，柔性油墨
	5850F	改性聚醚丙烯酸酯	2	100	极低黏度，高反应性，用于纸张、木器涂料
巴斯夫	PO43F (LR8945)	改性聚醚丙烯酸酯	2.9	200～400 (23℃)	低黏度，硬度高，耐化学性，用于纸张、木器涂料
	LR8967	三官能度改性聚醚丙烯酸酯	3	120～190 (23℃)	低黏度，硬度高，耐化学性，用于纸张、木器涂料
	PO94F (LR8894)	胺改性聚醚丙烯酸酯	3.5	400～800 (23℃)	高反应性，耐黄变和耐化学性，用于涂料
	PO77F (LR8946)	胺改性聚醚丙烯酸酯	3.2	1000～3000 (23℃)	高反应性，打磨性好，耐化学性，用于木器涂料
	LR8985	改性聚醚丙烯酸酯	1.5	55000～85000 (23℃)	优良的颜料润湿性，低体积收缩率和低气味，用于塑料、金属涂料，油墨

续表

公司	产品代号	化学名称	官能度	黏度(25℃)/mPa·s	特点和应用
巴斯夫	PO33F	聚醚丙烯酸酯	3	70～130(23℃)	低黏度,耐黄变,抗划伤,用于涂料
	LR8863	聚醚丙烯酸酯	3	70～110(23℃)	更低黏度,用于涂料
	PO9026F	聚醚丙烯酸酯	3	500～3000(23℃)	黏度较低,优异的抗划伤性能,用于涂料
	PE9027V	聚醚丙烯酸酯	3.5	7000～85000(23℃)	中等黏度,优异的抗划伤性能,用于涂料
拜耳	UA VP LS2299	胺改性聚醚丙烯酸酯		800(23℃)	高反应性,硬度好,低黏度,用于纸张、木器涂料

3.3.7 纯丙烯酸树脂

3.3.7.1 纯丙烯酸树脂的合成

光固化涂料用的纯丙烯酸树脂低聚物是指丙烯酸酯化的聚丙烯酸酯或乙烯基树脂，它是通过带有官能基的聚丙烯酸酯共聚物与丙烯酸缩水甘油酯或丙烯酸羟基酯反应，在侧链上接上丙烯酰氧基而制得。

如丙烯酸、丙烯酸甲酯、丙烯酸丁酯和苯乙烯共聚物与丙烯酸缩水甘油酯反应，共聚物中丙烯酸的羧基和丙烯酸缩水甘油酯中环氧基开环加成酯化，把丙烯酰氧基引入成为光固化树脂。

$$\text{+CH}_2\text{—CH(COOC}_4\text{H}_9\text{)+}_a\text{+CH}_2\text{—CH(COOCH}_3\text{)+}_b\text{+CH}_2\text{—CH(C}_6\text{H}_5\text{)+}_c\text{+CH}_2\text{—CH(COOH)+}_d + \text{CH}_2\text{=CH—}\overset{\text{O}}{\overset{\|}{\text{C}}}\text{—O—CH}_2\text{—}\underset{\text{O}}{\text{CH—CH}_2} \qquad (3\text{-}206)$$

$$\longrightarrow \text{+CH}_2\text{—CH(COOC}_4\text{H}_9\text{)+}_a\text{+CH}_2\text{—CH(COOCH}_3\text{)+}_b\text{+CH}_2\text{—CH(C}_6\text{H}_5\text{)+}_c\text{+CH}_2\text{—CH(COOH)+}_d\text{+CH}_2\text{—CH(COOCH}_2\text{CH(OH)CH}_2\text{O—}\overset{\text{O}}{\overset{\|}{\text{C}}}\text{—CH=CH}_2\text{)+}_e$$

再如苯乙烯和马来酸酐共聚物与丙烯酸羟乙酯反应，丙烯酸羟乙基中羟基与马来酸酐的酸酐作用，引入丙烯酰氧基，成为光固化树脂。

$$\text{+CH}_2\text{—CH(C}_6\text{H}_5\text{)+}_m\text{+}\underset{\text{O=C—O—C=O}}{\text{CH——CH}}\text{+}_n + \text{CH}_2\text{=CHCOOCH}_2\text{CH}_2\text{OH} \longrightarrow \qquad (3\text{-}207)$$

$$\text{+CH}_2\text{—CH(C}_6\text{H}_5\text{)+}_m\text{+}\overset{\text{COOH}}{\text{CH}}\text{—}\underset{\text{COOCH}_2\text{CH}_2\text{OCO—CH=CH}_2}{\text{CH}}\text{+}_n$$

上述共聚物要求低相对分子质量，去除溶剂时有一定流动性。若相对分子质量太大，黏度很高，丙烯酸酯后，后处理麻烦，溶剂不易除去。

3.3.7.2　丙烯酸树脂的性能和应用

纯丙烯酸酯低聚物具有极好的耐黄变性、良好的柔韧性和耐溶剂性，对各种不同基材都有较好的附着力，但机械强度和硬度都很低，耐酸碱性差。因此，在实际应用中纯丙烯酸树脂不作主体树脂使用，只是为了改善光固化涂料、油墨的某些性能，为提高耐黄变性，增进对基材的附着力和涂层间附着力而配合使用，见表3-70。

表3-70　纯丙烯酸树脂低聚物的性能和应用

公司	产品代号	化学名称	黏度(25℃)/mPa·s	特点和应用
优比西	EB705	丙烯酸树脂(含47%TPGDA)	18000	可增强较难黏附基材上的附着力，有良好的柔韧性和涂层间附着力
	EB745	丙烯酸树脂(含25%TPGDA和25%HDDA)	20000	对聚酯类塑料有极好的附着力，反应活性较低，用于罩光清漆，丝印油墨
	EB1401	丙烯酸树脂(含25%TPGDA)	10000(60℃)	对纸张、塑料有良好的附着力，非常适用于复合胶黏剂
长兴	6530B-40	丙烯酸树脂(60%HDDA)	13000～16500	快速固化，硬度和耐候性佳，对不同基材增强附着力，用于纸张、木材、塑料、金属涂料，油墨
	6531B-40	丙烯酸树脂(60%HDDA)	90000	增强不同基材附着力，柔韧性佳，用于纸张、木材、塑料、金属涂料，油墨，胶黏剂
	6532B-40	丙烯酸树脂(60%HDDA)	18000	高光泽和表面硬度，耐溶剂性好，用于纸张、木材、塑料、金属涂料，油墨
中山千叶合成	UB101	丙烯酸树脂(50%活性稀释剂)	30000±3000	良好的柔韧性、涂层间附着力，可增强较难粘附基材上的附着力，极好的耐候性，用于复合膜印刷、上光油墨及金属、塑料喷漆
	UB104	丙烯酸树脂(50%活性稀释剂)	30000±3000	
	UB105	丙烯酸树脂(50%活性稀释剂)	40000±5000	

3.3.8　有机硅低聚物

3.3.8.1　有机硅低聚物的合成

光固化有机硅低聚物是以聚硅氧烷中重复的Si—O键为主链结构的聚合物，并具有可进行聚合、交联的反应基团，如丙烯酰氧基、乙烯基或环氧基等。从目前光固化的应用上看，主要为带丙烯酰氧基的有机硅丙烯酸酯低聚物。

在聚硅氧烷中引入丙烯酰氧基主要有下列几种方法。

(1) 用二氯二甲基硅烷单体和丙烯酸羟乙酯在碱催化下水解缩合，HEA作为端基引入到聚硅氧烷链上。

$$2\,CH_2{=}CH\overset{\overset{O}{\|}}{C}OCH_2CH_2OH + n\ Cl-\underset{CH_3}{\overset{CH_3}{\underset{|}{\overset{|}{Si}}}}-Cl \xrightarrow{\text{缩合}} CH_2{=}CH\overset{\overset{O}{\|}}{C}OCH_2CH_2O\!\left(\underset{CH_3}{\overset{CH_3}{\underset{|}{\overset{|}{Si}}}}-O\right)_{n}\!CH_2CH_2O-\overset{\overset{O}{\|}}{C}-CH{=}CH_2 \quad (3\text{-}208)$$

(2) 由二乙氧基硅烷和丙烯酸羟乙酯经酯交换反应引入丙烯酰氧基。

$$RO\!\left(\underset{CH_3}{\overset{CH_3}{\underset{|}{\overset{|}{Si}}}}-O\right)_{n}\!R + 2H_2C{=}CH\overset{\overset{O}{\|}}{C}OCH_2CH_2OH \xrightarrow{\text{酯交换}} H_2C{=}CH\overset{\overset{O}{\|}}{C}OCH_2CH_2O\!\left(\underset{CH_3}{\overset{CH_3}{\underset{|}{\overset{|}{Si}}}}-O\right)_{n}\!CH_2CH_2O-\overset{\overset{O}{\|}}{C}-CH{=}CH_2 \quad (3\text{-}209)$$

(3) 利用端羟基硅烷与丙烯酸酯化，引入丙烯酰氧基。

$$HO-R\!\left(\underset{CH_3}{\overset{CH_3}{\underset{|}{\overset{|}{Si}}}}-O\right)_{n}\!\underset{CH_3}{\overset{CH_3}{\underset{|}{\overset{|}{Si}}}}-R-OH + 2H_2C{=}CHCOOH \longrightarrow H_2C{=}CHCOO-R\!\left(\underset{CH_3}{\overset{CH_3}{\underset{|}{\overset{|}{Si}}}}-O\right)_{n}\!\underset{CH_3}{\overset{CH_3}{\underset{|}{\overset{|}{Si}}}}-R-OOC-CH{=}CH_2 \quad (3\text{-}210)$$

(4) 用端羟基硅烷与二异氰酸酯反应，再与丙烯酸羟乙酯反应，或用端羟基硅烷与二异氰酸酯-丙烯酸羟乙酯半加成物反应，引入丙烯酰氧基。

$$HO-R_1\!\left(\underset{CH_3}{\overset{CH_3}{\underset{|}{\overset{|}{Si}}}}-O\right)_{n}\!\underset{CH_3}{\overset{CH_3}{\underset{|}{\overset{|}{Si}}}}-R_1\cdot OH + OCN-R_2-NCO \longrightarrow OCN-R_2-NHCOO-R_1\!\left(\underset{CH_3}{\overset{CH_3}{\underset{|}{\overset{|}{Si}}}}-O\right)_{n}\!\underset{CH_3}{\overset{CH_3}{\underset{|}{\overset{|}{Si}}}}-R_1-OOCNHR_2-NCO$$

$$\xrightarrow{H_2C{=}CH\overset{\overset{O}{\|}}{C}OCH_2CH_2OH}$$

$$H_2C{=}CH\overset{\overset{O}{\|}}{C}OCH_2CH_2O\overset{\overset{O}{\|}}{C}HN-R_2-NHCOOR_1\!\left(\underset{CH_3}{\overset{CH_3}{\underset{|}{\overset{|}{Si}}}}-O\right)_{n}\!\underset{CH_3}{\overset{CH_3}{\underset{|}{\overset{|}{Si}}}}-R_1-OOCNHR_2-NH\overset{\overset{O}{\|}}{C}O-CH_2CH_2O-\overset{\overset{O}{\|}}{C}-CH{=}CH_2$$

或

$$\left(\underset{CH_3}{\overset{CH_3}{\underset{|}{\overset{|}{Si}}}}O\right)_{n}\!R_1\cdot OH + OCN-R_2NH\overset{\overset{O}{\|}}{C}O-CH_2CH_2O-\overset{\overset{O}{\|}}{C}-CH{=}CH_2 \longrightarrow$$

$$\left(\underset{CH_3}{\overset{CH_3}{\underset{|}{\overset{|}{Si}}}}O\right)_{n}\!R_1\cdot O\overset{\overset{O}{\|}}{C}-\underset{H}{N}-R_2NH\overset{\overset{O}{\|}}{C}O-CH_2CH_2O\overset{\overset{O}{\|}}{C}-CH{=}CH_2 \quad (3\text{-}211)$$

3.3.8.2 有机硅低聚物的性能和应用

有机硅/丙烯酸酯是一种有特殊性能的低聚物，它具有较低的表面张力，因此作压敏胶的防粘纸中的离形剂，涂覆在纸或塑料薄膜上，固化后形成黏附力很低的表面，与压敏胶材料复合，制成不干胶、尿不湿和卫生巾的辅助材料。有机硅低聚物主链为硅氧键，有极好的柔韧性、耐低温性、耐湿性、耐候性、电性能，常用作保护涂料，如电器和电子线路的涂装保护和密封，特别是用作光纤保护涂料，此外，也能用作玻璃和石英材质光学器件的胶黏剂，见表 3-71。表 3-72 则介绍聚硅氧烷 MDI 丙烯酸酯在不同基材上性能。

表 3-71　有机硅丙烯酸酯低聚物的性能和应用

公司	产品代号	化学名称	官能度	黏度(25℃)/mPa·s	特点和应用
沙多玛	CN990	硅酮化 PUA		50000	低气味，柔韧，降低划擦系数；用于纸张、木器、金属涂料、油墨
优西比	EB350	有机硅丙烯酸酯	2	350	低黏度，提供基材良好的润湿性和爽滑性，无迁移；用作保护清漆和涂料
	EB1360	六官能度丙烯酸酯	6	2100	提供基材良好的润湿性和爽滑性，无迁移；用作保护清漆和涂料
长兴	6225	有机硅聚醚丙烯酸酯		200～900	低色度，低黏度，光固化速率快，耐磨性佳；用作保护清漆，纸张、木器、塑料涂料，胶印和丝印油墨

表 3-72　聚硅氧烷 MDI 丙烯酸酯在不同基材上的性能

性能		基材				
		钢	铝	玻璃	木材	聚苯乙烯
固化时间/s		30	30	30	30	30
膜厚/μm		30	28	30	30	32
附着力		好	好	好	好	好
铅笔硬度		3H	3H	3H	3H	3H
抗冲击性		好	好		好	好
拉伸强度		好	好			
挠性		好	好			
耐化学性	5%HCl	好	好	好	好	好
	5%NaOH	好		好	好	好
	5%NaCl	好	好	好	好	好
	3%CH_3COOH	好	好	好	好	好
	CH_3OH	不好	不好	不好	不好	不好
	耐水性	好	好	好	好	好
	耐洗涤性	好	好	好	好	好

3.3.9　环氧树脂

环氧树脂（epoxy resin）是用作阳离子光固化涂料的低聚物，环氧树脂在超强质子酸或路易斯酸作用下，容易发生阳离子聚合。

双酚 A 型环氧树脂在阳离子光固化时，反应活性低，聚合速度慢，黏度较高，因此使用不多。脂肪族环氧树脂，低黏度，低气味，低毒性，反应活性高，固化膜收缩率低，耐候性好，有优异的柔韧性和耐磨性，成为阳离子光固化涂料最主要的低聚物。如 3,4-环氧环己基甲酸-3,4-环氧环己基甲酯（UVR6110）和己二酸双(3,4-环氧环己基甲酯)（UVR6128）。

3.3.9.1 环氧树脂的合成

UVR6110 可以由环己烯-3-甲酸和环己烯-3-甲醇先酯化反应，再用过氧乙酸对碳碳双键环氧化而制得。

$$\text{环己烯-3-甲酸}(-\overset{O}{\overset{\|}{C}}-OH) + \text{环己烯-3-甲醇}(-CH_2OH) \longrightarrow \text{环己烯基}-\overset{O}{\overset{\|}{C}}-O-CH_2-\text{环己烯基} \xrightarrow{\text{过氧乙酸}} \text{环氧环己基}-\overset{O}{\overset{\|}{C}}-O-CH_2-\text{环氧环己基} \quad (3\text{-}212)$$

3,4-环氧环己基甲酸-3,4-环氧环己基甲酯

UVR6128 则由环己烯-3-甲醇与己二酸酯化，再由过氧乙酸环氧化而制得。

$$2\ \text{环己烯基}-CH_2OH + HOOC-(CH_2)_4-COOH \longrightarrow \text{环己烯基}-CH_2-O\overset{O}{\overset{\|}{C}}-(CH_2)_4-\overset{O}{\overset{\|}{C}}-O-CH_2-\text{环己烯基}$$

$$\xrightarrow{\text{过氧乙酸}} \text{环氧环己基}-CH_2O\overset{O}{\overset{\|}{C}}-(CH_2)_4-\overset{O}{\overset{\|}{C}}-O-CH_2-\text{环氧环己基} \quad (3\text{-}213)$$

己二酸双(3,4-环氧环己基甲酯)

在脂环族环氧化合物基础上开发的一些多环化合物，如原甲酸酯也可用作阳离子光固化低聚物，它们在聚合时可以发生体积膨胀。

$$n\ R-C\begin{pmatrix}O-CH_2\\O-CH_2\\O-CH_2\end{pmatrix}C-CH_2OH \longrightarrow -\!\!\left[CH_2-\underset{CH_2-O-\overset{\|}{\underset{O}{C}}-R}{\overset{CH_2OH}{C}}-CH_2-O\right]_n\!\!- \quad (\text{体积膨胀}1.5\%) \quad (3\text{-}214)$$

3.3.9.2 环氧树脂的性能和应用

阳离子光固化用脂环族环氧树脂具有低气味、低毒性、低黏度和低收缩率，柔韧性、耐磨性和透明度好，对塑料和金属有优异的附着力，主要用于软硬包装材料的涂料，如罐头罩光漆、塑料、纸张涂料，电器/电子用涂料，丝印、胶印油墨，胶黏剂和灌封料等，见表 3-73。

乙烯基醚类化合物是另一大类用于阳离子光固化的低聚物或活性稀释剂，它们具有固化速率快，黏度低，毒性低，相容性好等优点，它们还可以与环氧化合物、丙烯酸酯、聚酯、聚氨酯得到相应的低聚物，与脂环族环氧树脂配合使用。有关乙烯基醚类化合物已在本章 3.2 节中详细介绍。

表 3-73　阳离子光固化用脂环族环氧树脂低聚物的性能和应用

公司	产品代号	化学名称	黏度(25℃)/mPa·s	环氧当量	特点和应用
优西比	UVACURE1500	脂肪族环氧树脂	235	134	低黏度,残留气味低,对塑料、金属有附着力好;用于金属,塑料涂料,柔印油墨
	UVACURE1533	改性环氧树脂	15000(60℃)	262	残留气味低,良好的附着力和柔韧性;用于罩光清漆,胶黏剂
	UVACURE1534	脂肪族环氧树脂	2700	268	良好的柔韧性和抗水性;用于罩光清漆,胶黏剂,胶印油墨
	UVACURE1561	部分丙烯酸酯化的双酚 A 型 EA	1100(60℃)	431	具有自由基、阳离子双重固化特点;用于混杂固化和双重固化体系的涂料、油墨、胶黏剂
	UVACURE1562	脂肪族 EA	3750	223	极低收缩率,良好的附着力,低残留气味;用于混杂固化体系的涂料、油墨、胶黏剂
陶氏化学	UVR6110	脂环族环氧树脂	350～450	131～143	低黏度、低气味、低毒性,快速固化,优异的柔韧性、耐磨性,对塑料、金属附着力好;用于纸张、塑料、金属涂料、丝印、凸印油墨,电器/电子涂料和灌封料
	UVR6105	脂环族环氧树脂	220～250	130～135	低黏度、低气味、低毒性,快速固化,优异的柔韧性、耐磨性,对塑料、金属附着力好;用于纸张、塑料、金属涂料、丝印、凸印油墨,电器/电子涂料和灌封料
	UVR6128	脂环族环氧树脂	550～750	190～210	低气味,低毒性,快速固化,更优的柔韧性,耐磨性和对塑料、金属附着力好;用于罩光清漆,软硬包装材料的印刷油墨,电器/电子涂料和灌封料
	UVR6100	混合脂环族环氧树脂	80～115	130～140	非常低的黏度;用作阳离子 UV 固化涂料降低黏度
	UVR6216	线性脂环族环氧树脂	<15	240～280	极低黏度;用作阳离子 UV 固化涂料降低黏度

3.3.10 水性 UV 低聚物

水性 UV 低聚物是随着 20 世纪末水性 UV 固化材料的开发而产生的，它可分为乳液型、水分散型和水溶性三类，见表 3-74。

表 3-74　水性 UV 低聚物的分类

类型	粒径/nm	外观
水溶型	<5	透明
水分散型	20～100	半透明
乳液型	>100	乳液

3.3.10.1 乳液型水性UV低聚物

早期采用外加乳化剂，低聚物不含亲水基团，靠机械作用，使低聚物分散于水中，得到低聚物的乳液。但是由于乳化剂加入，影响了固化膜的耐水性和光泽，力学性能也大幅下降。这是由于表面活性剂在界面定向吸附，对紫外光有一定的干扰作用，使转换率下降而造成的。

现在多采用自乳化型，即在低聚物中引入亲水基团（如羧基、亲水性聚乙二醇），在水中有自乳化作用，故不用外加乳化剂。固化后，固化膜的耐水性和光泽不受影响。

3.3.10.2 分散型水性UV低聚物

这类低聚物中，亲水性基团和疏水性基团要巧妙平衡，在水中分散后，粒径在20～100nm，形成半透明的水分散体。

3.3.10.3 水溶型水性UV低聚物的合成

这类低聚物中，含有足够量的羧基或季氨基，羧基经与氨或有机胺中和后成铵盐，就成为水溶性的低聚物。

目前水性UV低聚物主要有三类。

(1) 水性聚氨酯丙烯酸酯　在合成聚氨酯丙烯酸酯时，加入一定量的二羟甲基丙酸（DMPA），从而引进羧基。

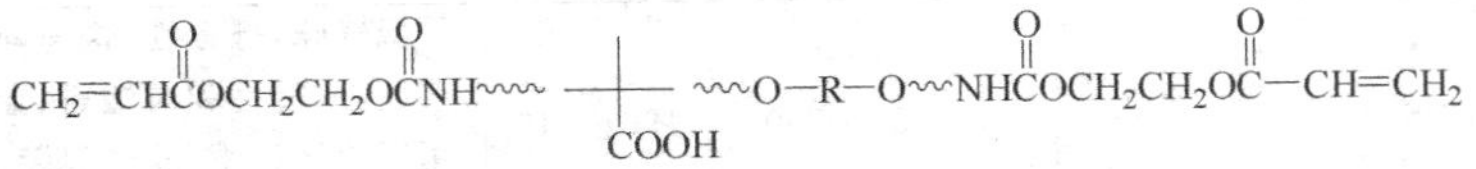

$$CH_2{=}CH\overset{O}{\overset{\|}{C}}OCH_2CH_2O\overset{O}{\overset{\|}{C}}NH\sim\sim -\underset{COOH}{\underset{|}{\overset{|}{C}}}- \sim\sim O{-}R{-}O\sim\sim NH\overset{O}{\overset{\|}{C}}OCH_2CH_2O\overset{O}{\overset{\|}{C}}{-}CH{=}CH_2 \quad (3\text{-}215)$$

此低聚物分子中，二羟甲基丙酸引入量少时，就为乳化型，随着二羟甲基丙酸引入量增加，就变为水分散型，当羧基用氨和有机胺中和后变成羧酸铵盐，就成为水性UV低聚物。

(2) 水性环氧丙烯酸酯

① 环氧丙烯酸酯中羟基用酸酐反应得到含羧基的环氧丙烯酸酯，再用有机胺中和后变成羧酸铵盐，就成为水溶性UV低聚物。

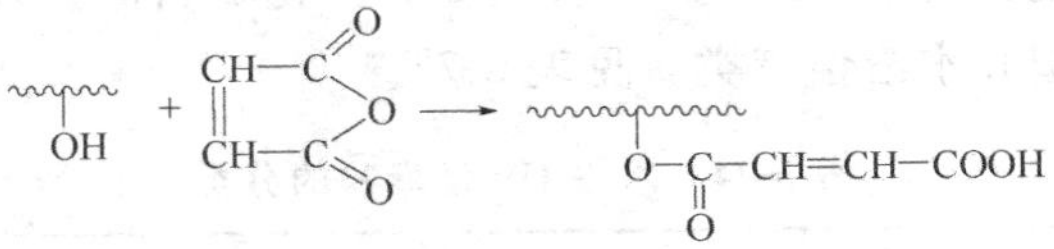

$$\underset{OH}{\underset{|}{\sim\sim\sim}} + \begin{matrix} CH{-}C{=}O \\ \| \quad\quad \diagdown \\ \quad\quad\quad O \\ \| \quad\quad \diagup \\ CH{-}C{=}O \end{matrix} \longrightarrow \underset{O-\underset{\underset{O}{\|}}{C}-CH{=}CH-COOH}{\underset{|}{\sim\sim\sim\sim\sim}} \quad (3\text{-}216)$$

随着酸酐用量增加，引入羧基增加，水溶性增加；随着有机胺中和程度增加，水溶性也增加。

② 用叔胺与酚醛环氧树脂中部分环氧基反应，生成部分带季铵基的酚醛环氧树脂，然后再丙烯酸酯化，得到水溶性带季铵基的酚醛环氧丙烯酸树脂。

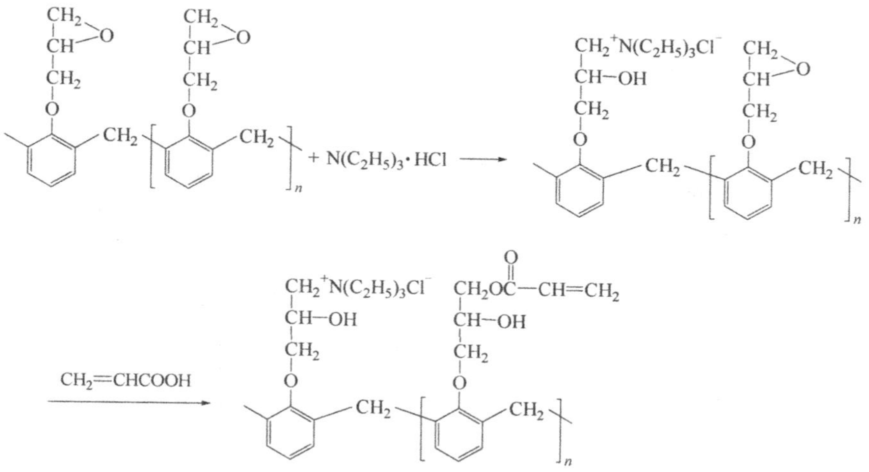

$$\text{Epoxy novolac} + N(C_2H_5)_3\cdot HCl \longrightarrow \text{(quaternary ammonium chloride: } CH_2{}^{+}N(C_2H_5)_3Cl^{-}\text{, CH-OH)} \xrightarrow{CH_2{=}CHCOOH} \text{(}CH_2OC(=O)-CH{=}CH_2\text{, CH-OH)}$$

(3-217)

(3) 水性聚酯丙烯酸酯　使用偏苯三甲酸酐或均苯四甲酸二酐部分与二元醇反应，制得带有羧基的端羟基聚酯，再与丙烯酸反应，得到带羧基的聚酯丙烯酸酯，再用氨或有机胺中和成羧基铵盐，成为水溶性聚酯丙烯酸酯。

3.3.10.4 水性 UV 低聚物的性能和应用

实际应用上，水性 UV 低聚物主要为水性聚氨酯丙烯酸酯，它具有优良的柔韧性，耐磨性，耐化学性，有高抗冲击和拉伸强度；芳香族的硬度好，耐黄变性差，而脂肪族的有优异耐黄变性和柔韧性。水性 UV 低聚物已在纸张上光油、木器清漆、水性丝印油墨获得实用，正在开发用于柔印油墨、凹印油墨和水显影型光成像抗蚀剂和阻焊剂。

表 3-75 是水性 UV 低聚物与热塑性和热固性涂层材料的涂膜性能比较，表 3-76 介绍了水性 UV 低聚物的性能和应用。

表 3-75　各种涂层材料的涂膜性能比较

涂层材料	热塑型① 丙烯酸树脂	二液型① 聚氨酯树脂	光固化② PUA 分散体	光固化② 丙烯酸酯乳液
抗划伤性	4	10	10	10
热印刷性(65℃,4h,0.03MPa)	3	6	10	9
丙酮	2	9	10	9
乙醇	8	10	10	9
10%氨水(16h)	9	10	10	10
醋(16h)	6	10	6	10
耐磨(1h)	3	8	9	9

① 溶剂型涂料。

② 1173 2%，UV 曝光量 1.6J/cm²，数字以 10 为最好。

表 3-76 水性 UV 低聚物的性能和应用

公司	产品代号	化学名称	官能度	黏度(25℃)/mPa·s	固含量/%	特点和应用
优西比	EB11	水溶性 PEGDA	2	120	100	良好的柔韧性，与水完全混溶；用于丝印油墨，木器，纸张涂料
	EB2002	水溶性脂肪族 PUA	2	25000	95	快速固化，良好的柔韧性和附着力，流变性优异，最多可加 70%的水；用于纸张、木器涂料和油墨
	IRR210	三官能度水溶性丙烯酸酯	3	155	100	低黏度，良好反应活性，最多可加入45%的水；用于纸张、木器涂料，丝印油墨
	IRR213	三官能度水溶性脂肪族 PUA(含有30%HDDA)	3	16500	100	良好的反应活性，柔韧性，抗磨损性和耐污性，最多可加水 15%；用于纸张、木器涂料、丝印油墨
	IRR390	PUA 水分散体		<200	35	水挥发后，固化前不指粘；用于地板涂料
	IRR400	PUA 水分散体		<250	40	水挥发后，固化前不指粘；用于地板涂料和水性油墨
	IRR422	PUA 水分散体		<200	35	水挥发后，固化前不指粘；用于地板涂料
拜耳	UV LS2282	PUA 水分散体		<50s	40	力学性能和耐化学性优异；用于木器和地板涂料
	UV LS2280	PUA 水分散体		<90s	39	力学性能和耐化学性优异，硬度好；用于地板、家具涂料
	UV LS2317	PUA 水分散体		<80s	37	力学性能和耐化学性优异，分散性更好；用于地板、家具涂料
	850W	水乳化型 UP		12000	100	易于乳化，优异的木纹展现性；用于地板、家具涂料的面漆和底漆
巴斯夫	PE55WN	水溶性 PEA	3.5	250～650(23℃)	50	反应活性高，柔韧性和耐化学性好；用于 PVC、塑料涂料、胶黏剂
	PE22WN (LR8895)	水溶性 PEA	3.5	150～500	50	硬度高，耐化学性好，打磨性和附着力优异；用于木器涂料
	LR8949	脂肪族 PUA 水分散体	1.5	40～100(23℃)	40	优良的耐化学性、柔韧性、高硬度；用于木器、钢铁与塑料涂料
	LR9005	芳香族 PUA 水分散体	1.7	20～250(23℃)	40	耐化学性和抗划伤性好，优异的干燥性，高硬度；用于木器、钢铁与塑料涂料
盖斯塔夫	2000	四官能度水性芳香族 PEA	4		100	快干，用于木器涂料
德谦	UV-14	阴离子型 PUA 乳液	>3	20～100	40	兼具高硬度及柔韧性，优异的耐磨性，抗划伤性，抗粘连性，对木材、非铁金属和塑料基材有极佳附着力；用于木器、钢铁与塑料涂料
	UV-20	阴离子型 PUA 乳液	>3	20～100	40	兼具高硬度及柔韧性，优异的耐磨性，抗划伤性，抗粘连性，对木材、金属、塑料基材附着力好，层间附着力良好；用于薄涂木器涂料

3.3.11 超支化低聚物

3.3.11.1 超支化低聚物的特点

超支化聚合物是由 AB_X 型（$X\geqslant2$；A、B 为反应性基团）单体制备，链增长在不同分子之间（A 和 B 两种官能团之间）进行，一层一层向外扩散，形成树枝状大分子，具有球形的外观。超支化聚合物与同样相对分子质量的线形大分子相比，在性能上有很大不同。

①超支化聚合物终端官能度非常大，端基又是具有反应活性的基团，因此反应活性极高，这样可将丙烯酰氧基引入成为光固化低聚物；还可引入亲水基团，成为水溶性树脂；甚至可引入光引发基团，成为大分子光引发剂。

②超支化聚合物有球状分子外形，分子之间不易形成链段缠绕，因此比相同相对分子质量的线形大分子黏度低很多。这对光固化低聚物来讲是非常有利的。

3.3.11.2 超支化低聚物的合成

目前，超支化聚合物可以用一步法或准一步法来合成，合成方法简便，较易控制，因此在光固化低聚物应用上会有良好的发展前景。

下面简单介绍几种超支化光固化低聚物的合成方法。

① 季戊四醇和间苯三甲酸酐反应，得到带有八个端羧基的聚酯，再与（甲基）丙烯酸缩水甘油酯开环酯化反应，引入八个（甲基）丙烯酰氧基，同时有八个羟基形成，还可与（甲基）丙烯酸酐反应，再引入八个（甲基）丙烯酰氧基，反应全部完成，得到有十六个（甲基）丙烯酰氧基的超支化低聚物。

② 以二乙醇胺和丙烯酸甲酯经迈可尔加成反应制得 N,N-二羟乙基-3-胺-丙酸甲酯单体（A）

$$(HOCH_2CH_2)_2NH + CH_2{=}CHCOOCH_3 \longrightarrow (HOCH_2CH_2)_2NCH_2CH_2COOCH_3 \quad \text{(A)} \tag{3-218}$$

单体（A）与三羟甲基丙烷经酯交换反应，生成第一代超支化树脂（有六个羟基），第二代超支化树脂（有十二个羟基）(B)

$$(HOCH_2CH_2)_2N{-}CH_2CH_2COOCH_3 + HO{-}CH_2{-}C(CH_2OH)_2{-}CH_2CH_3 \longrightarrow \text{(B)} \tag{3-219}$$

（B 为带有十二个 OH 端基的超支化结构）

超支化树脂 B 若与（甲基）丙烯酸酐或二异氰酸酯与丙烯酸羟基酯半加成物反应，就可引入丙烯酰氧基，成为超支化光固化低聚物。

B 的部分羟基与马来酸酐等反应，则可引入羧基，经胺中和成铵盐就可成为水性超支化低聚物。

B的部分羟基与二异氰酸酯和光引发剂D2959的半加物反应，就可引入光引发基团，成为大分子光引发剂。

③ 用乙二胺与三羟基甲基丙烷三丙烯酸酯，经迈克尔加成反应，可得到带八个丙烯酰氧基的超支化低聚物。

$$H_2NCH_2CH_2NH_2 + 4CH_2{=}CHCOOCH_2-\underset{CH_2OCOCH{=}CH_2}{\overset{CH_2OCOCH{=}CH_2}{C}}-CH_2CH_3 \longrightarrow$$

$$\left[CH_3-CH_2-\underset{CH_2{=}CHCOOCH_2}{\overset{CH_2{=}CHCOOCH_2}{C}}-CH_2OOCCH_2CH_2\right]_2N-CH_2CH_2-N\left[CH_2CH_2COOCH_2-\underset{CH_2OCOCH{=}CH_2}{\overset{CH_2OCOCH{=}CH_2}{C}}-CH_2CH_3\right]_2 \qquad (3\text{-}220)$$

④ 将间苯三甲酸和环氧氯丙烷反应，得到端酸酐基和大量羧基的超支化聚合物，再与（甲基）丙烯酸缩水甘油酯反应，引入（甲基）丙烯酰氧基，成为超支化光固化低聚物，由于羧基含量高，是一个碱溶型低聚物，若将光引发剂1173与端酸酐反应，则引入光引发基团成为大分子光引发剂。

3.3.12 双重固化低聚物

低聚物中含有两种不同类型固化的活性基团：丙烯酰氧基可以进行自由基光固化，而另一基团可以进行阳离子光固化、湿固化、羟基固化、热固化等，成为具有双重固化功能的低聚物。

通过双酚A环氧树脂和丙烯酸［环氧基摩尔数∶羧基摩尔数在（1.5～2.0）∶1］的开环酯化反应，制得带有环氧基的环氧丙烯酸树脂，其中丙烯酸基团可以进行自由基光聚合，而环氧基可进行阳离子光聚合或热固化。研究结果表明，这两种活性基团之间存在着分子内的相互作用，可有效促进自由基和阳离子光聚合的进行，使反应速率和最终转化率有明显的提高，而且大大降低了氧阻聚作用；双重固化低聚物所形成的固化膜具有更好的物理机械性能。

将六亚甲基二异氰酸酯和*N*,*N*-二（氨丙基三乙氧基）硅烷反应，再与丙烯酸羟乙酯作用，制得具有自由基光固化/湿固化双重固化性能的硅氧烷型聚氨酯丙烯酸酯，可用于光固化保型涂料。

合成含有环氧基的酚醛环氧丙烯酸树脂，具有自由基光固化/热固化双重固化功能，可用于光成像阻焊剂。

德国拜耳公司、巴斯夫公司和上海多森化工公司和欧宝迪树脂（深圳）公司都有商品化的双重固化低聚物，表3-77介绍了拜耳公司双重固化树脂。

表 3-77　拜耳公司双重固化树脂

商品名	结构	含量/%	黏度(23℃)/mPa·s	应用
UA VP LS 2337	含 NCO 基的脂肪族聚氨酯丙烯酸酯,NCO 含量 12.5%	100	10000	光/羟基双重固化体系
UA VP LS 2396	含 NCO 基的脂肪族聚氨酯丙烯酸酯,NCO 含量 7.5%	100	12500	光/羟基双重固化体系
UA XP 2510	含 NCO 基的脂肪族聚氨酯丙烯酸酯,NCO 含量 7.0%	90	15000	光/羟基双重固化体系

巴斯夫公司 LR9000 为双重固化低聚物，既含有丙烯酸基可进行光固化，又含有异氰酸基，可进行羟基、胺基或热固化。

上海多森化工公司 UVDC-2700 为双固化低聚物，含有丙烯酸基和异氰酸基，可以进行自由基光固化，也可进行羟基、胺基或热固化。

欧宝迪树脂（深圳）公司 LUX286 和 LUX481 都是具有双重固化性能的脂肪族聚氨酯丙烯酸酯低聚物，适用于色漆体系。

3.3.13　自引发功能的低聚物

具有自引发功能的低聚物有两类。

（1）低聚物自身具有光引发功能，在配方中可以少用甚至不用加光引发剂。

（2）在低聚物中接入光引发基团，成为大分子光引发剂，在配方中既当低聚物又作光引发剂使用。

第一类自身具有光引发功能的低聚物，是美国亚什兰公司开发的新产品，它通过多官能团丙烯酸酯与β-酮酯（如乙酰乙酸乙酯、乙酰乙酸烯丙酯、甲基丙烯酸 2-乙酰乙酸乙酯）发生迈克尔加成反应，β-酮酯中活性亚甲基上碳与丙烯酸酯碳碳双键端基碳形成新的共价键，β-酮酯中羰基与一个完全被取代的碳原子相连，该键对紫外光具有不稳定性，吸收紫外光之后，很容易断键，生成乙酰基自由基和另外一个大分子自由基，具有自引发功能。因此，使用具有自引发功能的低聚物的 UV 涂料、油墨、胶黏剂的配方中，可以不添加光引发剂，从而避免了添加光引发剂所造成的气味、黄变、难以混入、析出、迁移以及价格昂贵等问题。

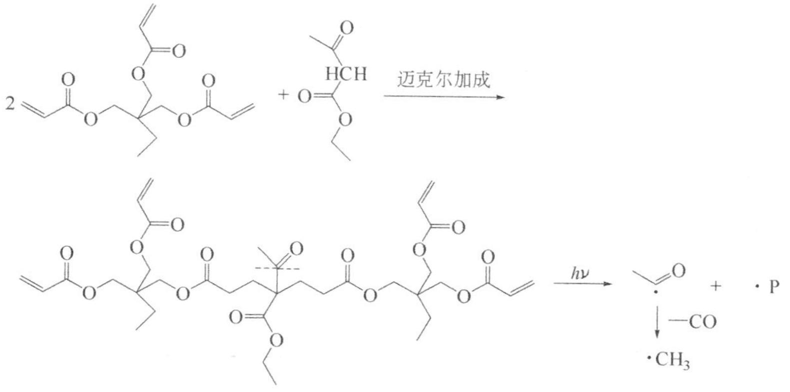

$$2\ \text{TMPTA} + CH_3COCH_2COOC_2H_5 \xrightarrow{\text{迈克尔加成}} \text{加成低聚物} \xrightarrow{h\nu} CH_3\dot{C}O + \cdot P;\quad CH_3\dot{C}O \xrightarrow{-CO} \cdot CH_3 \tag{3-221}$$

自身具有光引发功能的低聚物还可以通过多种丙烯酸酯与多种麦克尔反应而制得，形成系列产品。

丙烯酸酯	麦克尔反应供体
丙烯酸酯	β-酮酯
环氧丙烯酸酯	β-二酮
聚氨酯丙烯酸酯	β-酮酰胺
聚酯丙烯酸酯	β-酮酰替苯胺
有机硅丙烯酸酯	其它
三聚氰胺丙烯酸酯	R′可为功能性或双固化基团
全氟丙烯酸酯	
反丁烯二酸酯	
顺丁烯二酸酯	

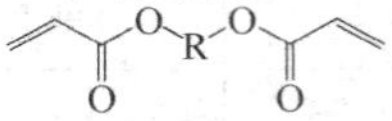

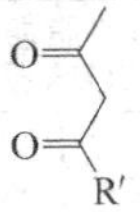

美国亚什兰公司开发自引发低聚物 Drewrad 系列产品见表 3-78、表 3-79。

表 3-78　亚什兰 Drewrad 系列产品和用途

商品代号	用途
300 系列	清漆
1000 系列	木器漆
1100 系列	木器填充底漆
100 系列	上光油
D 系列	颜料、填料分散
500 系列	印刷油墨
M 系列	消光

表 3-79　亚什兰自引发低聚物 Drewrad 系列部分产品的性能

商品名称		130	150	530	540	331	1010	1040	1110	1120
密度/(g/mL)		1.09	1.09	1.12	1.13	1.10	1.11	1.09	1.14	1.18
黏度(25℃)/mPa·s		400～500	200～300	1100	1650	500～1000	1200	350	4500	10000
平均分子量		650	650	1275	750	3000	800	700	800	1100
平均官能度		2.1	2.1	2.4	2.1	2.1	2.5	2.3	4.7	3.3
T_g/℃						11.7	12	10	19	−10
固化膜性能	完全固化能量/(mJ/cm^2)	750	220	900	1200	1040	700	730	1300	260
	铅笔硬度						5H	H	5H	9H
	伸长度/%	5	6	6	8	5.0	10	11	3	10
	抗张强度/psi	1300	650	800	600					
附加特性		通过美国 FDA 认证								

注：1psi=6894.76Pa。

广州博兴公司和中山千叶化工厂的自引发低聚物的性能见表 3-80 和表 3-81：

表 3-80　广州博兴公司自引发低聚物性能

自固化低聚物	组成	固含量（质量分数）/%	颜色（APHA）	黏度（30℃）/mPa·s	酸值/(mg KOH/g)	特性与应用
B-519	PEA	>98	150(max)	10000～15000	<2	有很好的自固化性能，能显著提高配方固化速率，有较好的耐划伤和表干硬度，适用于有色体系和大面积厚涂涂料体系
B-381	聚酯型 PUA	>97	200(max)	3000～4000 (60℃)	<1	兼具自固化和 PUA 双重性能，特别能提高有色体系光固化速率
B-281	芳香族 PUA	>98	200(max)	8000～12000	<1	兼具自固化和 PUA 双重性能，特别能提高有色体系光固化速率
B-283	脂肪族 PUA	>98	100(max)	12000～16000	<1	兼具自固化和 PUA 双重性能，特别能提高有色体系光固化速率
B-286	脂肪族 PUA	>98	100(max)	35000～40000	<1	兼具自固化和 PUA 双重性能，特别能提高有色体系光固化速率
B-289	芳香族 PUA	>98	200(max)	28000～32000	<1	兼具自固化和 PUA 双重性能，特别能提高有色体系光固化速率
B-681	PUA	>98	100(max)	5000～8000 (60℃)	<2	改性的六官能度 PUA，高固化速度，高硬度

表 3-81　中山千叶化工厂自引发低聚物的性能

产品牌号	化学组成	官能度	黏度(25℃)/mPa·s
UV7513-100	聚酯丙烯酸酯	2～3	1500～2500
UV7514-100	聚酯丙烯酸酯	2～3	500～1500
UV7516-100	聚酯丙烯酸酯	3～4	16000～24000
UV7517-100	聚酯丙烯酸酯	2～3	2500～4000
UV7518-100	聚酯丙烯酸酯	3～4	500～1500
UV7116-100	环氧丙烯酸酯	3～4	25000～35000
UV7300	聚氨酯丙烯酸酯	3～4	40000～50000

第二类具有自引发功能低聚物大多利用含有羟基的光引发剂（安息香、1173、184、2959）与带异氰酸基的低聚物反应，将光引发剂接入低聚物，成为具有光引发基的低聚物。

接枝光引发剂的低聚物优点如下。

① 光固化速率接近于普通低聚物与小分子光引发剂的固化速率；

② 与体系的相容性好；

③ 大大降低了光引发剂的迁移能力；

④ 大大降低了光引发剂有害的光分解产物（如苯甲醛）产生；

⑤ 光引发剂无毒无害，可以用作食品包装涂料和油墨中。

表 3-82 为接枝光引发剂的低聚物与普通低聚物加小分子光引发剂固化后从固化膜中抽提出光引发剂和苯甲醛的实验结果。

表 3-82　从固化膜抽提出光引发剂和苯甲醛浓度

光引发剂	体系中光引发剂浓度/%	抽提出光引发剂浓度(ppm)/$\times10^{-6}$	抽提出苯甲醛浓度(ppm)/$\times10^{-6}$
184	4.0	1150	8.0
接枝 184	4.0	48	0.5
184	4.0	400	3.0
接枝 184	4.0	19	0.3
2959	4.0	801	100
接枝 2959	4.0	89	40
安息香	4.0	725	30
接枝安息香	4.0	18	10

数据表明，光引发剂的接枝反应产物大大降低了引发剂碎片的迁移能力和浸出能力，而且“接枝物”固化膜中生成的苯甲醛量也大大减少，因此接枝在低聚物上的光引发剂，实质上就是一类大分子光引发剂，无毒无害，可以用在食品和药品包装用的涂料和油墨中。2006 年美国食品和药物管理局（FDA）宣布用大分子光引发剂生产的 UV 涂料和油墨可以用于食品和药品包装印刷中，彻底改变了以往 UV 油墨和涂料不能用于食品和药品包装惯例，开创了 UV 油墨和涂料应用的新领域。Bomar 公司已商品化带光引发剂的低聚物产品及性能见表 3-83。

表 3-83　Bomar 公司带光引发剂低聚物的性能

商品名称	官能度	低聚物结构	黏度(50℃)/mPa·s	固化膜性能①			涂料黏度(25℃)/mPa·s
				硬度	抗张强度/psi	断裂伸长率/%	
XP-144LS	2	脂肪族 PUA	125000	77D	7536	7	28000
XP-144LS-B	2	脂肪族 PUA	10500	81D	5780	6	19250
XP-543LS	2	脂肪族 PUA	30000	53A	725	343	30750

① 30% IBOA+2% Omnirad 481。

注：1psi=6894.76Pa。

3.3.14　脂肪族和脂环族环氧丙烯酸酯

韩国 Miwon 公司利用季戊四醇三丙烯酸酯与酸酐反应，制得端羧基季戊四醇三丙烯酸酯；用双季戊四醇五丙烯酸酯与酸酐反应，制得端羧基双季戊四醇五丙烯酸酯；然后再与二缩水甘油醚或三缩水甘油醚反应，制得了一系列多官能团脂肪族与脂环族环氧丙烯酸酯，其黏度见表 3-84。

表 3-84　多官能团脂肪族和脂环族环氧丙烯酸酯的化学结构与黏度

类　型	低聚物	官能度	骨　架　结　构	黏度(40℃)/mPa·s
Ⅰ	MEA-1	6	烷基环氧-三丙烯酸酯	4700
	MEA-2	10	烷基环氧-五丙烯酸酯	2800
Ⅱ	MEA-3	6	环己基环氧-三丙烯酸酯	64000
	MEA-4	10	环己基环氧-五丙烯酸酯	8000
Ⅲ	MEA-5	9	烷基环氧-三丙烯酸酯	75000
	MEA-6	15	烷基环氧-五丙烯酸酯	5700

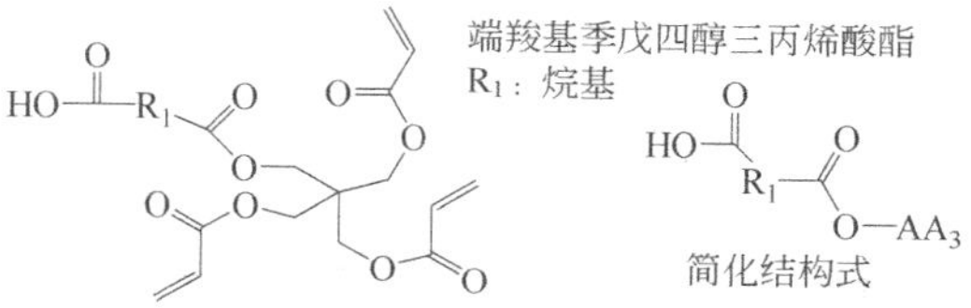

端羧基季戊四醇三丙烯酸酯
R_1：烷基
$HO-C(=O)-R_1-C(=O)-O-AA_3$
简化结构式　　(3-222)

二缩水甘油醚
R_2：烷基或环己基　　(3-223)

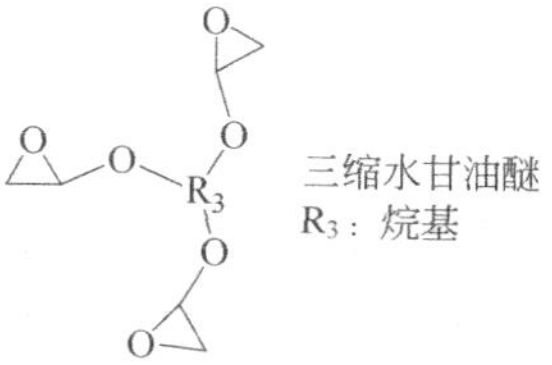

三缩水甘油醚
R_3：烷基　　(3-224)

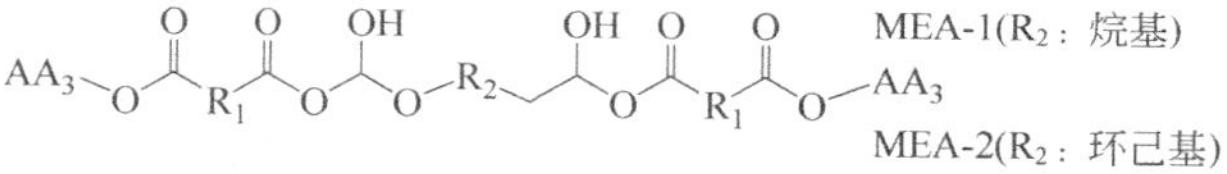

$AA_3-O-C(=O)-R_1-C(=O)-O-CH(OH)-O-R_2-CH(OH)-O-C(=O)-R_1-C(=O)-O-AA_3$
MEA-1(R_2：烷基)
MEA-2(R_2：环己基)　　(3-225)

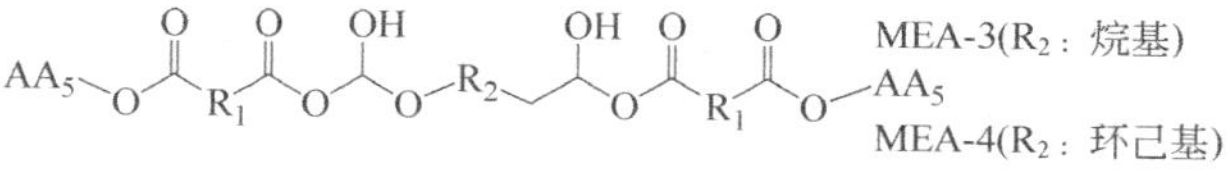

$AA_5-O-C(=O)-R_1-C(=O)-O-CH(OH)-O-R_2-CH(OH)-O-C(=O)-R_1-C(=O)-O-AA_5$
MEA-3(R_2：烷基)
MEA-4(R_2：环己基)　　(3-226)

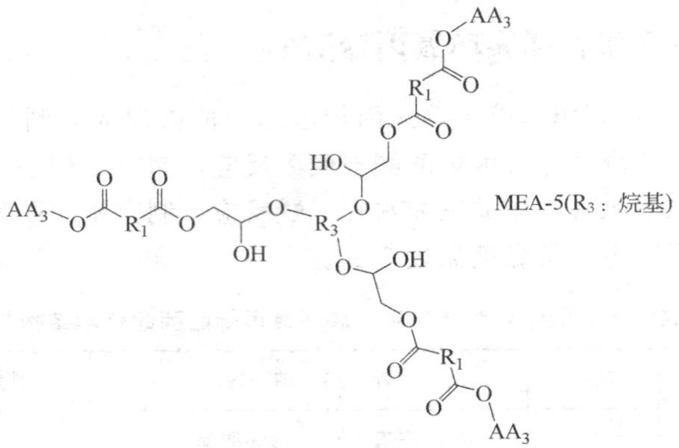

MEA-5(R_3：烷基) (3-227)

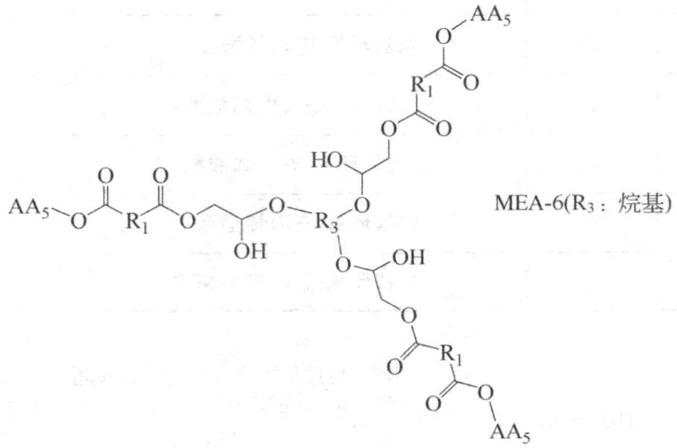

MEA-6(R_3：烷基) (3-228)

同一系列中，官能度大，黏度反而小；带刚性基团环己基环氧丙烯酸酯黏度明显比烷基环氧丙烯酸酯黏度大。随着官能度增加，硬度增加，耐磨性增加，耐化学腐蚀性也增加；拉伸强度增加，但拉伸率降低；对塑料附着力随官能度增加而降低；随官能度增加，耐黄变性变差，含环己基耐黄变性更差。与对应的聚氨酯丙烯酸酯相比，大部分性能脂肪族和脂环族环氧丙烯酸酯要好，尤其耐化学腐蚀性更好。

3.3.15 低黏度低聚物

20 世纪末发展起来的一项光固化材料新技术——UV 喷墨打印。喷墨打印是一种非接触式印刷，不需印版，通过喷射墨滴到基材而形成图像的过程。喷墨通过计算机编辑好图形和文字，并控制喷墨打印机喷头喷射墨滴获得精确的图像，完全是数字化成像的过程，是目前发展最迅速的一种数字成像方式，具有按需打印、高速度、高质量、色彩饱和等优点。

UV 喷墨打印的主要耗材为 UV 喷墨油墨，它要求油墨低黏度、高固化速率和颜料稳定性好，不发生沉降。

沙多玛公司开发了专为 UV 喷墨油墨用的低黏度聚酯丙烯酸酯 CN2300 和 CN2301，其性能见表 3-85。

表 3-85 CN2300 和 CN2301 的性能

低 聚 物	CN2300	CN2301
黏度(25℃)/mPa·s	200	700
官能度	8	8
体积收缩率(%)	9	8

氰特公司也为 UV 喷墨油墨开发了专用低黏度低聚物 Viajet 100 和 Viajet 400，其性能见表 3-86。

表 3-86 Viajet 100 和 Viajet 400 的性能

低聚物	Viajet 100	Viajet 400
黏度(25℃)/mPa·s	107	20
密度(21.5℃)/(g/cm³)	1.09	1.07
色泽(Gardner)	5	1.6

Viajet 100 用于颜料分散，制成色浆；而 Viajet 400 用于稀释色浆加上光引发剂和助剂制成喷墨油墨。

3.3.16 光固化聚丁二烯低聚物

光固化聚丁二烯低聚物是在聚丁二烯中接入丙烯酸酯基或环氧基，使其可以通过 UV 光交联形成兼备橡胶、聚丙烯酸酯或环氧树脂的性能。这类低聚物在常温下是液态的，可以按常规的光固化工艺加工。由于其主链上聚丁二烯结构具有高韧性（尤其低温时）、耐水稳定性、耐酸碱性、优良的电性能，特别适用于电子化学品、柔性印刷版、胶黏剂和密封胶。

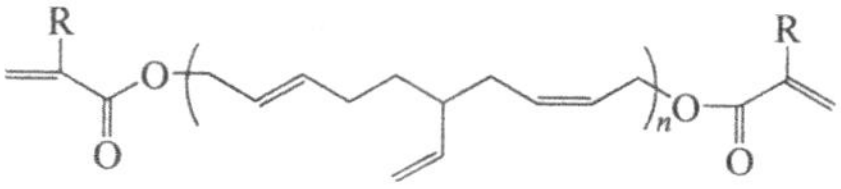

R：H、CH_3 (3-229)

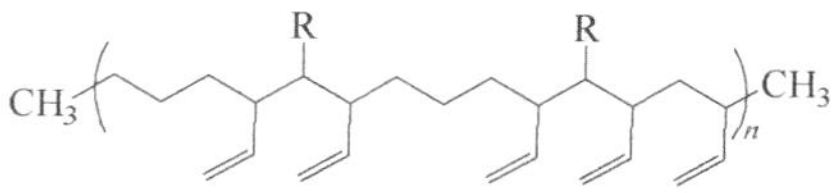

(3-230)

R：$H_2C{=}CHCOO{-}\underset{H_2}{C}{-}C(CH_3){=}CCOO{-}H_2N{-}$

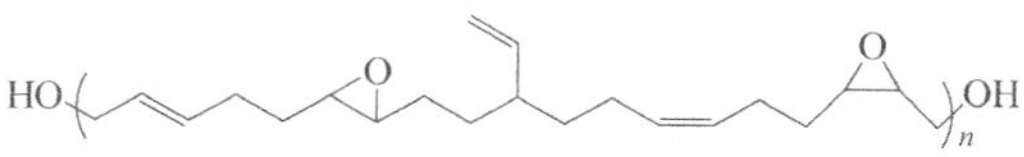

(3-231)

在自由基光固化时，聚丁二烯丙烯酸酯中（甲基）丙烯酸酯双键转化率远远高于聚丁二烯上 1,4 双键和 1,2 双键转化率（表 3-87），但由于 1,4 双键和 1,2 双键可引发总数大，故它们对形成聚合物网络交联密度的贡献仍是显著的。

表 3-87　聚丁二烯丙烯酸酯 Ricacryl 3801 光固化双键转化率①

双键	(甲基)丙烯酸酯基	1,2 双键	1,4 双键
双键数	8	26	10
双键转化率/%	80 以上	14	27

① 3%KIP-100F，5J/cm²。

鉴于聚丁二烯具有卓越的水解稳定性、低透湿性和极好的耐酸碱性，而光聚合形成的交联网络又赋予固化膜更好的耐化学品性质，特别是耐酸碱性。将聚氨酯丙烯酸酯和聚丁二烯丙烯酸酯固化膜在 50%硫酸溶液中室温下浸泡 120h，聚丁二烯丙烯酸酯固化膜抗张强度几乎没有变化，而聚氨酯丙烯酸酯固化膜抗张强度大幅度下降，仅保留不足原强度的 10%，这是在 60℃ 50%硫酸作用下发生了酯键水解和随之对聚合物网络结构的破坏而引起的。用 50% NaOH 溶液进行耐碱实验结果亦完全相同。

沙多玛公司、Bomer 公司和大阪有机化学公司商品化的光固化聚丁二烯低聚物见表 3-88～表 3-91。

表 3-88　沙多玛公司聚丁二烯丙烯酸酯低聚物的性能

商品名称	官能度					黏度/mPa·s
	分子量	AA 基	MAA 基	1,2 双键	1,4 双键	
Ricary 3801	3200	2	6	26	10	25000/45
CN301	3000		2			920/60
CN302	3000	2				17000/60
CN303	3000		2			4125/60

商品名称	固化膜性能					
	固化速率/(ft/min)	抗张强度/psi	断裂伸长率/%	膜量/psi	抗冲击强度/lbs/in	T_g/℃
Ricary3801	50	1659	6.6	52846	<2	−18.02
CN301	20	639	15.2	6979	48	−44.45
CN302	20	166	36.2	724	75	−39.83
CN303	10	235	35.2	1185	28	−38.93

注：1ft=0.3048m，1psi=6894.76Pa，1lbs=0.45359237kg。

表 3-89　Bomar 公司聚丁二烯氨基甲酸酯丙烯酸酯低聚物的性能

商品名称	官能度	低聚物种类	黏度(50℃)/mPa·s	固化膜性能①			
				硬度	抗张强度/psi	断裂伸长率/%	涂料黏度(25℃)/mPa·s
BR-641	2	脂肪族	62000	85D	3030	36	18885
BR-643	2	脂肪族	65000	85A	11230	57	15250

① 30%IBA+2%Omnirad 481。

注：1psi=6894.76Pa。

表 3-90 大阪有机化学公司聚丁二烯丙烯酸酯低聚物的性能

商品名称	化学名称	平均分子量	黏度/mPa·s
BAC-45	聚丁二烯二丙烯酸酯	3000	4000～8000
BAC-15	聚丁二烯二丙烯酸酯	1000	1000～3000
PIPA	聚异戊二烯二丙烯酸酯	2700	5000～12000

注：该低聚物皮肤刺激性极低（P.I.I.≈0），低黏度，卓越的UV/EB灵敏度。

表 3-91 沙多玛公司环氧聚丁二烯低聚物的性能

商品名称	环氧值	环氧当量	环氧百分数	顺式环氧基	反式环氧基
PolyBD-600E	2～2.5	400～500	3.4	7～10	8～12
PolyBD-605E	3～4	260～330	4.8～6.2	7～10	8～12

商品名称	1,2双键	1,4双键	断开环氧基	黏度	密度	羟值
PolyBD-600E	22	53～60	3～4	7000	1.01	1.70
PolyBD-605E	22	53～60	3～4	22000	1.01	1.74

3.3.17 UV固化粉末涂料用低聚物

UV固化粉末涂料是20世纪90年代开发的一种新型涂料，是一种将传统粉末涂料和UV固化技术相结合的新技术，兼有粉末涂料和液态UV涂料的优点（表3-92）；具有固化速率快，熔融温度低（100～140℃），无VOC排放，原料利用率高，可用于木材、塑料、纸张、热敏合金和含有热敏零件的金属元件等热敏基材的涂装，非常适合三维及复杂工件的涂装。

UV固化粉末涂料是由光固化低聚物、光引发剂、助固化剂、颜料、填料和各种助剂组成。用作UV固化粉末涂料的光固化低聚物，要求能赋予粉末良好的贮存稳定性，在高达40℃条件下储存3～6个月不结块；低聚物必须在较低的温度（≤100℃）下具有较低的熔融黏度，以保证涂料在光固化之前和光固化过程中具有良好的流动性和流平性。这就要求低聚物 T_g 应在50～70℃（至少在40℃以上），平均分子量在1000～4000，分子量分布要窄。目前已开发的低聚物有不饱和聚酯、乙烯基醚树脂、聚酯丙烯酸树脂、聚氨酯丙烯酸树脂和环氧丙烯酸树脂，近年来超支化聚合物因有高官能度、低黏度、高活性和互溶性好等特点，可应用于粉末涂料中作成膜树脂或黏度改性剂等，以提高漆膜的各种性能。

氰特公司、陶氏化学公司和DSM公司都已有商品化的UV固化粉末涂料低聚物，见表3-93和表3-94。

表 3-92　UV 固化粉末涂料的特点

传统粉末涂料优点(√)和缺点(×)	液体 UV 涂料优点(√)和缺点(×)
√ 无溶剂排放,安全环保	√ 固化速率快,固化温度范围宽
√ 可回收使用,利用率高	√ 可薄涂
√ 施工简单方便	√ 漆膜硬度高,耐化学品性好
√ 漆膜物化性能优异,边角覆盖好	× 有 VOC 释放可能性
√ 适合三维工件	× 涂料不可回收,利用率不高
× 不适合各热敏基材,固化温度高,时间长	× 漆膜收缩率高,边角覆盖不好
× 漆膜流平性、硬度一般	× 漆膜较脆,与底材附着力较差
	× 不适合三维工件

表 3-93　氰特公司 UV 粉末涂料树脂

商品名称	树脂形态	T_g/℃	黏度(175℃)/mPa·s	应用
Uvecoat 2000	无定形甲基丙烯酸聚酯	47	3300(200℃)	金属部件,热敏合金
Uvecoat 2100	无定形甲基丙烯酸聚酯	57	5500(200℃)	金属部件,热敏合金
Uvecoat 2200	无定形甲基丙烯酸聚酯	54	4500	金属部件,热敏合金
Uvecoat 2300	无定形	53	2500(200℃)	
Uvecoat 3000	无定形	51	6000	中密度板花纹漆、清漆,PVC 地板漆
Uvecoat 3001	无定形	43	2000	平整度高的木器清漆
Uvecoat 3002	无定形	49	4500	中密度板花纹漆,清漆
Uvecoat 3003	无定形	49	3500	PVC 地板漆
Uvecoat 3101	无定形	43	1800	
Uvecoat 9010	半结晶	80(T_m)	300(100℃)	配合 3000 系列使用,降低熔融黏度

表 3-94　陶氏化学和 DSM 公司 UV 粉末涂料树脂

公司	商品名称	树脂类型	黏度(Pa·s)	T_g/℃
陶氏化学	XZ92478.00	环氧丙烯酸树脂	2～4(150℃)	85～105
	Uracross p3125	无定形不饱和聚酯	30～50	48
DSM	Uracross zw4892P	无定形不饱和聚酯	50～100	51
	Uracross zw4901p	无定形不饱和聚酯	30～70	54
	Uracross p3307	半结晶乙烯基醚氨基树脂		90～110 (T_m)
	Uracross p3898	半结晶乙烯基醚氨基树脂		90～130 (T_m)

3.3.18 杂化低聚物-含金属的丙烯酸低聚物

杂化低聚物，是指含有金属离子的丙烯酸低聚物，它的结构组成既有有机部分，如聚氨酯、聚酯，又有金属离子，通过丙烯酸基、甲基丙烯酸基、羧基、羟基等功能基团与有机部分相连。这种金属离子与有机物的杂化结构既可以形成常规的共价键交联，又有离子键的交联，因此赋予一些特殊性能，应用于涂料、油墨、胶黏剂等产品可具有导电性、抗菌性、高折射率以及催化性能等，也可改善与金属和玻璃等基材的附着力。

有机组成——M^{2+}——有机组成

M＝Zn、Al、Ca、Mg。

有机组成：功能基团如丙烯酸基、甲基丙烯酸基、羧基、羟基。

主体结构：聚氨酯、聚酯。

杂化低聚物具有憎水特征，但它们可以溶解于典型的活性稀释剂（如TPGDA、TMPTA），因此，可以用于高档的 UV 产品配方。由于杂化低聚物可以形成含有可移动的和可逆的离子交联键，具有高温流动性，而室温则回归离子交联。所以杂化低聚物可以用于生产 UV 固化金属涂料、胶黏剂以及粉末涂料。

图 3-1、图 3-2 介绍了二种杂化低聚物的合成方法。

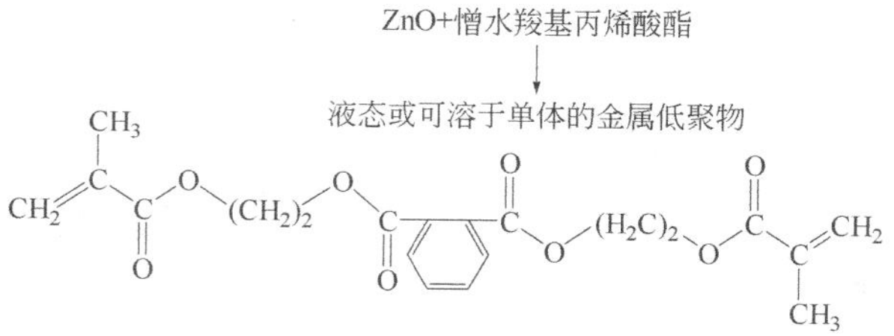

ZnO+憎水羧基丙烯酸酯

↓

液态或可溶于单体的金属低聚物

$$CH_2{=}C(CH_3)-C(O)-O-(CH_2)_2-O-C(O)-C_6H_4-C(O)-O-(H_2C)_2-O-C(O)-C(CH_3){=}CH_2 \qquad (3\text{-}232)$$

图 3-1　杂化聚酯丙烯酸酯的低聚物

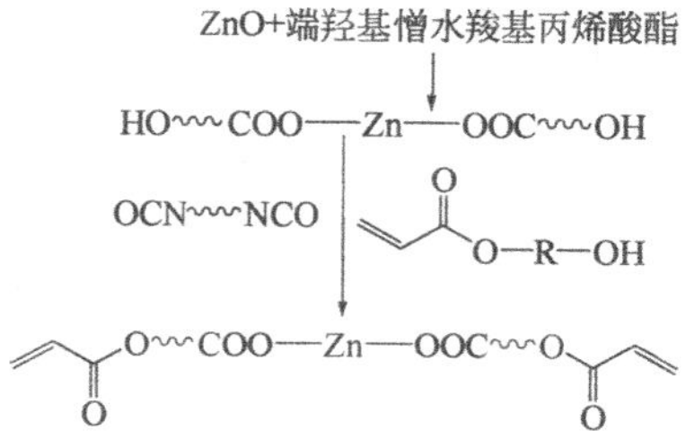

ZnO+端羟基憎水羧基丙烯酸酯

↓

HO〰COO—Zn—OOC〰OH

OCN〰NCO　　$CH_2{=}CH-C(O)-O-R-OH$

↓

$$CH_2{=}CH-C(O)-O\sim COO-Zn-OOC\sim O-C(O)-CH{=}CH_2 \qquad (3\text{-}233)$$

图 3-2　杂化聚氨酯丙烯酸酯的低聚物

表 3-95 是加入杂化低聚物的 UV 涂料基本配方，可添加 1～16 份的含锌杂化低聚物（CN2404 或 CN2405），表 3-96 为烘烤前后与基材粘接性的变化。

表 3-95 添加杂化低聚物的UV涂料基本配方

PUA	63.5
IBOA	31.7
HDDA	4.8
SR1135	0.95
CN2404 或 CN2405	1～6
固化条件 300W/in 双灯	25ft/min
涂层厚度	5～6mil

注：1in＝0.0254m；1ft＝0.3048m；1mil＝25.4×10^{-6}m。

表 3-96 烘烤前后添加杂化低聚物的UV涂料粘接性比较

杂化低聚物	CN2404	CN2405	CN2405	CN2405	CN2405
基材	铝	铝	马口铁	冷轧钢板	玻璃
200℃烘烤时间/min	5	5	8	12	8
烘烤前粘接性/%	85	45	92	85	87
烘烤后粘接性/%	100	100	100	100	100

沙多玛公司商品化杂化低聚物性能及应用见表3-97。

表 3-97 沙多玛公司商品化金属丙烯酸酯低聚物

商品名	化学名称	黏度(25℃)/mPa·s	颜色(APHA)	折射率	T_g/℃	产品特点	应用领域
CN2400	金属丙烯酸酯	275	100			很好的附着力，很好的耐刮擦性用量1%～20%	涂料，柔印、凹印、丝印油墨
CN2401	金属丙烯酸酯	1800	50	1.4816		很好的附着力，很好的耐刮擦性用量1%～20%	涂料，丝印油墨
CN2402	金属丙烯酸酯	240	50	1.4811		很好的附着力，很好的耐刮擦性用量1%～20%	金属涂料
CN2404	金属聚酯丙烯酸酯	500(60℃)	1G	1.4824	18.7	双官能团，对金属和塑料有出色的附着力和柔韧性，高温流回性能	层压胶黏剂，压敏胶黏剂，涂料、油墨
CN2405	金属聚氨酯丙烯酸酯	21000(60℃)	3G	1.4792	48.6	双官能团，对金属和塑料有出色的附着力和柔韧性，高温流回性能	层压胶黏剂，压敏胶黏剂，涂料，油墨
CN2470	聚酯丙烯酸酯混合物	28000	2.5G			对塑料出色的附着力，低收缩	胶黏剂，油墨

3.3.19 其它低聚物

3.3.19.1 含羧基的丙烯酸酯低聚物

含竣基的丙烯酸酯低聚物是 20 世纪末发展起来的一类光固化低聚物，它是在低聚物中引入羧基，对金属附着力有增强作用，特别因羧基存在，具有碱溶性，成为光成像型光固化材料的主体树脂。同时羧基含量足够高时，与胺中和后，就可以得到水溶性 UV 固化低聚物，成为水性 UV 固化材料主体树脂。

低聚物引入羧基可以通过下列方式进行。

① 用马来酸酐共聚物与丙烯酸羟乙酯反应，生成马来酸酐半酯，从而引入羧基和丙烯酰氧基。

$$\left[CH(C_6H_5)-CH_2\right]_m\left[CH-CH\right]_n(\text{C(=O)OC(=O)}) + nCH_2{=}CHC(O)OCH_2CH_2OH \longrightarrow \left[CH(C_6H_5)-CH_2\right]_m\left[CH(COOH)-CH(C(O)OCH_2CH_2OC(O)CH{=}CH_2)\right]_n \quad (3\text{-}234)$$

② 用环氧丙烯酸酯中羟基与酸酐反应，生成带羧基的环氧丙烯酸酯。

$$CH_2{=}CHC(O)O-CH_2-CH(OH)CH_2-R-CH_2CH(OH)-CH_2OC(O)-CH{=}CH_2 + \text{(CH-C(=O))}_2O \longrightarrow CH_2{=}CHC(O)O-CH_2-CH(OC(O)CH{=}CHCOOH)CH_2-R-CH_2CH(OC(O)CH{=}CHCOOH)-CH_2OC(O)-CH{=}CH_2 \quad (3\text{-}235)$$

③ 由偏苯三酸酐或均苯四酸二酐与丙烯酸、二元醇缩聚和酯化得到含有羧基的聚酯丙烯酸酯。

$$C_6H_2(C_2O_3)_2 + HO-R-OH + CH_2{=}CHCOOH \longrightarrow CH_2{=}CHCOO-R-OCO-C_6H_2(COOH)(HOOC)-COOR-OOC-CH{=}CH_2 \quad (3\text{-}236)$$

④ 二异氰酸酯与二元醇二羟甲基丙酸反应，再与丙烯酸羟基酯反应，制得带有羧基的聚氨酯丙烯酸酯。

$$OCN-R-NCO + HO-CH_2-C(CH_3)(COOH)-CH_2OH + HO-R'-OH \longrightarrow OCN\sim\sim(COOH)\sim\sim NCO$$

$$OCN\sim\sim(COOH)\sim\sim NCO + 2CH_2{=}CHCOOCH_2CH_2OH \longrightarrow \quad (3\text{-}237)$$

$$CH_2{=}CHCOOCH_2CH_2OOCNH\sim\sim(COOH)\sim\sim NHCOOCH_2CH_2OOCCH{=}CH_2$$

⑤ 由二异氰酸酯与丙烯酸羟基酯半加成物与部分酸酐化的环氧丙烯酸酯反应，

制得带有羧基的既有环氧丙烯酸酯又有聚氨酯丙烯酸酯结构的低聚物（图 3-98）。

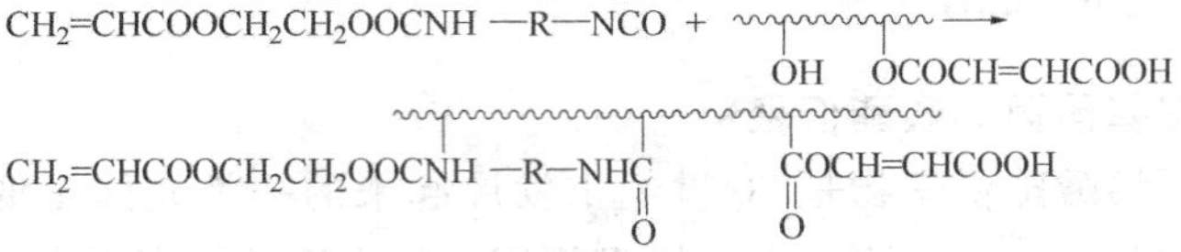

$$CH_2{=}CHCOOCH_2CH_2OOCNH-R-NCO + \sim\sim\underset{OH}{|}\sim\underset{OCOCH=CHCOOH}{|}\sim \longrightarrow \sim\sim\underset{CH_2=CHCOOCH_2CH_2OOCNH-R-NHC(=O)}{|}\sim\sim\underset{COCH=CHCOOH \; (C=O)}{|}\sim \tag{3-238}$$

表 3-98 含羧基丙烯酸酯低聚物的性能和应用

公司	产品代号	化学名称	官能度	黏度(25℃)/mPa·s	酸值/(mg KOH/g)	特点和应用
沙多玛	SB404	芳香酸丙烯酸半酯(含 PM 醋酸酐溶剂)		5170		快速固化，碱溶性，塑料润湿性好，可双重固化；用于塑料、木材涂料，抗蚀剂，阻燃剂
	SB520M35	芳香酸丙烯酸半酯（含 35% POEA）		5332		快速固化，与金属、塑料粘合性好，润湿性、流动性好；用于金属、纸张、塑料、木材胶黏剂，移印、凹印、丝印油墨
	SB520A20	芳香酸甲基丙烯酸半酯（含 20%TPGDA）		579		快速固化，高酸值，容易用碱脱除，铜粘合性好，高光泽、耐溶剂性和酸，可混杂固化；用于金属、塑料、木材涂料，抗蚀剂和阻焊剂
优西比	EB770	含羧基的 PEA (含 40%HEMA)	1	100		碱溶性；用于抗蚀剂
科宁	5424	含羧基的 PEA	2	7000～10000	85～95	增强附着力，颜料润湿性好；用于金属、塑料、木器涂料，胶印、丝印、柔印油墨
	4703	含羧基的低聚物		173	260	低黏度，附着力好，耐化学性好，碱溶性；用于塑料和玻璃涂料，层压胶黏剂，光成像抗蚀剂
	4173	含羧基的低聚物		4000	190	硬度好，附着力好，耐化学性好，碱溶性；用于金属、塑料涂料，胶黏剂，光成像抗蚀剂
长兴	6173	含羧基的芳香酸丙烯酸酯	1	3000		附着力好，用于金属涂料，胶黏剂
	648	含羧基的丙烯酸酯	1	6000	210	碱溶性好，对金属附着力好，耐化学性好；用于抗蚀剂
	649	含羧基的甲基丙烯酸酯	1	4000	200	碱溶性好，对金属附着力好，耐化学性好；用于抗蚀剂

3.3.19.2 含氨基丙烯酸酯低聚物

含氨基丙烯酸酯低聚物是氨基树脂（包括三聚氰胺树脂、聚酰胺树脂）经丙烯酸酯化而制得的低聚物。

三聚氰胺经甲醛加合，再与醇醚化后，得到甲醚化或丁醚化三聚氰胺树脂，通过与丙烯酸羧基酯酯交换就引入丙烯酰氧基，成为氨基丙烯酸酯低聚物，具有硬度高，耐热性和耐候性好，优良的耐化学性和力学强度等优点。因低聚物中存有大量烷氧基，也可热固化，作为光固化和热固化双重固化材料。

聚酰胺树脂中氨基与多官能度丙烯酸酯，经过迈克尔加成，引入丙烯酸酯，成为氨基丙烯酸酯低聚物，具有很好的柔韧性和力学性能，用于涂料和油墨。表3-99列举了氨基丙烯酸酯低聚物的性能和应用。

表3-99　氨基丙烯酸酯低聚物的性能和应用

公司	产品代号	化学名称	官能度	黏度(25℃)/mPa·s	特点和应用
江苏三木	6115	以脲醛树脂为基础的氨基丙烯酸酯	1～2	600～1000	低黏度，柔韧性好，附着力佳
	6116	以丁醚化三聚氰胺树脂为基础的氨基丙烯酸酯	2～3	800～1200	高反应活性，高硬度
	6117	以甲醚化三聚氰胺树脂为基础的氨基丙烯酸酯	3～4	1200～2000	快速固化，高交联密度
中山千叶合成	UN111	三聚氰胺丙烯酸树脂	3	90～160s	固化速率快，光泽好，硬度高，黏度低，丰满度好，耐黄变，用于PVC扣板，摩托车，机壳涂料
	UN112	聚丙烯酰胺树脂	2	100～150s	耐黄变，黏度低，柔韧性好；用于塑料油墨和各种油墨

3.3.19.3　含异氰酸基的双重固化用低聚物

20世纪末，为了解决光固化材料在立体涂装时出现的固化不完全的现象，研究开发了各种双重固化体系，如自由基光固化/阳离子光固化、自由基光固化/热固化、自由基光固化/湿固化、自由基光固化/厌氧固化、自由基光固化/缩聚等新的固化体系，它们充分发挥了自由基光固化的优势，又融合了其它固化方法来克服自由基光固化的不足之处，使立体涂装中光照不足或阴影部分通过其它固化方法进行固化，含异氰酸基的双重固化用低聚物就是这一类产品。它们自身含有丙烯酰氧基，可以进行光固化反应，同时又含有游离的NCO，可以与羟基化合物发生交联固化。由于含异氰酸基的低聚物和含羟基化合物平时不能放在一起，故所配制的涂料是双组分的，在用前混合均匀，立即使用。见表3-100。

表3-100　双重固化用低聚物的性能和应用

公司	产品代号	化学名称	黏度(23℃) mPa·s	特点与用途
巴斯夫	HA100	改性HDI	1200	
	HA200	改性HDI	700	
	HA300	改性HDI	300	
拜耳	UV VP LS 2337	含有NCO基团的PUA	12500	可与含OH的低聚物配合，进行光固化与NCO/OH交联双重固化反应
	UV VP LS 2396	含有NCO基团的PUA	12500	可与含OH的低聚物配合，进行光固化与NCO/OH交联双重固化反应，柔韧性更好

3.3.20 低聚物的主要生产厂商

公司	EA	FA	改性EA	芳香族PUA	脂肪族PUA	PEA	AA类	氨基	UP	有机硅	光成像	活性胺	其它
天津天骄辐射固化材料公司	√			√									
天津市化学试剂研究所	√			√								√	
鞍山兴业高分子化工公司	√												
上海高点化工公司	√		√	√	√					√			
上海多森化工有限公司													水性UV树脂，双重固化树脂
上海雷呈化工公司	√	√											
上海泰禾（集团）公司	√												
上海元邦涂料制造公司	√	√	√	√	√				√				
江苏三木集团	√		√	√	√	√		√					
南京贸桥化工公司					√						√		
无锡博强高分子材料科技公司	√			√	√	√		√					环氧大豆油
无锡树脂厂	√	√	√										
无锡诺克斯化工科技公司		√			√	√							
扬州晨化科技集团公司													水性PUA
浙江洞头县恒立印刷材料公司	√	√	√	√	√			√				√	环氧大豆油，自引发树脂
广州宝会树脂公司					√								
广州深兰聚合物公司				√	√								

续表

公司	EA	FA	改性EA	芳香族PUA	脂肪族PUA	PEA	AA类	氨基	UP	有机硅	光成像	活性胺	其它
广州博兴化工科技公司	√		√	√	√	√							自引发树脂、水性UV树脂、附着力促进树脂
广州金东有限公司	√	√		√	√								环氧大豆油，溴化EA
江门君力化学实业公司				√	√	√	√	√				√	超支化树脂
江门市制漆厂	√		√	√	√		√						
江门恒光新材料公司	√		√	√	√	√							
广东同步化工公司	√				√	√			√				
中山千叶合成化工厂	√	√	√	√	√	√	√	√	√	√		√	环氧大豆油，水性EA，水性PUA，超支化树脂，带光敏剂PUA
中山博海精细化工公司	√			√	√								
中山科田电子材料公司				√	√	√	√						超支化树脂
佛山市顺德区东阳化工公司	√		√	√	√	√		√				√	
佛山市顺德区永大化工实业公司	√		√	√	√	√							环氧大豆油
东莞金溢彩树脂实业公司	√		√	√	√	√	√	√				√	环氧大豆油、超支化树脂、聚醚AA
深圳鼎好光化科技公司	√		√	√	√					√		√	附着力促进树脂
欧宝迪树脂(深圳)公司													水性PUA、水性AA
深圳科立孚实业公司				√	√	√	√	√				√	
深圳华信行公司	√		√	√		√							
陕西喜莱坞实业公司	√		√	√	√	√	√				√	√	

续表

公司	EA	FA	改性 EA	芳香族 PUA	脂肪族 PUA	PEA	AA类	氨基	UP	有机硅	光成像	活性胺	其它
长兴化学材料（珠海）公司	√	√	√	√	√	√	√				√	√	氯化 PEA
东莞宏德化学工业公司	√			√	√	√						√	
台湾 Sicchem					√								
台湾新力美科技股份公司	√		√										
台湾力勤实业股份公司	√		√	√	√					√			
上海奇钛化工科技公司	√	√	√	√	√	√	√						
德谦（上海）化学公司	√		√	√	√								
氰特	√	√	√	√	√	√	√			√		√	阳离子树脂、水性 UV 树脂、双固化树脂、UV 粉末涂料树脂、高纯树脂
美国 Bomar 公司				√	√			√		√			超支化树脂、自引发树脂
美国亚什兰集团德鲁工业部	√			√	√		√						自引发树脂
沙多玛（广州）化学公司	√	√	√	√	√	√	√	√			√	√	聚丁二烯、附着力促进树脂、超支化树脂
道化学（中国）投资公司上海分公司													阳离子树脂
日本大阪有机化学公司													聚丁二烯、氟树脂
日本合成化学工业株式会社	√	√	√	√	√				√		√		水性 UV 树脂
日本 Arakawa 化学工业株式会社	√		√	√	√					√			
日本 Toagosei 化学工业株式会社				√	√	√							

续表

公司	EA	FA	改性EA	芳香族PUA	脂肪族PUA	PEA	AA类	氨基	UP	有机硅	光成像	活性胺	其它
日本新中村化学工业株式会社				√	√								超支化树脂
日本化药株式会社	√	√	√	√	√						√		
日本共荣社化学株式会社	√		√		√								
日本东亚合成株式会社					√	√							
日本三菱公司					√	√							
韩国美源特殊化工株式会社	√			√	√	√				√			水性UV树脂
韩国YooSang化学公司	√	√	√	√	√	√	√						水性UV树脂
美国Akcros公司	√	√	√	√	√	√				√			水性UV树脂
美国科罗达玛公司	√	√	√	√	√	√		√		√			
上海科宁油脂化学品公司	√		√		√	√						√	环氧大豆油、超支化树脂、聚醚AA
拜耳(中国)有限公司	√			√	√				√				水性UV树脂、双固化树脂、聚醚AA
巴斯夫(中国)有限公司	√			√	√	√			√				水性UV树脂、双固化树脂、聚醚AA
荷兰帝斯曼利康树脂公司													水性UV树脂
意大利盖斯塔夫综合树脂公司									√				
瑞典柏斯托精细化学品公司													超支化树脂

3.4 添加剂

光固化涂料用的添加剂（additive）主要包括颜料和染料、填料、助剂等，虽然它们不是光固化涂料的主要成分，而且在涂料中占的比例很小，但它们对完善涂料的各种性能起着重要作用。

3.4.1 颜料和染料

颜料（pigment）是一种微细粉末状有色物质，不溶于水或溶剂等介质中，而能均匀分散在涂料的基料中，涂于基材表面形成色层，呈现一定的色彩。颜料应当具有适当的遮盖力、着色力、高分散度，鲜明的颜色和对光稳定性等特性。染料（dye）也是一种微细粉末状物质，但它能溶解于涂料的基料中，得到透明的、艳丽的色泽，但对基材无遮盖作用，耐光性不如颜料。有色涂料主要用颜料作为着色剂，而染料用作透明清漆的着色剂。

涂料用的颜料分无机颜料和有机颜料两大类。无机颜料价格便宜，有比较好的耐光性、耐候性、耐热性，大部分无机颜料有较好的机械强度和遮盖力，但色光大多偏暗，不够艳丽，品种较少，色谱也不齐全，不少无机颜料有毒，有些化学稳定性较差。有机颜料色谱比较宽广、齐全，有比较鲜艳的、明亮的色调，着色力比较强，分散性好，化学稳定性比较好，有一定的透明度，但生产比较复杂，价格较贵。由于有机颜料综合性能比无机颜料好，有机颜料正在逐渐取代无机颜料。现在白色和黑色颜料基本选自无机颜料，而彩色颜料则以有机颜料为主。

颜料是涂料制造过程中不可缺少的原料之一。颜料在涂料中有如下功能：①提供颜色；②对底材的遮盖；③改善涂层的性能，如提高强度、附着力，增加光泽，增强耐光性、耐候性、耐磨性等；④改进涂料的强度性能。部分颜料还可具有防锈、耐高温、防污等特殊功能。

固态粉末状的颜料，加入到涂料基料黏稠的液态体系中，必须进行分散、研磨和稳定的加工过程，其结果将影响到涂料的应用性能。特别对光固化涂料，由于颜料对紫外光存在着吸收与反射、散射作用，使紫外光照射到涂层后，强度发生变化，影响光引发剂的引发效率，从而影响到涂料的光固化速率。

颜料的颜色、遮盖能力通常可用着色力和遮盖力来表示。

着色力（tinting strength）是指颜料对其它物质的染（着）色能力。在涂料中，通常是以白色颜料为基准，将颜料与白色颜料混合后形成颜色的强弱，衡量该颜料对白色颜料的着色能力。着色力是颜料对光线吸收和散射的结果，着色力主要取决于对光线的吸收，颜料的吸收能力越强，其着色力越高。着色力还与颜料的化学组成、粒径大小、分散度等有关，着色力一般随颜料粒径的减小而增强，但到最大值后，会随粒径变小反而减小，存在着色力最强的最佳粒径；分散度越高，着色力越大，但分散度增大到一定后，着色力上升平缓。

遮盖力（covering power 或 hiding power）是指有色涂料涂膜中颜料能遮盖底材的表面，使它不能透过涂膜而显露的能力，通常以覆盖每平方米底材所含干颜料的质量（g/m^2）来表示。遮盖力是颜料和涂料基料折射率之差所造成的。当颜料与基料折射率相等时，就是透明的；当颜料的折射率大于基料的折射率时，就出现遮盖力，两者之差越大，遮盖力越强。表 3-101 为光固化涂料部分材质的折射率。

表 3-101　光固化涂料部分材质的折射率

颜料与填料	折射率	稀释剂	折射率	常用低聚物	折射率
金红石型 TiO_2	2.76	St	1.54	EA	1.56
锐钛型 TiO_2	2.55	2-EHA	1.43	酸改性 EA	1.53
ZnO	2.03	HEMA	1.45	FA	1.53
$BaSO_4 \cdot ZnS$	1.84	HDDA	1.01	环氧大豆油丙烯酸酯	1.48
$BaSO_4$	1.64	TPGDA	1.46	脂肪族 PUA	1.48～1.49
$Al_2O_2 \cdot 3H_2O$	1.54	TMPTA	1.47	芳香族 PUA	1.48～1.49
$CaCO_3$	1.68	$(PO)_2NPGDA$	1.45	聚酯丙烯酸酯	1.46～1.54
SiO_2	1.58		1.54		
$Al_2O_2 \cdot 2SiO_2 . 3H_2O$	1.56	$(EO)_4DDA$ $(EO)_3TMPTA$	1.47		

遮盖力也是颜料对光线产生散射和吸收的结果，主要靠散射。对于白色颜料的遮盖力，散射起决定作用；对于彩色颜料，则吸收也要起一定作用，高吸收能力的黑色颜料具有很强的遮盖力。颜料的遮盖力还随粒径大小而变化，存在着体现该颜料最大遮盖力时的最佳粒径，对大多数颜料粒径在 0.2μm 左右时遮盖力最佳。

3.4.1.1　白色颜料

白色颜料有二氧化钛、氧化锌、锌钡白、铅白等，它们都为无机颜料。白色颜料要求有较高的白度，还要对基材有较高的遮盖力。颜料的遮盖力和颜料的折射率有关，折射率越大，与成膜物折射率之差也越大，颜料的遮盖力越强。表 3-102 介绍了几种白色颜料的折射率、遮盖力和着色力，很显然，二氧化钛是最佳的白色颜料。

表 3-102　几种白色颜料的折射率、遮盖力和着色力

性能	二氧化钛（金红石型）	二氧化钛（锐钛型）	氧化锌	锌钡白	铅白
折射率	2.76	2.55	2.03	1.84	2.09
遮盖力/(g/m^2)	414	333	87	118	97
着色力	1700	1300	300	260	106

① 二氧化钛（TiO_2）　通常叫钛白粉，无毒无味的白色粉末，具有良好的光散射能力，因其白度好、着色力高、遮盖力强，是目前使用中最好的白色颜料，同时

具有较高的化学稳定性（耐稀酸，耐碱，对大气中的氧、硫化氢、氨等都很稳定），较好的耐候性、耐热性、耐光性，对人体无刺激作用。

二氧化钛有两种不同的晶型：锐钛型和金红石型。金红石型二氧化钛由于折射率高，比锐钛型有更好的遮盖力和着色力，但其本身白度不如锐钛型二氧化钛。

用二氧化钛颜料有一个粉化的问题，因为它在紫外区有较强的吸收（图 3-3），可催化聚合物老化。特别是锐钛型二氧化钛更为严重。其原因是在紫外光作用下，二氧化钛可和 O_2 形成电荷转移配合物（CTC），CTC 可分解成单线态氧或和 H_2O 反应生成自由基，它们都可引起聚合物老化、降解，导致涂膜出现失光、变色和粉化现象。

$$TiO_2 + O_2 \longrightarrow [TiO_2^{+} \cdots O_2^{-}] \quad (3\text{-}239)$$

$$[TiO_2^{+} \cdots O_2^{-}] \longrightarrow TiO_2 + {}^1O_2^{*} \quad (3\text{-}240)$$

$$[TiO_2^{+} \cdots O_2^{-}] + H_2O \longrightarrow TiO_2 + HO \cdot + HOO \cdot \quad (3\text{-}241)$$

$$2HOO \cdot \longrightarrow H_2O_2 + O_2 \quad (3\text{-}242)$$

$$H_2O_2 \longrightarrow 2\,HO \cdot \quad (3\text{-}243)$$

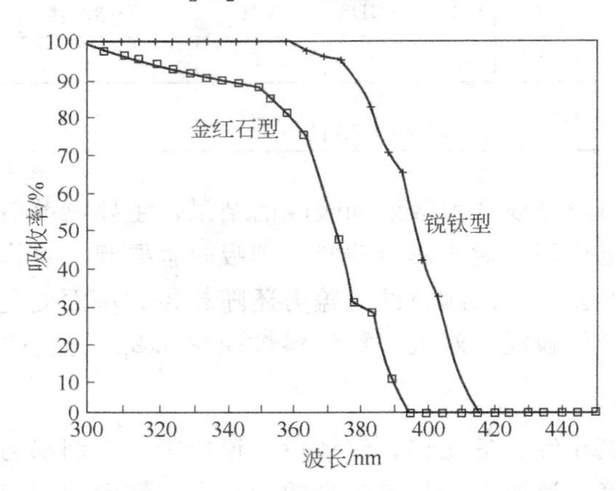

图 3-3 两种二氧化钛的吸收谱线

为了降低二氧化钛的光催化活性，常用二氧化硅、氧化铝、氧化锌等进行表面包覆处理，使其表面惰性化，还可以用脂肪酸、聚丙二醇、山梨糖醇等有机物进行表面处理，以改善其分散性。

从图 3-3 可看到，金红石型二氧化钛的透光窗口在 370nm 以上，锐钛型二氧化钛则在 390nm 以上，金红石型二氧化钛对紫外光的吸收、散射和反射比锐钛型弱，有利于光固化的进行，而且遮盖力和着色力也高，不易粉化。现在白色光固化涂料大多用金红石型二氧化钛，尽管其价格稍贵。

二氧化钛的粒径对白度和光固化效果有较大的影响，二氧化钛的粒径在0.17～0.23μm 较好，这时二氧化钛粒子反射更多的蓝光和绿光，并减少对红光和黄光的反射，因而显得更白，还可提高遮盖力；对 400nm 左右的紫外光散射相对较弱，有利于 380～450nm 的光线的透过，有利于光固化的进行。

② 氧化锌 ZnO　又称锌白，无臭无味的白色粉末，受热变成黄色，冷却后又恢复白色。在涂料中使用有抑制真菌的作用，能防霉，防止粉化，提高耐久性，涂层较硬，有光泽。但白度、遮盖力、着色力和稳定性都不如二氧化钛，因此在白色涂料中用量日渐减少。

③ 锌钡白 $BaSO_4 \cdot ZnS$　又名立德粉，白色晶状粉末。具有良好的化学稳定性和耐碱性，遇酸则会分解释放出 H_2S，耐候性差，易泛黄，遮盖力只是二氧化钛的 20%～25%。

④ 铅白 $2PbCO_3 \cdot Pb(OH)_2$　白色粉末，是最古老的白色颜料，有优良的耐候性和防锈性，也可杀菌，但因对人体毒性很大，国外已禁止使用。

3.4.1.2　黑色颜料

黑色颜料有炭黑、石墨、氧化铁黑、苯胺黑等，炭黑价格低，实用性能好，所以光固化涂料主要用炭黑作黑色颜料。

① 炭黑其组成主要是碳，碳含量 83%～99%，还含有少量的氧和氢。涂料用的炭黑亦称色素炭黑，按炭黑的粒径和黑度可分为：高色素炭黑，粒径范围在 9～17nm；中色素炭黑，粒径范围在 18～25nm；普通色素炭黑，粒径范围在 26～35nm。

炭黑的粒径大小、结构和表面活性对应用性能影响很大。炭黑的粒径越小，则黑度越好，着色力也越好（见图 3-4）。炭黑的结构表示形成链状聚集体的大小和多少，高结构炭黑有较多大的链状聚集体，黑度较低，黏度增高。炭黑的表面除了有氧、氢外，还有醌、羧酸、硫、氮等基团，这些表面挥发物影响着它在成膜物中的流变性、润湿性以及黏附性等。

炭黑表面酸性（挥发物）和表面活性增加时，分散性增加。这是因为炭黑表面

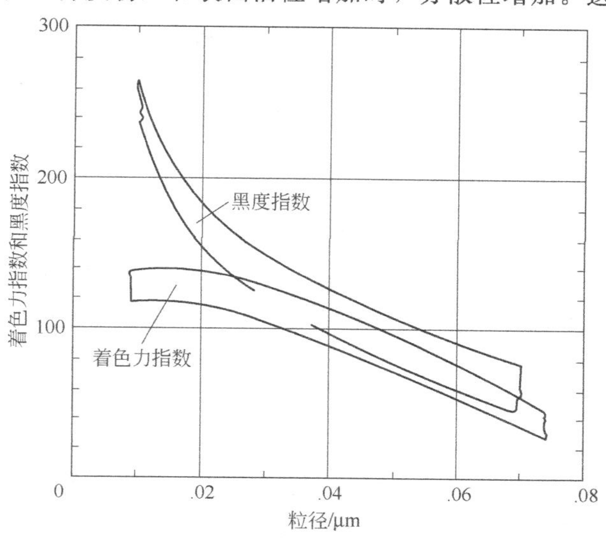

图 3-4　炭黑的粒径与着色力和黑色的关系

挥发物可作为它的有效分散剂，有利于低聚物和活性稀释剂的润湿、渗透，涂料黏度降低，黑度和亮度增加。表面惰性的炭黑与低聚物黏附力较差，流动性不好，颜色表现力差，具有触变性。表3-103显示了炭黑的特性与应用性能的关系。

表3-103 炭黑的特性与应用性能关系

应用性能	粒径变小（表面积增加）	结构增大	表面酸性和活性增大
分散性	减少	增加	增加
黏度	增加	增加	减少
黑度	增加	减少	增加
亮度	减少	减少	增加

炭黑对紫外光和可见光的吸收很强，几乎找不到“透光”的窗口，因此炭黑着色黑色涂料是光固化涂料中最困难的。炭黑由于生产不同，品种也不同，性能差别较大。色素炭黑在生产时要经过氧化处理，使炭黑黑度增加，吸油量降低，同时大大增加表面空隙，这样会吸附不同杂质，影响在光固化涂料中的应用性能。有些杂质会捕捉自由基，使光固化涂料在紫外光照后，诱导期延长，影响固化速率；有些杂质则促进固化，使光固化涂料在生产和贮存过程中，黏度迅速增大，直至凝胶。因此在研制黑色光固化涂料时，需仔细筛选炭黑颜料。

目前，德国德固萨（Degussa）公司、美国卡博特（Cabat）公司和日本三菱公司、上海焦化化工发展商社都有专门为光固化涂料和油墨开发的炭黑。

② 氧化铁黑 $FeO \cdot Fe_2O_3$ 或 Fe_3O_4，简称铁黑，也是一种无机颜料。它有较好的耐酸碱性、耐光性，几乎无毒，折射率为2.42。

③ 苯胺黑（PBI 1），结构式如下式，又叫钻石黑，它是一种有机颜料。苯胺黑与炭黑相比，光扩散效应比较低，配制的涂料光泽小。由于它的遮盖力高，吸收性强，可产生非常深的黑色，可与炭黑拼用以达到改善炭黑颜色的目的。

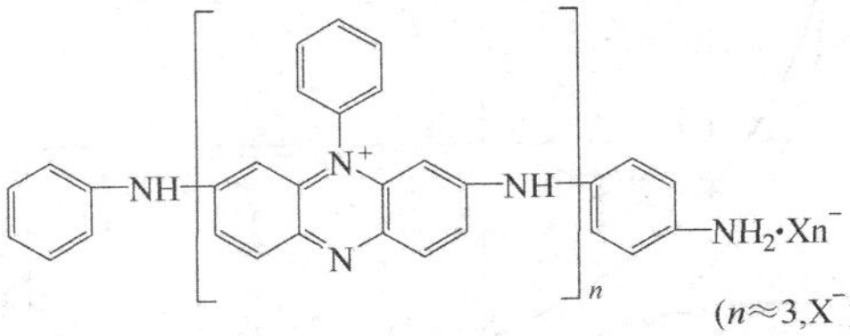

NH … N^+ … N … NH … $NH_2 \cdot Xn^-$ (3-244)

($n \approx 3$，X^- 为 Cl^- 或 SO_4^{2-})

PBI 1为颜料索引号（color index number，简写C. I. No.）中颜料黑（pigment black）1号缩写。以下PR为颜料红，PY为颜料黄，PB为颜料蓝，PG为颜料绿，PO为颜料橙，PV为颜料紫，PBr为颜料棕。

3.4.1.3 彩色颜料

彩色颜料因颜色不同又分为红色、黄色、蓝色、绿色、橙色、紫色、棕色等多种颜料，每种颜料的颜色又有有机颜料和无机颜料。光固化涂料中所用彩色颜料主要为有机颜料，同时介绍部分无机颜料。

（1）红色颜料

① 金光红（PR21）分子式 $C_{23}H_{17}N_3O_2$，结构式

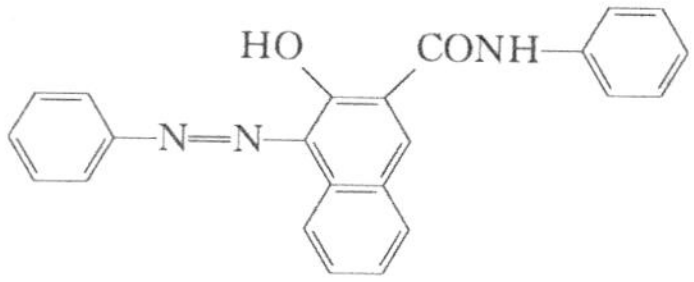

HO　CONH—
—N═N—

(3-245)

为 β-萘酚类单偶氮颜料，粉粒细腻，质轻疏松的黄光红色粉末；着色力较强，有一定透明度，耐酸耐碱性好，耐晒性一般；色光显示带有金光的艳红色。

② 立索尔大红（PR49：1）分子式 $C_{40}H_{26}BaN_4O_8S_2$，结构式

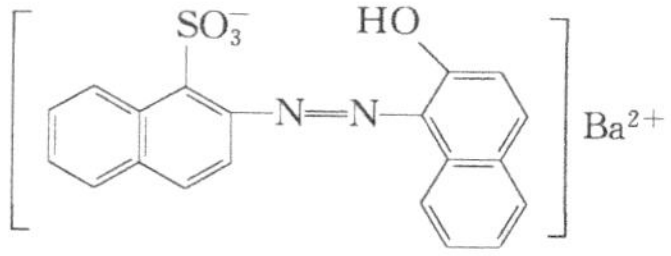

SO_3^-　HO
—N═N—
Ba^{2+}

(3-246)

为 β-萘酚类单偶氮颜料，红色粉末，微溶于热水、乙醇和丙酮；着色力强，耐晒、耐酸、耐热性一般，无油渗性，有微水渗性，遮盖力差。

③ 颜料红 G（PR37）分子式 $C_{32}H_{26}N_8O_4$，结构式

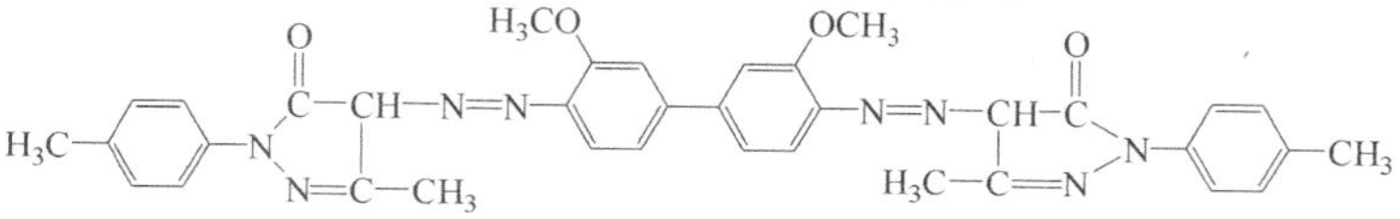

O　H_3CO　OCH_3　O
H_3C—　C—CH—N═N—　—N═N—CH—C　N—　—CH_3
N　N═C—CH_3　H_3C—C═N

(3-247)

为吡唑啉酮联苯胺类双偶氮颜料，红色粉末，有较好的耐溶剂性和耐光坚牢度。

④ 颜料红 171（PR171）分子式 $C_{25}H_{18}N_6O_6$，结构式

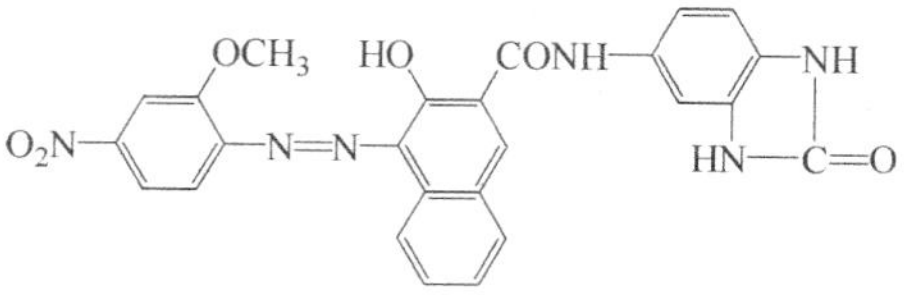

OCH_3　HO　CONH—　NH
O_2N—　—N═N—　HN—C═O

(3-248)

为苯并咪唑酮类单偶氮颜料，红色粉末，具有优良的耐光性和耐热性，而且耐候性和耐迁移性好。

⑤ 氧化铁红 Fe_2O_3，又叫铁红，是铁的氧化物中最稳定的化合物，随粒径由小变大，色相由黄红向蓝相变化到红紫。具有很高的遮盖力（$<7g/m^2$），仅次于炭黑，着色力较好，耐化学性、耐热性、耐候性、耐光性都很好，但能强烈吸收紫外光，因此不宜在光固化涂料中使用。

（2）黄色颜料

① 耐晒黄 G（PY1），又称汉沙黄 G，分子式 $C_{17}H_{16}N_4O_4$，结构式

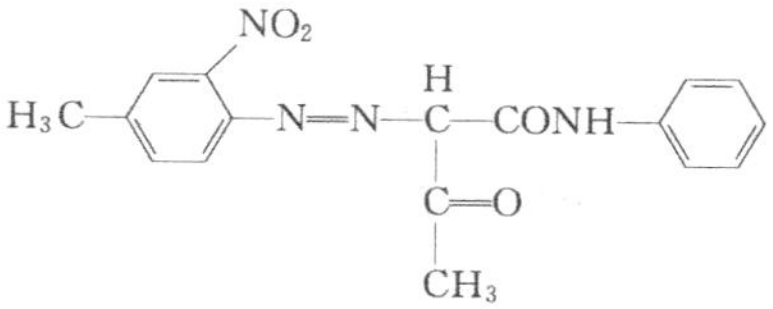

NO_2　H
H_3C—　—N═N—C—CONH—
C═O
CH_3

(3-249)

为乙酰芳胺类单偶氮颜料，微溶于乙醇、丙酮、苯；色泽鲜艳，着色力强，耐光坚牢度好，耐晒和耐热性颇佳，对酸碱有抵抗力，但耐溶剂性差。

② 汉沙黄 R（PY10），分子式 $C_{16}H_{12}N_3O$，结构式

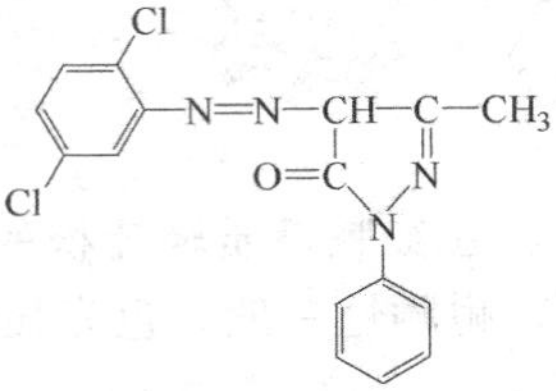

(3-250)

为吡唑啉酮类单偶氮颜料，红光黄色粉末，耐光性、耐热性、耐酸性和耐碱性都较好。

③ 永固黄 GR（PY13），分子式 $C_{36}H_{34}Cl_2N_6O_4$，结构式

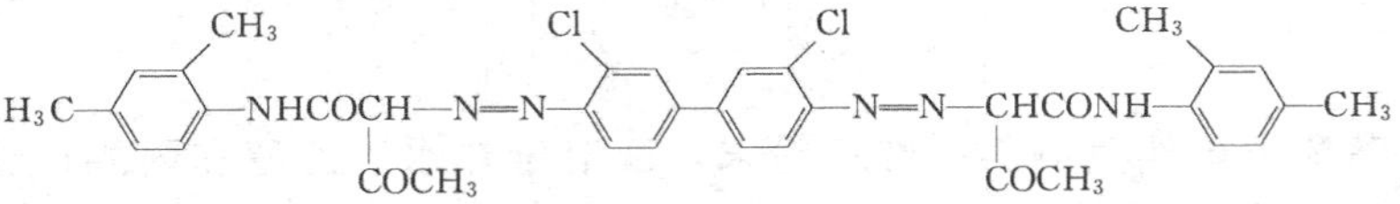

(3-251)

为联苯类双偶氮颜料，淡黄色粉末，不溶于水，微溶于乙醇，色彩鲜明，着色力强。

④ 颜料黄 129（PY129），又称亚甲胺颜料黄，分子式 $C_{17}H_{11}NO_2Cu$，结构式

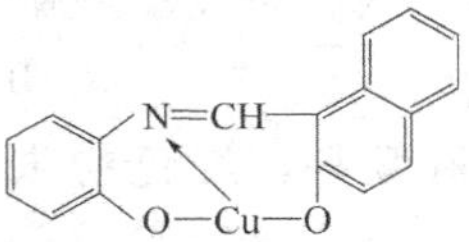

(3-252)

为甲亚胺金属络合颜料。黄橙色均匀粉末，具有较好的耐久性和耐晒性。

⑤ 铁黄，化学分子式 $Fe_2O_3 \cdot H_2O$ 或 FeOOH，又称氧化铁黄，黄色粉末，是一种化学性质比较稳定的碱性氧化物。色泽带有鲜明而纯洁的赭黄色，并有从柠檬黄到橙色一系列色光。具有着色力高、遮盖力强（不大于 15g/m^2）、耐光性好的特点，不溶于碱，微溶于酸。

（3）蓝色颜料

① 酞菁蓝（PB15），分子式 $C_{32}H_{16}CuN_8$，结构式

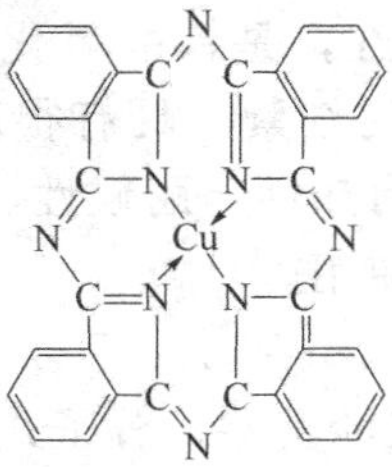

(3-253)

为铜酞菁颜料，深蓝色红光粉末。有鲜明的蓝色，具有优良的耐光、耐热、耐酸、耐碱和耐化学品性能，着色力强，为铁蓝的 2 倍，群青的 20 倍。极易扩散和加工研磨，是蓝色颜料中主要的一种。酞菁蓝有 α 型（P. B. 15：1）和 β 型（P. B. 15：3）两类，因酞菁蓝晶型不同、芳环上取代基不同共有 6 种不同型号的

酞菁蓝。

② 靛蒽酮（P. B. 60），又叫阴丹士林蓝，属蒽酮类颜料，分子式为 $C_{28}H_{14}N_2O_4$，结构式

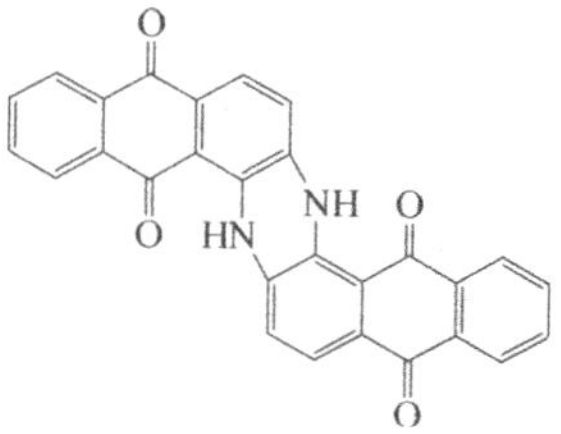

(3-254)

深蓝色粉末，有较好的耐光、耐候和耐溶剂性能。

③ 射光蓝浆 AG（P. B. 61），又叫碱性蓝，分子式为 $C_{37}H_{29}N_3O_3S$，结构式

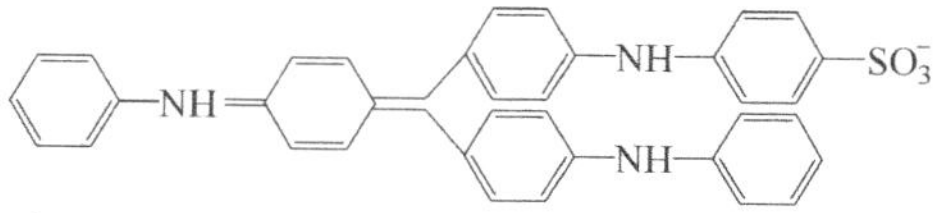

(3-255)

蓝色浆状物，颜色鲜艳，能闪射金属光泽；不溶于冷水，溶于热水（蓝色）、乙醇（绿光蓝色），有很高的着色力和良好的耐热性，添加黑色油墨中增加艳度，是黑色油墨良好的辅助剂，增加黑度和遮盖力。

④ 佚蓝，又称氧化铁蓝，用通式 $Fe(M)Fe(CN)_6H_2O$ 表示，M 为 K 或 NH_4，深蓝色，细而分散度大的粉末，不溶于水及醇，有很高的着色力。着色力越强，颜色越亮，有高的耐光性，在空气中于 140℃以上时即可燃烧。

⑤ 群青，是含有多硫化钠的具有特殊结晶构造的铝硅酸盐，分子表示式为 2（$Na_2O \cdot Al_2O_3 \cdot 2SiO_2$）$\cdot Na_2S_2$，蓝色粉末，折射率 1.50～1.54，不溶于水和有机溶剂，耐碱、耐高温、耐日晒、风雨极稳定，但不耐酸，遮盖力和着色力弱，具有清除或减低白色涂料中含有蓝光色光的效能，在灰、黑色中掺入群青可使颜色有柔和光泽。

（4）绿色颜料

① 酞菁绿 G（PG7），分子式 $C_{32}H_{1\sim2}Cl_{14\sim15}CuN$，结构式

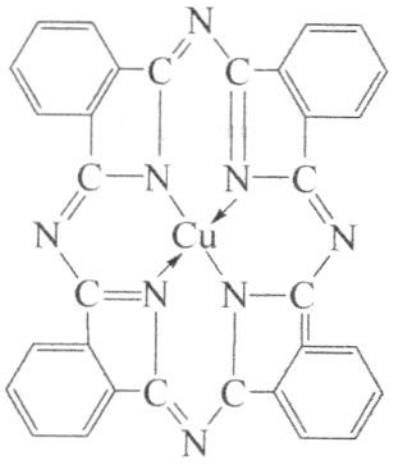

(3-256)

为多氯代铜酞菁。深绿色粉末，不溶于水和一般有机溶剂，颜色鲜艳，着色力高，耐晒性和耐热性优良，属不褪色颜料，耐酸碱性和耐溶剂性亦佳。

② 颜料绿（PG8），分子式 $C_{30}H_{18}O_6N_3FeNa$，结构式

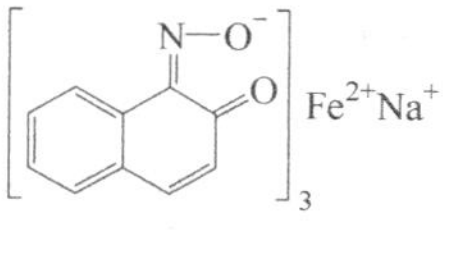

(3-257)

深绿色粉末，不溶于水和一般有机溶剂，着色力好，遮盖力强，耐晒、耐热、耐油性优良，无迁移性。

③ 黄光铜酞菁（PG36），分子式 $C_{32}B_6Cl_{10}CuN_8$，结构式

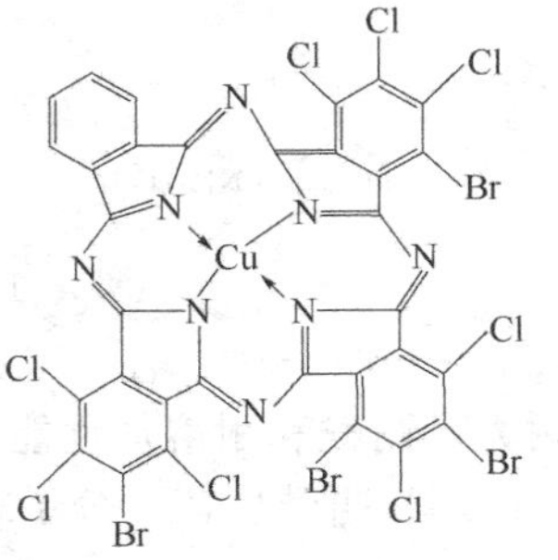

(3-258)

黄光深绿色粉末，颜色鲜艳，着色力强，不溶于水和一般有机溶剂，为溴代不褪色颜料。

④ 氧化铬绿，Cr_2O_3，深绿色粉末，有金属光泽，不溶于水和酸，耐光、大气、高温及腐蚀性气体（SO_2、H_2S 等），极稳定，耐酸、耐碱，具有磁性，但色泽不光亮。

(5) 橙色颜料

① 永固橙 G（PO13），分子式 $C_{32}H_{24}Cl_2N_8O_2$，结构式

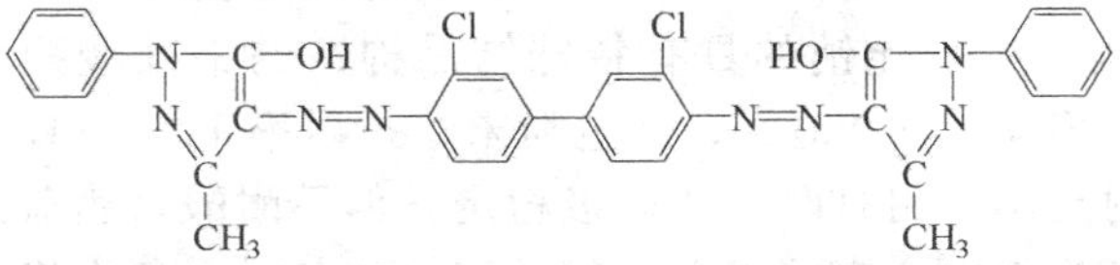

(3-259)

为联苯胺类双偶氮颜料。黄橙色粉末，体质轻软细腻，着色力高，牢度好。

② 永固橙 HL（PO36），分子式 $C_{17}H_{13}ClN_6O_5$，结构式

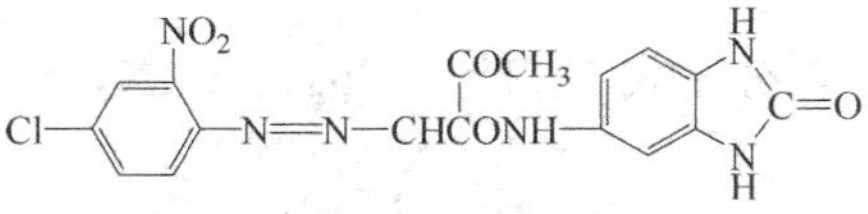

(3-260)

为苯并咪唑酮系单偶氮颜料。橙色粉末，色泽鲜艳。耐热耐晒和耐迁移性较好。

(6) 紫色颜料

① 喹吖啶酮紫（PV19），又称酞菁紫，分子式 $C_{20}H_{12}N_2O_2$，结构式

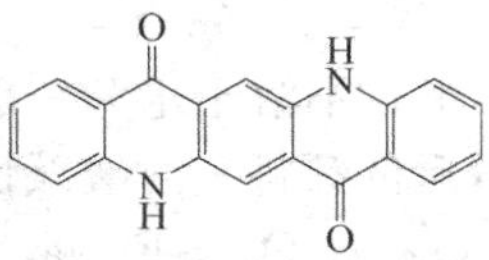

(3-261)

为喹吖啶酮类颜料。艳紫色粉末，色光鲜艳，具有优良的耐有机溶剂、耐晒性和耐热性。

② 永固紫 RL（PV23），分子式 $C_{34}H_{22}Cl_2N_4O_2$，结构式

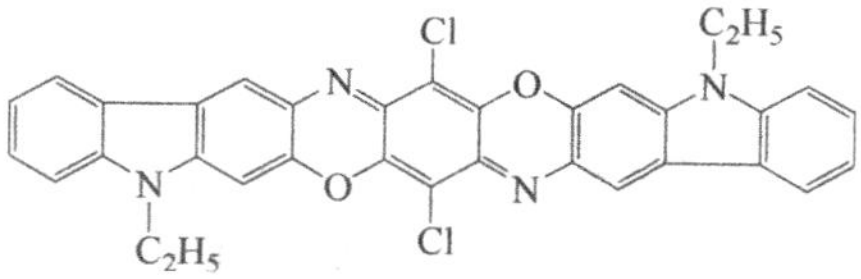

(3-262)

为咔唑二噁嗪类颜料。蓝光紫色粉末，色泽鲜艳，着色强度高，耐晒牢度好，耐热性及抗渗性优异。

③ 锰紫（PV16），分子式 $NH_4MnP_2O_7$，紫红色粉末。耐酸但不耐碱，耐光好，耐高温，但着色力和遮盖力不高。微量锰紫加入白色颜料中可起增白作用。

（7）棕色颜料

① 永固棕 HSR（PBr25），分子式 $C_{24}H_{15}Cl_2N_5O_3$，结构式

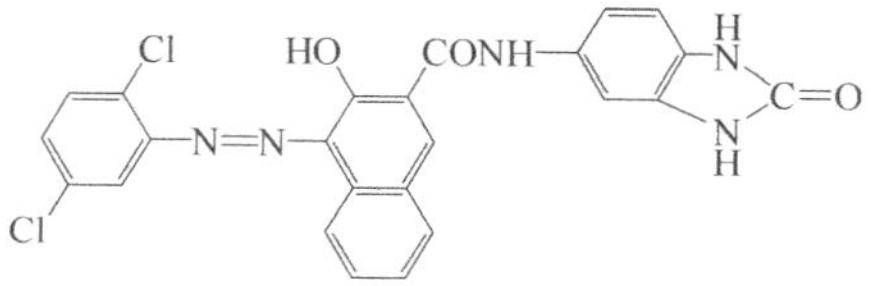

(3-263)

为苯并咪唑酮类偶氮颜料。棕色粉末，具有优异的耐热性、耐晒性和耐迁移性。

② 苝枣红紫（Pr26），分子式 $C_{24}H_{10}N_2O_4$，结构式

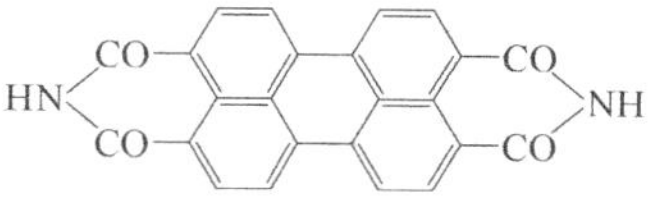

(3-264)

为苝系颜料，暗红色粉末，具有优异的化学稳定性、耐渗性、耐光性及耐迁移性。

③ 氧化铁棕（Pr6），通常是氧化铁黄、氧化铁红和氧化铁黑拼色而成，分子式常用 $(FeO)_x \cdot (Fe_2O_3)_y \cdot (H_2O)_z$ 表示。棕色粉末，无毒，有良好的着色力，耐光和耐热性均佳，耐热性稍差。

3.4.2 填料

填料（fitter）也称体积颜料或惰性颜料，它们的特点是化学稳定性好，便宜，来源广泛，能均匀分散在涂料的基料中。加入填料主要是为了降低涂料的成本，但同时对涂料的流变性和物理力学性能起重要作用，可以增加涂膜厚度，提高涂层的耐磨性和耐久性。

常用填料有碳酸钙、硫酸钡、氢氧化铝、高岭土、滑石粉等，都是无机物，它们的折射率与低聚物和活性稀释剂接近，所以在涂料中是“透明”的，对基材无遮盖力。

① 碳酸钙 $CaCO_3$，无嗅无味的白色粉末，是用途最广的无机填料之一。其比表面积为 $5m^2/g$ 左右，白度为 90%左右。在涂料中碳酸钙大量作为填充剂起骨架作用。

② 硫酸钡 $BaSO_4$，又称钡白，无嗅无味白色粉末，化学性质稳定。在涂料中作填充剂用。

③ 二氧化硅 SiO_2，又叫白炭黑，是无毒、无味、质轻而蓬松的白色粉末状物质。因生产方式不同又分沉淀白炭黑和气相白炭黑，气相白炭黑属于纳米级精细化学品，粒径在 7～20nm 范围，比表面积 130～400m^2/g，在涂料中应用，具有卓越的补强性、增稠性、触变性、消光性、分散性、绝缘性和防黏性。目前使用的二氧化硅大多数是经有机或无机表面处理，可防止结块，改善分散性能，以提高其应用性能。

④ 高岭土 $Al_2O_3 \cdot SiO_2 \cdot nH_2O$，通常也称瓷土，是无毒、无味白色粉末，在涂料中作填充剂。

⑤ 滑石粉 $3MgO \cdot 4SiO_2 \cdot H_2O$，白色粉末，无毒无味，有滑腻感，在涂料中作填充剂。

3.4.3 助剂

助剂（assistants）是为了光固化涂料在生产制造、施工应用和运输贮存过程中完善涂料性能而使用的添加剂，通常有消泡剂、流平剂、润湿分散剂、消光剂、阻聚剂等。

3.4.3.1 消泡剂

消泡剂（defoamer，anti-foamer agent）是一种能抑制、降低或消除涂料中气泡的助剂。涂料所用原材料如流平剂、润湿剂、分散剂等表面活性剂会产生气泡，颜料和填料固体粉末加入时会夹带气泡；在生产制造时，因搅拌、分散、研磨过程中，容易卷入空气而形成气泡；在涂料施工过程中，因使用前搅拌、涂覆也会产生气泡。气泡的存在会影响颜料或填料等固体组分的分散，更会使涂料施工后涂膜质量变劣，因此必须加入消泡剂来消除气泡。

在不含表面活性剂的体系中，形成的气泡因密度低而迁移到液面，在表面形成液体薄层，薄层上液体受重力作用向下流动，导致液层厚度减小。通常当层厚减小到大约 10nm 时液体薄层就破裂，气泡消失。当体系含有表面活性剂时，气泡中的空气被表面活性剂的双分子膜所包裹，由于双分子膜的弹性和静电斥力作用，使气泡稳定，小气泡就不易变成大气泡，并在涂料表面堆积。

消泡剂的作用与表面活性剂相反，它具有与体系不相容性、高度的铺展性和渗透性以及低表面张力特性，消泡剂加入体系后，能很快地分散成微小的液滴，和使气泡稳定的表面活性剂结合并渗透到双分子膜里，快速铺展，使双分子膜弹性显著降低，导致双分子膜破裂；同时降低气泡周围的液体表面张力，使小的气泡聚集成大的气泡，最终使气泡破裂。有些消泡剂含有疏水性颗粒（如二氧化硅）时，疏水性颗粒渗透到气泡的表面活性剂膜上，吸收表面活性剂的疏水基团，导致气泡层因缺乏表面活性剂而破裂。

常用的消泡剂有低级醇（如乙醇、正丁醇），有机极性化合物（如磷酸三丁酯、金属皂）、矿物油、有机聚合物（聚醚、聚丙烯酸酯）、有机硅树脂（聚二甲基硅油、改性聚硅氧烷）等。光固化涂料最常用的消泡剂为有机聚合物和有机硅树脂。

选择消泡剂除了有高效消泡效果外，还必须没有颜料凝聚、缩孔、针孔、失光、缩边等副作用，而且消泡剂能力持久。根据生产厂家提供的消泡剂技术资料，结合涂料使用的原材料，经分析，通过实验进行筛选，以获得最佳的消泡剂品种、最佳用量和最合适的添加方法。

消泡剂的消泡性能初步筛选可通过量筒法或高速搅拌法来实现。

量筒法适用于低黏度的涂料或乳液。在具有磨口塞的 50mL 量筒内，加入试样 20～30mL，再加入定量的消泡剂，用手指按紧磨口塞来回激烈摇动 20 次，停止后立即记录泡沫高度，间歇一定时间再记录泡沫高度，然后各种消泡剂比较，泡沫高度越低，消泡效果越好。该法简单方便，但结果较粗糙。

高速搅拌法适用面广，方法简单、方便，结果较正确。对低黏度的涂料或乳液，可用泡沫液体测定法：在有 1mL 刻度的 200mL 高型烧杯内，加入 100mL 试样，添加定量消泡剂，再用高速搅拌器，以恒定的 3000～4000r/min 转速搅拌，测定固定时间下，泡沫的高度。泡沫高度越低，消泡效果越好。或测定泡沫达到一定高度时所需时间，所需时间越短消泡效果越差。

对高黏度的涂料可用比重杯法：在 200mL 容器中，称入试样 150g，添加定量消泡剂后，用高速搅拌器在 2000～6000r/min 下搅拌 120s 后，停止搅拌立即测定密度，15min 后再测定一次，与高速搅拌前样品比较，密度变化越小越好。

消泡剂在光固化涂料中一般使用量为 0.05%～1.0%，大多数可在涂料研磨时加入，也有的可用活性稀释剂稀释后加入涂料中，要搅拌均匀。

表 3-104 介绍了用于光固化体系的消泡剂。

表 3-104　用于光固化体系的消泡剂

公司	商品名称	组成	含量/%	溶剂	适用范围	添加量(总量)/%	使用方法
德谦	2700	非硅酮高分子	10.0～11.5	芳香族碳氢溶剂	光固化涂料(淋涂)	0.1～1.0	研磨前添加
	3100	非硅酮高分子	44～46	芳香族碳氢溶剂	光固化涂料(淋涂)	0.1～1.0	研磨前添加
	5300	改性聚硅氧烷	0.46～0.53	环己酮/芳香族碳氢溶剂	光固化体系（辊涂、喷涂）	0.1～0.7	研磨前添加
迪高	Foamex 810	聚硅氧烷-聚醚共聚物，含气相 SiO_2	100		光固化清漆	0.2～0.8	可原装物或稀释后加入研磨料中
	Foamex N	二甲基聚硅氧烷，含气相 SiO_2	100		光固化丝印油墨	0.1～0.5	用前需搅拌，加入研磨料中

续表

公司	商品名称	组成	含量/%	溶剂	适用范围	添加量(总量)/%	使用方法
迪高	Airex 920	有机高分子	100		光固化体系	0.3～1.0	可原装物或稀释后在调匀时或清漆中加入
	Airex 986	具有硅氧烷端基的聚合物溶液	30	二甲苯	光固化涂料	0.1～1.0	在调匀时或清漆中加入
毕克	BYK 055	非硅聚合物	7	烷基苯/丙二醇甲醚醋酸酯(12/1)	光固化木器家具涂料	0.1～1.5	研磨前加入
	BYK 088	聚硅氧烷和聚合物混合物	3.3	支化酯族溶剂	光固化木器家具涂料	0.1～1.0	研磨前加入
	BYK 020	聚醚改性二甲基聚硅氧烷共聚物	10	乙二醇丁醚/乙基乙醇/溶剂汽油(6/2/1)	光固化金属、木材、纸张涂料	0.1～1.0	研磨前加入
	BYK 067A	破泡聚硅氧烷非水乳液	89	丙二醇		0.1～0.7	研磨前加入
埃夫卡	Efka 2720	非硅聚合物			光固化体系		
	Efka 2721	非硅聚合物			光固化和电子束体系		

3.4.3.2 流平剂

流平剂（leveling agent）是一种用来提高涂料的流动性，使涂料能够流平的助剂。涂料不管用何种涂装方法，经施工后，都有一个流动与干燥成膜的过程，形成一个平整、光滑、均匀的涂膜。涂膜能否达到平整光滑的特性，称为流平性。在实际施工时，由于流平性不好，刷涂时出现刷痕，喷涂时出现橘皮，辊涂时产生辊痕，在干燥和固化过程中，出现缩孔、针孔、橘皮、流挂等现象，都称为流平性不良。而克服这些弊病的有效方法就是添加流平剂。鉴于涂料的主要作用是装饰及保护，如果涂料不平整，出现缩孔、橘皮、痕道等弊病，不仅起不到装饰效果，而且将降低或损坏其保护功能。因此涂膜外观的平整性是涂膜的重要技术指标，是反应涂料质量优劣的主要参数之一。

涂层缺陷的产生与表面张力有关。表面张力由气相/液相界面的力场与液体内部的力场差异而引起的（图 3-5）。

分子之间存在着范德华力、氢键等作用而相互吸引。在液体内部的分子受到各个方向对称的力吸引而处于平衡状态。而界面的分子受到液相和气相不同的引力作用，液相的引力大于气相的引力，故处于不平衡状态，这种不平衡的力试图将表面

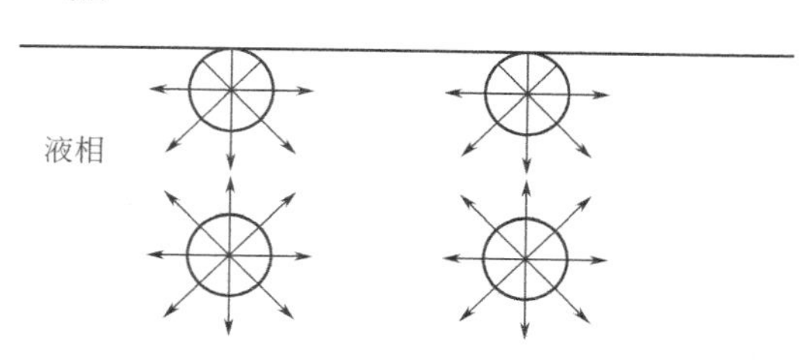

图 3-5 液体内部与液/气界面的力场分布示意图

分子拉向液体内部，所以液体表面有自动收缩的趋势。把液体做成液膜（图3-6），为保持表面平衡，就需要有一个与液面相切的力 f 作用于宽度为 1 的液膜上。平衡时，液体存在的与 f 大小相等而方向相反的力就是表面张力，其值为

$$f=r\times1\times2$$

此处由于液膜有两个，故乘以 2，比例系数 r 称为表面张力系数，单位为 N/m（过去单位为 dyn/cm，$1\text{dyn/cm}=10^{-3}\text{N/m}$），它表达为单位长度液体收缩表面的力。表面张力系数通常简称为表面张力（surface tension）。

当液体滴在固体表面时，由于表面张力形成液滴凸面，液面的切线和固体表面的夹角叫做接触角（contact angle）（图 3-7）。通过测量接触角可以反映表面张力大小。一系列不同表面张力的液体在该固体上作接触角，将各液体的表面张力与对应的接触角余弦作图，将此线外推至 $\cos\theta=1$，它对应的表面张力即为固体表面张力。

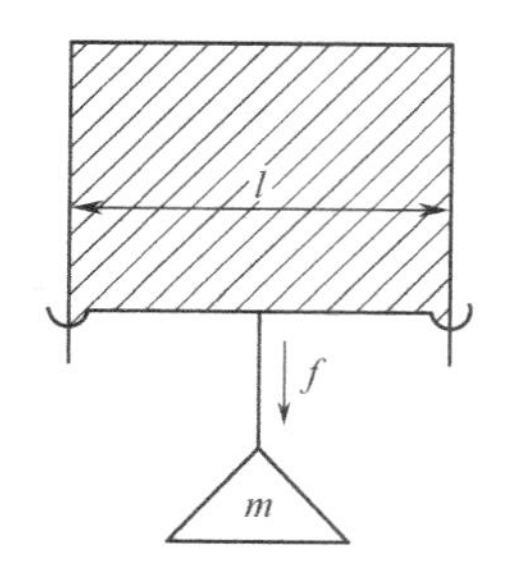

图 3-6 表面张力的本质

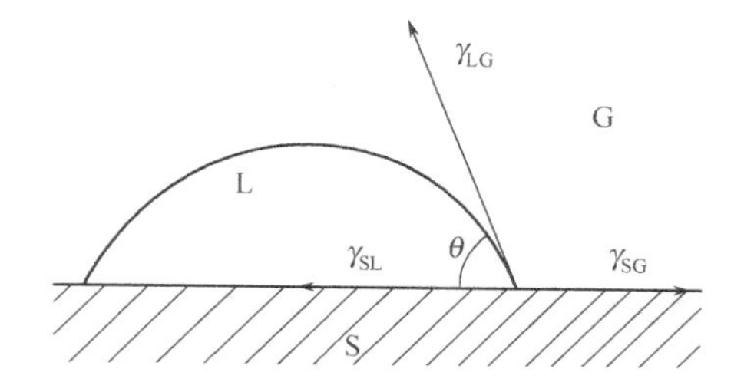

图 3-7 液滴的接触角

表面张力具有使液体表面积收缩到最小的趋势，同时，也具有低表面张力的液体向高表面张力表面铺展的趋势，因此表面张力是涂料流平的推动力。当涂料涂装到底材后，由于表面张力作用使涂料铺展到底材上；同时表面张力有使涂膜表面积收缩至最小的趋势，这样涂层的刷痕、皱纹等缺陷消失，变成平整光滑的表面。此外，涂料在底材上的流平性还与涂料的黏度、底材表面的粗糙程度、溶剂的挥发速度、环境温度、干燥时间等因素有关。一般来说，涂料的黏度越低，流动性越好，流平性也好；底材表面粗糙，不利于流平；溶剂挥发快，也不利于流平；施工时，

环境温度高，有利于流平；干燥时间长，也利于流平。对光固化涂料，不存在溶剂挥发，涂料只要经紫外光照就瞬间固化，干燥时间极短，故对涂料的流平性要求更高。因此选择好合适的流平剂就显得更为重要。有时在生产线上光照前有一段适当的流平时间，再经光固化装置进行固化，以保证涂装质量。

鉴于表面张力是涂料流平的最关键因素，因此在配方设计中都要考虑涂料组分和底材的表面张力大小以及施工方式上对涂料表面张力的要求。表 3-105 列举了常见溶剂、稀释单体和底材的表面张力值。

表 3-105　部分常用材料的表面张力值　　单位：10^{-3}N/m

溶剂与树脂	表面张力	活性稀释剂	表面张力	底材	表面张力
水	72.7	$PEG_{(400)}$DA	42.6	玻璃	70
甲苯	28.4	$(EO)_3$TMPTA	39.6	钢铁	36～50
石油溶剂油	26.0	PETA	39.0	铝	37～45
乙酸丁酯	25.2	TMPTA	36.1	PET	43
丙酮	23.7	HDDA	35.7	PC	42
乙醇	22.8	$(PO)_3$TMPTA	34.0	PVC	39～42
环氧树脂	45～60	TPGDA	33.3	PS	36～42
三聚氰胺树脂	42～58	NPGDA	32.8	PE	32
醇酸树脂	33～60	IBOA	31.7	PP	30
丙烯酸树脂	32～40	2-EHA	28.0	PTFE	20

流平剂种类较多，常见的有溶剂类、改性纤维素类、聚丙烯酸酯类、有机硅树脂类和氟表面活性剂等，而用于光固化涂料的流平剂主要有聚丙烯酸酯、有机硅树脂和氟表面活性剂三大类。

聚丙烯酸酯流平剂为低相对分子质量（6000～20000）的丙烯酸酯均聚物或共聚物，相对分子质量分布窄，玻璃化温度 T_g 一般在－20℃以下，表面张力在 $(25～26)\times10^{-3}$N/m。加入涂料中可以降低表面张力，提高对底材的润湿性，能迁移到涂层表面形成单分子层，使涂膜表面的表面张力均匀，避免缩孔产生，改善涂膜的光滑平整性。这类流平剂不影响重涂性。

氟表面活性剂为氟碳树脂，是具有最低表面张力和最高表面活性的涂料助剂。加入涂料中可以有效地改善润湿性、分散性和流平性，用量极低，一般在0.03‰～0.05‰。但这种流平剂对层间附着力和重涂性影响很大，加之价格昂贵，只用于涂装表面张力低的底材（如 PE）的涂料中。表 3-106 介绍了用于光固化体系的流平剂。涂料流平性能的评价方法详见第 6 章。

表 3-106　用于光固化体系的流平剂

公司	商品名	组成	含量/%	溶剂	适用范围	添加量(总量)/%	使用方法
德谦	431	聚醚改性聚硅氧烷	24～27	芳香族碳氢溶剂	光固化涂料	0.1～0.5	研磨后加入
	432	改性聚硅氧烷	13～14	二甲苯/丁基溶纤剂	光固化涂料	0.1～0.5	研磨后加入
	488	改性聚硅氧烷	>94.5		光固化涂料	0.1～0.5	任何阶段添加
	495	聚丙烯酸酯	48～52	二甲苯	光固化涂料	0.2～1.5	任何阶段添加
	810	聚醚改性聚硅氧烷	≥88		光固化涂料	0.01～0.2	任何阶段添加
迪高	Glide 100	聚硅氧烷-聚醚共聚物	100		光固化清漆	0.05～0.5	以原装物或稀释后加入
	Glide 432	聚硅氧烷-聚醚共聚物	100		光固化涂料	0.05～1.0	以原装物或稀释后加入
	Glide 435	聚硅氧烷-聚醚共聚物	100		光固化体系	0.05～1.0(清漆)0.1～0.5(油墨)	以原装物或稀释后加入
	Glide 440	聚硅氧烷-聚醚共聚物	100		光固化清漆	0.05～1.0	以原装物或稀释后加入
	Flow 300	聚丙烯酸酯溶液	48～52	二甲苯	光固化清漆	0.1～0.8	以原装物或稀释后加入
	Flow 425	聚硅氧烷-聚醚共聚物	100		光固化清漆	0.1～1.0	以原装物或稀释后加入
	Flow ZFS 460	聚丙烯酸酯溶液	70	二甲苯、甲基正丙二醇乙酸酯	光固化清漆	0.03～0.5	以原装物或稀释后加入
毕克	BYK 333	聚醚改性二甲基聚硅氧烷共聚物	≥97			0.05～1.0	任何阶段添加
	BYK 371	丙烯酸聚酯改性聚硅氧烷	40	二甲苯	光固化辊涂清漆光固化淋涂体系	0.1～5.0	任何阶段添加
	BYK 373	聚醚改性含羟基聚硅氧烷共聚物	50	丙二醇甲醚	光固化木材、家具涂料	0.05～0.4	任何阶段添加
	BYK 361	丙烯酸酯共聚物	>98			0.05～0.5	任何阶段添加
TROY	Troysol S366	非离子型硅酮共聚物	60		光固化体系	0.2～0.6	最后添加
科宁	Perenol S71uv	丙烯酸酯化聚硅氧烷	100		光固化体系	0.5～1.5	
	Perenol S83uv	聚硅氧烷	100		光固化体系	0.5～1.5	
埃夫卡	Efka 3883	反应性有机硅氧烷			光固化木器漆和油墨		

3.4.3.3 润湿、分散剂

颜料分散是有色体系涂料制造技术的重要环节。把颜料研磨成细小的颗粒，均匀地分散在涂料基料的连续相中，得到一个稳定地悬浮体。颜料分散要经过润湿、粉碎和稳定三个过程。润湿是用树脂或助剂取代颜料表面上吸附的空气或水等物质，使固/气界面变成固/液界面的过程；粉碎是用机械力把凝聚的颜料聚集体打碎，分散成接近颜料原始状态的细小粒子，构成悬浮分散体；稳定是指形成的悬浮体在无外力作用下，仍能处于分散悬浮状态。要获得良好的涂料分散体，除与颜料、树脂（低聚物）、溶剂（活性稀释剂）的性质及相互间作用有关外，往往还需要使用润湿分散剂才能达到最佳效果。

润湿剂（wetting agent）、分散剂（dispersant）是用于提高颜料在涂料中悬浮稳定性的助剂。润湿剂主要是降低体系的表面张力；分散剂吸附在颜料表面上产生电荷斥力或空间位阻，防止颜料产生絮凝，使分散体系处于稳定状态。润湿剂和分散剂作用有时很难区分，往往兼备润湿和分散功能，故称为润湿分散剂。润湿分散剂大多数是表面活性剂，由亲颜料的基团和亲树脂的基团组成，亲颜料的基团容易吸附在颜料的表面，替代原来吸附在颜料表面的水和空气及其它杂质。亲树脂基团部分则很好地与涂料基料相容，克服了颜料固体与涂料基料之间的不相容性。在分散和研磨过程中，机械剪切力把团聚的颜料破碎到接近原始粒子粒子，其表面被润湿分散剂吸附，由于位阻效应或静电斥力，不会重新团聚结块。

涂料常用的润湿分散剂主要有天然高分子类（如卵磷脂）、合成高分子类（如长链聚酯的酸和多氨基盐，属于两性高分子表面活性剂）、多价羧酸类、硅系和钛系偶联剂等，用于光固化涂料的润湿分散剂主要为含颜料亲和基团的聚合物。表3-107介绍了用于光固化体系的润湿分散剂。

表 3-107 用于光固化体系的润湿分散剂

公司	商品名	组成	含量/%	溶剂	适用范围	添加量/%	使用方法
德谦	DP983	高分子聚合物	57.4～54.5	醋酸丁酯/二甲苯	光固化涂料	2～5(无机颜料)，10～40(有机颜料)	先与低聚物、单体混合后，再加入颜料研磨
德谦	912	电中性聚酰胺与聚酯混合物	48～52	二甲苯/异丁醇=9:1	光固化体系	1～5(无机颜料)，0.2～5.0(有机颜料)	颜料加入前添加
毕克	BYKP-105	低相对分子质量不饱和羧酸聚合物	100		光固化体系	2～5(无机颜料)，5～10(有机颜料)，0.5～1(TiO_2)	先预热，加入到研磨料中
毕克	Disperbyk-111	含酸性基团的共聚物	100		光固化涂料	2.5～5(无机颜料)，1～3(TiO_2)	加入研磨料中，再加入颜料
毕克	Disperbyk-180	含酸性基团的嵌段共聚物的烷烃基铵盐	100 30	二羧酸酯	光固化涂料	5～10(无机颜料)，1.5～2.5(TiO_2)	加入研磨料中，再加入颜料

续表

公司	商品名	组成	含量/%	溶剂	适用范围	添加量/%	使用方法
毕克	Disperbyk-168	含颜料亲和基团的高相对分子质量嵌段共聚物溶液			光固化体系	10～15(无机颜料),30～90(有机颜料),5～6(TiO_2)70～140(炭黑)	加入研磨料中,再加入颜料
迪高	Dispers 680UV					10～25(炭黑)	50℃熔化后用单体稀释至 20%使用
	Dispers 681UV					10～25(有机颜料)	50℃熔化后用单体稀释至 20%使用
	Dispers 710					10～25(有机颜料、填料)	
	Dispers 652					5～15(TiO_2、亚光粉)	
科宁	Texaphor P61	聚氨酯衍生物	30		光固化体系	2～30(颜料)	
埃夫卡	Efka 4800	聚丙烯酸酯			光固化体系		

随着光固化涂料和油墨广泛应用，一些专用于光固化体系的助剂被研究开发，并应用于生产。这类专用助剂除了可以改善对基材润湿，涂料的流动和流平、消泡和脱泡，提高涂膜的平滑、抗划伤性能、防黏着性外，在结构上都含有丙烯酰基，可以参与光固化体系反应，不会发生迁移。迪高公司开发的 Rad 系列助剂就是专用于光固化体系的助剂，它们都是丙烯酰基改性的有机硅氧烷，结构示意图如下：

$$(CH_3)_3-Si-O\left(\begin{array}{c}CH_3\\|\\Si\\|\\CH_3\end{array}-O\right)_m\left(\begin{array}{c}CH_3\\|\\Si\\|\\O-\underset{\underset{O}{\|}}{C}-CH=CH_2\end{array}-O\right)_n Si-(CH_3)_3 \tag{3-265}$$

表 3-108 介绍了迪高公司专用于光固化体系的助剂的组成、性能、使用方法。

此外，毕克、科宁、埃夫卡等公司也都有类似带有丙烯酰基的专用于光固化体系的助剂，见表 3-109。

表 3-108　迪高公司专用于光固化体系的助剂

商品名	组成	含量/%	添加量(总量)/%	使用方法	性能					
					流动促进性	清漆中的透明性	平滑作用	脱气作用	防缩孔作用	防结块/防粘连作用
Rad 2100	交联型聚硅氧烷丙烯酸酯	100	木器涂料 0.05～0.4 印刷油墨 0.1～1.0 清漆 0.1～1.0 塑料涂料 0.05～0.6	以原装物或稀释后加入	5	5	1	0	3	1

续表

商品名	组成	含量/%	添加量(总量)/%	使用方法	性能					
					流动促进性	清漆中的透明性	平滑作用	脱气作用	防缩孔作用	防结块/防粘连作用
Rad 2200N	交联型有机硅聚醚丙烯酸酯	100	清漆 0.1～1.0 木器涂料 0.05～0.4 塑料涂料 0.05～0.6	以原装物或稀释后加入	4	4	4	4	4	3
Rad 2250	交联型有机硅聚醚丙烯酸酯	100	清漆 0.1～1.0 木器涂料 0.05～0.5 塑料涂料 0.05～0.4	以原装物或稀释后加入	4.5	4	4	0	4	3
Rad 2500	交联型聚硅氧烷丙烯酸酯	100	丝印油墨 0.1～1.0 凸印、凹印油墨 0.05～0.5 木器涂料 0.05～0.5 清漆 0.05～0.5 塑料涂料 0.05～0.5	以原装物或稀释后加到研磨料中或在调稀时加入	2	2	4	4	1	4
Rad 2600	交联型聚硅氧烷丙烯酸酯	100	胶印油墨 0.1～1.5 丝印油墨 0.1～1.0	加入到研磨料中	0	0	4.5	4	0	4.5
Rad 2700	交联型聚硅氧烷丙烯酸酯	100	丝印油墨 0.1～1.0 清漆 0.1～2.0	加入到研磨料中	0	0	5	4	0	5

注：数字表示，0 无效，1～5 分别为效率增强。

表 3-109 其它公司专用于光固化体系的助剂

公司	商品名	组成	含量/%	溶剂	适用范围	添加量(总量)/%	使用方法
毕克	BYK UV3500	聚醚改性丙烯酸类官能基聚二甲基硅氧烷	≥96		水性光固化和光固化体系	0.05～2.0	任何阶段添加
	BYK UV3530	聚醚改性丙烯酸类官能基聚二甲基硅氧烷	≥96		水性光固化和光固化体系	0.05～1.0	任何阶段添加

续表

公司	商品名	组成	含量/%	溶剂	适用范围	添加量(总量)/%	使用方法
毕克	BYK UV3570	聚酯改性丙烯酸类官能基聚二甲基硅氧烷	70	PONPGNA	光固化和电子束固化涂料	0.1～3.0	任何阶段添加
科宁	Perenol S71UV	丙烯酸酯化聚硅氧烷	10		光固化体系	0.5～1.5	
埃夫卡	Efka 3883	反应性有机硅氧烷			光固化木器漆和油墨		

3.4.3.4　消光剂

光泽是物体表面对光的反射特性。当物体表面受光线照射时，由于表面光泽程度的不同，光线朝各方向反射能力也不同，通常称为光泽。光泽是涂料成膜后涂层的一个重要性能，涂料因不同的使用目的和环境，除了保护作用、色彩要求外，对所涂表面涂层的光泽性能也有不同的要求。如汽车的外壳表面希望光泽越高越好，以显示它的豪华和高贵；学校和医院则要求室内的光线柔和，以给人安静、舒适感觉；军事装备和设施为隐蔽、保密和安全的目的，其表面涂层是半光，甚至无光。涂料按光泽可分为有光漆、半光漆和亚光（平光）漆。

光线照射到涂膜表面，一部分被涂膜吸收，一部分反射和散射，还有一部分发生折射，透过涂膜再反射出来。涂膜表面越是平整，则反射光越多，光泽越高；如涂膜表面凹凸不平，非常粗糙，则反射光减少，散射光增多，光泽就低。所以涂膜表面粗糙程度对光泽影响很大。制造高光泽涂料，就要采用一切方法降低涂膜表面的粗糙度；而制造低光泽或亚光涂料，则应提高涂膜表面凹凸不平的程度。添加消光剂是制造亚光涂料的有效措施。

消光剂（flatting agent）是能使涂膜表面产生预期粗糙度，明显地降低其表面光泽的助剂。涂料中使用的消光剂应能满足下列基本要求：消光剂的折射率应尽量接近成膜树脂的折射率（1.40～1.60），这样配制的消光清漆透明、无白雾，色漆的颜色也不受影响；消光剂的颗粒大小在3～5μm，此时消光效果最好；良好的分散与再分散性，消光剂在涂料中能长时间保持均一稳定的悬浮分布，不发生沉降。涂料常用的消光剂有金属皂（硬脂酸铝、锌、钙盐等）、改性油（桐油）、蜡（聚乙烯蜡、聚丙烯蜡、聚四氟乙烯蜡）、功能性填料（硅藻土、气相SiO_2）。光固化涂料使用的消光剂主要为SiO_2和高分子蜡，用粒径3～5μm效果最好。消光剂除了配成浆状物后加入到涂料内分散外，也可以直接加入涂料中分散。采用高速分散，切勿过度研磨，尽量避免使用球磨或三辊机分散。采用高分子蜡作消光剂，对光固化涂料还有提高光固化速度的作用，因蜡迁移在表面，可以阻隔氧的进入，减少氧阻聚效应的缘故。表3-110介绍了用于UV光固化体系的消光剂。

表 3-110　用于 UV 光固化体系的消光剂

公司	商品名	组成	适用范围	添加量（总量）/%	使用方法
毕克	Ceraflour 950	微粉化改性高密度聚乙烯蜡混合物	光固化家具和地板涂料	1.0～10.0	在生产过程前期加入，以保证足够的分散
德谦	UV55C	特殊的蜡处理消光粉	光固化涂料		
	UV70C	特殊的蜡处理消光粉	光固化涂料		
	FA-110	高分子聚乙烯蜡浆 9.5%～10.5%（二甲苯/乙酸丁酯）	光固化涂料	10～20	直接加入成品搅匀，无需研磨
	11MW-611	微粉化改性 PP 蜡	光固化涂料	0.5～5.0	以高速搅拌方式直接分散于涂料中
	MW-612	微粉化 PTFE 改性 PE 蜡	光固化涂料	0.5～3.0	以高速搅拌方式直接分散于涂料中
格雷斯	Rad 2005	有机物表面处理 SiO_2	光固化涂料	5～15	任何阶段添加
	Rad 2105	有机物表面处理 SiO_2	光固化涂料（厚涂层）	5～15	任何阶段添加

3.4.3.5　阻聚剂

光固化涂料是一种聚合活性极高的特殊涂料。它的主要组成低聚物和活性稀释剂都是高聚合活性的丙烯酸酯类，另一重要组成光引发剂又是极易产生自由基或阳离子的物质。在这样一个混合体系中，极易因受外界光、热等影响而发生聚合，必须加入适量的阻聚剂。

阻聚剂（polymerization inhibitor）顾名思义是阻止发生聚合反应的助剂。阻聚剂能终止全部自由基，使聚合反应完全停止。常用的阻聚剂有酚类、醌类、芳胺类、芳烃硝基化合物等。空气中氧是很好的阻聚剂，因氧自身是双自由基，极易与自由基结合，生成过氧化自由基，引发活性大大降低，最后生成单体和过氧键交替的低聚物。光固化涂料阻聚剂主要用酚类，如对羟基苯甲醚（$HO-C_6H_4-CH_3$）、对苯二酚（$HO-C_6H_4-OH$）和 2,6-二叔丁基对甲苯酚（$CH_3-C_6H_2(C(CH_3)_3)_2-OH$）等。由于对苯二酚加入，有时会引起体系颜色变深，往往不被采用。但是酚类阻聚剂必须在有氧气的条件下才能表现出阻聚效应，其阻聚机理如下。

$$R. + O_2 \longrightarrow ROO. \tag{3-266}$$

$$ROO. + HO-C_6H_4-OH \longrightarrow ROOH + HO-C_6H_4-O. \tag{3-267}$$

$$ROO. + HO-C_6H_4-O. \longrightarrow ROOH + O=C_6H_4=O \tag{3-268}$$

在酚类阻聚剂存在下，使过氧化自由基很快终止，保证体系中有足够浓度的氧，延长了阻聚时间。因此光固化涂料除了加酚类阻聚剂以提高贮存稳定性外，还必须注意存放的容器内涂料不能盛的太满，以保证有足够的氧气。

美国雅宝公司介绍了应用于光固化体系的两种高效阻聚剂 FIRSTCURE ST-1 和 ST-2，ST-1 和 ST-2 的活性成分均为 NPAL［三（*N*-亚硝基-*N*-苯基羟胺）铝盐］，分子式为 $C_{18}H_{15}N_6O_6Al$ 相对分子质量为 438。NPAL 可以用于烯烃树脂体系，它在 60℃下均可使体系保持稳定。ST-1 和 ST-2 继承了 NPAL 优良的稳定性且为厌氧型的阻聚剂。有关 ST-1 和 ST-2 性能与应用见表 3-111。

表 3-111　ST-1 和 ST-2 性能与应用

名称	外观	活性组分含量/%	使用量/%	应用
ST-1	黄色或棕色溶液	8	0.1～1	用于延长活性稀释剂和光敏树脂的有效期；也用于光固化涂料，光固化胶黏剂，光固化油墨等
ST-2	黄色或棕色溶液	4	0.1～2	

第4章

光固化涂料的应用与配方

光固化涂料因其干燥固化快、环保节能等优势在诸多领域得到应用。早期的光固化涂料主要应用于木器涂装，近二十多年来，随着高效光引发剂、活性稀释剂和低聚物的不断研发成功，并见之市场，UV 固化的应用范围得以逐步扩大，其中供需量最大的是光固化涂料，而光固化涂料的应用领域又可分为光固化竹木涂料，光固化纸张涂料，光固化塑料涂料，光固化真空镀膜涂料，光固化金属涂料，光固化光纤涂料，光固化保形涂料，光固化玻璃，陶瓷，石材涂料，光盘保护涂料，光固化皮革涂料，光固化汽车涂料，光固化水性涂料，光固化粉末涂料，光固化抗静电涂料，光固化阻燃涂料，阳离子光固化涂料，光固化氟碳涂料以及电子束光固化涂料等。目前光固化竹木涂料和光固化塑料涂料是最大的应用面。随着光固化技术的不断发展和进步，光固化涂料得到迅速发展，所适用的基材已由竹木、纸张、塑料扩展至金属、石材、水泥制品、织物、皮革、玻璃等。光固化涂料也可适用于多种工业领域，其中包括竹木地板、装饰板、家具、塑料板、印罐涂料、塑料、金属部件、电子部件、纸张等工业涂料，部件、车体、安全玻璃等汽车涂料，以及织物、印染等装饰涂料。光固化涂料的外观也由最初的高光型，发展出亚光型、磨砂型（仿金属蚀刻）、金属闪光型、珠光型、烫金型、纹理型等。涂装方式也出现多样化，包括辊涂、刮涂、淋涂、喷涂、浸涂、静电喷涂等。

4.1 光固化竹木涂料

光固化竹木涂料是光固化涂料产品中产量较大的一类，也是最早产业化的光固化涂料。20 世纪 60 年代初，德国 Bayer 公司研究成功的第一代光固化涂料即光固化竹木涂料。光固化竹木涂料的特点在于优良的涂料性能、快速固化、产品在应用设备上的稳定性、低加工成本、有机挥发物低或零排放。光固化涂料在竹木制品上的应用主要包括三个方面，即浸涂（塑木合金）、填充（密封和腻子）和罩光。按使用场合与质量要求，光固化竹木涂料可分为拼木地板涂料和装饰板材涂料，还可分为清漆与色漆。涂装方式绝大多数以辊涂为主，也有部分喷涂、淋涂、刮涂等。就施工功能方面分类，光固化竹木涂料包括 UV 腻子漆、UV 底漆和 UV 面漆。

4.1.1 UV 竹木腻子漆

UV 腻子漆通常用于表面平滑度较差的木材，如刨花板，纤维板等，其作用是填充底材小孔及微细缺陷，密封底材表面，使随后涂装的装饰性涂料不会被吸入而引起表观不平整，从而为粗材质材料提供光滑的表面。UV 腻子漆固化速率快、自动化程度高、加工物件表面平爽，可降低砂磨操作的次数，提高了产品的竞争力。

UV 腻子漆通常为膏状物，组分中除了含有光引发剂、低聚物、活性稀释剂等光固化涂料所具有的基本组分外，还含有较高比例的无机填料。选择填料时应考虑对固化速率影响小即折射率低且易打磨，填充性能好的填料。选择合适的填料可提高涂层硬度、抗冲击性能，降低固化收缩率，提高附着力。UV 腻子漆中所用的无机填料包括滑石粉、重质和轻质碳酸钙、重晶石粉、白云石粉等。不饱和聚酯体系 UV 腻子漆价格便宜，丙烯酸体系树脂和单体的应用使固化速率加快且涂层薄而外观丰满。

使用 UV 腻子漆时需先用发泡橡胶辊轮对基材表面进行打磨清洁，刮涂一层腻子漆，UV 辐照固化，再以 280＃～400＃砂纸打磨，然后涂敷 UV 底漆及 UV 面漆。

表 4-1～表 4-4 分别为 UV 固化腻子参考配方，仅供参考。

表 4-1　UV 固化腻子参考配方 1

原料名称	质量分数/%
Irgacure 651	2
不饱和聚酯/苯乙烯(65/35)	36
超细滑石粉	35
氧化钡	20
钛白粉	7

表 4-2　UV 固化腻子参考配方 2

原料名称	质量分数/%
光引发剂	1
丙烯酸系低聚物	25

续表

原料名称	质量分数/%
丙烯酸系活性稀释剂	8
超细滑石粉	24
氧化钡	42

表 4-3　UV 固化腻子参考配方 3

原料名称	质量分数/%
ITX	1.00
苯甲酸 2-二甲基胺乙酯	4.80
双酚 A 环氧丙烯酸酯	28.22
TMPTA	7.53
N-乙烯基吡咯烷酮(NVP)	1.88
表面活性剂	0.13
钛白粉	14.11
滑石粉	14.11
氧化钡	28.22

表 4-4　UV 固化腻子参考配方 4

原料名称	质量分数/%
Irgacure 651	1
双酚 A 环氧丙烯酸酯	25
TPGDA	8
滑石粉	8
重晶石粉	42
白云石粉	16

表 4-1 是较早报道的 UV 固化腻子配方，以不饱和聚酯体系为低聚物，苯乙烯作为活性稀释剂，价格低廉，光固化速率较慢，目前，光固化领域不饱和聚酯体系所占比重较少。表 4-2～表 4-4 分别采用丙烯酸系均聚物和环氧丙烯酸酯低聚物，可很好地黏结和固定填料。使用的 TPGDA 等为丙烯酸系活性稀释剂，可降低黏度。TMPTA 为高官能度单体，可提高交联密度，增加固化膜硬度，增强对填料的粘结。少量 *N*-乙烯基吡咯烷酮可增强树脂对粉体的黏结，也能改善对面漆的附着力。木器涂料除需满足基本的涂层性能外，对硬度、耐磨性、抗冲击强度、抗侵蚀等性能的要求尤为突出，合理添加无机填料，可以提高上述性能。钛白粉为白色颜料，起遮盖作用；滑石粉与重晶石都可起到补强、增加硬度、抗

收缩等功能；滑石粉可改善对本质基材的附着性能；重晶石偏重于改善打磨性能，防止打磨时出现较大、较多凹坑；白云石粉为含碳酸镁与碳酸钙的天然矿粉，可对粗糙基材表面起到补强作用。腻子漆中因含大量无机填料，将不同程度产生折射及反射，会降低 UV 光的有效吸收效度，光固化速率较慢（线速度为 2～4m/min）。配制 UV 腻子漆应选择合适的光引发体系以回避填料对紫外线的屏蔽，固化时应固化交联完全，否则打磨时膜层易掉粉、擦除、剥落等。UV 腻子漆因含有较多无机填料，长期贮存易发生填料沉降絮凝，加入少量的气相二氧化硅可得到很好的改善。

4.1.2 UV 竹木底漆

UV 底漆与 UV 腻子漆的使用场合和作用不同，UV 腻子漆常用于表面平整、光滑度较差的木材，而 UV 底漆则应用于表面较为光滑平整的木材。UV 底漆与 UV 腻子漆相比所含无机填料较少，黏度较低，接近于 UV 面漆的黏度。涂覆一层 UV 底漆后，低黏度的涂料可向木材细小开孔渗透，通过膜层的折射效果保留并强化木纹和孔粒结构的自然美感，UV 光照固化后，经砂纸机械打磨，再用 UV 面漆罩光固化，获得平整、光滑、饱满的罩光效果。UV 底漆中所添加的无机填料与 UV 腻子漆中加入填料的品种和作用相同。涂覆 UV 底漆和 UV 腻子漆的表面都需要打磨，打磨的目的是为了增强 UV 面漆和 UV 底漆或 UV 腻子漆之间的层间黏合作用，以防止面漆脱落。另外，UV 底漆中有时加入少量硬脂酸锌，它可起到润滑作用，在打磨涂层表面时还可防止过多“白雾”的产生。需要注意的是，硬脂酸的很多金属盐（如硬脂酸锌、硬脂酸铝等）可产生较弱的亚光效果，所以选用无机填料时应考虑填料的折射率，折射率高的填料在紫外线入射湿膜时发生多次折射及反射，妨碍光线直接穿透膜层，影响固化性能。

表 4-5 为 UV 固化竹木基底漆参考配方，表 4-6 为 UV 固化木器底漆参考配方。

表 4-5 UV 固化竹木基底漆参考配方

原料名称	质量分数/%
Irgacure 651	2.0
二苯甲酮	3.0
改性环氧丙烯酸酯	40.0
TPGDA	45.0
TMPTA	7.0
HDDA	8.0
阻聚剂	0.1
滑石粉	25.0

注：光引发剂、阻聚剂溶入活性稀释剂中加入，涂料配制好后，在高速搅拌下加入滑石粉并搅匀。

表 4-6 UV 固化木器底漆参考配方

原料名称	质量分数/%
Darocur 1173 或 Irgacure 184	1.5
二苯甲酮	5.0
叔胺	4.0
双酚 A 环氧丙烯酸酯(含 20% TPGDA)	33.5
聚酯丙烯酸酯	15.0
TPGDA	40.0
硬脂酸锌	0.5
流平助剂	0.5

表 4-5、表 4-6 中环氧丙烯酸酯在固化速率、涂层性能、附着性能方面表现优异，表 4-6 中聚酯丙烯酸酯可改善固化膜的韧性和抗冲击强度，对提高附着力有益。硬脂酸锌为半溶性粉体，浮于固化膜表层，打磨时起润滑作用，避免涂层有较大损伤，也有较弱的亚光效果，该配方固化膜 60°折射率为 85%，属半光表面。而不含硬脂酸锌的配方能够获得 100%左右的高光效果。上述配方中因使用了较多的 TPGDA 活性稀释剂，涂料黏度较低，20℃时只有 400～500mPa·s，便于涂料向木材的微孔渗透，固化后涂层与木质纤维的有效接触面积加大，附着力提高。

4.1.3 UV 竹木面漆

UV 面漆与 UV 腻子漆和 UV 底漆在成分上的主要区别在于前者不含无机填料，如果要获得亚光或磨砂效果，也可以适当添加硅粉类消光剂。UV 面漆广泛用于天然木材或木饰面，产生高光泽闭纹的涂饰效果。根据不同的用途可配制各种不同的丙烯酸型涂料，包括高光泽与消光型涂料，有色和无色涂料，滚涂、淋涂、喷涂涂料，家具、硬木地板或软木板涂料等。一般 UV 面漆较难配制完全无光的漆面，常选粒径 25μm SiO_2 用作消光剂较为适宜。也可以利用组合加工技术调节光泽度，一种方法是将电子束固化和 UV 光固化组合使用，使涂层表面产生极细微皱褶而达到低光泽的效果；另一种方法是采用不同类型 UV 光源进行双重固化，先用低压 UV 灯照射，再用高压汞灯二次固化，由此达到低光泽的表面效果。

表 4-7～表 4-18 共 11 个配方分别为不同涂装方法及不同涂饰效果的 UV 固化面漆参考配方。

表 4-7 UV 固化面漆参考配方 1（展纹面漆，辊涂）

原料名称	质量分数/%
二苯甲酮	3
N-甲基二乙醇胺	3

续表

原料名称	质量分数/%
环氧丙烯酸酯	30
聚酯丙烯酸酯	30
TPGDA	24
NVP	10

表 4-8　UV 固化面漆参考配方 2（低光泽，淋涂）

原料名称	质量分数/%
Irgacure 651	2
二苯甲酮	3
N-甲基二乙醇胺	3
环氧丙烯酸酯	30
TPGDA	24
SiO_2 消光剂	11

表 4-9　UV 固化面漆参考配方 3（竹木基，淋涂）

原料名称	质量分数/%
Darocur 1173	4.5
环氧丙烯酸酯	40.0
TPGDA	40.0
HDDA	10.0
TMPTA	10.0
BYK-307	0.1
阻聚剂	0.1

表 4-10　UV 固化面漆参考配方 4（木材清漆）

原料名称	质量分数/%
二苯甲酮	4.00
N-甲基-二乙醇胺	4.00
低黏度环氧丙烯酸酯	61.75
TMPTA	36.00
EO(EO)EA	7.00
流平剂	0.25

表 4-11 UV 固化面漆参考配方 5（木材清漆）

原料名称	质量分数/%
非迁移性光敏剂	8.00
脂肪族聚氨酯丙烯酸酯	50.00
TPGDA	12.00
PEG(400)DA	7.00
$NPG(PO)_2DA$	11.00
TMP(EO)TA	9.00
DPPA	3.00
光稳定剂(Tinuvin 292)	1.00
流平剂	1.00

表 4-12 UV 固化面漆参考配方 6（抗磨镶木地板）

原料名称	质量分数/%
非迁移性光敏剂	10.00
低黏度环氧丙烯酸酯	27.00
$NPG(PO)_2DA$	22.00
TMP(EO)TA	22.00
DPPA	19.00

表 4-13 UV 固化面漆参考配方 7（50%光泽木材涂层）

原料名称	质量分数/%
Darocur 1173	2.00
低黏度环氧丙烯酸酯	12.00
TPGDA	33.00
TMPTA	32.50
EO(EO)EA	7.00
SiO_2 消光剂	12.00
润湿剂	1.00
流平剂	0.50

表 4-14 UV 固化面漆参考配方 8（40%光泽木材涂层）

原料名称	质量分数/%
Darocur 1173	3.00
低黏度环氧丙烯酸酯	12.00
TPGDA	33.00

续表

原料名称	质量分数/%
TMPTA	31.50
EO(EO)EA	7.00
SiO_2 消光剂	12.00
润湿剂	1.00
流平剂	0.50

表 4-15 UV 固化面漆参考配方 9（27%光泽木材涂层）

原料名称	质量分数/%
Darocur 1173	3.00
低黏度环氧丙烯酸酯	12.00
烷氧化脂肪族二丙烯酸酯	37.00
TMPTA	31.50
EO(EO)EA	7.00
SiO_2 消光剂	12.00
润湿剂	1.00
流平剂	0.50

表 4-16 UV 固化面漆参考配方 10（10%光泽木材涂层）

原料名称	质量分数/%
Darocur 1173	2.00
低黏度环氧丙烯酸酯	12.00
烷氧化脂肪族二丙烯酸酯	37.00
$TMP(EO)_6TA$	28.50
EO(EO)EA	7.00
SiO_2 消光剂	12.00
润湿剂	1.00
流平剂	0.50

表 4-17 UV 固化面漆参考配方 11（白颜料型木材涂层）

原料名称	质量分数/%
光引发剂	3.00
脂肪族聚氨酯丙烯酸酯	12.00
$NPG(PO)_2DA$	20.15
TMP(EO)TA	22.00

续表

原料名称	质量分数/%
EO(EO)EA	7.00
TiO_2	35.00
润湿剂	0.35
流平剂	0.50

表 4-18 UV 固化面漆参考配方 12（耐磨面漆，淋涂或喷涂）

原料名称	质量分数/%
光引发剂	7
聚酯丙烯酸酯	45
脂肪族聚氨酯六丙烯酸酯	10
HDDA	15
TPGDA	10
耐磨粉	10
流平剂	0.1

上述配方仅作参考，实际生产中需根据涂装方法、固化条件和涂层要求适时调整。

4.2 光固化纸张涂料

光固化纸张涂料是一种罩光清漆，适用于书刊封面、明信片、广告宣传画、商品外包装纸盒、装饰纸袋、标签、卡片、金属化涂层等纸制基材的涂装，其目的是提高基材表面的光泽度、保护罩印面油墨图案和字样以增强涂饰美感，并且防水防污。传统的覆膜技术因生产效率低，施工技术要求高，易出现覆膜脱层问题，且涂层光泽度和成本均不及光固化罩光清漆，现已失去优势。溶剂型和水性纸张上光涂料均存在基材浸润变形、干燥时间较长等问题，不能形成规模，所以光固化纸张涂料也是光固化涂料中产量最大的品种之一，而高光型光固化纸张清漆为纸张上光涂料产量最大的品种。

光固化罩光工艺一般都是通过胶印机上经过改进的阻尼辊和辊涂机实现的，也有采用丝网印刷、凹版印刷和柔版印刷机械的，甚至采用淋涂机。光固化纸张涂料以辊涂涂装使用最广，涂料用量也最大，丝印、凹印及柔印往往采用局部上光工艺，用于承印面的局部装饰。通常普通辊涂光固化纸张涂料黏度较低，黏度在45～50s（25℃，涂 4 杯），而局部上光的光固化纸张涂料黏度较高，黏度在 800～1000mPa·s（20℃），且需要具有触变性，以满足印刷适性。光固化纸张涂料的应用基材多为软质易折的纸质材料，要求固化后涂层必须具有较高柔顺性，聚氨酯丙烯酸酯虽可提供优良的柔韧性，但成本偏高，乙氧基化和丙氧基化改性的丙烯酸酯单体可基本满足固化膜的柔顺性要求，同时保证光固化速率，同时环氧丙烯酸酯树脂可赋予固化涂层足够的附着力及硬度等性能。

表 4-19～表 4-29 为光固化纸张涂料的参考配方。

表 4-19 光固化纸张涂料参考配方 1（纸张上光、辊涂）

原料名称	质量分数/%
Darocur 1173	3.0
环氧丙烯酸酯	22.8
TPGDA	45.0
TMPTA	23.0
二苯甲酮	3.0
N-甲基二乙醇胺	3.0
流平剂	0.2

表 4-20 光固化纸张涂料参考配方 2（纸张上光、辊涂）

原料名称	质量分数/%
二苯甲酮	5.0
叔胺单丙烯酸酯	10.0
Darocur 1173 或 Irgacure 184	1.0
环氧丙烯酸酯(含 20%TPGDA)	18.4
TPGDA	55.4
$TMP(EO)_3TA$	10.0
流平剂	0.2

表 4-21 光固化纸张涂料参考配方 3（纸张上光、辊涂）

原料名称	质量分数/%
二苯甲酮	6.0
胺改性丙烯酸酯	9.9
Irgacure 184	1.0
环氧丙烯酸酯[含 20%NPG(PO)DA]	44.0
NPG(PO)DA	30.9
DTMPTTA	3.2
触变剂	0.2
氧化锌	3.6

表 4-22　光固化纸张涂料参考配方 4（纸张局部上光、丝印）

原料名称	质量分数/%
二苯甲酮	5.0
胺改性丙烯酸酯	21.0
Darocur 1173 或 Irgacure 184	1.0
环氧丙烯酸酯	46.0
TPGDA	16.5
$TMP(EO)_3TA$	10.0
流平剂	0.2

表 4-23　光固化纸张涂料参考配方 5（最佳质量的纸张涂层）

原料名称	质量分数/%
二苯甲酮	4.00
Darocur 1173	2.00
N-甲基-二乙醇胺	4.00
低黏度环氧丙烯酸酯	30.00
TPGDA	23.00
丙氧基甘油三丙烯酸酯	34.00
DPPA	2.00
流平剂	1.00

表 4-24　光固化纸张涂料参考配方 6（无异味纸张涂层）

原料名称	质量分数/%
非迁移光敏剂	30.00
低黏度环氧丙烯酸酯	13.50
PEG(400)DA	15.00
TMP(EO)TA	41.00
流平剂	0.50

表 4-25　光固化纸张涂料参考配方 7（低光泽纸张涂层）

原料名称	质量分数/%
Darocur 1173	7.00
低黏度环氧丙烯酸酯	13.50
PEG(400)DA	17.00
TMP(EO)TA	43.00
EO(EO)EA	9.00

续表

原料名称	质量分数/%
润湿剂	1.00
SiO_2 消光剂	9.00
流平剂	0.50

表 4-26　光固化纸张涂料参考配方 8（柔性凹版纸张涂层）

原料名称	质量分数/%
二苯甲酮	8.00
反应性助引发剂	15.00
低黏度低色度环氧丙烯酸酯	53.00
TPGDA	23.00
流平剂	1.00

表 4-27　光固化纸张涂料参考配方 9（卡片纸板纸张涂层）

原料名称	质量分数/%
Darocur 1173	2.00
二苯甲酮	6.00
反应性助引发剂	15.00
低黏度低色度环氧丙烯酸酯	52.00
TPGDA	12.00
PEG(400)DA	12.00
流平剂	1.00

表 4-28　光固化纸张涂料参考配方 10（纸张涂层）

原料名称	质量分数/%
Darocur 1173	2.00
二苯甲酮	6.00
反应性助引发剂	15.00
低黏度低色度环氧丙烯酸酯	52.00
TPGDA	24.00
流平剂	1.00

表 4-29　光固化纸张涂料参考配方 11（纸张涂层）

原料名称	质量分数/%
二苯甲酮	6.00
N-甲基-二乙醇胺	12.00

续表

原料名称	质量分数/%
低黏度低色度环氧丙烯酸酯	39.00
HDDA	26.00
TPGDA	16.00
流平剂	1.00

4.3 光固化塑料涂料

光固化塑料涂料适用于汽车部件、器械、光盘、装饰板、信用卡、金属化涂层等塑料基材的涂饰，它赋予了塑料良好的光泽度、光稳定性、耐磨性和耐化学品性等。在塑料成型加工过程中不可避免会产生缺陷，从而降低光泽度，影响美观程度。加之常规塑料的耐刮伤、耐溶剂、防老化等性能往往不高，需要对塑料表面进行装饰及保护。常见的塑料基材有：聚苯乙烯（PS)、聚甲基丙烯酸甲酯（PMMA)、聚氯乙烯（PVC)、聚乙烯（PE)、聚丙烯（PP)、聚酯（PET)、聚碳酸酯（PC)、ABS工程塑料等。塑料基材不同，其表面性质各异，PET、PMMA、PC等基材表面具有一定极性，光固化涂料与该类基材的附着力问题相对比较容易解决，而PE和PP基材表面极性很低，与光固化涂料的附着力很差，需要采用一些特殊的手段，如预先对PE和PP基材进行电晕、腐蚀等极性化处理，或在涂料配方中添加附着力促进剂等。总之，光固化涂料在低极性塑料表面的使用有一定难度。另外，对于不同形状的塑料，光固化涂料的涂装方法不同，平面状塑料制件（包括管材）往往采用辊涂方式，立体异型塑料制件则采用喷涂。通常光固化塑料涂料黏度较低，约为几百毫帕·秒（mPa·s)。光固化塑料涂料配方中经常添加少量硅氧烷类的流平助剂，以赋予涂料良好的流平性，保证光固化后获得高质量的装饰效果。有些塑料制件涂装固化后对耐磨、抗刮花性能要求较高，如PVC地板涂料，应选用固化后较硬的低聚物及活性稀释剂，合理调整硬性组分与柔韧组分比例，并添加合适的无机填料及纳米材料，其耐磨性可得到较大程度的改善。

表4-30～表4-47为不同塑料基材UV涂料的参考配方。

表4-30 光固化塑料涂料参考配方1（抗冲击PS涂料）

原料名称	质量分数/%
二苯甲酮	3.0
N-甲基二乙醇胺	2.0
Darocur 1173	1.0
TMP(EO)TA	85.5
HDDA	9.5

表 4-31 光固化塑料涂料参考配方 2（PS 文具涂料）

原料名称	质量分数/%
光引发剂	5
共引发剂	5
脂肪族聚氨酯六丙烯酸酯	40
DIPET6A	10
HDDA	40
流平剂	0.1

表 4-32 光固化塑料涂料参考配方 3（高耐磨 PMMA 涂料）

原料名称	质量分数/%
Irgacure184	2
DPPA	30
TMPTA	30
EDGDA	20
糠醇	5
KH-570(硅氧烷偶联剂)	100
硅胶粉	70
流平剂	0.03

表 4-33 光固化塑料涂料参考配方 4（高光 PVC 地板涂料）

原料名称	质量分数/%
Darocur 1173 或 Irgacure184	1.0
二苯甲酮	5.0
叔胺改性丙烯酸酯	4.0
脂肪族聚氨酯丙烯酸酯	70.0
NVP	10.0
脂肪族单官能丙烯酸酯	9.5
流平剂	1.0

添加少量硅微粉，可获得亚光型效果，且耐磨性能也可增加

表 4-34 光固化塑料涂料参考配方 5（PVC 地板涂料）

原料名称	质量分数/%
二苯甲酮	3
二甲基乙醇胺	2
Darocur 1173 或 Irgacure184	3

续表

原料名称	质量分数/%
脂肪族聚氨酯丙烯酸酯	58
TMPDA	10
HDDA	15
NVP	10
流平剂	1

表 4-35 光固化塑料涂料参考配方 6（PVC 地砖涂料）

原料名称	质量分数/%
光引发剂	5.5
共引发剂	0.4
脂肪族聚氨酯二丙烯酸酯(含 15%HDDA)	64
PET4A	5
HDDA	10
NVP	15
流平剂	0.3

表 4-36 光固化塑料涂料参考配方 7（PVC 地砖涂料）

原料名称	质量分数/%
光引发剂	5
共引发剂	5
脂肪族聚氨酯二丙烯酸酯	55
脂肪族聚氨酯二丙烯酸酯(含 20%HDDA)	15
DPGDA	20
TMPTA	10
流平剂	0.2

表 4-37 光固化塑料涂料参考配方 8（PVC 地板仿瓷涂层）

原料名称	质量分数/%
Darocur 1173	3.0
脂肪族聚氨酯丙烯酸酯(含 3EOTMPTA)	41.0
烷氧化脂肪族二丙烯酸酯	18.0
TMP(EO)TA	15.0
TMPTA	15.0
EO(EO)EA	7.0
流平剂	1.0

表 4-38 光固化塑料涂料参考配方 9（PVC 低光泽地板仿瓷涂层）

原料名称	质量分数/%
Darocur 1173	3.0
PUA(含 HDDA)	33.0
烷氧化脂肪族二丙烯酸酯	20.0
TMP(EO)TA	15.0
TMPTA	9.0
DPPA	3.0
EO(EO)EA	7.0
SiO_2 消光剂	9.0
润湿剂	1.0

表 4-39 光固化塑料涂料参考配方 10（PC 涂层）

原料名称	质量分数/%
Irgacure184	0.62
DPPA	28.11
脂肪族聚氨酯六丙烯酸酯	2.50
N-环己基马来酰亚胺	6.25
乙基溶纤剂	62.41
流平剂	0.10

表 4-40 光固化塑料涂料参考配方 11（PC 涂层）

原料名称	质量分数/%
非迁移性光敏剂	8
脂肪族聚氨酯丙烯酸酯(含 EOEOEA)	20
TPGDA	20
TMP(EO)TA	37
DPPA	15

表 4-41 光固化塑料涂料参考配方 12（三醋酸纤维素塑料涂层）

原料名称	质量分数/%
光引发剂 184	5
九官能团 PUA(NTX7674)	49
三官能团 PUA(CN9008)	29
三环癸烷二甲醇二丙烯酸酯(SR833S)	16
流平剂	1

表 4-42　光固化塑料涂料参考配方 13（ABS 塑胶用）

原料名称	质量分数/%
光引发剂	6
脂肪族聚氨酯二丙烯酸酯	55
TMPTA	22
TPGDA	3
HDDA	14
流平剂	0.1

表 4-43　光固化塑料涂料参考配方 14（软质聚乙烯涂层）

原料名称	质量分数/%
Irgacure184	1
二苯甲酮	4
胺改性丙烯酸酯	9
PEA 附着力促进剂	39.9
脂肪族 PUA	15
$NPG(PO)_2DA$	31
表面活性剂(FC430)	0.1

表 4-44　光固化塑料涂料参考配方 15（软质聚乙烯涂层）

原料名称	质量分数/%
Darocur 1173	3
二苯甲酮	3
三乙醇胺	2
脂肪族聚酯四丙烯酸酯	29
HDDA	10
三乙二醇单苯基醚丙烯酸酯	20
$TMP(EO)_3TA$	33

表 4-45　光固化塑料涂料参考配方 16（PE 及 PP 涂层）

原料名称	质量分数/%	
	聚乙烯涂层	聚丙烯涂层
非迁移性光敏剂	8.0	8.0
PUA(含 EOEOEA)	43.0	42.0
低黏度环氧丙烯酸酯	22.0	22.0
DPPA	27.0	28.0

表 4-46　光固化塑料涂料参考配方 17（PE 及 PP 表面金属化薄膜涂层）

原料名称	质量分数/%
非迁移性光敏剂	8.0
环氧大豆油丙烯酸酯	40.0
DPPA	29.0
HDDA	23.0

表 4-47　光固化塑料涂料参考配方 18（PE 薄膜涂层）

原料名称	质量分数/%	
	金属化薄膜涂层	乙烯基薄膜涂层
非迁移性光敏剂	10.0	10.0
脂肪族 PUA	42.0	—
三(2-羟乙基)异氰脲酸三丙烯酸酯	12.0	45.0
TMP(EO)TA	7.0	—
HDDA	24.0	20.0
EOEOEA	5.0	—
POEA	—	25.0

4.4 光固化真空镀膜涂料

光固化真空镀膜涂料是在光固化塑料涂料基础上发展起来的一种新型 UV 涂料。随着塑料装饰技术发展，一种塑料制品金属化装饰技术随之产生，光固化真空镀膜是利用塑料基材涂装底漆后，经真空电镀或溅涂，涂装一层金属薄涂层，再涂覆 UV 面漆而成。

真空镀膜材料以金属和金属氧化物为主。金属型镀膜材料有铝、锡、铟、钴、镍、铜、锌、银、金、钛、钼、钨等，合金型镀膜材料有镍-铬、镍-铁、铁-钴、金-银等，金属化合物型的镀膜材料有二氧化硅、二氧化钛、二氧化锡、二氧化铈、三氧化二铋、氟化镁、硫化锌等，其中以铝的应用最多。原因是铝在真空条件下，蒸发温度较低，易操作；铝镀膜层对塑料的附着力强，富有金属光泽；铝镀膜层能遮蔽紫外线，对气体阻隔性也很好；加之，铝的价格便宜。另外，铝的导电性也很好，镀层厚度达到 0.9nm 即可导电，厚度达到 30nm 其导电性能与铝材相同。铝的发射率高，镀膜厚度 46nm 的发射率可达 90%。

经涂装后的塑料表面，完全闪烁着金属光泽，显出高贵和富丽堂皇的金属品质，根本看不出是塑料制品。塑料的金属化装饰不仅可以节约大量宝贵的金属材料，也大大减轻了制品的重量，近年来在化妆品包装瓶和包装盒、汽车车灯、酒瓶包装瓶盖、手机塑料按键、钟表外壳等制造中获得了广泛的应用。

表 4-48～表 4-51 为光固化真空镀膜涂料的参考配方。

表 4-48 光固化真空镀膜涂料配方 1～6 单位：质量份

组分	牌号及属性	配方 1	配方 2	配方 3	配方 4	配方 5	配方 6
Irgacure651	光引发剂	3	4	4	6	6	16
二苯甲酮	光引发剂	3	4	2	—	—	—
聚氨酯丙烯酸酯	Thiokol Uvithane 788，基于聚酯二醇、HMDI、HEA 的 PUA，其中聚酯二醇基于己二酸、PPG1000、羟基当量 500	30	53	—	—	—	—
聚氨酯丙烯酸酯	Polychrome Uvimer530	—	—	85	70	15	—
聚氨酯丙烯酸酯	Polychrome Uvimer775，基于聚酯多元醇、HMDI、HEA 的三官能 PUA，基于三羟甲基丙烷、己二酸的聚酯多元醇，分子量 800，HMDI	—	—	—	—	—	186
环氧丙烯酸酯	Celanese Celrad 3700	30	—	—	—	—	—
环氧丙烯酸酯	Shell DHR 370	—	—	—	15	75	—
季戊四醇三丙烯酸酯	PETA	40	53	5	15	—	14
丙烯酸苯氧乙酯	PEA	—	—	10	—	10	—
甲醇	溶剂	37	30	—	41	—	—
异丙醇	溶剂	10	19	47	—	25	122
醋酸丁酯	溶剂	10	12	—	10	10	—
正丁醇	溶剂	—	—	24	20	—	23
黏度(25℃)/s		23	20	20	22	23	25

表 4-49 光固化真空镀膜涂料配方 7

组分	用量/质量份
2,2-二乙氧基苯乙酮	6.0
季戊四醇三丙烯酸酯	151.7
双酚 A 环氧双丙烯酸酯(Interez Novacure 3700)	151.7
非离子氟碳表面活性剂(3M FC-431)	0.6
异丙醇	185.3
丁酮	185.3
芳烃溶剂 Solvesso 100	92.7

表 4-50　光固化真空镀膜涂料配方 8

组分	用量/质量份
Darocur 1173	6.4
2,2-二乙氧基苯乙酮	8.9
二苯甲酮	9.5
PETA	80.1
HDDA	53.4
丙烯酸酯共聚物(IBOA、MMA、HEA、甲基丙烯酸二甲氨基乙酯及甲基丙烯酸丁酯在乙酸酯溶剂中聚合而得,数均相对分子质量 $3.1\times10^4\sim4.0\times10^4$)	31.8
FC-431	0.6
醋酸丁酯	313.9
2-乙氧基-4′-异十二烷基 OXD(Sandoz Sanduvor 3206)	31.8

表 4-51　光固化真空镀膜涂料配方 9

组分	用量/质量份
二苯甲酮	9.8
2,2-二乙氧基苯乙酮	9.2
Darocur 1173	6.6
HDDA	59.0
乙氧基化 TMPTA(Sartomer SR454)	88.4
丙烯酸酯共聚物(IBOA、MMA、HEA、甲基丙烯酸二甲氨基乙酯及甲基丙烯酸丁酯在乙酸酯溶剂中聚合而得,数均相对分子质量 $3.1\times10^4\sim4.0\times10^4$)	31.8
CP343-3	26.2
乙酸丁酯	299.4

4.5 光固化金属涂料

光固化金属涂料适用于钢材防锈、金属标牌装饰、金属饰板制造、彩涂钢板、印铁制罐、易拉罐加工、铝合金门窗保护及钢管临时涂装保护等方面。大多金属均存在易腐蚀问题，且金属表面的耐磨抗刮伤性能较差，用光固化涂料涂装后既美观又可以保护金属表面。一般情况下在涂饰光固化涂料之前金属表面已产生一层氧化膜，由于其金属氧化物的表面能降低，影响了光固化涂料的附着力，这是光固化涂料应用于金属基材常常遇到的问题。因此，解决与金属涂层附着力的办法是添加附着力促进剂，如带有羧基的丙烯酸酯、丙烯酸酯化的酸性磷酸酯等，可参考 3.2.14.1 节提高附着力的活性稀释剂。含有羧基的丙烯酸酯既可解决与金属基材附着力的问题，还可有效去除油膜对金属附着力的干扰，丙烯酸酯化的酸性磷酸酯可参与交联聚合，进入交联网络。

表 4-52～表 4-58 为不同金属基材光固化涂料的参考配方。

表 4-52　光固化金属涂料参考配方 1（电镀钢板）

原料名称	质量分数/%
二苯甲酮	3
二甲基乙醇胺	2
环氧丙烯酸酯	60
TMPDA	20
丙烯酸异辛酯	10
NVP	5
表面活性剂 Fluorad FC430	0.1

表 4-53　光固化金属涂料参考配方 2（钢管防腐）

原料名称	质量分数/%
二苯甲酮	2.5
Irgacure184	5
聚酯丙烯酸酯附着力促进剂	15
低黏度环氧丙烯酸酯	30
环氧丙烯酸酯	5
EOEOEA	18.9
TMP(EO)TA	16.1
三丙烯酸酯附着力促进剂	7
流平助剂 Tego Rad 2200	0.5

表 4-54　光固化金属涂料参考配方 3（金属铝材）

原料名称	质量分数/%
Irgacure184	4
聚氨酯丙烯酸酯	80
HDDA	20
氟表面活性剂	0.5
混合溶剂(二甲苯：甲苯：异丙醇=1：1：1)	120

表 4-55　光固化金属涂料参考配方 4（金属铝材）

原料名称	质量分数/%
二苯甲酮	4
Irgacure184	4

续表

原料名称	质量分数/%
聚氨酯丙烯酸酯	43.6
DPPA	29.2
三丙烯酸酯附着力促进剂	4
混合溶剂(丁酮：乙酸乙酯=4：1)	15.2

表 4-56　光固化金属涂料参考配方 5（铝罐涂层）

原料名称	质量分数/%
Irgacure184	3.0
二苯甲酮	5.0
活性胺(Novacure 7100)	8.0
EA(Novacure 3700)	19.0
芳香族 PUA(EB 4827)	13.5
IBA	46.0
聚硅氧烷双丙烯酸酯(EB3500)	1.0
硅烷偶联剂(KH-560)	1.0
聚乙烯蜡粉(S395 N_2)	2.5
氟化蜡粉(SST-3)	1.0

表 4-57　光固化金属涂料参考配方 6（黑色金属涂层）

原料名称	质量分数/%
Irgacure 907	4.5
ITX	0.5
二苯甲酮	2.0
芳香酸丙烯酸酯半酯[含 TMP$(EO)_3$TA]	46.0
低黏度芳香族单丙烯酸酯	22.0
POEA	20.0
Raven 450 炭黑	4.0
流平剂	1.0

表 4-58　光固化金属涂料参考配方 7（铜导线）

原料名称	质量分数/%
Irgacure 651	5
二苯甲酮	3
TEA	2

续表

原料名称	质量分数/%
脂肪族 PUA(Photomer 6008)	50
乙氧基双酚 A 二丙烯酸酯	8
PO-TMPTA	10
TPGDA	16
PETA	30

阳离子光固化配方可有效解决固化膜体积收缩，从而提高 UV 固化膜对多种金属的附着力。UV 阳离子光固化涂料适合于涂装好的金属板材或卷材进行切割、冲压成型的场合，如冰箱、洗衣机等家电金属外壳的生产加工，金属导线绝缘保护涂料，金属罐外壁的涂装保护等。

表 4-59～表 4-63 为白、黄、蓝、红、黑四色 UV 固化阳离子型金属涂料。

表 4-59　光固化金属涂料参考配方 8（金属铝罐白色涂料）

原料名称	质量分数/%
三芳基硫鎓六氟磷酸盐	2.25
增感剂	0.75
脂环族环氧树脂	57
钛白粉	40

表 4-60　光固化金属涂料参考配方 9（金属铝罐黄色涂料）

原料名称	质量分数/%
CRACURE UVI-6990	8.0
脂环族环氧树脂	95.5
DVE-3	20.0
聚己内酯二醇	5.2
黄色颜料	12.0

表 4-61　光固化金属涂料参考配方 10（金属铝罐蓝色涂料）

原料名称	质量分数/%
三芳基硫鎓六氟磷酸盐	8.0
脂环族环氧树脂	90.5
DVE-3	20.0
聚己内酯二醇	5.2
蓝色颜料	12.0

表 4-62　光固化金属涂料参考配方 11（金属铝罐红色涂料）

原料名称	质量分数/%
三芳基硫鎓六氟磷酸盐	8.0
脂环族环氧树脂	85.5
DVE-3	20.0
聚己内酯二醇	5.2
颜料红色	12.0

表 4-63　光固化金属涂料参考配方 12（金属铝罐黑色涂料）

原料名称	质量分数/%
三芳基硫鎓六氟磷酸盐	8.0
脂环族环氧树脂	75.5
DVE-3	20.0
聚己内酯二醇	5.2
黑色颜料	12.0

4.6 光固化光纤涂料

光固化光纤涂料是光固化技术在通讯技术领域应用的突出代表，也是光固化涂料应用非常成功的领域，它以高固化速率、优良的防护和光学性能，在光纤生产和使用中发挥了重要作用。

光纤有石英玻璃光纤和塑料光纤两类，石英玻璃光纤透光性能优异，光信号在其中的衰减较小，适用于远距离光信息传输，但存在加工成本高、质量控制严格、脆性高、易折断、难修复问题；塑料光纤柔软，易于加工，但透光性能不好，传送距离仅限于 50m 以内，适合在短距离传感器等仪器仪表上使用。因此，目前石英光纤仍占绝对优势地位。石英光纤一般分为 3 层：中心为掺杂了镓、磷等元素，高折射率的玻璃芯（芯径约 5μm）；中间为低折射率硅玻璃包层（直径 125μm）；外面为树脂涂层（包括内涂层和外涂层）。图 4-1 为单模光纤结构示意图。

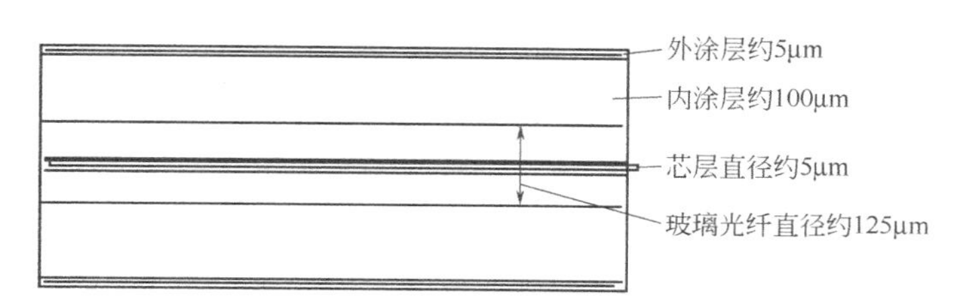

图 4-1　单模光纤结构示意图

石英光纤在制作过程中先将预制石英棒在高温石墨炉内熔融，然后拉丝成纤，此时的玻璃裸纤又细又脆、非常容易折断，加之环境因素易使裸纤发生氧化，吸附灰尘、水分，微弯或刮伤等，这些都直接影响光纤的信号传输质量。因此，必须涂装光纤涂料保护裸纤表面，强化力学性能，增强抗弯折能力。光纤涂料有溶剂型光纤涂料和光固化光纤涂料两种，由于光固化光纤涂料固化速率快，涂装效率高，目前均采用光固化光纤涂料。涂装光固化光纤涂料通常是在高位塔炉将裸纤垂直拉神，当降温至150℃以下后，垂直穿过光固化涂料液槽，浸涂后，再经过一个环形紫外光源照射，固化成膜。工业上光纤生产线速率可达20m/s。光纤涂料应满足三个条件：①流变性能适宜，②固化速率快，③无固体颗粒。为了保证适宜的流变性能涂料可均匀、同心涂覆，固化速率必须与光纤拉伸速度匹配，固化膜中若含有固体颗粒会增加信号传输的损耗。通常光纤涂料包括两层：内涂层和外涂层。内涂层具有较高的折射率、适当的附着力、较低的模量和较宽的玻璃化温度（－60～80℃）、良好的防水功能。外层涂层具有较高的模量和玻璃化温度、较好的耐老化性。此外，为了光纤连接与维护方便也将外涂层制成UV有色涂层。内柔外硬的光纤双涂层保证了光信号的传输、足够的力学性能、良好的耐化学性及长久的使用寿命（25年）。

光固化光纤涂料通常采用的低聚物有聚氨酯丙烯酸酯、聚硅氧烷丙烯酸酯、改性环氧丙烯酸酯和聚酯丙烯酸酯。芳香族的聚氨酯丙烯酸酯在保持固化膜良好柔韧性的同时，以其芳环结构赋予固化膜适当的硬度和拉伸强度；聚硅氧烷丙烯酸酯具有优越的综合性能，在柔韧性、防潮、隔氧、抗侵蚀、耐老化等方面突出，但成本较高，作为普通光纤涂装应用受限制；改性环氧丙烯酸酯在柔韧性方面得到改善，其母体聚合速率快、黏附力强、高抗冲击强度等特性得以保持；聚酯丙烯酸酯，特别是聚己内酯丙烯酸酯，具有较好的柔韧性和拉伸强度。光引发剂和活性稀释剂也多采用两种以上复合体系，并选择体积收缩小的活性稀释剂以免造成膜层对光纤的不均衡应力，使光纤传输质量下降。此外，灰尘及凝胶粒子的存在将严重影响光纤质量，涂料使用前最好经超细过滤处理，将粒径1μm以上的粒子去除干净。

表4-64～表4-68为光固化光纤涂料参考配方。表4-64为光纤色标油墨系列颜色的配比。

表4-64　光固化光纤涂料参考配方1（内涂层）

原料名称	质量分数/%
二苯甲酮	3
二氨基二苯甲酮	2
双酚A环氧丙烯酸酯	100
N-乙烯基吡咯烷酮	7
助剂	适量

表 4-65　光固化光纤涂料参考配方 2（内涂层）

原料名称	质量分数/%
安息香醚类光引发剂	5
二苯甲酮	2
N,*N*-二甲基苄胺	2
丙烯酸酯类活性稀释剂	100
增感剂	2
稳定剂	0.2

表 4-66　光固化光纤涂料参考配方 3（三元复合涂层）

原料名称	质量分数/%
安息香乙醚	6.5
二苯甲酮	1.2
N,*N*-二甲基苄胺	1.2
聚硅氧烷丙烯酸酯	50～60
聚氨酯丙烯酸酯	40
环氧丙烯酸酯	30
增感剂	2.6
丙烯酸酯	2.4
对羟基苯甲醚	0.12
紫外光吸收剂	0.036

表 4-67　光固化光纤涂料参考配方 4（有色涂层）

原料名称	质量分数/%
二苯甲酮	3～5
有机硅环氧安息香丙烯酸酯	60
脂环族环氧丙烯酸酯	40
增感剂	2～3
稳定剂	0.1～0.2
光敏染料	2

表 4-68　光纤色标油墨系列颜色的配比

油墨颜色	三原色配比		
	RUA	YUA	BUA
红色	100	0	0
橙色	27	73	0

续表

油墨颜色	三原色配比		
	RUA	YUA	BUA
黄色	0	100	0
绿色	0	78	22
靛色	0	8	92
蓝色	0	0	100
紫色	55	45	0
褐色	50	27	23
灰色	22	40	38

注：RUA 为分散红氨基丙烯酸酯；YUA 为分散黄氨基丙烯酸酯；BUA 为分散蓝氨基丙烯酸酯。

4.7 光固化保形涂料

保形涂料是涂覆于带有插接元件的印刷线路板上的保护性涂料，它可使电子元件免受外界因素的影响，起到防尘埃、防潮气、防化学药品、防霉腐蚀的作用，延长器件寿命，提高稳定性，保证电子产品的使用性能。

光固化保形涂料具有固化速率快、适于热敏性基材、无 VOC 排放，环保，节能，高效，节省空间，成本较低等优点，在印刷线路板保形涂料领域越来越受到重视。UV 固化保形涂料的使用可大大提高印刷线路板的涂装效率，也为线路板修复和局部快速涂覆保护提供了便利。目前对于有少量阴影区域的复杂线路板均采用双重混杂固化技术，即光/热混杂固化、光/潮气混杂固化，光/空气混杂固化等，先通过光照使线路板上大部分区域迅速固化，然后利用热、潮气、空气等暗固化在后续工艺中实施，保证少量阴影区域在短期内固化完全，这样既提高了线路板涂装生产效率，又保证了保形涂层的全面固化。

目前光固化保形涂料有以下四种类型。

4.7.1 聚氨酯型保形涂料

自由基光聚合聚氨酯型涂料是通过含羟基的丙烯酸或甲基丙烯酸单体与多元异氰酸酯反应而获得具有不饱和度的聚氨酯光固化树脂。光/暗双重混杂固化聚氨酯型保形涂料，以多羟基的双酚 A 环氧丙烯酸树脂为主体树脂，与二异氰酸酯-丙烯酸羟乙酯半加成物组成双组分体系，两组分及活性稀释剂可进行光聚合，半加成物异氰酸酯基与环氧丙烯酸树脂的羟基作用，实现室温阴影固化。聚氨酯型涂料具有耐潮性、耐化学腐蚀、介电性能优异的特点。

4.7.2　丙烯酸型保形涂料

通常都利用丙烯酸单体或带有丙烯酸官能的化合物对其它树脂进行改性制得聚氨酯丙烯酸酯、环氧树脂丙烯酸酯等。丙烯酸型光/暗双重固化保形涂料以硅烷偶联剂改性丙烯酸酯作为主体树脂，利用烷氧基硅潮气水解交联机理实现阴影固化。该体系性能非常好，且具有耐热性好、电性能极佳的特点。

4.7.3　环氧树脂保形涂料

通常采用阳离子光聚合型脂环族环氧型保形涂料，该体系可在有氧条件下聚合，在无光照下可继续发生暗固化反应。脂环族环氧型保形涂料具有耐高温、耐潮、耐化学腐蚀，耐候、柔韧性好、硬度高、抗划伤等特性。

4.7.4　硅氧烷保形涂料

通常用化学方法对硅氧烷进行改性，制得丙烯酸改性有机硅涂料或聚氨酯改性有机硅涂料。前者具有优良的耐光、耐候性，后者具有优良的耐油性和附着力。加之硅氧烷保形涂料优异的耐潮性、耐腐蚀性和耐高温性，多应用于印刷线路板的高热分散元件上。

表 4-69～表 4-71 为光固化保形涂料参考配方。

表 4-69　双重固化保形涂料参考配方 1～2

原料名称	质量分数/%	
	配方 1	配方 2
光引发剂	2～3	2～3
热引发剂	—	1
环烷酸钴	0.1～1	—
聚氨酯丙烯酸酯	10～15	10～15
丙烯酸系活性稀释剂	70～75	70～75
甲基丙烯酸羟基酯	5～10	5～10
取代硅烷	1	1
表面活性剂	0.1～1	0.1～1
溶剂	0.1～1	—

表 4-70　光固化保形涂料参考配方 3

原料名称	质量分数/%
Irgacure 651	3.85
聚酯丙烯酸酯	38.26

续表

原料名称	质量分数/%
TEGDA	4.28
HDDA	26.15
IBE	22.81
IBA	3.20
表面活性剂(FL-171)	0.55

表 4-71 阳离子光固化保形涂料参考配方 4

原料名称	质量分数/%
阳离子光引发剂(Uvacure1590)	4.0
环氧树脂(Uvacure1500)	46.5
环氧树脂(Uvacure1530)	49.0
SilwetL	0.5

4.8 光固化玻璃、陶瓷、石材涂料

玻璃、陶瓷均以硅酸盐为主要成分，表面硬质而脆，呈一定极性，因此，对光固化涂料的柔韧性要求不高，关键要解决与基材的附着力问题。

玻璃材料表面致密，涂料不能渗透，可通过添加硅氧烷偶联剂提高涂层与基材的附着力，如 KH-560。KH-560 为硅氧烷甲基丙烯酸酯，甲基丙烯酸酯基可参与聚合交联，成为交联网络的一部分，硅氧烷基团与玻璃表面的硅羟基缩合形成 Si—O—Si 结构。通过局部丝印获得的具有磨砂效果的刻蚀涂层对玻璃表面有很好的装饰效果。

陶瓷表面为多孔结构，光固化涂料可向内渗透，固化后涂层与基材有效接触面积增大，有利于提高附着力，但涂层不能太厚，容易造成固化不完全。光固化高光陶瓷涂料的使用可提升产品的品质，产生釉质般的视觉效果。光固化涂料用作地砖涂料时，应侧重解决涂层的耐磨性，通过采用提高耐磨性的树脂、多官能度活性稀释剂的使用、添加无机填料和纳米材料技术等方面措施进行改性。

光固化石材涂料可对石材表观起到很好的装饰保护效果。由于石材多为活性碳酸钙质成分和多微孔结构，采用羧基化树脂对提高附着力有益。光固化石材涂料应侧重解决涂层的抗冲击、耐磨、抗刮性能，必要时添加碳酸钙、滑石粉等无机填料补强。

表 4-72～表 4-75 为光固化玻璃、光固化陶瓷、光固化石材涂料参考配方。

表 4-72　光固化玻璃涂料参考配方 1

原料名称	质量分数/%
Darocure 1173	3.00
二苯甲酮	3.00
脂肪族聚氨酯丙烯酸酯(含 TPGDA)	50.00
低黏度芳香族单丙烯酸酯	39.00
三丙烯酸酯附着力促进剂	5.00

表 4-73　光固化玻璃涂料参考配方 2

原料名称	质量分数/%
Darocur 1173	4
环氧丙烯酸酯	30
聚氨酯丙烯酸酯	10
TPGDA	34
TMPTA	10
KH-560	2
气相二氧化硅	5
溶剂	5

注：此配方产品有磨砂效果。

表 4-74　光固化陶瓷涂料参考配方

原料名称	质量分数/%
Irgacure 184	4
氨基(甲基)丙烯酸酯	24
脂肪族聚氨酯丙烯酸酯	20
TPGDA	30
TMP(PO)TA	20
BYK306	0.5
BYK333	0.5
BYK920	1

表 4-75　光固化石材涂料参考配方

原料名称	质量分数/%
光引发剂	2～6
丙烯酸酯	10～60

续表

原料名称	质量分数/%
甲基丙烯酸酯	40～90
紫外线吸收剂	0.5～2.0
流平剂	0.3～1
稳定剂	0.1～0.5
黏附剂	5～10
改性剂	0.5～5.0
润湿剂	0.2～0.5

4.9 光盘保护涂料

光盘保护涂料是光盘制造中的配套材料，对保护光盘信息层起到了关键性作用，无论是只读型光盘（CD、VCD、DVD）、一次写入型光盘（CD-R、DVD-R）还是可擦写型光盘（DRAW-E），都离不开光盘保护涂料。图 4-2 为 CD/CD-R 光盘的制造过程，图 4-3 为 CD-R 光盘的截面图。

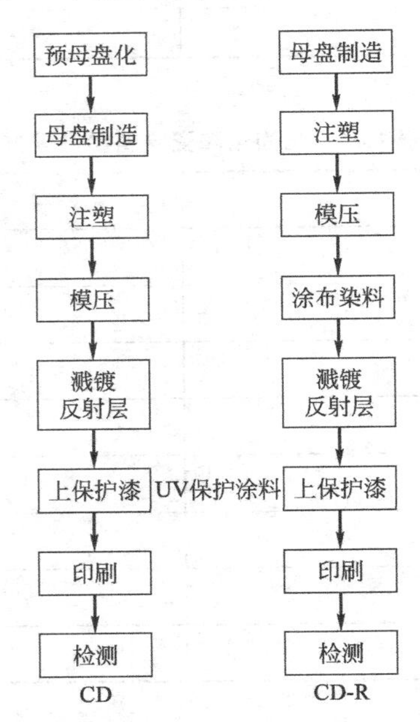

图 4-2　CD/CD-R 光盘的制造过程

CD-R 光盘的制作工艺流程主要由 5 部分组成。

① 母盘制作　CD-R 光盘母盘的制作工艺与 CD 母盘制造大致相同，都是用激光刻蚀机（LBR，laser beam recoder）对基版做蚀刻。不同的是对基版不是坑

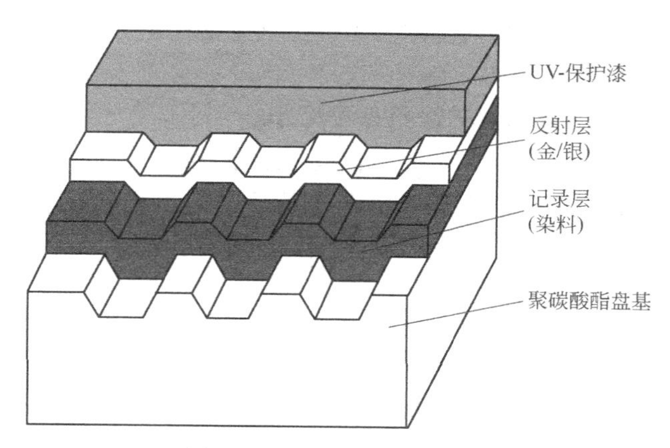

图 4-3　CD-R 光盘的截面图

(pit) 的蚀刻，而是由程式控制刻出由片子中心开始由内而外的一条螺旋状的预刻槽沟 (pregroove)。CD-R 光盘的摆动槽已带有时间和转动的控制信息，因而不需要双光束刻录机，只用单光束刻录机就可以完成 CD-R 光盘母盘的刻录。

② 注塑成型　CD-R 光盘基片的注塑要求要高于 ROM 光盘基片。不仅是光学双折射和表面倾斜角，而且摆动槽的规整性和表面光洁度也同样影响制盘的质量。因此，一般用注塑-加压法，注塑成型的时间不能太快。

③ 染料涂膜　一般采用旋涂法 (spin coating)。制膜的工艺条件取决于配制的染料溶液。注塑后基片首先经过冷却，然后将配制的染料溶液滴到光盘基片表面，并将盘片高速旋转，在盘基上涂一层 0.2μm 厚的染料层，而且这一层的均匀性要求较高，使得这一 CD-R 特有的工序成为关键。涂膜后的基片必须经过修边工艺操作，即清除掉盘片边缘的染料层，以便以后镀上的金属层和保护层覆盖严密，防止大气从边缘对染料薄膜起化学作用。

④ 成盘工艺　染料涂膜和修边以后要经过一段时间干燥 (40～90℃)，然后金属化镀膜，一般采用溅射法制备金或铝膜。镀金或铝后的盘片采用旋涂法涂 UV 保护涂料，然后进行紫外光固化。

⑤ 检测　检测包括在线检测和线外检测两方面。在线检测有三个环节，第一环节为检测注塑后的光盘基片，主要包括宏观缺陷和透过滤等；第二环节是在涂染料层后的光盘盘片上，主要通过检测薄膜的光密度来检测薄膜的厚度和均匀性；第三个环节是最后光盘成品检测，目前主要检测各种工艺过程后的光盘缺陷，用激光扫描的方法，检测每片的缺陷大小和密度。线外检测是采用抽样检查，主要检查光盘的光学质量 (双折射和倾斜角) 和读写性能。

从上述光盘结构了解到，UV 光盘涂料是涂覆于金属反射层之上，直接与铝膜或金膜接触，所以应属于 UV 金属涂料。对 UV 光盘涂料的性能要求如下：因为涂覆时采用旋涂法，涂料黏度较低；与铝或金基的附着力良好；作为信息存储材料的涂层要求体积收缩小；与后续印刷的油墨附着力良好；有一定的耐热性；耐磨，抗刮。另外涂料中不能含有磷酸酯附着力促进剂等酸性组分，否则金属反射膜易被腐蚀破坏，影响光盘信号读出。

表 4-76、表 4-77 为光盘保护涂料参考配方。

表 4-76 光盘保护涂料参考配方 1

原料名称	质量分数/%
Irgacure 184	4
TPO	2
EDAB	0.3
聚氨酯丙烯酸酯	26
2-羟基-3-苯氧基丙烯酸酯	24
环氧丙烯酸酯	17
DEGDA	20
TMP(EO)TA	1.5
HPA	5
乙氧基化甲基丙烯酸磷酸酯	0.2

表 4-77 光盘保护涂料参考配方 2

原料名称	质量分数/%
Irgacure 184 或 Darocur 1173	4
脂肪族聚氨酯丙烯酸酯	10
低黏度环氧丙烯酸酯	10
NPG(PO)DA	70
TMP(EO)TA	5
附着力促进剂	0.5
流平剂	0.5

4.10 光固化皮革涂料

皮革涂饰剂是用于皮革表面涂饰保护和美化皮革的助剂，它是由成膜物、着色剂、助剂和溶剂按照一定比例配制而成，其中成膜物是皮革涂饰剂的主体。皮革涂饰剂在皮革制造业中有着非常重要的价值，可以增加皮革的美观，延长皮革使用寿命、显著提高皮革的质量和档次，增加商业价值。

光固化皮革涂料用于皮革表面涂饰具有以下特点。①涂层固化速率快，液态的材料可在几秒内完成固化反应，相对于常常多达数小时甚至几天才能固化的热固化工艺，大大提高了生产效率，节省了半成品的堆放空间，更能满足大规模自动化生产的要求。②皮革产品质量得到保证，由于 UV 光固化反应属低温固化，因此避免了因热固化时高温对皮革等热敏基质可能造成的损伤。③生产费用低，光固化皮革涂料所需的能量仅相当于传统热固化的 1/5 左右，不像传统热固化那样需要加热基质以及蒸发除去稀释用的水或有机溶剂，从而可节省大量能源。此外，光固化设备投资相对较低，厂房占地较少。④污染少，传统热固化法需向大气中排放大量稀释用的有机溶剂（VOC），造成环境污染并损害操作工人身体健康。光固化皮革涂料基本不使用有机溶剂，其稀释用的活性单体也参与固化反应，基本上是 100%固含量，因此，可减少因溶剂挥发所导致的环境污染以及可能产生的火灾或爆炸等事故。目前光固化皮革涂料研究与应用成为热点。国外有意大利 Fenice SPA 公司、德国 BASF 公司、德国 Bayer 公司、荷兰 Stahl 公司等有较好的基础。

与国外同类项目相比，目前国内皮革涂饰剂的品种仍以大量溶剂型涂饰剂和一定量的水性聚氨酯涂饰剂为主导产品。大、中型制革厂的涂饰车间通常都装配有全封闭的涂饰、干燥生产流水线，车间内的空气污染虽已减到最低，但涂饰剂中的挥发性物质最终是要挥发到大气中，即使是在皮革出厂后，仍在继续挥发。因此，国内制革厂在加工生产中、高档皮革产品时，也多采用国外涂饰剂。由于今后消费者对皮革制品的绿色化要求（不含挥发性有机物等有毒物质）会不断提高，如国外一些汽车厂家要求坐垫革内的挥发性有机物含量在 1mg/kg 以下，因此，制革厂出于自身发展的需要考虑，更乐于接受绿色环保的涂饰材料。即使是水基涂饰剂，如水性聚氨酯，仍会有 5%的有机溶剂，此外，水基涂饰剂往往需要配合交联剂、机械熨烫等操作以提高其涂膜的各项性能，如耐干、湿擦性能及光滑度、光亮度，而在引入交联剂的同时，就不可避免地要引入有机溶剂，因交联剂类材料对水敏感，必须用一定比例的有机溶剂进行配制才能很好地分散到涂饰剂的其它组分中。因此，光固化皮革涂料环保、高效、高性能的优势已成为应用于皮革涂饰领域的共识。2006～2007 年北京化工大学和温州鹿城油墨化学公司开发了拥有自主知识产权的光固化皮革涂饰剂和立体光固化技术，将光固化皮革涂料应用于皮革制品生产。

光固化皮革涂料既可用于真皮，也可用于人造革，涂装的效果有高光、磨砂、绸面等多个品种，使皮革的美观程度大大提高。真皮材料为极性表面，渗透性较强，有利于与光固化皮革涂料的附着，但鞣革剂的存在会影响涂层的附着力，需要添加与鞣革剂相容性的组分改善附着力。涂装工艺以喷涂为主，要求涂料黏度较低，为防止低黏度涂料快速渗入皮革内层（如果涂料固化不完全，残留的活性稀释剂不仅产生气味，而且对人体皮肤产生刺激），宜缩短喷涂与固化时间间隔，这时涂层流平很关键。对于革制品，如果要求保留皮革表面原始的孔粒结构只要喷涂 UV 面漆即可；如果需要填补皮革表面的坑凹结构，最终获得很平滑的革面，需要先辊涂一层 UV 底漆（UV 底漆通常含有较多的颜料粒子）然后再涂覆 UV 面漆。一般对 UV 皮革涂层的柔顺性、耐磨、抗刮伤性能要求较高。

表 4-78～表 4-80 为光固化皮革涂料参考配方。

表 4-78　光固化皮革涂料参考配方 1

原料名称	质量分数/%
光引发剂	1～5
脂肪族聚氨酯丙烯酸酯	20～50
丙烯酸改性环氧树脂	0～20
反应性丙烯酸酯单体	10～50
流平剂	0.3～1
消泡剂	0.1～0.5
润湿剂	0.5～1.5
耐磨剂	0.5～3
溶剂	2～20

表 4-79　光固化皮革涂料参考配方 2（辊涂）

原料名称	质量分数/%
Irgacure 184 或 Darocur 1173	2.00
二苯甲酮	2.00
高分子量聚氨酯双丙烯酸酯(含 30%NVP)	39.7
四官能度聚酯丙烯酸酯	31.76
NVP	7.94
IOBA	7.94
邻苯二甲酸二异辛酯	8.66

表 4-80　光固化皮革涂料参考配方 3（喷涂）

原料名称	质量分数/%
Darocur 1173	2.0
芳香族聚氨酯丙烯酸酯	31.1
NVP	31.1
2-EHA	31.1
TMPTA	4.7

表 4-79 聚氨酯双丙烯酸酯分子量高达 10^4 数量级，赋予固化膜良好的柔韧性和耐磨性能，固化涂层的断裂伸长达 300%。高官能度聚酯丙烯酸酯提高光固化速率，并赋予固化膜适当的韧性和拉伸强度；NVP 与丙烯酸异冰片酯活性稀释剂可降低固化收缩，丙烯酸异冰片酯的环状结构有助于提高固化膜的 T_g。邻苯二甲酸二异辛酯是非反应性组分，起增塑作用。

表 4-80 聚氨酯丙烯酸酯提供柔韧性和耐磨性，大量单官能活性稀释剂使涂料

黏度较低，适合喷涂；使用少量 TMPTA 可适当提高聚合交联速率。

4.11 光固化汽车涂料

汽车涂料作为重要工业涂料代表着涂料工业发展的最高水平和发展方向，也是最具高产值和高附加值的涂料产品。用于汽车装饰的汽车涂料不仅要求具有良好的防腐、耐磨、耐候和抗冲击性能，还要求漆膜丰满、鲜艳度高、不泛黄，并具有优异的涂饰效果。除了汽车壳体大部分为金属材料，塑料在汽车工业上也广泛应用，因此，光固化汽车涂料要满足不同基材的使用要求，即汽车壳体用光固化面漆、汽车塑料部件涂装用光固化涂料。此外，汽车修补漆也是汽车涂料的重要组成部分。目前，汽车涂料中除了底漆是水溶性电泳漆外，中涂和面漆大部分是溶剂型的，因此，涂装过程中有大量有机溶剂挥发排放。随着世界范围内工业环保要求越来越高，各国环保法规越来越严，早在 1994 年欧洲提出了《溶剂控制指令——汽车涂装过程排放限制》，明确规定汽车涂装线有机溶剂（VOC）的排放量不得高于 $45g/m^2$，德国对 VOC 排放严格规定不得高于 $35g/m^2$。目前溶剂型面漆的 VOC 为汽车涂料 VOC 之最，一辆普通轿车的 VOC 排放量平均达 10kg，相对于 $125g/m^2$。因此，光固化涂料以其高固化效率、环保节能等优势解决了溶剂型汽车涂装的当务之急。

当前，在汽车涂装领域将逐步得到应用的有以下三个领域。

4.11.1 汽车整车光固化涂料

汽车车体光固化面漆是作为车身外衣赋予了汽车华丽的外观。汽车用光固化面漆必须具有抗光氧化、抗水解、抗酸雨、抗划伤、抗冲击、抗曝晒等性能。车用光固化面漆都采用两层涂装工艺，底色涂料加罩光涂料，下层涂料加有各种颜料，包括彩色颜料和闪光颜料等以呈现不同的色彩；上层罩光涂料赋予涂层高光泽，图 4-4 为汽车面漆使用示意图。光固化涂料具有快速固化、耐划伤、高光泽、高硬度且无溶剂等优点非常适合作为汽车面漆使用。

近年来，为了推广汽车用光固化面漆的使用，重点解决了三个技术问题。

（1）光固化技术的可行性问题　光固化技术能否用于汽车面漆面临的首要问题：通常汽车的罩光涂层较厚，漆膜在 35-40μm 甚至 50μm；汽车壳体形状复杂，对光固化技术来说属异型材固化，存在光较难照射到的阴影部分，产生固化不完全。

目前采用的技术方案有以下几点：选用高引发活性且在长波紫外波长有强吸收的酰基膦化氧类光引发剂；采用光/热双固化体系，解决深层及阴影部分涂层难以固化问题；选用高强度的 UV 光源，保证 UV 涂料固化完全，同时设计开发 UV 车身 3D 软件系统（图 4-5），通过计算机软件自动计算汽车车身各部位辐照能量与

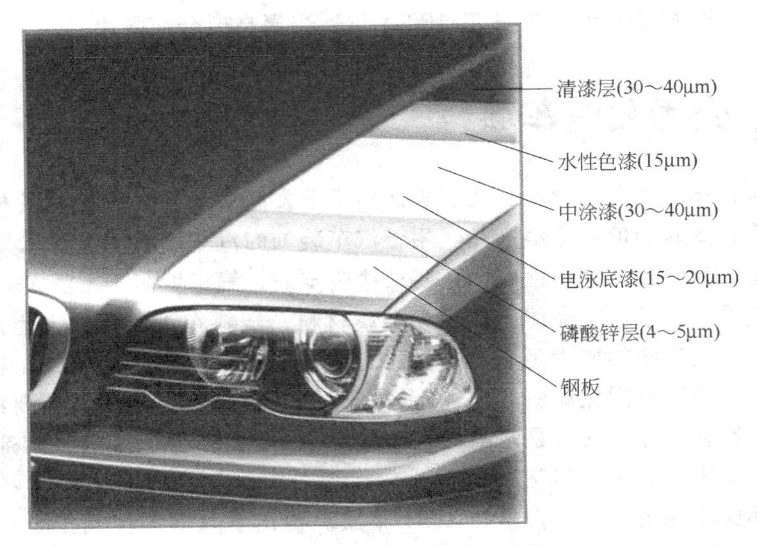

图 4-4　汽车面漆的使用示意图

图 4-5　汽车车身 3D 光固化设备

固化效果关系。

（2）光固化面漆附着力问题　光固化涂料应用于刚性基材上会存在一些问题：因为光固化速率很快，涂料由液体快速变成固体有较大的体积收缩，在涂层与基材的界面上会产生应力；对于金属刚性基材，因为基材温度较低，固化涂层较硬时，在界面上涂层组分的分子键的热运动被冻结，应力不能有效释放，也影响到涂层与界面的附着力。

目前的解决方案是：工艺上采取光固化后再加热后烘，使界面的涂层分子通过热运动消除内应力；在 UV 涂料中采用较高分子量的低聚物，或者加入非反应性树脂作为填料，可有效提高附着力；在底漆中加入“抛锚剂”，是罩光面漆和底漆间产生化学键连接，可极大地提高附着力；选用合适的 UV 光源和反射罩，提高光源的强度，以保证涂层的深层固化完全，也可提高附着力，如图 4-6 所示。

图 4-6　机器人辐照光源

(3) 光固化面漆耐候性问题　光固化面漆耐候性是光固化涂料能否应用于车身涂料的很关键的问题。UV 涂层中残留未反应完全的成分和光引发剂的残余，这些都会影响到耐候性。为了改善 UV 涂料的耐候性，往往要加入紫外线吸收剂和光稳定剂，这些助剂在紫外区有很大的吸收，会与光引发剂发生竞争，导致光固化反应不能充分、彻底进行。

现在采用的技术方法：选用酰基膦化氧类光引发剂，使其吸收光谱范围扩大至 400nm，在紫外吸收剂和位阻胺等光稳定剂存在下，仍能很好地引发光固化反应，既能达到满意的固化速率，又有良好的耐候性。

目前，UV 汽车面漆尚未产业化，但是 UV 技术独有的表面涂饰效果，生产工艺的先进性，加上 UV 技术的环保性，将会使汽车涂装产生一次技术革命。

表 4-81 与表 4-82 为 UV 汽车罩光涂料参考配方。

表 4-81　UV 汽车罩光涂料参考配方

原料名称	用量/质量份
TPO	1.8
六官能团脂肪族 PUA(EB 5129)	80
乙氧基季戊四醇四丙烯酸酯(SR 494)	120

续表

原料名称	用量/质量份
紫外线吸收剂(TINUVIN 400)	2
受阻胺(TINUVIN 292)	3
有机硅助剂(BYK 306)	1
乙酸乙酯	20

表 4-82　耐候、耐刮伤汽车罩光 UV 涂料参考配方（喷涂）

原料名称	用量/质量份
184：TPO(7：1)	2.85
脂肪族 PUA(VP LS2308)	44.30
脂肪族 PUA(XP2513)	2.20
HDDA	48.45
紫外线吸收剂(TINUVIN 400)	1.00
受阻胺(TINUVIN 292)	0.60
有机硅助剂(BYK 306)	0.6

4.11.2　汽车塑料部件涂装光固化涂料

汽车的很多部件均由工程塑料或者聚合物基复合材料构成，它们需要用涂料改善其表面性能。UV 涂料在此方面具有十分突出的优势，可赋予塑料表面高硬度、高光泽、耐磨、抗划伤等优异的性能。目前，UV 涂料在汽车工业多是在汽车零部件上的应用，如塑料、金属、皮革等底材装饰与保护。

(1) 汽车车灯灯罩　汽车车灯灯罩已经以聚碳酸酯材料（PC）代替了传统的玻璃材料，PC 加工容易，折射率和透光性高，质量易控制，抗震性能好。但 PC 透镜材料不耐磨，易刮花起雾，采用 UV 保护涂料，涂装干燥过程耗时仅 6～8min，效率大大提高。制备汽车车灯灯罩 UV 涂料应考虑涂料具有较高硬度、耐磨性、抗刮伤性、附着力、耐雾度、光泽度、冲击强度较好。加入聚硅氧烷增滑剂可以提高抗刮伤效果，并可减少吸附灰尘的可能；添加受阻胺光稳定剂和短波紫外光吸收剂，保证涂层耐光老化性，并保护塑料透镜，图 4-7 为汽车车灯灯罩。

(2) 汽车前灯反光镜　汽车前灯反光镜大多用 ABS 塑料注塑成型，内表面有很多孔粒结构，不够光滑，缺乏光泽，如果直接气相沉积一层铝膜，仍然得不到光滑表面，难以形成有效的反射镜面。UV 涂料可解决这一问题。先在灯罩内表面喷涂一层 UV 涂料作底漆，固化后非常光滑的表面再镀铝膜，形成高度平滑的反射镜面，再在铝膜上喷涂一层保护性 UV 面漆，阻隔氧气和潮气向铝膜渗透，UV 涂料只需在数十秒内就可完成固化。汽车前灯反光镜 UV 涂料包括 UV 塑料涂料和

UV 金属涂料可参考 4.3 节和 4.5 节内容。图 4-8 为汽车前灯反光镜。

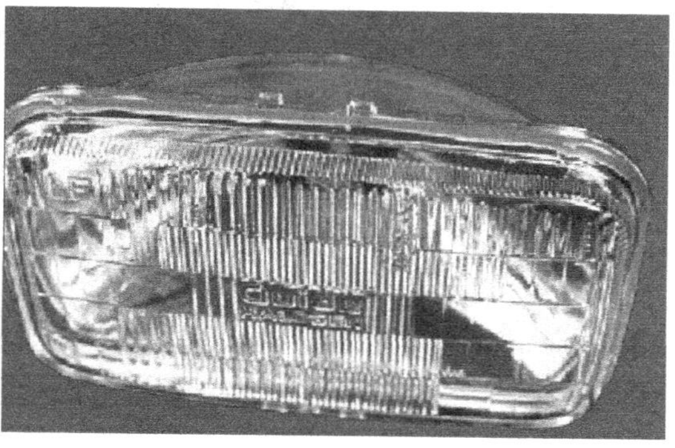

图 4-7　汽车车灯灯罩

图 4-8　汽车前灯反光镜

(3) 铝合金轮毂　铝合金轮毂涂覆的保护涂料属 UV 金属涂料，该涂料主要具有耐磨，抗刮、抗冲击、防污等特性。可参考 4.5 节内容。图 4-9 为铝合金轮毂涂装与光固化过程。

(4) 塑料轮毂盖　塑料轮毂盖（图 4-10）即车轮外侧的塑料盖盘是由 ABS 塑料制成，本身耐磨性不高，涂装保护是必须工序，传统涂料是聚氨酯双组分体系，含有大量溶剂，烘烤工序耗时、耗能。采用 UV 涂料高效、环保、节能。该类涂料应重点解决附着力、耐磨、耐候、抗冲击、防污等性能。

(5) 保险杠　汽车前后保险杠由工程塑料制成，可以用色母粒获得各种颜色的

图 4-9 铝合金轮毂涂装与光固化过程

图 4-10 塑料轮毂盖

产品，但其表面美观程度、抗刮性能和防光老化等方面存在不足，涂覆 UV 防光老化涂料进行保护装饰。因保险杠的立体结构特征，固化时需用三维辐照工艺，保证各个方向都能接受辐照固化。

(6) 尾灯灯箱　尾灯灯箱的 UV 涂料涂覆保护应具有抗刮，防光老化等性能。

(7) 汽车内衬塑料　汽车内衬塑料的涂覆保护因长期与人接触，宜采用更加环保的水性 UV 涂料。

表 4-83～表 4-86 为汽车塑料部件涂装光固化涂料参考配方，仅供参考。

表 4-83　PC/ABS 塑胶用光固化涂料参考配方

原料名称	质量分数/%
光引发剂	5
脂肪族聚氨酯二丙烯酸酯	36
TMPTA	15
EO(EO)EA	4
HDDA	10
流平剂	0.1

表 4-84　聚氨酯底基光固化涂料参考配方①

原料名称	用量/质量份
TPO	0.1
CPK	2.0
双官能团脂肪族 PUA(50%乙酸乙酯)	30.0
丙烯酸化丙烯酸酯(60%HDDA)	10.0
六官能团 TEA	20.0
HDMAP	3.0
Modaflow 9200	1.0

① 使用时涂料与溶剂 1∶1 稀释。

表 4-85　抗老化、耐化学品、耐划伤 UV 塑料涂料参考配方（PC/ABS/PP 用）

原料名称	用量/质量份
184	3.0
脂肪族 PUA(LP WOJ 4060)	79.4
含-NCO 基脂肪族 PUA(VP LS 2396)	8.8
三环癸烷二甲基二丙烯酸酯	3.0

表 4-86　耐黄变光固化金属涂料参考配方

原料名称	用量/质量份
TZT	4
KIPIOOF	4
低黏度脂肪族 PUA(CN965)	40
PO-TMPTA	12
EO-TMPTA	16
POEA	30

4.11.3　汽车修补光固化涂料

光固化汽车修补漆在 2003 年由巴斯夫公司研究成功并推向市场。传统的汽车修补漆采用热固化聚氨酯材料，需要通过加热数小时才能固化完全，操作人员必须等待涂层完全干燥固化后才能进行下一道涂层工序。而采用 UV 光固化汽车修补漆，涂层仅需要几分钟便可以完全固化，操作工人即刻可进行下道涂刷工序。而且，采用 UV 固化方式，只需要使用一台移动式 UV 光源。所以，UV 固化修补工艺既可以提高汽车修补效率，又无须烘烤，节约了空间和能源。图 4-11 为光固化汽车修补漆的使用过程。

目前，光固化汽车修补采用两条途径：面漆用 UV 面漆，腻子和底漆还是采

(a) 打磨

(b) 喷涂

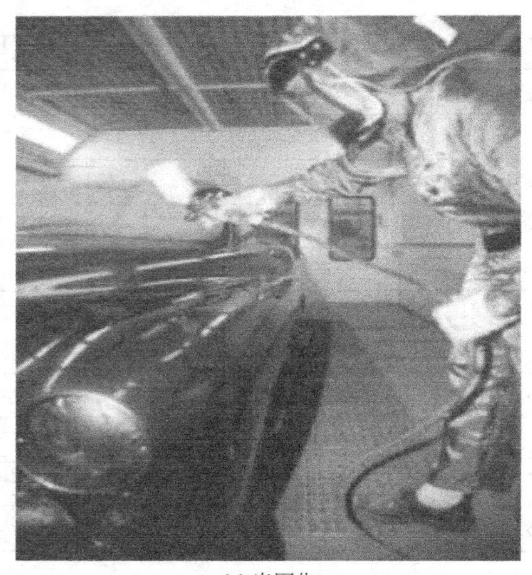
(c) 光固化

图 4-11 光固化汽车修补漆的使用过程

用传统的热固化漆；腻子、底漆、面漆均使用 UV 固化漆。两种汽车修补工艺目前在我国也开始推广应用，从汽车修补实际效果看，光固化汽车修补漆有以下优点：修补效率高，减少了客户等待时间；与热烘烤相比，用电量降低，节约了能源；移动式 UV 光源节省空间，使用便捷；无 VOC 排放，有利于环境和操作工人的健康。

表 4-87～表 4-90 为光固化汽车修补底漆和面漆参考配方，供参考。

表 4-87 UV 汽车修补底漆参考配方 1

原料名称	用量/质量份
184：819(3：1)	3.29
脂肪族 PUA(VP LS 2396)	55.17
增强附着力树脂(EB168)	1.65

续表

原料名称	用量/质量份
POEA	10.98
滑石粉(AT1)	10.98
中国黏土(级别 B)	10.98
腐蚀抑制剂(Heucophos ZPA)	5.49
助剂(Bayferrox 303T)	0.08

表 4-88　UV 汽车修补底漆参考配方 2

原料名称	用量/质量份
819	3.2
EA(VP LS 2266)	20.6
三官能团脂肪族 PUA(U100)	20.6
填料(Vicron15-15)	17.0
滑石粉(Talc 399)	24.5
附着力促进剂(CD9052)	12.4
助剂(Bayferrox 318M)	0.3
TiO_2(R-960)	1.4

表 4-89　UV 汽车修补面漆参考配方 1（清漆）

原料名称	用量/质量份
184 : TPO(3 : 1)	10.70
脂肪族 PUA(LP WDJ4060)	58.40
脂肪族 PUA(XP 2513)	58.40
PETA	14.00
紫外线吸收剂(Sanduvor 3206)	2.14
受阻胺(Sanduvor 3058)	1.07
助剂(BYK 331)	0.1
乙酸乙酯	20.00

表 4-90　UV 汽车修补面漆参考配方 2（有色体系）

原料名称	用量/质量份
819	3.2
脂肪族 PUA(R5 Bayer)	20.6
EA(R2 Bayer)	20.6
附着力促进剂(CD9052)	12.4

续表

原料名称	用量/质量份
滑石粉	24.5
填料(Vicron15-15)	17.0
颜料(TRONOX R-KR-2)	1.4
助剂(Bayferrox 303T)	0.3

4.11.4 摩托车光固化涂料

摩托车光固化涂料相比其他类型光固化涂料，在我国的研发、生产及应用占据明显优势。10 多年前我国就把光固化涂料成功应用于摩托车涂装，目前，大多数摩托车生产厂均使用此技术。使用摩托车光固化涂料具有以下优势：生产效率高；节约能源；节省场地；降低投资成本；减少环境污染等，为企业带来了良好的经济效益、社会效益和生态效益。

当前，光固化涂料在摩托车涂装领域主要涉及以下产品：UV 罩光清漆；塑料部件涂装用 UV 涂料，包括油箱、挡风板、车灯等涂装。

制备摩托车光固化涂料需要考虑以下原则：光引发剂选用耐黄变和光引发活性高的引发剂，如 1173、184 等；活性稀释剂选择黏度低、体积收缩小、表面张力小的丙烯酸酯，如丙烯酸异冰片酯和丙烯酸苯氧基乙酯等；主体树脂选择耐候性好的脂肪族聚氨酯丙烯酸树脂，同时适量添加环氧丙烯酸酯；为了提高 UV 罩光清漆与有色漆面的附着力，UV 罩光清漆中加入具有光热固化官能团活性组分。

表 4-91 和表 4-92 是光固化摩托车用涂料参考配方。

表 4-91 光固化摩托车清漆参考配方

原料名称	质量分数/%
Darocure1173	3
二苯甲酮	3
活性胺单体	4
脂肪族 PUA	45
TMPTA	20
TPGDA	20
HPA	5

表 4-92 双重固化光固化金属涂料参考配方

原料名称		质量分数/%
A 组分	B 组分	
184		3.7
脂肪族 PUA(VPLS2308)		32.3

续表

原料名称		质量分数/%
A 组分	B 组分	
Desmophen A870		21.1
MPA		26
助剂		2.9
	带 NCO 的脂肪族 PUA(VPLS2337)	14.0

4.12 光固化水性涂料

UV 固化技术和 UV 固化涂料近 30 年来得到了迅速的发展，出现了日新月异、蓬勃发展的好势头。但是，该技术的发展依然存在着很大的阻力，传统的油性 UV 固化体系价格较贵、且工艺操作及膜性能控制等方面存在不足。其中引人关注的是惯用的丙烯酸酯类活性稀释剂对人体皮肤和眼睛的刺激性和有臭味，影响操作者的身体健康。此外，许多稀释单体在紫外光辐照过程中难以完全反应，残留单体直接影响固化膜的长期性能，传统光固化膜不适用于食品卫生产品的包装材料印刷和涂装，目前没有一项光固化涂料产品得到美国 FDA 的许可。光固化水性涂料继承和发展了传统的 UV 固化技术和水性涂料技术的许多优点，特点是对环境无污染、对人体健康无影响、不易燃烧、安全性好。近十多年来得到较快的发展。光固化水性涂料已成为涂料发展的主要方向之一。

4.12.1 光固化水性涂料的特点

光固化水性涂料的优点很多，主要包括：①水是最廉价安全的稀释剂，用水稀释低聚物或树脂，很容易调节黏度，可实现无单体配方；②可用水或增稠剂方便地控制流变性，适用于各种涂装方式，如辊涂、淋涂、喷涂等；③不必借助活性稀释剂来调节黏度，可解决 VOC 及毒性、刺激性的问题；④可避免由活性稀释剂引起的固化收缩，可用于非吸收性表面，如塑料的涂布；⑤可得到极薄的涂层，降低成本；⑥不含挥发性有机物，不燃烧，安全；⑦设备、容器等易于清洗；⑧光固化前已可指触，可堆放和修理。水性 UV 涂料的缺点也需要考虑：光泽度较低、耐洗涤性差；体系的稳定性较差；光固化前必须预干燥，增加了能耗，不适用于现有的光固化设备。

4.12.2 光固化水性涂料的组成

光固化水性涂料由水性 UV 树脂、光引发剂、助剂和水组成。其中水性 UV 树脂是水性固化涂料最重要的组分，它决定固化膜的物理力学性能，如硬度、柔韧性、强度、黏附性、耐磨性、耐化学药品性等，也影响光固化速率。光引发剂是任何UV固化体系都需要的主要成分，它对体系的光固化速率起决定作用，也影响着材料的最终性能。

合成树脂之所以能溶于水，是由于在聚合物的分子链上含有一定数量的强亲水基团，如含有羧基、羟基、氨基、醚基、酰胺基等。但是这些极性基团与水混合时多数只能形成乳浊液，它们的羧酸盐则可部分溶于水中，因而水溶性树脂绝大多数以中和成盐的形式获得水溶性。为了提高树脂的水溶性，调节水溶性涂料的黏度和漆膜的流平性，必须加入少量的亲水性有机溶剂，如低级的醇和醚醇类，通常称这种溶剂为助溶剂。它既能溶解高分子树脂，本身又能溶解于水中。为使树脂能全部溶解，需要正确地选择所用的助溶剂。助溶剂的选择亦需考虑所用胺的性能。实践证明，采用仲丁醇作助溶剂得到的溶液黏度小，具有较好的稳定性。另外，水性UV固化树脂除了要求水溶性外，还必须可以进行光聚合。这就要求所制树脂为带有不饱和基团的分子，要求这种分子在处于某种条件时能够与其它不饱和分子交联，由液态变成固态涂层。通常采用引入丙烯酰基、甲基丙烯酰基或烯丙基的方法，使合成的树脂具有不饱和基团，从而可以在合适条件下进行固化。

近年来，光固化水性树脂的研究非常广泛，但主要以自由基机理进行交联，主要有两种树脂，即不饱和聚酯和各种丙烯酸酯。但也有可在水性体系中进行环氧、环醚等的阳离子光聚合：①用马来酸酐与丙烯酸羟乙酯反应生成半酯；②用马来酸酐的共聚物与丙烯酸羟乙酯反应生成半酯；③不饱和聚酯型，使不饱和聚酯的侧基上带有羧酸基团；④聚氨酯丙烯酸酯，这是目前研究得最多的体系；⑤环氧丙烯酸型树脂，利用环氧丙烯酸型树脂中的羟基与马来酸酐反应引入羧基；⑥丙烯酸酯化聚丙烯酸酯，此体系多数用丙烯酸共聚引入亲水性的羧基，用（甲基）丙烯酸羟乙酯或（甲基）丙烯酸缩水甘油酯共聚引入羟基或环氧基以便进一步引入丙烯酰基；⑦聚酯丙烯酸酯，它的合成是在合成末端含羟基的聚酯时，部分使用偏苯三甲酸酐或均苯四甲酸酐与二醇反应留下游离羧基，然后再与丙烯酸反应。

水基聚氨酯丙烯酸酯总体性能很好，包括手感、柔韧性好，有高抗冲击和拉伸强度，能提供非常好的耐磨性和耐化学药品性等，因此得到了广泛地研究和开发。水基聚氨酯丙烯酸酯可分为芳香型和脂肪型二类。芳香型一般用甲苯二异氰酸酯、二苯甲烷二异氰酸酯制备，它主要用于室内，因为芳香型长时间接触太阳会变黄；脂肪型对紫外光稳定，但价格比芳香型贵。这类聚合物主要使用异佛尔酮二异氰酸酯、丁二异氰酸酯、己二异氰酸酯、二环己甲烷二异氰酸酯制备，除了有非常好的光稳定性外，还有韧性。

丙烯酸酯化聚丙烯酸酯体系具有价廉、易制备、涂膜丰满光泽度好等优点。因此为了降低价格和保持高性能，可以将两种水基树脂以一定比例混合。但是如果只是将它们简单共混，则其优点并不能互补，例如其拉伸强度小于两者按比例的加和值。考虑到环氧丙烯酸型树脂是目前应用最广泛、用量最大的感光性树脂，用环氧丙烯酸型树脂改性的水溶性树脂将具有很大的意义，并且，环氧树脂的分子结构决定其具有良好的耐热性。

树脂分子链上亲水性基团对水溶性的影响。当树脂分子链上亲水性基团增多时，树脂的水溶性有显著改善。这可以通过引入醚基、以高官能度醇取代树脂的多元醇组分、采用高官能度酸与二元酸混合使用等方法来提高树脂分子链亲水基团的含量。树脂分子量大小及其分布对水溶性及漆膜性能的影响较大。以同类型的树脂来比较，分子量小的，水溶性较好，但漆膜的耐化学药品性差；分子量较大的树脂，漆膜有较好的耐化学药品性，但水溶性较差。因此，在保证树脂能水溶的前提下，尽可能使树脂的分子量大一些，以制得性能较好的漆膜。合成树脂的分子量分布越窄，水溶性越差，但涂膜性能好。分子量分布宽时，分子间的互溶效应增长有利于水溶性的改善，但往往不易得到有良好性能的涂膜。另外，中和剂的品种不同，能明显地影响树脂的水溶性、涂料的储存稳定性、黏度、固化速率及漆膜的泛黄性。因此，适当选择中和剂也是十分重要的。树脂的品种不同，所用的中和剂也应不同。常温干的水溶性涂料需选用低沸点的中和剂，浅色涂料则选用变色性小的中和剂。通常所用的中和剂应综合几个因素来选择：首先应是可挥发性的，而且价格较便宜，气味较小，对树脂的稳定性好等。从树脂的水溶性来比较，氨水、氢氧化钾、氢氧化钠等中和剂的助溶效果不如乙醇胺好；从漆的稳定性考虑，一般选择叔胺比较好，它不会使聚酯产生胺解反应，缺点是胺的用量比伯胺、仲胺多，变色性大。综上所述，使用混合型的胺比较好。中和剂的用量通常要求足够使树脂的70%以上羧基被中和，树脂水溶液的pH值达到7以上即可。一般控制中和pH值为7.5～8.5，以保持它的水溶液的稳定性。中和剂的用量过多时，会加剧树脂的降解作用，不利于漆液保持稳定。助溶剂的作用是增加树脂在水中的溶解度，同时调节树脂溶液的黏度、提高漆液的稳定性，改善涂膜的流平性和外观。以同一树脂来比较，助溶剂不同，助溶的效果也不同。正确地选择助溶剂的品种或者采用两种助溶剂和增加助溶剂用量对于克服稀释过程中不正常黏度增稠的现象是比较有效的。助溶剂的加入量通常为树脂用量的30%以下。

光引发剂是任何紫外光固化体系都需要的主要成分。它对固化体系的灵敏度起决定作用。光引发剂可简单定义为能吸收辐射能，经过化学变化产生具有引发能力的活性中间体的那类分子。由于水性光固化体系所用稀释剂主要是水，其不参加任何反应，必须在光固化之前或光固化过程中去掉。因此在选择引发剂时必须考虑如下原则：低挥发性；在水性高分子介质中相容性好；在水介质中光活性高，引发效率高；安全、无毒。

光固化水性涂料所用的光引发剂可分为分散型和水溶型两类。分散型光引发剂为油溶性，需借助乳化剂和少量单体才能分散到水性光固化体系中。它们存在相容性问题，影响成膜性能和引发效率。为了克服这一问题，人们在油溶性光引发剂结构中引入阴、阳离子基团或亲水性的非离子基团，开发研究出水溶型光引发剂。若只由磺化、羧基化或季铵化增强引发剂的水溶性，直接相连或是以一个亚甲基与苯环相连，均会不可避免地降低分子的活性，结果使光引发剂失效。经过探索发现，通过氧基—O—和几个亚甲基—$(CH_2)_n$—与苯环相隔离，以保持母体的光引发剂性能不变，从而保持了分子的活性。用于水性光固化体系所用的光引发剂有以下几种。①聚硅烷衍生物，这类光引发剂的一个重要特点是抗氧能力强，但其水溶性并不理想，通常以胶体粒子分散于水中。②酰基膦酸盐类，该类光引发剂，引发效率高，热稳定性好，但光稳定性太差，且易受亲核物质进攻而分解。苯环的酰基邻位上导入甲基，增大了酰基的位阻，改善了其稳定性。③金属配合物，水溶性无机盐作为光聚合引发剂的研究早有报道，例如 V^{n+}、Fe^{2+}、Fe^{3+}、Ag^{+}、Cr^{2+}、Ti^{3+} 等金属离子的盐类，但其引发活性较低。后来又研究了一些水溶性金属配合物，如 $[Co(NH_3)_5X]^{n+1}$ 等，它们光照受激后，配合物均裂产生自由基，可引发聚合，但一般要与叔胺类促进剂一起使用，才可有效引发聚合。④硫杂蒽酮衍生物类，这类光引发剂必须在叔胺类化合物作促进剂时才能发生引发，并可防止氧抑制的效应。它在近紫外光区的最大吸收波长在 380～420nm，且吸收强、峰形宽、夺氢能力强，因此是一种效率较高的光引发剂。⑤二苯甲酮系列，这是近年来研究得最多的水性光引发剂，主要有阴离子型、阳离子型及非离子型等。⑥羟基苯基酮衍生物，α-羟基苯基酮是一大类很有效的油溶性光引发剂。其中具有代表性的是 2-羟基-2-甲基-1-苯丙酮，商品名是 Darocur 1173，应用广泛。由它衍生出的水溶性光引发剂是在苯环对位上引入离子性基团或其它极性基团，它在水溶液中能非常有效地引发聚合。常用的助剂有流平剂、消泡剂、阻聚剂、稳定剂、颜料、填料等。使用助剂时，应考虑它对其它组分的影响。

4.12.3 光固化水性涂料的应用

由于对环境保护的重视等因素，光固化水性涂料近年来在欧美先进国家发展较快，并受到普遍欢迎。随着国内环保法规日趋完善和严格，光固化水性涂料在国内也会成为非常活跃的研究和开发领域。预计光固化水性涂料将在木材涂料、纺织印刷涂料、皮革涂料以及各种上光涂料上得到应用。

表 4-93～表 4-98 为光固化水性涂料应用配方，仅供参考。

表 4-93 UV 水性纸张上光油参考配方 1

原料名称	质量分数/%
2959	3.0
马来酸酐改性 EA	47.9
水性树脂	12.4
AMP-95	14.7
流平剂	0.8
消泡剂	0.5
H_2O	18.9

表 4-94　UV 水性纸张上光油参考配方 2

原料名称	质量分数/%
2959	3.0
马来酸酐改性 EA	59.5
水性树脂	10.5
AMP-95	14.8
流平剂	0.8
消泡剂	0.5
H_2O	18.9

表 4-95　UV 水性哑光纸张上光油参考配方

原料名称	质量分数/%
1173	3.0
水性 EA	70.0
SiO_2(Syloid)	7
润湿剂(FC430)	0.5
H_2O	19.5

表 4-96　UV 水性木器涂料参考配方

原料名称	质量分数/%
1173	2.0
EA 水分散体	39.2
PUA 水分散体	10.5
流平剂	2.4
增稠剂	0.3
润湿剂	0.1
H_2O	45.5

表 4-97　光固化水性涂料参考配方

原料名称	质量分数/%
Darocur 1173	3.5
水基聚氨酯丙烯酸酯	76.3
溶剂	15.9
光稳定剂(Tinuvin 292)	2.5
流平剂(BYK 345)	1.8

表 4-98 UV 水性木器涂料参考配方

原料名称	质量分数/%
1173	0.45
184	0.45
水性脂肪族 PUA(VPLS2282)	95.20
润湿分散剂(BYK110)	0.50
消泡剂(BYK066N)	0.80
异丙醇	2.60

注：固化膜性能：光泽度，99.1；铅笔硬度，3H；附着力（级），2；吸水率，16.67%；耐酸性（10% H_2SO_4，24h），优良；耐碱性（8h）失重、溶出一般。

4.13 光固化粉末涂料

4.13.1 光固化粉末涂料特点

光固化粉末涂料（简称 UV 粉末涂料）是一项将传统粉末涂料和 UV 固化技术相结合的新技术。UV 固化粉末涂料的最大特征是工艺上分为两个明显的阶段，涂层在熔融流平阶段不会发生树脂的早期固化，从而为涂层充分流平和驱除气泡提供了充裕的时间。采用 UV 固化技术可以明显降低加热和固化过程的温度，提高生产效率，使 UV 涂料适于各类热敏性基材。与 UV 固化的液体涂料相比，光固化粉末涂料无活性稀释剂，涂膜收缩率低，与基材附着力高；光固化粉末涂料一次涂装即可形成质量优良的厚涂层（75～125μm）；光固化粉末涂料喷涂溅落的粉体便于回收使用。因此，同样是无溶剂环保型涂料，光固化粉末涂料比热固粉末涂料和 UV 固化液体涂料具有更高的技术优势、经济优势和生态优势，而真正称得上是“5E”型环保涂料。

图 4-12 为传统热固型粉末涂料与 UV 固化粉末涂料固化过程比较。

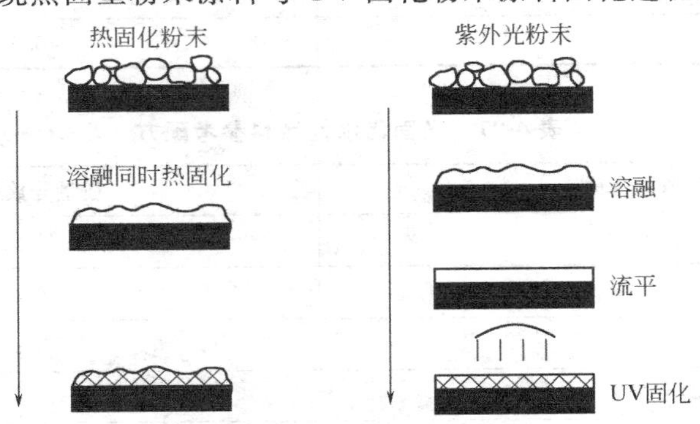

图 4-12 传统热固型粉末涂料与 UV 固化粉末涂料固化过程比较

两种粉末涂料的加热和固化情况分别列于表4-99及表4-100中。

表4-99　热固型粉末涂料

加热/固化方式	温度/℃	总固化时间/min	底材
对流	140～220	15～30	金属
IR/对流	140～220	10～25	金属
IR	160～250	1～15	金属
电感	240～300	<1	金属

表4-100　UV固化粉末涂料

加热方式	固化	温度/℃	总固化时间/min	底　材
IR/对流(1～2min)	UV光	90～140	1～3	金属、木材、塑料、纸张等

4.13.2　光固化粉末涂料组成

光固化粉末涂料由主体树脂、光引发剂、颜料、填料、助剂（包括流平剂、消泡剂、消光剂、增光剂、改性剂、促进剂等）等组成。

主体树脂是光固化粉末涂料的主要成膜物质，是决定涂料性质和涂膜性能的主要成分。配制光固化粉末涂料，一方面要求树脂能赋予粉末良好的贮存稳定性，另一方面所用原材料必须在较低温度（如100℃以下）下具有较低的熔融黏度以保证涂料在光固化之前和光固化过程中具有良好的流动和流平性能，随后在120℃以下发生光固化反应。目前已开发的主体树脂一般为不饱和聚酯、乙烯基醚树脂、不饱和聚酯丙烯酸酯、聚氨酯丙烯酸酯、环氧树脂等。在主体树脂方面，UCB公司推出了Uvecoat TM系列，DSM公司推出了Uracross P系列，另外还有Vianova Resins公司的树脂，Dow Chemical公司用于中密度板的固态环氧型树脂，以及Vantico AG公司、IGP Pulvertechnik AG公司的树脂等。在2002年的辐射固化会议上UCB公司又报道了几种不同用途的新型主体树脂，分别用于天然硬木、MDF、金属及PVC板材上，其主要性能见表4-101。Dow Chemical及DSM公司主要产品指标见表4-102。

表4-101　UCB公司树脂主要指标

性能	Uvecoat 3001	Uvecoat 3002	Uvecoat 2300	Uvecoat 3003	Uvecoat 3101	Uvecoat 9010
晶形	无定形	无定形	无定形	无定形	无定形	半结晶
T_g/T_m/℃	43(T_g)	49(T_g)	53(T_g)	49(T_g)	43(T_g)	80(T_m)
黏度/mPa·s	2000(175℃)	4500(200℃)	2500(175℃)	3500(175℃)	1800(175℃)	300(100℃)

表 4-102 Dow Chemical 及 DSM 公司主要产品指标

公司	产品型号	类型	黏度/Pa·s	T_g/T_m/℃
Dow Chemical	XZ92478.00	环氧丙烯酸酯树脂	2～4(150℃)	85～105
DSM	Uracross P3125	无定形不饱和聚酯树脂	30～50(165℃)	48
DSM	Uracross ZW4892P	无定形不饱和聚酯树脂	50～100(165℃)	51
DSM	Uracross ZW4901P	无定形不饱和聚酯树脂	30～70(165℃)	54
DSM	Uracross P3307	半结晶乙烯基醚氨基树脂		90～110
DSM	Uracross P3898	半结晶乙烯基醚氨基树脂		90～130

超支化聚合物具有高官能度、球形对称三维结构以及分子间和分子内不发生链缠结等结构特点，具有黏度低、互溶性好、活性高，且很容易对其表面的多个官能团进行改性等特点，可应用于涂料中作为成膜物、黏度改性剂等，以提高涂膜的各项性能，近年来备受关注。北京化工大学将改性超支化树脂应用于 UV 固化粉末涂料中，研究表明添加超支化树脂可降低树脂玻璃化温度，使流变性能及涂膜性能得到改善。

光引发剂是 UV 固化粉末涂料配方中必不可少的组分。目前用于 UV 固化粉末涂料的光引发剂大部分为自由基型引发剂，其中包括 BP、TPO、Irgacure184、Irgacure651、Irgacure907、Darocur907、BAPO 等。在光固化粉末涂料用光引发剂方面，Ciba Specialty Chemicals XY 相应的光引发剂最为常用。北京化工大学使用 Ciba 公司光引发剂，研究了单引发体系与复合引发体系引发剂的组成及含量对透明体系 UV 固化粉末涂料的光固化性能及光泽度、抗冲击性、硬度、附着力等物化性能的影响。结果表明：单引发体系中光引发剂种类在低含量时对体系的固化性能有较明显的影响，随含量的增加影响渐小，而涂膜的硬度、附着力、抗冲击性则总是随引发剂含量的增大而先增大后减小。复合体系中综合各项性能比较，Irgacure 651/Irgacure 2959 体系性能要好于 Irgacure 184/ Irgacure 2959 体系。近年来，为扩大光固化粉末涂料的应用领域，国外已有进行有色 UV 固化粉末涂料研究的报道，据资料介绍通过选择合适的光引发剂组合物，能使有色 UV 固化粉末涂料固化。目前大量资料介绍的是使用 α-羟基酮（AHK）和双酰膦氧化物（BAPO）的组合物，AHK 因其对氧阻聚不敏感而使所得涂层有良好的表面性质，而且在其结构中苯环取代基对位上含有一个极性的羟基乙氧取代基而使该化合物在 UV 固化粉末涂料挤出和成膜温度下挥发性低。BAPO 在 370nm 附近和 400～450nm 有两个显著的吸收峰，具有较高的光反应性及吸收特性，可满足深层固化的需求。阳离子固化体系则可采用硫鎓盐、碘鎓盐等。

光线在照射含颜料的涂膜时，光引发剂的吸收光谱最好与紫外灯的发射光谱相一致，这样即达到了最大的引发效率，保证涂层的迅速完全固化，这就要求涂料中的颜料对引发剂的吸收光谱有尽量低的吸收或散射。由于颜料分子吸收和散射作用，使得有色涂料的固化较透明涂料困难，表现为固化时间延长，底层涂膜固化不彻底。许多颜料，如炭黑、氧化铁黄等会吸收和散射 UV 辐射，因此它们会在一定程度上阻止 UV 固化。散射导致 UV 辐射从涂膜中反射出来，而吸收也降低了 UV 射线对光引发剂的可供量，所以在选择颜料时必须慎重。Reiner Jahn 等研究了颜料对粉末涂料的影响，他们发现最难固化的颜色是黄色，红色及蓝色相对来说较易固化，黑色颜料可用于光固化粉末涂料中，但含量必须低于 1%。Ljubomir Misev 等亦进行了不同颜料的对比实验，也得到了非常相似的结论，他们选用了炭黑颜料、金红石型二氧化钛及两种有机颜料、八种无机颜料进行了对比实验，配方中含有 25%的二氧化钛涂层亦能得到很好的固化，炭黑颜料的固化得益于黑涂层在曝光过程中对热量的吸收，有机红和蓝颜料在认可的遮盖力下也可良好固化，而黄颜料遮盖力差、固化差。他们还发现另一个控制体系光固化的因素是颜料颗粒大小和形状，颗粒尺寸越大越易固化。颜料在涂膜固化中所致的另一个问题是涂膜表面和深处的 UV 吸收存在较大差别，即表层固化时底层仍为流体，当底层完全固化时，涂膜收缩，从而导致涂膜起皱。因此，对于着色体系的光固化粉末涂料，必须进行谨慎地选择颜料以及涂料中主体树脂、光引发剂、助剂等与之的相互匹配。

户外应用是对光固化粉末涂料更高的要求，在户外使用不可避免地会受到太阳光中的紫外辐射、大气污染和酸雨侵蚀。一般产品要求使用寿命在 5 年甚至 10 年以上，这样高的要求就必须使用光稳定剂以消除环境对它长时间的损害。为使涂层可适于户外应用，很多公司在涂料中使用苯并三唑（BTZ）和羟基苯吖嗪（HPT）作为 UV 吸收剂，并配合位阻胺型光稳定剂（HALS）以清除自由基。UV 吸收剂可防止底层的变色及光化学降解导致的分层，HALS 可消灭高聚物降解产生的有害自由基如过氧化氢自由基，从而防止光泽度及柔韧性的降低。

在紫外光固化粉末涂料配方中助剂也是重要组分。尽管助剂在配方中的含量很低（小于 5%），但涂膜的外观受助剂的影响却是不容忽视的。常用的助剂有流平剂、边角覆盖力改性剂、消泡剂、消光剂、紫外光吸收剂、涂膜增光剂、粉末松散剂和固化促进剂等。

4.13.3　光固化粉末涂料应用

4.13.3.1　木制品

木制品的承受温度一般不超过 80℃，否则就会有水、树脂、蜡、萜烯烃等挥发物被蒸发出来，导致涂膜带有气泡或砂眼，对固化涂层的稳定性、力学性能和表面光泽度都非常不利。UV 固化粉末涂料用于中密度纤维板（MDF）是欧洲涂料工业开发成功的第一个应用领域。光固化粉末涂料用静电喷涂技术进行喷涂，不但可以涂饰 MDF 的表面，对有侧面和形状更复杂的立体部件均可一次涂饰。对于高密度木制品，使用 UV 固化粉末涂料非常理想，对于低密度木制品，为了避免基材脱气的影响，需要对基材先涂一层液态涂料密封木制基材的孔隙。

4.13.3.2　塑料制品

塑料的耐热温度不高，用传统的热固化粉末涂料进行涂装是不可能的，而光固化粉末涂料的固化温度最高只有120℃，如果使用红外光源加热，基材表面的温度一般不会超过80℃，因此用光固化粉末涂料涂装塑料基材是可行的，现有的多种塑料都可以采用这一技术，而不会导致塑料变形。因此，塑料制品将会是光固化粉末涂料一个重要应用领域。

4.13.3.3　合金及预装配制品

合金（如镁铝合金）的应用非常广泛，但一直不能用粉末涂饰，这是因为即使在115℃下，合金的金相性能也会受到影响。许多预装配制品（如防震器、电动机、泡沫内芯门等）上面都装有电子元件、塑料、层压制品、橡胶密封圈等热敏部件，它们承受的温度不能过高。UV固化粉末涂装技术的固化温度可以满足这些基材的要求，因此具有很广阔的应用前景。

4.13.3.4　光固化粉末底漆

液态UV漆是涂饰包括MDF在内的木材的最常用漆。为了得到漂亮光滑的表面，液态UV漆通常要涂刷3～6层，中间要有砂磨工序，工序繁琐，成本提高。使用光固化粉末底漆，一层粉末涂层就可代替两层以上液体底漆，对粉末涂层进行砂磨后涂上一层UV面漆即可得到非常光滑的涂层，当然也可涂刷光固化粉末涂料。光固化粉末涂料用作底漆密封性好，对基材附着力高，与各种面漆黏合性好，对带侧面MDF的边缘覆盖性好，具有高的耐冷冻开裂性能和好的砂磨稳定性。

4.13.3.5　大件金属

涂装坯料或笨重金属部件时，光固化粉末涂料不必将整件物件全部加热，从而可使能耗大大降低，并节省了涂装时间。

4.13.3.6　纸类基材

光固化粉末涂料也在纸类基材上使用，该涂装技术与印刷（胶印、柔印、凸印等）结合，可用于书籍、杂志封面、包装箱纸板、卡片纸等上光；光固化粉末涂料另一纸基应用是墙纸涂饰，墙纸涂布，可获得理想的装饰性和功能性（防污染、耐擦洗等）。

4.13.3.7　汽车涂料

光固化粉末涂料的一个最大潜在用途是汽车钢板的涂饰。汽车钢板涂饰一直是传统粉末涂料的领地，液体UV涂料曾尝试但未能获得成功。由于光固化粉末涂料在质感、外观、性能等方面均可与热固化粉末涂料媲美，同时具有节能、快速等优势，有望替代热固化粉末涂料，成功应用于汽车钢板的涂饰。

随着人们对于光固化粉末涂料的深入认识，光固化粉末涂料的优点正在被日益重视起来，随着新型粉末涂料树脂、助剂及其相应配方的开发和性能改进，光固化粉末涂料必将得到更广泛、更成功的应用。

表4-103～表4-113为光固化粉末涂料在不同材料应用的参考配方。

表 4-103　光固化粉末涂料参考配方 1

原料名称	质量分数/%
Irgacure 651	2
Darocur 2959	2
Uvecoat 3001	80
Uvecoat 9010	10
SiO_2	5.5
流平剂	0.2
消泡剂	0.3

表 4-104　光固化粉末涂料参考配方 2

原料名称	质量分数/%
TPO	2.0
Luperox ACP 35	1.0
Uralac XP 3125	80
ZW 3307P	20
Resiflow P67	1.5
TiPure R-902	20.0
Aluminum Oxide C	0.2

表 4-105　UV 中密度板用粉末涂料参考配方

原料名称	质量分数/%
184	1.0
TPO	1.0
甲基丙烯酸聚酯树脂	37.5
环氧丙烯酸树脂	37.5
TiO_2	25.0
蜡	3.0
流平剂	1.0

表 4-106　UV 黑色粉末涂料参考配方

原料名称	质量分数/%
TPO	2
Uralac XP 3125	80
Uralac ZW 3307P	20
Ciba RD 97-275	5

续表

原料名称	质量分数/%
Resiflow P-67	2
Shepard Black(炭黑)	6
Aluminum Oxide C	0.2

表 4-107　UV 白色粉末涂料参考配方 1

原料名称	质量分数/%
2959	12.5
819	12.5
丙烯酸/丙烯酸异冰片酯共聚物	314.4
GMA	121.2
TiO_2	250.0
Resiflow	PV5

表 4-108　UV 白色粉末涂料参考配方 2

原料名称	质量分数/%
819	2.0
184	1.0
UPE	62.7
乙烯基醚树脂	12.8
TiO_2	20.0
流平剂	1.5

表 4-109　UV 白色粉末涂料参考配方 3

原料名称	质量分数/%
TPO	1.0
184	0.5
马来酸酐不饱和聚酯	68.0
结晶型聚乙烯基树脂	14.0
TiO_2	15.0
助流动剂	1.5

表 4-110　UV 白色木器粉末涂料参考配方

原料名称	质量分数/%
184	1.0
819	1.0
无定形 PEA 树脂(T_g=43℃)	80
TiO_2	20
流平剂	1.0

表 4-111　UV 白色亚光木器粉末涂料参考配方

原料名称	质量分数/%
184	1
819	1
无定形 PEA 树脂(T_g=43℃)	40
半结晶 PEA 树脂(T_m=80℃)	15
TiO_2	25
填料	20
流平剂	1
硅助剂	0.3

表 4-112　UV 粉末金属涂料参考配方

原料名称	质量分数/%
184/819	2.5
Uvecoat™2000	97.0
消泡剂	0.5

表 4-113　UV 粉末色漆参考配方

原料名称	质量分数/%			
	白	蓝	绿	黑
光引发剂①	2.5	2.5	2.5	3.5
Uvecoat™1100,2000,2100,2200	71.0	94.0	94.0	94.0
颜料	—	2.0	2.0	1.0
TiO_2	25.0	—	—	—
流平剂②	1.0	1.0	1.0	1.0
消泡剂	0.5	0.5	0.5	0.5

① 光引发剂为 184、651、819、2959 等。

② 配方中使用 Uvecoat™2000 或 2100 时不需要外加流平剂。

4.14 光固化氟碳涂料

氟碳涂料是在氟树脂基础上经改性加工而制成的一种新型涂层材料。氟碳涂料具有突出的耐候性、耐腐蚀性、耐化学药品性。氟化合物的低表面能使其只能被液体或固体浸润或黏着，所以氟碳涂料具有优异的低摩擦系数、憎水、憎油、抗黏、耐沾污等性能。氟碳涂料已有 40 多年的发展历史，经历了熔融型、低温交联型、常温溶剂型、水基型等发展过程，尽管水基型是发展方向，但目前普遍使用的还是溶剂型氟碳涂料。随着各国新环境保护法的实施，VOC 排放受到严格限制，溶剂型氟碳涂料显然不符合环保要求。近年来，UV 光固化技术进入氟碳涂料领域，意大利的 Solvay Solexit 公司开发成功以氟碳聚氨酯丙烯酸酯为主体树脂的 UV 氟碳涂料，我国也开始了 UV 氟碳涂料的研发，并成功应用于外墙建筑涂料及其他高性能装饰涂料。外墙建筑涂料由于低成本、低能耗、可防水、安全、色彩丰富和容易更新等优点，已经成为国内外建筑装饰的主流。外墙建筑涂料经历了纯丙烯酸树脂、聚氨酯-丙烯酸酯、有机硅-丙烯酸树脂和氟树脂型涂料的发展过程，纯丙烯酸树脂的耐候性能和耐污性能不佳、聚氨酯-丙烯酸酯和有机硅-丙烯酸树脂型涂料的综合性能还不能满足高档外墙装饰涂料的要求，而氟碳涂料以其超强的耐候性、耐腐蚀性、耐化学药品性和耐沾污性，已经成为新一代户外装饰涂料，以及厨房、浴室、卫生间等高湿热、易沾污物场所的表面装饰涂装。UV 氟碳涂料是建筑用 UV 涂料发展的一个方向，同时也是新一代高性能装饰涂料的发展方向。

氟碳涂料的主体树脂是氟代烷烃改性的丙烯酸酯，它是通过丙烯酸酯含氟烷基酯自聚或与丙烯酸酯共聚，制得含氟量不同的丙烯酸酯树脂，也可以由三氟氯乙烯和烷基乙烯基醚共聚形成共聚物接枝丙烯酰基合成含氟丙烯酸酯树脂。在配方中含氟丙烯酸酯树脂含量一般要≥50%，活性稀释剂可用 TMPTA、TPGDA 的丙烯酸官能单体，光引发剂用耐黄变性好、光引发活性高的 TPO 和 184 等。

表 4-114～表 4-116 为 UV 氟碳涂料参考配方。

表 4-114 UV 耐污木器消光面漆涂料参考配方

原料名称	质量分数/%
184	2.0
BP	2.0
活性胺 6420	5.0
含氟聚硅氧烷低聚物 Etercure 6154B-80	50.0
TMPTA	30.0
消光剂 UV55C	10.0
分散剂 EFKA5065	0.4
流平剂 Eter Slip 70	0.5
消泡剂 BYK 141	0.1

表 4-115　UV 耐污 PVC 地板消光面漆涂料参考配方

原料名称	质量分数/%
1173	4.0
含氟聚硅氧烷低聚物 Etercure 6154B-80	40.0
$(EO)_3$TMPTA	30.1
HDDA	15.0
消光剂 UV55C	10.0
分散剂 EFKA5065	0.2
消泡剂 BYK 141	0.1

表 4-116　UV 塑料（PC、PMMA）耐污涂料参考配方

原料名称	质量分数/%
184	2.0
BP	2.0
活性胺 6420	10.0
含氟聚硅氧烷低聚物 Etercure 6154B-80	40.5
DPHA	25.0
$(PO)_2$NPGDA	20.0
流平剂 Eter Slip 70	0.5

4.15 光固化抗静电涂料

4.15.1　季铵盐型光固化抗静电涂料

光固化抗静电涂料一般是通过季铵盐类抗静电剂、金属粉末或金属氧化物等抗静电材料，在涂层固化后，使涂层具有足够抗静电功能。传统溶剂型涂料中的多数抗静电剂可以直接应用于光固化涂料配方中。

季铵盐作为涂料抗静电剂应用较为广泛，季铵盐三乙基烷基醚硫酸铵盐（emery industries emerstat 6660）可直接添加到成品光固化涂料 S-9384（聚氨酯丙烯酸酯体系，raffi and swanson 产品）当中，添加量为 5%～15%，研究发现，季铵盐抗静电剂添加量并非越高越好，当添加量过高时，容易导致漆膜返黏等病态，耐水性、光泽度、滑爽性均变差，10%的添加量就可以获得相对较高的静电放电效果。这类纯粹添加型的抗静电剂较为传统，已有较多商品牌号。

传统的季铵盐类抗静电剂多为简单添加型，即抗静电剂本身不参与成膜过程，仅仅作为游离组分存在于固化膜中，由于季铵盐的离子本性，与固化树脂相容性不

会很高，季铵盐很可能发生迁移渗透，如大量富集于表面，则容易冲刷损失掉，失去持久抗静电效果；季铵盐富集于表面，也容易导致涂层返黏；季铵盐也可能在膜内自发聚结成团，导致漆膜孔洞等弊病。因此，在光固化的同时将季铵盐抗静电剂聚合成大分子链，可在很大程度上固定季铵盐，抑制自发迁移，稳定其抗静电或导电性能，使之能够持久抗静电或导电。鉴于光固化涂料多为自由基聚合交联转化成膜的机理，可选用一些本身具有乙烯基团的季铵盐，在光固化的同时，活性季铵盐与树脂、丙烯酸酯单体共聚成膜。因为季铵盐强烈的吸水性，很多季铵盐市售状态为水溶液，与油性的光固化配方相容性较差，甚至无法分散。因此，季铵盐水溶液调入光固化配方前，一般需要加入部分亲水的溶剂，共沸除去大部分水，或以薄膜形式挥发掉水分，剩余的季铵盐有机浓溶液再与光固化配方混合，在涂膜紫外光辐照固化后，漆膜表面电阻率仅为（1.5～2.0）$\times10^6\Omega$，涂层已具有导电性能。表4-117为UV光固化抗静电涂料参考配方。

表 4-117　UV 光固化抗静电涂料参考配方

原料名称	用量/质量份
Darocur 1173	0.6
MAPTAC 50%水溶液（季铵盐抗静电剂）	6.0
HEA（单官能度单体）	5.0
PETA（多官能度单体）	2.0
Dowanol PM（丙二醇单甲醚溶剂）	4.0
EB 350（丙烯酸酯化聚醚改性硅酮树脂）	1.0

4.15.2　碱金属盐型光固化抗静电涂料

除季铵盐抗静电剂可用于光固化涂料配方外，某些碱金属也可以用作有效的抗静电剂，要求碱金属盐在光固化涂料体系中由足够的溶解度，通常在多元丙烯酸酯单体中溶解度达到3%以上，以Li、Na的配阴离子盐为主，如三氟甲磺酸锂（$LiCF_3SO_3$）、四氟硼酸锂（$LiBF_4$）、四氟硼酸钠（$NaBF_4$）等。聚醚丙烯酸酯对这些碱金属盐溶解度较大，可用含有聚醚丙烯酸酯（如聚乙二醇双丙烯酸酯）的配方增加碱金属盐的溶解度。涂布于聚酯片材上，利用电子束固化，也可以得到降低电阻的效果。

表4-118为碱金属盐对EB固化涂料的降电阻效果比较（PET基材）。

表 4-118　碱金属盐对 EB 固化涂料的降电阻效果比较（PET 基材）

PEG400 双丙烯酸酯/%	双季戊四醇五丙烯酸酯/%	碱金属盐/%		表面电阻/Ω
26.25	70	$LiBF_4$	3.75	5.62×10^{11}
43.75	50	$LiBF_4$	6.25	1.51×10^{10}

续表

PEG400 双丙烯酸酯/%	双季戊四醇五丙烯酸酯/%	碱金属盐/%		表面电阻/Ω
61.25	30	$LiBF_4$	8.75	8.51×10^8
17.32	79	$LiCF_3SO_3$	3.68	3.77×10^{12}
29.70	64	$LiCF_3SO_3$	6.30	1.95×10^{11}
41.25	50	$LiCF_3SO_3$	8.85	4.86×10^{10}
57.75	30	$LiCF_3SO_3$	12.25	1.13×10^9
45.0	50	$NaBF_4$	5.0	5.62×10^{11}
67.5	25	$NaBF_4$	7.5	7.94×10^9

从表 4-118 中可看出丙烯酸酯组分随碱金属盐浓度变化而变化，其原因主要是聚醚丙烯酸酯对盐的溶解能力不同。$LiBF_4$ 与 $NaBF_4$ 所表现出的降电阻效果较为显著，是可选的抗静电剂。

将 $LiCF_3SO_3$ 与硅氧烷封端的聚氧乙烯（或氟碳链封端的聚氧乙烯 Zonyl. FSN）组合添加剂到含有纳米硅溶胶的 PETA/*N*,*N*-二甲基丙烯酰胺/KH-570 的混合体系中，以 Irgacure 184 为光引发剂，通过测定固化膜的额定静电耗散时间及表面电阻率，其表面电阻率可降至 $10^{11}\Omega$ 以下，同样证实上述锂盐具有有效的抗静电能力。同时，涂层的透明性也可以通过配方微调得以改善。

4.15.3 聚苯胺型光固化抗静电涂料

聚苯胺是一类高效的有机导电聚合物，可以在掺杂条件下添加到涂料体系中制成导电或抗静电涂层，将含导电聚苯胺微凝胶（56nm）的导电材料与传统的光固化涂料组分配合制备成含聚苯胺光固化抗静电涂料，导电聚苯胺以十二烷基苯磺酸掺杂，PET 基材上光固化膜的表面电阻率随导电聚苯胺微凝胶含量增加而下降，35%的用量可使表面电阻率降至 $10^7\sim10^8\Omega$，加入少量助溶剂如间甲苯酚或 *N*-甲基吡咯烷酮可大幅降低导电聚苯胺微凝胶用量。

表 4-119 为含聚苯胺光固化抗静电涂料参考配方（PET 基材）。

表 4-119　含聚苯胺光固化抗静电涂料参考配方（PET 基材）

原料名称	用量/质量份
Irgacure 1870	3
Irgacure 184	3
导电聚苯胺微凝胶(17.8%固体含量)	100
EB 1290	50
TMPTA	25
HDDA	19

4.15.4 其它光固化抗静电涂料

五氧化二钒胶体作为一类较新的抗静电材料，具有许多突出优势，首先在于其独特的量子力学机理传输电子方式，导电性能不受环境湿度影响。而且不像其他金属氧化物那样，导电性依赖于氧化物的晶格状态，它可以胶体的形式实现导电。以胶体分散形式应用，可较为方便的分散于光固化配方中，不影响涂层的透明性。有专利应用胶体五氧化二钒配制光固化配方，可用于制造柔版印刷的抗静电印版。磺化聚合物对五氧化二钒胶体水分散体系有良好的稳定化作用，且能协同其导电能力，复合物添加到涂料配方中，可制成性能优秀的抗静电涂料。

还有很多在传统溶剂型涂料中广泛使用的抗静电材料，如导电炭黑、锡、锑等金属的氧化物，银粉，铜粉，镍粉等也可以用于光固化涂料，当外观、装饰透明性、成本等方面有特别要求时，这些材料的应用会受到一定限制。

4.16 光固化阻燃涂料

防火材料可以分为阻燃型和阻隔保护型，前者是指涂料能够延迟着火，并阻碍火焰蔓延；后者常常包括了第一种防火材料的性质，并且在涂层燃烧时转化成为一层膨胀型的阻隔层，该膨胀阻隔层隔热、隔绝空气，可以使初期燃烧形成的炭化层，将基材和外界火焰隔离开来，保护基材免遭燃烧。膨胀型阻隔防火涂料要求漆膜具有一定空间自由度，即漆膜要有可膨胀的余地。光固化涂料是一种化学交联成膜过程，交联密度很高，难以获得足够的发泡膨胀余地，故光固化涂料很难制成膨胀型防火涂料，而将光固化技术与阻燃型防火涂料结合则有更大发展空间。

添加阻燃剂是制备传统阻燃涂料一贯的手段，常见的阻燃剂包括三氧化二锑、氢氧化铝、氢氧化镁、无机磷酸盐及硼盐系列等无机阻燃剂，以及含磷或含溴、氯等元素的有机阻燃剂等。利用氯菌酸二烯丙酯制备的光固化阻燃涂料，具有较高的阻燃性能。

表 4-120 为含有氯菌酸二烯丙酯的电子束固化阻燃涂料参考配方。

表 4-120 含有氯菌酸二烯丙酯的电子束固化阻燃涂料参考配方

原料名称	用量/质量份
SR 383 氯菌酸烯丙酯	18.0
RXD 56843 四溴双酚 A 双缩水甘油醚双丙烯酸酯	40.0
EMERSTAT 6660 三乙基烷基醚硫酸季铵盐	10.0
AGO-40 40 份胶体五氧化二钒分散于 60 份聚酯树脂	30.0
PETA	2.0

含有氯菌酸酐的聚酯或聚酯丙烯酸树脂在进行光固化时，其中的多氯代结构对

紫外光有较强响应，可发生 C—Cl 键裂解，额外产生大量自由基，促进了体系的自由基交联，但是 C—Cl 键裂解也会产生较多氯气，对涂层可能产生不良影响。

虽然可共聚型卤代物可以较好地解决与光固化配方的相容性问题，但共聚型含卤阻燃剂仍需面对释放有害产物的问题，研究证实，涂层燃烧时除了产生大量有害卤化氢烟雾，还将产生有害的多溴代二苯并呋喃（PBDF）及多溴代二苯并二噁烷（PBDD）。因此，目前关于光固化阻燃涂料研制的主要方向是开发交联型的无卤阻燃材料。

含磷有机结构作为一类有效的阻燃材料，如能很好解决其渗透迁移问题，应当能成为一类很有价值的光固化涂料阻燃剂。含磷阻燃剂的作用机理本身较为复杂，含有磷系阻燃剂的高聚物被引燃时，阻燃剂受热分解生成磷的含氧酸（包括它们中的某些聚合物）具有极强烈的脱水性，使高分子材料燃烧表面形成炭化膜，这一炭化膜由于下述特点而能发挥良好的阻燃效能。首先，炭层本身氧指数可高达 60%，且难燃、隔热、隔氧，可使燃烧窒息；其次，炭层导热性差，使传递至基材的热量减少，基材热分解减缓；第三，含氧酸与羟基化合物的脱水反应是吸热反应，且脱水形成的水蒸气又能稀释氧及可燃气体；最后，磷的含氧酸多系黏稠状的半固态物质，可在材料表面形成一层覆盖于焦炭层的液膜，这能降低焦炭层的透气性和保护焦炭层不被继续氧化。有关含磷的阻燃型丙烯酸酯单体结构参考 3.2.11 节。

4.17 阳离子光固化涂料

阳离子光固化体系相对于自由基光固化体系具有不受氧阻聚影响、体积收缩小、与基材附着好，光照后还能后固化等优点，其应用和研究范围日益广泛。以往阳离子光引发体系使用的活性稀释剂主要为乙烯基醚类和环氧类稀释剂，品种较少。近年来，随着对阳离子光固化体系的研究深入和对阳离子光固化涂料认知程度的提高，研究开发了多种阳离子型光引发剂（详见 3.1.4）和多种阳离子光固化用的活性稀释剂（详见 3.2.13），这对促进和推动阳离子光引发体系的应用和阳离子光固化涂料发展起到重要作用。

目前，阳离子光固化涂料在纸张上光、塑料和金属基材上得到应用。表 4-121～表 4-126 为阳离子 UV 涂料参考配方。

表 4-121　阳离子 UV 纸张上光参考配方 1

原料名称	用量/质量份
三芳基硫鎓盐	1
脂环族环氧树脂	75
乙烯基醚	4
聚己内酯二醇	15
三芳基硫鎓盐	5
硅流平剂	1

表 4-122　阳离子 UV 纸张上光参考配方 2

原料名称	用量/质量份
三芳基硫鎓盐	1
脂环族环氧树脂	75
乙烯基醚	4
聚己内酯二醇	15
三芳基硫鎓盐	5
硅流平剂	1

表 4-123　阳离子 UV 塑料涂料参考配方①

原料名称	用量/质量份
三芳基硫鎓盐(UVI6992)	5.0
脂环族环氧树脂(UVR6105)	72.5
环氧树脂(Heloxy48 Epoxide)	10.0
环氧树脂(Vikolox 14 Epoxide)	5.0
一缩二丙二醇	7.0
润湿剂(Silwet L7604)	0.5
流平剂(Resiflow L37)	0.5

① 用于 OPP、PE、PVC 及 PET 等塑料薄膜。

表 4-124　阳离子 UV 白色塑料涂料参考配方

原料名称	用量/质量份
阳离子光引发剂(UVI6990)	1.6
阳离子光引发剂(UVI6974)	1.0
脂环族环氧树脂(UVR6110)	45.0
1,4 环己基二甲醇二乙烯基醚	27.0
三甘醇	8.2
FC430	0.9
TiO_2	16.4

表 4-125　阳离子 UV 金属涂料参考配方（铝和钢基材）

原料名称	用量/质量份
硫鎓盐(FX512)	3.8
环氧树脂(Epon828)	47.6
三甘醇二乙烯基醚	47.6
FC430	1.0

表 4-126　阳离子 UV 金属涂料参考配方（铝基）

原料名称	用量/质量份
硫鎓盐 KI85	4.2
环氧树脂 DER335	79.3
三甘醇二乙烯基醚	15.0
FC430	1.5

4.18 电子束光固化涂料

电子束（EB）由于能量高，所以在电子束固化材料中不需加光引发剂，而且固化时双键转化率极高（95%～100%），因此不存在小分子迁移和有害的光分解产物产生，产品表面硬度和光泽度很高，有色体系涂层、不透明涂层和厚涂层都易固化，这些都是紫外光固化较难做到的，因而电子束在涂料、油墨、胶黏剂和复合材料等产业中有着广泛的应用。

电子束固化最早应用于木器涂料，第一代木器涂料为不饱和聚酯-苯乙烯体系，由于苯乙烯的毒性、沸点低、易挥发及刺激性，早已为丙烯酸酯体系所取代。从 UV 腻子、UV 底漆到面漆，从高光泽度到低光泽度、亚光，从 UV 清漆到色漆，特别是 UV 白漆，都可用电子束固化来实现。

电子束固化用在瓷砖、PVC 板、中密度板、石膏板等多种建材上，用浸渍了树脂的纸作贴面装饰，经电子束固化后，不仅增强了耐刮擦性和耐磨性，还赋予装饰效果。

电子束固化用于金属涂料时，主要用于钢材，特别是卷材的涂装，包括底漆和面漆（清漆和色漆）。与紫外光固化相比，电子束固化金属涂料固化速率更快、能耗低以及具有良好的附着力。

电子束固化用在纸张上光，主要是用于包装材料的纸制品上光，由于不用光引发剂，无小分子迁移、无光分解产物和低气味，可用于食品和药品的包装，这是与紫外光固化材料比较有很大优势的地方之一。

用于磁性介质的电子束固化涂料可制造录像带、录音带、磁盘等磁性记录材料。由于这类涂料含有大量的三氧化二铁或四氧化三铁，紫外光根本无法穿透到涂料底部，而电子束则很容易穿透到底部，使涂层很好固化。

表 4-127～表 4-137 为 EB 涂料参考配方。

表 4-127　EB 辊涂纸张上光油参考配方

原料名称	用量/质量份
EA(EB600)	15
TMPTA	45

续表

原料名称	用量/质量份
TPGDA	28
EHA	6
硅酮丙烯酸酯	6

表 4-128　EB 木器腻子参考配方

原料名称	用量/质量份
EA	26
TMPTA	8
超细滑石粉	24
氧化钡	42

表 4-129　EB 木材封闭漆参考配方

原料名称	用量/质量份
EA	7.2
TPGDA	67.7
滑石粉	25.1

表 4-130　EB 低光泽木器面漆参考配方 1

原料名称	用量/质量份
EA	25
HDDA	25
TPGDA	10
NVP	10
消光剂 SiO_2	8
二氧化钛	22

表 4-131　EB 低光泽木器面漆参考配方 2

原料名称	用量/质量份
EA	25
HDDA	25
TPGDA	10
NVP	10
消光剂 SiO_2	8
二氧化钛	22

表 4-132　EB 家具涂料参考配方

原料名称	用量/质量份
脂肪族 PUA	75
HDDA	15
颜料	10

表 4-133　EB 塑料涂料参考配方

原料名称	用量/质量份
PUA	10
TMPTA	45
HDDA	30
硅酮丙烯酸酯(EB350)	10
聚乙烯蜡粉	5

表 4-134　EB 钢材防腐底漆参考配方

原料名称	用量/质量份
EA	11.5
PUA	11.5
PEA	23.0
稀释剂	18.5
分散剂	0.2
二氧化钛	15.3
防腐蚀颜料	20.0

表 4-135　EB 钢材面漆参考配方

原料名称	用量/质量份
四官能度 PEA	52.5
PEGDMA	22.5
二氧化钛	25.0

表 4-136　EB 镀铬铝材涂料参考配方 1

原料名称	用量/质量份
EA	55
TMPTA	20
EHA	10
NVP	5
BP	3
二甲基乙醇胺	2
FC430	5

表 4-137　EB 镀铬铝材涂料参考配方 2

原料名称	用量/质量份
PEA	2.3
聚酯型 PUA	2.3
低聚合度氯乙烯-醋酸乙烯共聚物	2.3
钛改性 Fe_2O_3	22.6
炭黑	1.1
三氧化二铝	0.4
分散剂	0.7
润滑剂	0.7
溶剂	67.6

第5章

光固化涂料的涂装

选择施工涂装方式也是光固化涂料固化过程的重要环节。涂装方式一般包括刷涂、刮涂、辊涂、浸涂、淋涂、喷涂和静电喷涂。液态UV固化涂料通常采用辊涂、淋涂、喷涂的涂装工艺，辊涂是光固化涂料应用最为广泛的技术，它适合于黏度较大的涂料，并特别适用于柔性卷材或大的硬质平板上高速涂布。淋涂是一种非接触式的涂布方法，容易达到涂布均匀的效果，它适合于黏度较小的光固化涂料，涂层厚度可任意调节，其涂布对象为木材、金属和塑料等平板基材。喷涂也是一种非接触式的方法，它虽比辊涂复杂且昂贵，但适合涂装立面部件，使用喷涂必须考虑通风和卫生等问题的解决措施，通常喷涂费用较高，涂料利用率较低。对于UV固化粉末涂料则多采用静电粉末喷涂工艺，静电喷涂能大幅度提高涂料利用率，减少涂料飞散和涂料雾以及溶剂污染，与手工喷漆相比能成倍提高生产率，对外形复杂的工件也能得到良好的涂膜。下面就光固化涂料通常采用的涂装方法——辊涂、淋涂、喷涂、静电粉末喷涂方法等逐一介绍。

5.1 刮涂

刮涂是用刮刀进行手工涂装以得到厚涂膜的一种方法。刮涂法所用的刮刀可以是金属的、木制的或橡胶的，根据其材质和形状不同，分别可用于填孔、补平、塞缝、抹平等作业。

刮涂操作过程如下：将涂料在工件上以适当的宽度刮涂几次；把刮上的涂料在一定方向上强力挤压使其厚度均匀一致，以消除涂刮的不均匀处；将刮刀放平，稍用力挤压，将涂料表面抹平，以消除接缝。

刮涂法最适用于UV固化腻子，也可用于黏度较大的UV固化涂料。

5.2 辊涂

辊涂可分为手工辊涂和机械辊涂两大类。光固化涂料通常采用辊涂法（又称滚涂法），可分为同向和逆向两大类。同向辊涂机的工作示意图见图5-1。同向辊涂机涂漆辊的转动方向与被涂物的前进方向一致，其被涂物面施加有辊的压力，涂料呈挤压状态涂布，涂布量少，涂层也薄。因而采用同向辊涂机涂装时采用两台机串联使用。图5-1中（a）型较（b）型所得涂层更为均匀。

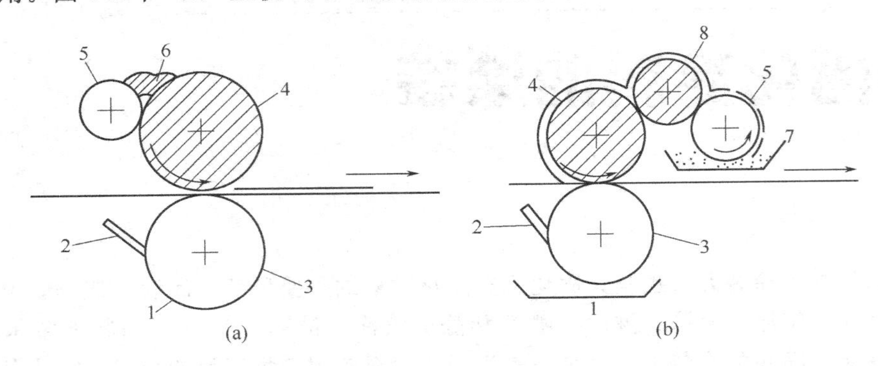

图5-1　同向辊涂机工作示意图

1—收集涂料盘；2—刮板；3—背撑辊；4—涂漆辊（橡胶）；5—供料辊（钢制）；6—涂料；7—涂料盘；8—修整辊（橡胶）

逆向辊涂机的工作示意图见图5-2。逆向辊涂机的涂漆辊转动方向与被涂物的前进方向相反，被涂物面没有辊的压力，涂料呈自由状态涂布，涂布量大，所得涂层厚。

根据被涂物材质、形状和辊涂机进料方式等的不同需要，可选择不同形式的辊涂机，如卷材涂装辊涂机、薄板涂装辊涂机、软质带材涂装辊涂机，顶进料逆向辊涂机、底刮刀辊涂机等。

辊涂法涂装工艺要点如下。

（1）涂料黏度调整　所用涂料的黏度对涂膜的均匀性和涂膜厚度影响极大。涂料黏度较小时，对辊的浸润性大，被涂物表面涂料分布比较均匀，但可能产生供漆量不足，涂层偏薄的毛病；涂料黏度大时与上述情况相反，可能产生涂层偏厚和均匀性不好的毛病。经验证明，辊涂法适宜黏度在40～150s（涂-4杯）之间的涂料。

（2）涂膜厚度控制　涂膜厚度易于控制是辊涂的一大优点。除前述调整涂料黏度可以控制厚度外，还可通过调节漆辊转速或漆辊与被涂物间距来实现。对同向辊涂法，漆辊转速快，涂膜薄；转速慢，涂膜厚。漆辊与被涂物的间距大则涂膜厚，反之则薄。对逆向辊涂法，其调节要稍复杂一些，供料辊与涂漆辊之间的压力和转速比都要影响涂膜厚度。

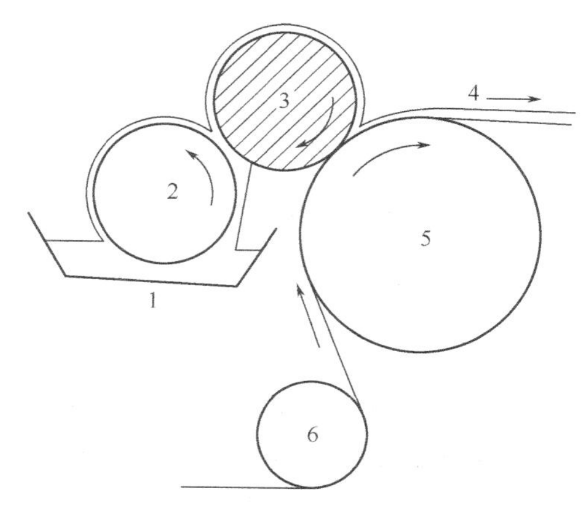

图 5-2　逆向辊涂机的工作示意图

1—涂料盘；2—供料辊（钢制）；3—涂漆辊（橡胶）；
4—背撑辊；5—金属带；6—导向辊（钢制）

辊涂法基本上只适用于大面积板材和带材的涂装。如对金属板预涂、卷材、胶合板、纸、布、塑料薄膜进行 UV 固化涂料的涂装。

辊涂法具有涂装效率高，易实现连续化生产，涂膜外观质量较好，膜厚控制容易，污染小并可与印刷并用等优点。其缺陷是对被涂物的形状要求过窄，不能涂装立体工件，设备投资较大。

5.3 浸涂

浸涂就是将被涂物全部浸没在涂料中，待各部位都沾上涂料后即提起，自然地或强制地使多余的涂料滴落，经过 UV 光固化达到涂覆的目的。手工浸涂适用于间歇式的小批量生产，机械浸漆适用于连续的批量生产。机械浸涂又有多种形式，如传动浸涂式、离心浸涂式和真空浸涂式等。

除对涂膜要求不高时采用自然滴落去除多余的涂料外，凡要求比较高的情况下都要用强制除余料方式，如传动浸涂式用静电除滴法去除余料，离心浸涂式用离心力甩去余料。

浸涂法涂装工艺要点如下。

(1) 涂料的黏度控制　涂料的黏度直接影响到涂膜的外观和厚度。黏度小，涂膜薄；黏度大，涂料的流动性差，易引起严重流痕、余料滴不尽，因而涂膜外观差。

(2) 被涂物从浸料槽中提升的速度　提升速度快则涂膜厚，提升速度慢则涂膜薄，但速度过慢则会产生涂膜不匀现象。所以为保证涂膜厚度均匀，必须使被涂物的提升速度适度且平稳。

浸涂法一般用于形状复杂的、骨架状的被涂物，有离心除料和静电除料装置的浸涂法对小型的零件、无线电元件、电阻、绝缘线圈等特别适用。

浸涂法几乎是涂装效率最高的一种涂装方法，特别适合于大批量流水线作业，易于实现自动化，所用设备也较简单。其缺点是被涂物上下部有一定涂膜厚度差，对于光固化装置设备及UV灯管布局有较高要求。

5.4 淋涂

淋涂法是对浸涂法的改进，其工作原理也是使涂料在被涂物表面自然浸润涂装。涂料通过喷嘴或窄缝从上方淋下，被涂物通过传动装置从下方通过实现涂装，多余的涂料进入回收容器，再通过泵提送到高位槽循环使用。

淋涂法的涂装质量与涂料的黏度、输送速度、窄缝宽度或喷嘴大小以及涂料所受压力等因素有关。

淋涂法适用于大批量生产的钢铁板材、胶合板、塑料板等板状、带状材料的涂装，用压力淋头在改变淋头位置的情况下也可涂装一些形状不复杂的立体零件。

淋涂法具有效率高，作业性好，涂料损失极小，在工艺参数稳定可靠情况下涂膜外观优良，卫生安全等优点。其缺点是不能涂装结构复杂的零件，不适用于多品种、小批量的涂装。

5.5 喷涂

5.5.1 空气喷涂

喷涂是用压缩空气的气流使涂料雾化成雾状并在气流带动下涂到被涂物表面的一种涂装方式。一套比较完整的空气喷涂装置应包括：空气压缩机、输气管、空气油水分离器、贮气罐、喷枪、涂料槽、喷漆室等。空气压缩机用来产生压缩空气，可根据需要的压缩空气量大小来选择不同型号的空气压缩机。输气管是用来连接空气压缩机到喷枪各个设备之间的管道。空气油水分离器用于分离压缩空气中的水分、油分及其它杂质，以保证涂膜质量。贮气罐用于贮存压缩空气，可通过压力控制阀调节贮气罐的压力并消除压力波动。

(1) 空气喷涂关键设备　喷枪是空气喷涂的关键设备。按型号来分，最常用的国产喷枪主要有PQ-1型（对嘴式）和PQ-2型（扁嘴式）两种。喷枪结构图见图5-3及图5-4。

PQ-1型喷枪主要适用于间歇式小涂布量喷涂。而连续、自动的空气喷涂线基本上都使用PQ-2型或类似的喷枪。

按涂料的供给方式，空气喷枪可分为吸上式、重力式和压送式3种。PQ-1型及 PQ-2 型喷枪均属吸上式喷枪。吸上式喷枪是现今应用最广泛的间歇式喷枪。这种喷枪的喷出量受涂料黏度和密度的影响较大，涂料杯中残存漆液会造成一定损失，但涂料喷出的雾化程度较好。重力式喷枪结构图见图 5-5。涂料杯安装在喷枪的斜上部，其余构造与吸上式基本相同。优点是涂料杯中漆液能完全喷出，喷出量比吸上式槽大，但雾化程度不如吸上式。当涂装量大时，可将涂料杯换成高位槽，用胶管与喷枪连接以实现连续操作。压送式喷枪依靠另外设置的增压箱供给涂料，它适宜生产流水线涂装和自动涂装。增大增压箱中压力可以使其同时供几支喷枪工作，涂装效率高。其工作原理示意图见图 5-6。

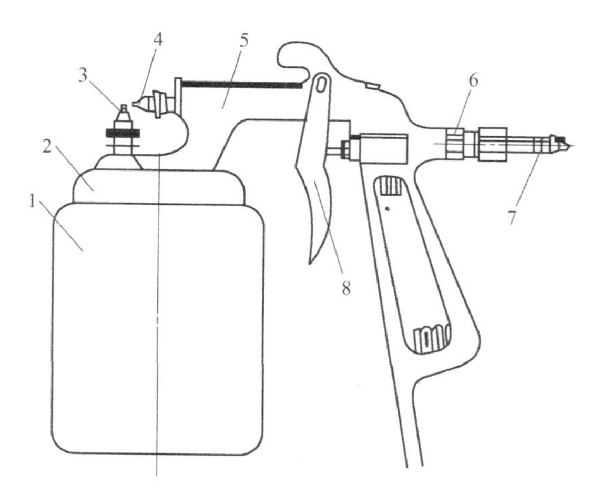

图 5-3　PQ-1 型喷枪结构图

1—漆罐；2—罐盖；3—涂料喷嘴；4—空气喷嘴；5—枪体；6—空气密封螺栓；7—空气接头；8—枪机

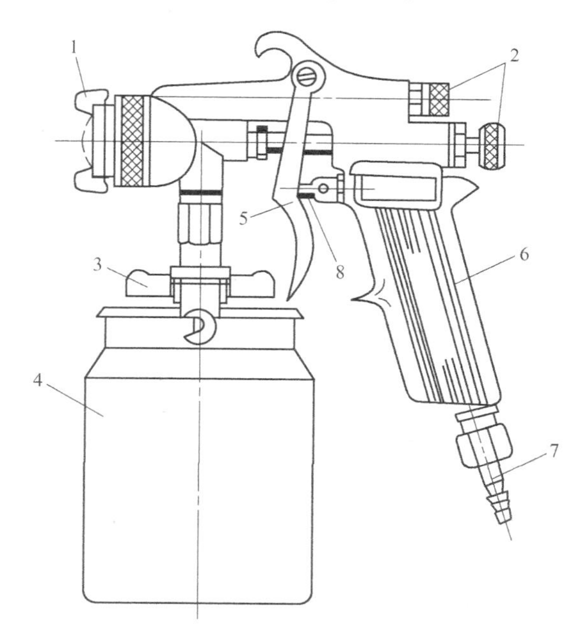

图 5-4　PQ-2 型喷枪结构图

1—空气喷嘴调节螺帽；2—输漆及空气调节阀；3—压紧螺帽；4—涂料罐；5—扳机；6—手柄；7—压缩空气入口；8—空气阀杆

按涂料与压缩空气的混合方式可分为内部混合式喷枪和外部混合式喷枪两种。

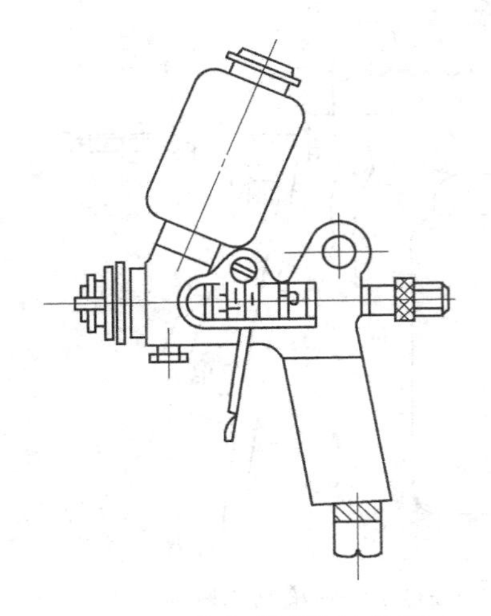
图 5-5　重力式喷枪结构图

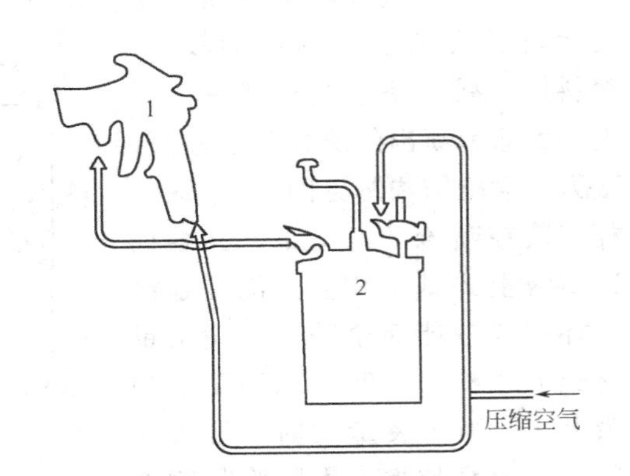

图 5-6　压送式喷枪工作原理示意图
1—喷枪；2—涂料增压箱

其喷嘴结构如图 5-7 所示。

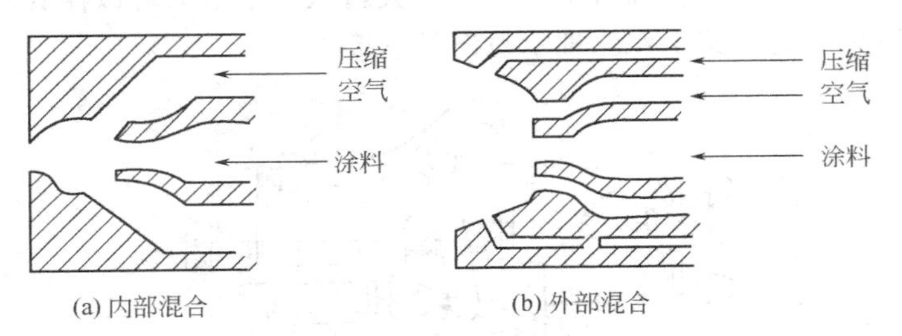

(a) 内部混合　　(b) 外部混合

图 5-7　喷嘴结构

内部混合式是涂料和空气在喷嘴内部混合后喷出，这种喷枪很少用，仅用于一些多色美术漆的小物件涂装，它的喷雾图形可以调节，现在使用的绝大多数喷枪都是外部混合型的。

常用喷枪一般由喷头、调节部件和枪身 3 部分组成，枪身为便于操作，一般做成能手握的形状，调节部分是用于调节涂料和空气喷出量的装置，喷头主要由喷嘴、空气帽、针阀组成，由它决定涂料的雾化，喷流图样的变化，另外，为开头方便和防止漏漆、漏气，还在喷枪上装有枪机和各种密封件。

喷嘴安装在喷头上，是喷枪的关键部件之一。PQ-1 型喷枪的喷嘴仅有一个漆料出口和一个空气出口。而对于 PQ-2 型及大部分其它喷枪，均有一个涂料出口和数个空气出口。

喷嘴口径随用途不同而大小各异。表 5-1 是各种喷嘴口径所适用的不同种类黏度的涂料。喷嘴口径越大，涂料喷出量就越多，若空气压力和流量不够，涂料就不能很好地雾化。

表5-1　各种喷嘴口径与涂料黏度的关系

喷嘴口径/mm	涂料黏度
0.5～0.7	黏度小
1.0～1.5	一般黏度
2.0～2.5	大黏度
3.0～5.0	极大黏度

空气帽上有许多大小不等的小孔，这些小孔与喷嘴间有一定缝隙（0.05～0.3mm），靠从缝隙中喷出的激烈空气流吸出涂料，并使其雾化。空气帽一般分为少孔型和多孔型两类，少孔型喷出漆雾图形只能是圆形，且空气量小，雾化能力差，涂装效率低，一般不常用。多孔型的圆周有多个对称布置和辅助空气孔，从这种空气帽中喷出的空气量和压力较均衡，这样就使得涂料喷雾较细，分布均匀，喷涂幅度较宽。图5-8是少孔型及多孔型空气帽的结构图。

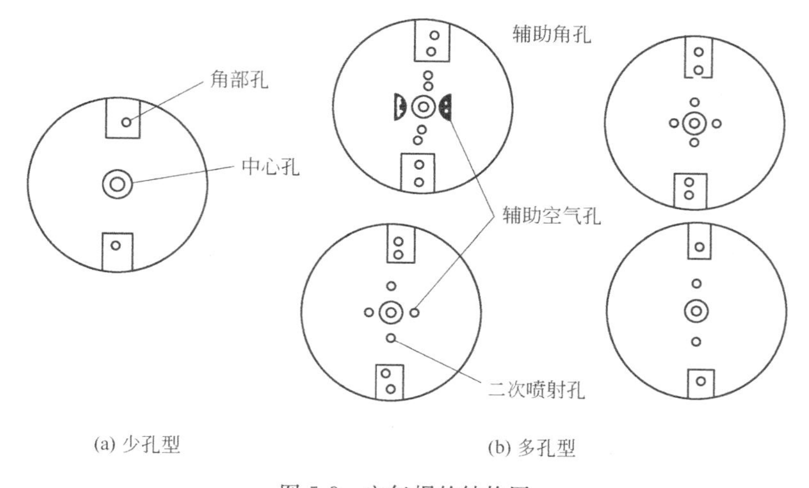

图5-8　空气帽的结构图

一般喷枪都能进行3个参数的调节，即空气量调节、涂料喷出量调节、喷雾图样幅度的调节，这些都是通过专用设备完成的。

（2）空气喷涂施工要点

① 雾化条件　雾化是涂料空气喷涂涂装的必要条件，雾化程度的好坏直接影响涂装质量。而雾化程度取决于喷枪的空气帽上气孔喷射出来的空气流速和空气量，在涂料喷出量恒定时，空气量越大，涂料雾化就越细，其雾化条件符合下式：

$$d_0=\left(\frac{3.6\times10^5}{Q_1}\right)^{0.75} \quad (5\text{-}1)$$

式中　d_0——雾化后涂料的平均粒径，μm；

Q_1——空气使用量/涂料喷出量。

对各种不同类型的喷枪，它的空气使用量与涂料喷出量的比值 Q_1 大致近似，可以相互替换，根据上式（5-1）所作曲线，见图 5-9。

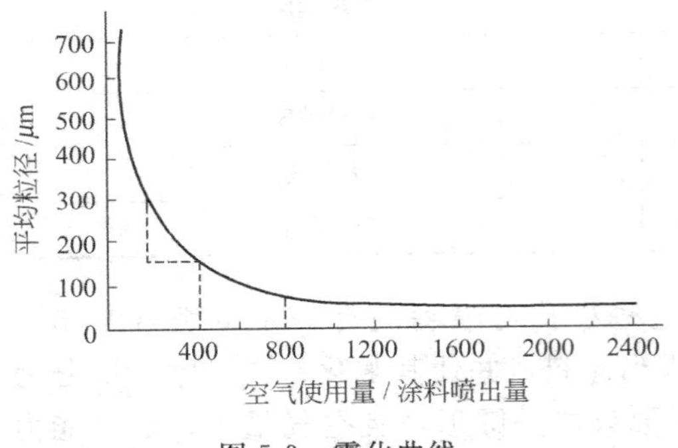

图 5-9　雾化曲线

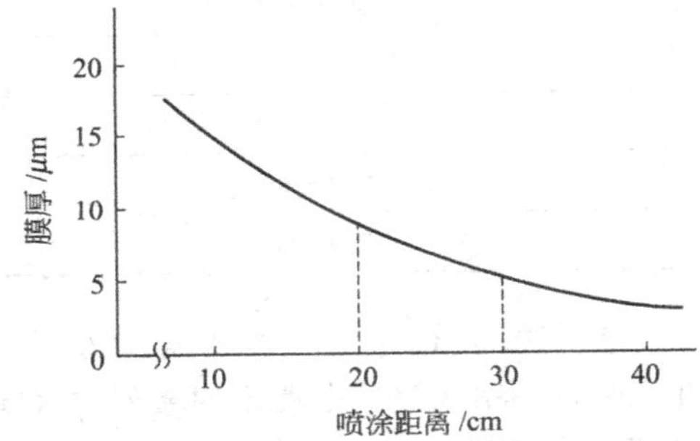

图 5-10　喷涂距离与膜厚的关系

用同一喷枪喷涂不同品种和不同黏度的涂料，其雾化程度也不相同，黏度越大，喷雾越粗。只有用两种办法能够进行调节达到雾化程度好，一是加大空气量，二是稀释涂料，使涂料喷出量减小，实际上这两种方式都是在调整 Q_1 值。由此可见，影响涂料雾化程度最主要的因素就是空气喷出量与涂料喷出量之比 Q_1 值。

② 喷涂距离　喷涂距离是指喷嘴到被涂物面的距离。这个距离过近，单位时间内在被涂物上覆盖的涂料过多，就会产生膜厚、流挂现象；过远，空中涂料损失就多，涂装效率差，涂膜薄，严重时还会失光。喷涂距离与膜厚和涂装效率的关系分别见图 5-10 和图 5-11。一般来说，对大型喷枪，喷涂距离以 20～30cm 为宜，而对小型手提式喷枪，则以 15～20cm 为宜。

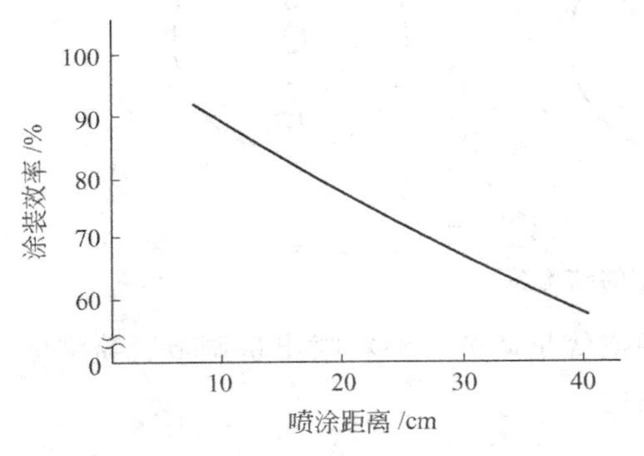

图 5-11　喷涂距离与涂装效率的关系

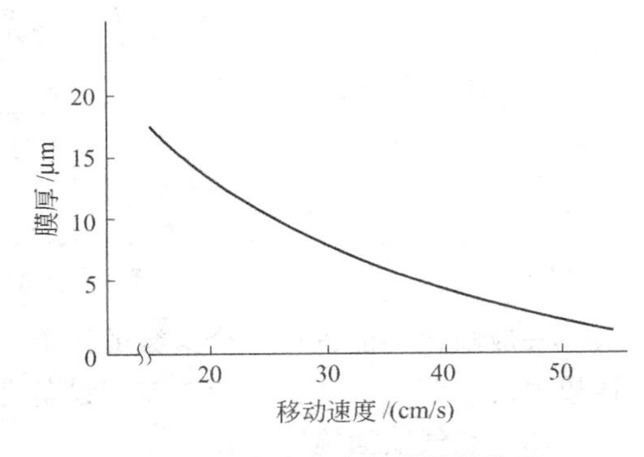

图 5-12　移动速度与膜厚的关系

③ 喷枪的移动速度　喷枪的移动速度是指喷涂过程中，喷枪相对于被涂物面的运行速度，这个速度一般可在 30～60cm/s 内调整。过慢，会造成膜过厚而流挂；过快，就会造成喷雾图形交接不多，不易得到均一平滑的涂膜。一般在一个涂装过程中，喷枪移动速度要求恒定，移动速度与膜厚的关系见图 5-12。另外，喷枪与喷涂面所成角度也很重要，应保持喷枪与喷涂面垂直，若倾斜，会造成涂膜不匀。

④ 喷雾图样的搭接　搭接的宽度在涂装过程中应保持一致，一般为有效喷雾

幅度的1/4～1/3。若不能恒定，则出现膜厚不匀、条纹、斑痕等现象。在进行多道喷涂时，后一道喷涂的喷枪运行方向应与上一道相反，这样能获得更加均匀一致的涂膜。

⑤ 涂料的黏度　与其它涂装方法一样，黏度也是空气喷涂重要的施工参数。黏度过大，涂料雾化困难，黏度过小则易流挂。一般空气喷涂适宜的黏度在16～30s（涂-4杯）之间的涂料。

空气喷涂法的优点是几乎可适用于每一种涂料和任一种被涂物，并能涂装出质量优良的涂膜。不足之处是喷涂过程中涂料飞散损失大。

5.5.2　无空气喷涂

无空气喷涂是靠密闭容器内的高压泵压送涂料，获得高压的涂料从小孔中喷出时速度非常高，随着冲击空气和压力的急剧下降，使涂料体积骤然膨胀，溶剂迅速挥发而分散雾化，高速地飞向被涂物。由于它是利用高液压而不是空气流速涂料雾化喷出，所以又叫高压无气喷涂。无空气喷涂是涂料涂装的一项新工艺，它是为了解决高黏度涂料涂装难，空气喷涂涂料损失大，飞散漆雾污染严重等问题而发展起来的。

(1) 高压无气喷涂工作原理　高压无气喷涂机的工作原理是在泵的上部有气动推进器或油压推进器的加压用活塞、推动泵下部的涂料活塞，加压活塞面积和涂料活塞面积之比越大，所产生的涂料压力也就越高，见图5-13。高压无气喷涂机的高压涂料罐分单动式和复动式两种，气动的喷涂机一般采用复动式高压涂料罐，其工作原理见图5-14；电动高压无气喷涂机一般采用单动式高压涂料罐，其工作原理示意图见图5-15。复动式工作平稳，涂料无压力脉冲，但单动式结构简单，价格较低。

油压无气喷涂机工作原理与气动式相同，只是用高压油代替压缩空气作为动力

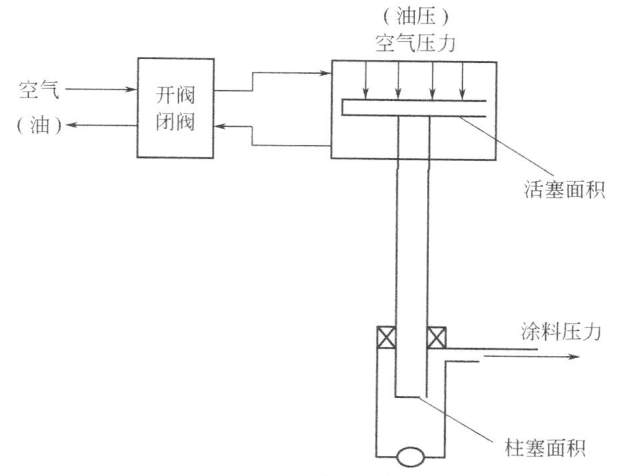

图5-13　高压无气喷涂机工作原理

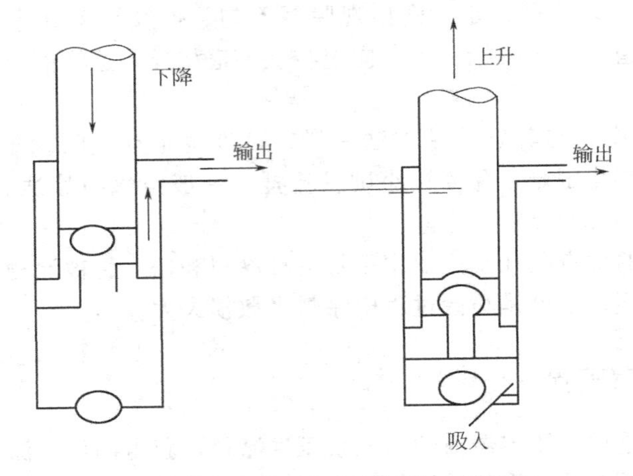

图 5-14　复动式高压涂料罐工作原理

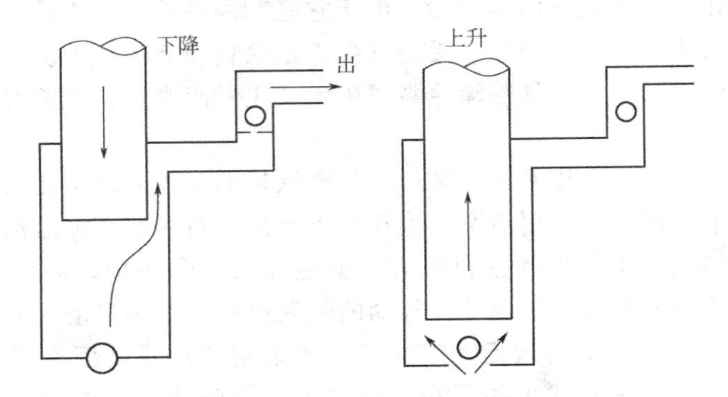

图 5-15　单动式高压涂料罐工作原理

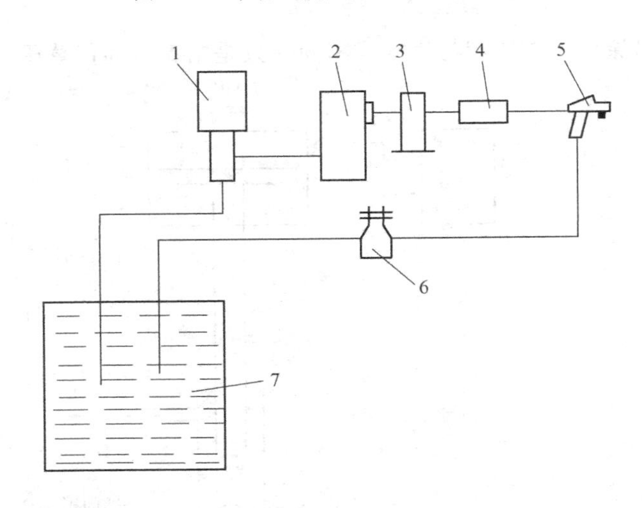

图 5-16　热喷无气喷涂工艺

1—泵；2—加热器；3—过滤器；4—软管式贮压器；5—热喷枪；6—旋转阀；7—涂料槽

源。由于这种喷涂机有气动式的特点，又能克服气动式效率低，噪声大的缺点，所以油压式高压无气喷涂机已成为无气喷涂机的发展方向。

另外还有一种用电作动力源的无气喷涂机，它主要用于无空气压缩机等特殊动力源的情况。随着涂装技术的进步，相继又开发了热喷无气喷涂、静电无气喷涂、热喷静电无气喷涂等新式无气喷涂工艺。

热喷无气喷涂即在无气喷涂机泵后加一个加热器，涂料加热升温使黏度降低，这样就可以在较低压力下雾化喷涂，在被涂物表面也提高了流平性，工艺示意图见图 5-16。

静电无气喷涂是静电喷涂和无气喷涂的结合，涂料通过无气喷嘴形成高速漆雾流，在电场作用下，漆雾带负电荷，向带正电荷的被涂物移动，吸附在被涂物表面，形成均匀平滑的厚涂层，最适用于形状复杂的被涂物，在正视不可见的部分也能形成均匀的涂层。其工艺示意图见图 5-17。

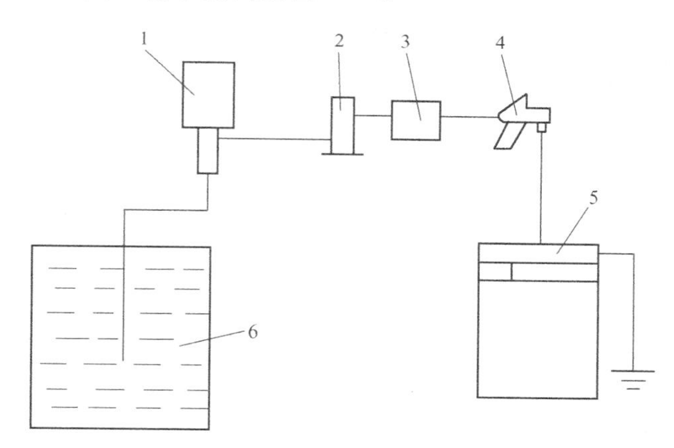

图 5-17　静电无气喷涂工艺

1—泵；2—过滤器；3—软管式贮压器；4—静电枪；
5—静电发生装置；6—涂料槽

热喷静电无气喷涂是上述两种无气喷涂方式的结合，是目前最优异的涂装技术，特别适用于工业涂装，是今后发展的热点。其工艺示意图见图 5-18。

（2）高压无气喷涂机　高压无气喷涂装置见图 5-19。它主要由动力源、高压无气喷涂机、涂料槽、输漆高压软管、喷枪等组成。气动式高压无气喷涂机因其体积小，重量轻、安全可靠而成为应用最广泛的无气喷涂机械。气动式高压无气喷涂机的气动柱塞泵的结构见图 5-20。

高压无气喷涂用喷枪与普通空气喷枪不同，没有压缩空气通道，但对枪的密封性和强度提出了更高的要求。一般由枪身、喷嘴、过滤网和连接部件组成，其结构见图 5-21。此外还有用途特殊的长柄无气喷枪和自动无气喷枪等。

喷嘴是喷枪上的关键部件，涂料雾化的优劣，喷流幅度的大小和喷出量的多少都取决于它。按其口径不同可有不同的用途，各种口径喷嘴适用的涂料黏度见表

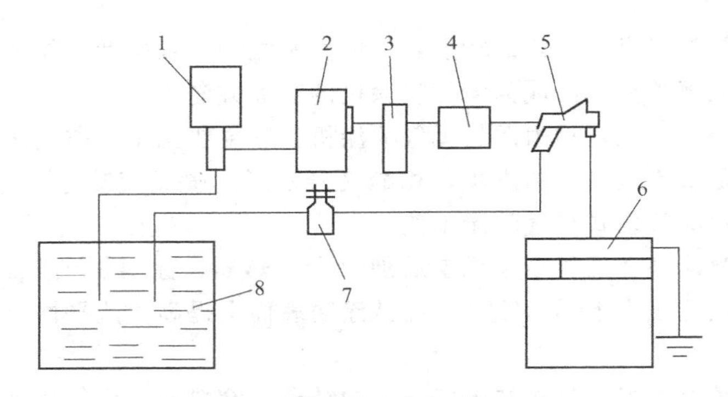

图 5-18 热喷静电无气喷涂工艺

1—泵；2—加热器；3—过滤器；4—软管式贮压器；5—静电喷枪；6—静电发生装置；7—旋转阀；8—涂料槽

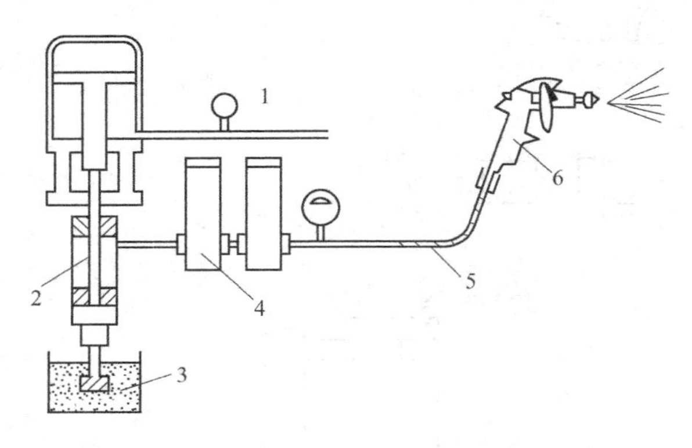

图 5-19 高压无气喷涂装置图

1—动力泵；2—柱塞泵；3—涂料容器；4—蓄压器；5—输漆管；6—喷枪

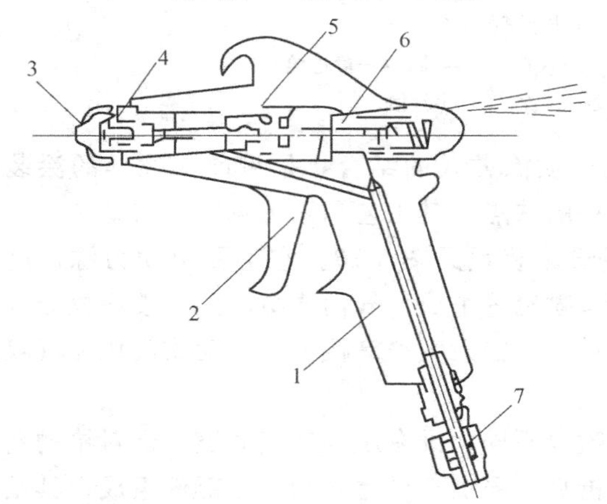

图 5-21 高压无气喷涂用喷枪

1—枪身；2—扳机；3—喷嘴；4—过滤网；5—衬垫；6—顶针；7—自由接头

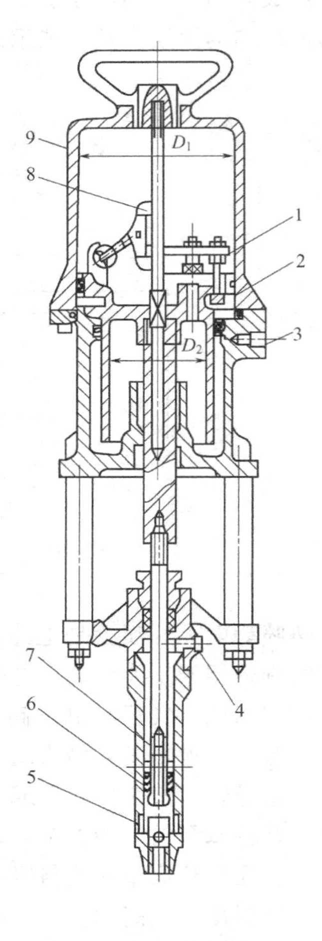

图 5-20 气动柱塞泵结构图

1,2—橡皮阀杆；3—压缩空气入口；4—高压涂料出口；5—吸漆阀；6—柱塞泵；7—出漆阀；8—控制块；9—空气缸

5-2。喷嘴的质量主要取决于喷孔粗糙度和几何形状精度。

表 5-2　喷嘴口径与涂料黏度的关系

喷嘴口径/mm	涂料黏度
0.17～0.25	极小黏度
0.27～0.33	小黏度
0.33～0.45	中等黏度
0.37～0.77	大黏度
0.65～1.80	极大黏度

（3）高压无气喷涂施工要点

① 喷涂压力　喷涂压力是指喷枪入口处的涂料压力，该值是所用空气压力与压力比的乘积。流量是指单位时间内从喷嘴喷出涂料的量。高压无气喷涂机的能力由式（5-2）决定：

$$能力=喷涂压力\times喷涂流量 \tag{5-2}$$

高压无气喷涂机不可能同时发挥其最高喷涂压力和最大喷涂流量。每一种不同类型的高压无气喷涂机都有其特定的压力—流量特性曲线。施工时，必须根据所使用涂料的黏度、进气压力和要求的喷涂能力选择合适的压力流量搭配。

② 涂料的黏度　高压无气喷涂适用于不同黏度的涂料，但黏度不同，所需的喷涂压力不同，在高压软管中的压力损失也就不同。表5-3介绍了几种不同涂料其施工黏度与所需喷涂压力之间的关系。

表 5-3　涂料黏度与喷涂压力的关系

涂料黏度/Pa·s	喷涂压力/MPa
0.05	4
0.7	8
1.1	10

③ 高压软管与压力　高压无气喷涂机输出端的涂料压力总是大于喷枪入口处的涂料压力。这是由于涂料经过高压软管而产生了压降，在施工中不能不考虑这个压力损失。简单说来，当涂料黏度一定时，软管内径越小，流动阻力越大，压降也越大；软管越长，压降越大。在涂料黏度一定，软管长度和内径一定时，涂料流量越大，压降也越大。

④ 喷涂效率　高压无气喷涂的效率一般可由下式计算：

$$P_E = AF_1F_2 \times 10^6 / [P_1 \times (100-D) \times P_2] \quad (5\text{-}3)$$

式中 P_E——喷涂效率，%；

A——被涂物面积，m^2；

F_1——涂膜厚度，μm；

F_2——涂膜密度，g/cm^3；

P_1——涂料固体质量分数，%；

P_2——涂料用量，g；

D——稀释率，%。

其中涂料使用量就是喷涂流量。计算所得是理论效率，实际上受喷涂环境、被涂物形状等因素的影响，实际效率要小于计算值。

⑤ 枪距　喷枪与被涂物之间的距离即枪距一般以 250～350mm 为宜，过小，喷涂幅面小，压力大，反冲大，易造成涂膜不匀甚至流挂，过大则喷涂幅面大，压力小，会造成涂膜不规则，浪费涂料。

除一些水性涂料和黏度过小的涂料外，高压无气喷涂几乎适合所有涂料的涂装，它特别适合黏度比较高的厚涂料、防污涂料、阻尼涂料的涂装。高压无气喷涂适宜于建筑、船舶等大面积涂装和一次成膜厚度要求大的工件。高压无气喷涂涂装效率高，几乎是空气喷涂的 3 倍，在工件的拐角和间隙处也能很好地喷涂。在漆流中没有空气，可消除水分、油分或其它杂质带来的弊病，喷雾分散少，减少了空气污染，涂料压力高，能与底材形成极好的附着力，一次涂装涂层厚。其缺点是由于喷出涂料压力太高，一旦伤人会造成严重后果，涂膜外观质量不如空气喷涂好，操作时喷雾幅度与喷出量不能调节，必须更换喷嘴才行。

5.6 静电喷涂

粉末涂料的涂装方法很多，包括空气喷涂法、流化床浸涂法、静电流化床浸涂法、静电粉末喷涂法、真空吸引法、火焰喷涂法等，在这些涂装方法中，目前应用最普遍的是静电粉末喷涂法。

对于 UV 固化粉末涂料多采用静电粉末喷涂工艺，对于导电性基材，使用传统电晕喷枪喷涂即可；而对于非导体基材，应使用摩擦起电喷枪；对于特别不导电基材，预加热会有所帮助，也可以使被涂物表面带上与喷枪相反的电荷，以利于涂布。下面就 UV 固化粉末涂料采用的高压静电喷涂和摩擦喷涂工艺进行简要介绍。

5.6.1 高压静电喷涂

(1) 高压静电喷涂原理　高压静电喷涂中，高压静电是由高压静电发生器供给的。工件在喷涂时应先接地，在净化的压缩空气的作用下，粉末涂料由供粉器通过输粉管进入静电喷粉枪。喷枪头部装有金属环或极针作为电极，金属环的端部具有尖锐的边缘，当电极接通高压静电后，尖端产生电晕放电，在电极附近产生了密集的负电荷。粉末从静电喷粉枪头部喷出时，捕获电荷成为带电粉末，在气流和电场作用下飞向接地工件，并吸附于其表面上。

粉末静电喷涂过程中，粉末所受到的力可分为粉末自身的重力，压缩空气的推力和静电电场的引力。粉末借助于空气的推力和静电场的引力，克服自身的重力，吸附于工件表面上，经固化后形成固态的涂膜。

从粉末静电吸附情况来看，大体上可分为以下三个阶段。如图 5-22 所示。

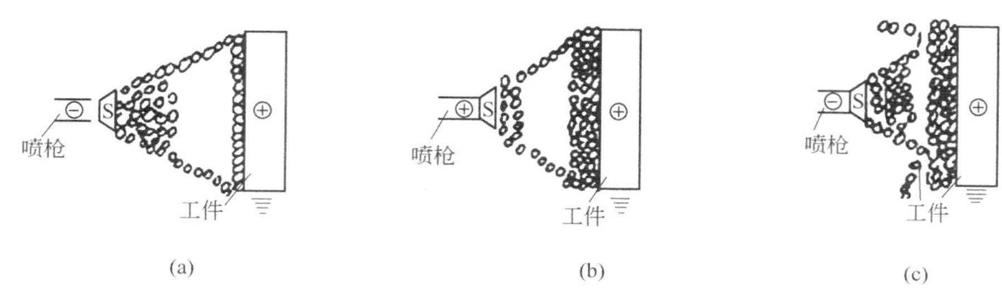

图 5-22　粉末带电粒子吸附情况

第一阶段（a），带负电荷的粉末在静电场中沿着电力线飞向工件，粉末均匀地吸附于正极的工件表面；第二阶段（b），工件对粉末的吸引力大于粉末之间相互排斥的力，于是粉末密集地堆积，形成一定厚度的涂层；第三阶段（c），随着粉末沉积层的不断加厚，粉层对飞来的粉粒的排斥力增大，当工件对粉末的吸引力与粉层对粉末的排斥力相等时，继续飞来的粉末就不再被工件吸附了。

吸附在工件表面的粉末经加热后，就能使原来“松散”堆积在表面的固体颗粒呈熔融态，在紫外光辐照之后化固化成均匀、连续、严整、光滑的涂膜。对于 UV 粉末涂料的涂布工艺还有一点需要注意的是，要严格控制涂层的厚度，以免光线不能穿透涂层，固化不彻底。UV 固化粉末涂料是由红外辐射与紫外辐射相结合而固化的。红外线辐射使粉末熔融并保持熔融态。紫外辐射使涂膜固化，在紫外光辐照之后可通过后加热固化工艺使涂膜进一步固化，见图 5-23。

高压静电喷涂的施工工艺对粉末成膜的影响至关重要。根据不同的工件，选择相应的工艺参数进行操作，直接关系到产品的外观与质量。

高压静电喷涂的工艺参数包括下列几项。

① 喷涂电压　在一定范围内，喷涂电压增大，粉末附着量增加。但当电压超过 90kV 时，粉末附着量反而随电压的增加而减小；电压增大时，粉层的初始增长率增加，但随着喷涂时间的增加，电压对粉层厚度增加率的影响变小；当喷涂距离增大时，电压对粉层厚度的影响变小。一般距离应掌握在 150～300mm 之间；喷涂电压过高，会使粉末涂层击穿，影响涂层质量。喷涂电压应控制在 60～80kV

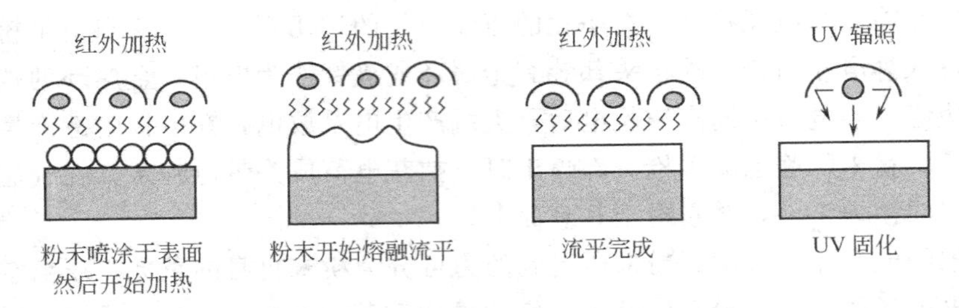

图 5-23　UV 固化粉末涂料工艺过程示意图

之间。

② 供粉气压　供粉气压指供粉器中输粉管的空气压力。在其它喷涂条件不变情况下，供粉气压适当时，粉末吸附于工件表面的沉积效率最佳。见图 5-24。

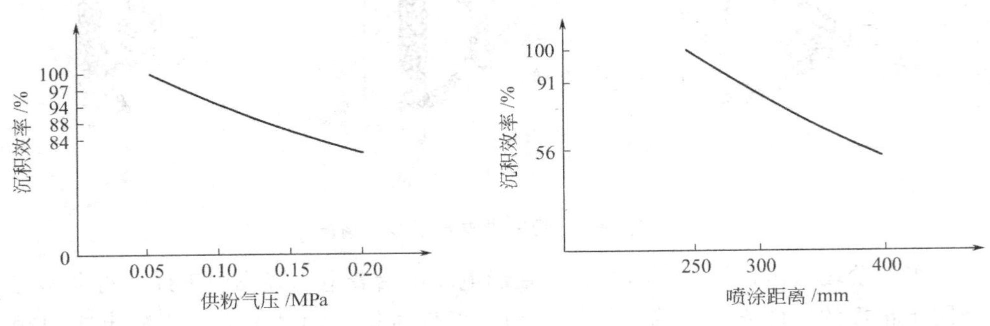

图 5-24　粉末供粉气压与沉积效率的关系　　图 5-25　喷涂距离和沉积效率的关系

③ 喷粉量　粉层厚度的初始增长率与喷粉量成正比，但随着喷涂时间的增加，喷粉量对粉层厚度增长率的影响不仅变小，还会使沉积效率下降。喷粉量是指单位时间内的喷枪口的出粉量。一般喷涂施工中，喷粉量掌握在 100～200g/min 较为合适。

喷粉量可用如下公式计算：

$$q=\frac{Q-Q_S}{t}$$

式中　q——喷粉量，g/min；

Q——供粉器中加入的粉末重量，g；

Q_S——供粉器中余下的粉末重量，g；

t——喷涂时间，min。

④ 喷涂距离　喷涂距离是指喷枪口到工件表面的距离，当喷枪施加的静电电压不变，喷涂距离变化时，电场强度也将随之发生变化。因此，喷涂距离的大小直接影响工件吸附的粉层厚度和沉积效率。喷涂距离和沉积效率的关系见图 5-25。

此外，粉末粒度和粉末的导电率对施工工艺的影响也是较大的。

（2）高压静电喷涂设备

① 高压静电发生器　高压静电发生器有电子管式和晶体管式。20世纪80年代后期，国内又研制成功微处理式高压发生器，标志着第三代发生器问世。目前，大量应用于生产的晶体管静电发生器的负高压可以无级调节输出量。并且采用了恒流-反馈保护电路，当线路发生意外造成放电打火时，会自动切断高压，保证操作者安全。微处理式高压发生器具有高压接地保护、高压短路自动保护、声光讯号报警和显示工作状态的功能，设备使用寿命长。粉末静电喷涂用的高压静电发生器一般均采用倍压电路，要求发生器输出高电压和低电流，这主要从安全角度考虑。通常采用的高电压为50～100kV，最大允许工作电流为200～300μA。

② 静电喷粉枪　粉末静电喷粉枪的作用是：产生良好的电晕放电，使喷出来的粉末粒子带上尽可能多的负电荷，以便在静电场的作用下，使粉末朝正电位的工件定向运动，并吸附于工件表面上，达到喷涂的目的。衡量静电喷枪的标准：能保证喷射出来的粉末充分带电；出粉均匀，喷出来的粉末能够均匀地沉积在工件表面上；雾化程度好，无积粉和吐粉现象，能喷涂复杂的表面；能适应不同喷粉量的喷涂，喷出的粉末几何图形可以调节；结构轻巧，使用方便，安全可靠；通用性好，能够方便地组合成固定式多支喷枪的喷涂系统。

静电喷粉枪的技术性能可参考下列技术数据：最高工作电压为120kV；喷粉量为50～400g/min；喷粉几何图形的直径大约在ϕ150～450mm；沉积效率大于80%；环保效应好。

喷粉枪喷涂质量的好坏很大程度上取决于喷枪嘴。喷枪嘴的结构、大小、电极形状及选用的材料直接影响喷涂图形、上粉率和涂层表面质量。喷嘴上带有导流锥体，不同形状、不同直径的导流锥体可喷涂出不同的图形。根据工件的形状、大小可选择相应的导流锥体。

制造喷粉枪的管壁材料要求具有一定的机械强度，绝缘性能好且耐高电压。此外，还要求枪管壁与粉体的摩擦产生负电荷，这是因为在粉末静电喷涂过程中，喷枪嘴接高压发生器负极，粉体通过喷枪带上的是负电荷，同时粉体通过枪内管壁时必然发生摩擦。如果摩擦产生的电荷是负电荷，粉体带电量就会增大；反之，带电量就会减小，导致粉末的沉积效率下降。

高压静电喷枪的充电结构形式可分为内带电式和外带电式两种。枪身内部使粉末充电的称为内带电式，内带电式喷枪是使粉末通过枪身内的极针与环状电极之间的电晕空间带电，这个空间的电场强度大约为6～8kV/cm，喷枪与工件之间外电场强度一般只有0.3～1.7kV/cm。在喷枪口使粉末充电的称为外带电式，外带电式喷枪是通过枪口与工件之间的电晕空间使粉末带上电荷，这种枪的外电场强度较大，一般可达1.0～3.5kV/cm。二者主要差别在于：内带电喷枪的外电场强度较小，不易发生电晕现象，所以当喷粉量较大时，尤其是喷涂形状复杂，附有凹角的工件时，一般应采用内带电式喷枪。而外带电式喷枪的电场强度较大，涂覆效率较高，应用范围相对较广，适用性也强。

常用的静电喷粉枪分手提式和固定式两种。近年来还研制出了多种形式，结构独特新颖的静电喷粉枪，如栅式电极喷粉枪、转盘式粉末自动喷粉系统以及钢管内壁专用喷枪。这些新型喷枪的主要特点是具有较高的带电效应，操作简便、安全，能长时间连续工作，适用于喷涂流水线工作。此外，不需要高压静电发生器的摩擦静电喷枪也已成功地应用于生产过程中。

③ 供粉器　供粉器的作用是给喷枪提供粉流，是喷涂工艺中的一个关键设备。它的功能是将粉末连续、均匀、定量地供给喷枪，是粉末静电喷涂取得高效率、高质量的关键部件。供粉器要满足如下性能：供粉连续、均匀、稳定；供粉量在一定范围内可随意调节；不产生粉雾、外溢；装卸粉末方便。供粉器一般有三种结构类型，即压力式、抽吸式和机械式。

a. 压力式供粉器　压力式供粉器结构如图 5-26 所示，它是一个密封型结构。其原理是经过油水分离净化后的压缩空气从进气管进入，在喇叭口下（内有一道槽及四个倾斜角为 45°的出气小通道）形成旋流，从而使粉末成为雾化状态随气流从出粉口输至喷粉枪。供粉器内喇叭头会随着粉末减少而自动下降。调节压缩空气的压力就可以改变供粉量的大小。压力式供粉器的容积一般在 15～25L。由于它是密封结构，不能连续加粉。因此，只能作单件喷粉使用，不能在喷涂流水线中使用。而其突出优点是可以大大提高喷粉量，喷粉量可达 1kg/min 以上，有些场合下的喷涂作业可起到特殊作用。压力式供粉器使用的空气压力一般为 0.10～0.15MPa。

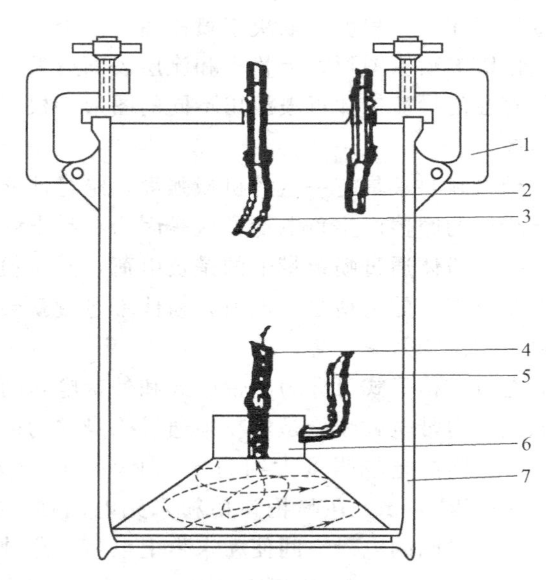

图 5-26　压力式供粉器

1—卡子；2—进气管；3,4—出粉管；5—进气管；6—喇叭；7—粉筛身

b. 抽吸式供粉器　抽吸式供粉器的结构示意图如图 5-27 所示。抽吸式供粉器

主要由射嘴、集粉嘴和粉斗组成。其原理是净化的压缩空气从射嘴喷出进入集粉嘴之间的间隙处，气流在渐缩区流速加快，形成了负压区，因而，粉斗里的粉末被吸入集粉嘴的混合段，经增压段后，粉末气流被送至喷粉枪。抽吸式供粉器结构简单，与压力式供粉器相比，整个部件没有活动部件，易于操作、保养、维修。喷粉时，供粉器不需密封，在供粉的同时可向供粉器加粉。粉末用完后，筒内积粉少，易于清理换粉，即使用少量粉末也可进行喷涂试验。

抽吸式供粉器对供粉气压适应性强，0.01MPa 的气压也可以供粉；在一定的供气压力范围内，供粉量受压力波动的影响较小，改变供粉气压或改变射嘴与集粉嘴之间的距离，即可调节供粉量，供粉量的波动度为 5%～15%。当射嘴的输气端面与集粉嘴的进粉端面在同一平面内时，在同样的供气压力下，供粉量可达最大值。

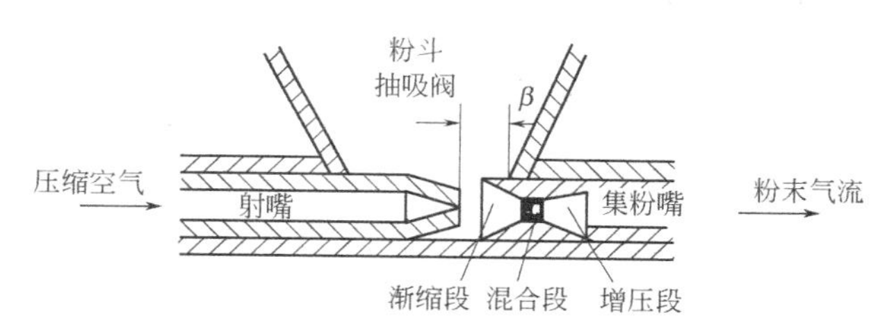

图 5-27 抽吸式供粉器的结构示意图

c. 抽吸式流化床供粉器 抽吸式流化床供粉器是利用文丘里泵的抽吸作用来输送粉末的。其原理是在压缩空气通过（正压输送）的管路中设置文丘里射流泵（亦称之为粉泵），空气射流会使插入粉层的吸粉管口产生低于大气压的负压，处于该负压周围的粉末就被吸入管道中，并被射流加速，再从管道中输送至喷枪。但是，在粉末吸入口的周围会产生粉末空穴，造成断粉现象。因此，必须解决供粉器中的粉末不断向吸粉口流动的问题，使喷出的粉雾均匀、连续。流化床内的粉末具有类似液体流动的特性，粉末会从高处向低处流动，这样就能保证粉末不断向吸粉口流动。但是，如果流化床的供气量太大，粉末虽然流化得好，但飞扬严重，效果反而不佳。一般气流速度为 0.8～1.3m/min。另外，流化床内的粉末粒径太小或粉末结块，不松散，粉桶中的粉末就不易悬浮流化，气流会从粉层中几个孔渠排出，产生“大起泡”和“沟流”现象。粉桶中放置的粉层太厚，也不易流化均匀。因此，有的粉桶内安装搅拌器来达到粉末流化均匀的目的，特别在流化初始阶段，搅拌器促使粉末达到均匀流化的效果是比较明显的。目前，抽吸式流化床供粉器已发展成多种形式，如振动型，搅拌型等。但最基本的流化床抽吸式供粉器分为两种形式：横向抽吸式和纵向抽吸式，如图 5-28、图 5-29 所示。

生产中应用最多的是纵向抽吸式流化床供粉器，这种供粉器的优点是：供粉均匀、稳定；供粉桶密封性能好；可以用几支粉泵共置于一个供粉桶；粉泵内清理积粉方便；供粉精度高。

d. 机械式供粉器 机械式供粉器种类较多，如图 5-30 所示。(a) 为转盘式供

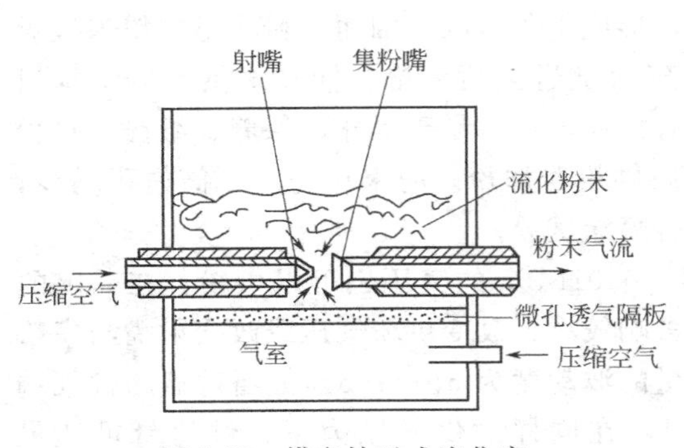

图 5-28　横向抽吸式流化床供粉器结构示意图

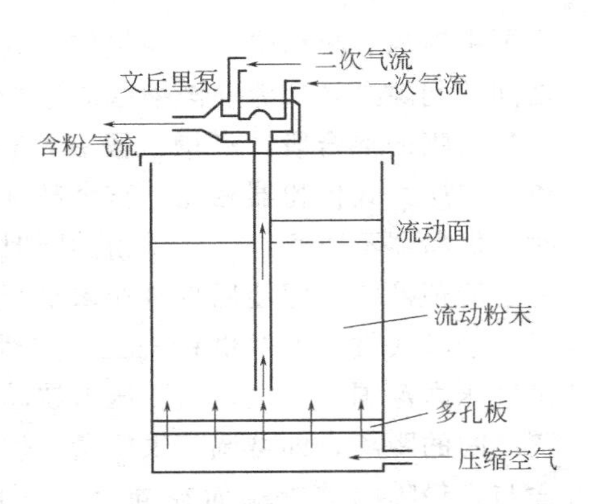

图 5-29　纵向抽吸式流化床供粉器结构示意图

粉机构，(b) 为螺杆式供粉机构。这类供粉器的特点是能定量、精确地供粉，供粉精度可达 2%～3%，它是通过调整转盘和螺杆的速度来控制供粉量的大小。机械式供粉器对涂膜厚度的波动性影响较小，由于它是以机械式传动方式供粉，供粉量的大小主要取决于转盘和螺杆的速度。机械式供粉器可用于多支喷枪的喷涂流水线。这类供粉器的缺点是结构比较复杂，机械传动部分密封性要求高，粉末易卡住机械传动零件，制作成本也高，故一般较少采用。

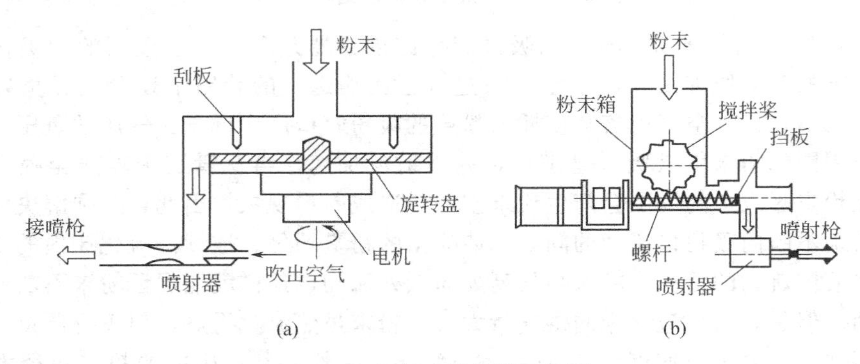

图 5-30　机械式供粉器示意图

④ 喷粉柜　喷粉柜又称粉末喷涂室，它是实施粉末喷涂的操作室，其制作的材料、形式和尺寸直接关系到产品喷涂的质量。喷粉柜可用金属板制成，也可用塑料板加工。选用哪种材料制作喷粉柜，主要根据经济性、耐久性和便于施工等因素来考虑。表 5-4 介绍不同材料制作的喷粉柜的优缺点。

喷粉柜的大小，取决于被涂物的大小、工件传送速度和喷枪的粉量。通常情况下，喷枪数量少，粉末喷涂能力偏低。喷粉室内选择多少支喷枪主要取决于工件的形状，喷涂的表面积，传输链速度和单班产量等因素。

喷粉柜内空气流通的状况是决定其性能的重要依据之一。影响空气流通状况的因素有：被涂物的最大长度、宽度和高度；喷涂方式，是手工喷涂还是自动喷涂；

表5-4　几种喷粉柜优缺点的比较

适用材料	优　　点	缺　　点
冷轧钢板	1. 加工容易，价格便宜； 2. 牢固，便于运输和修理； 3. 安全	1. 带电粉末易附着板壁，体积大； 2. 静电喷涂效率下降； 3. 产生火花放电机会增大
塑料	1. 粉末不易附着内壁； 2. 粉末容易清扫； 3. 可小型化； 4. 火花放电时安全； 5. 喷涂效率高	1. 制造困难，成本较高； 2. 容易损坏
钢板塑料复合材料	1. 粉末不易附着内壁； 2. 粉末容易清扫； 3. 可小型化； 4. 打火小，安全； 5. 喷涂效应不会影响； 6. 喷涂柜机械强度高	1. 价格比金属高； 2. 加工难度比钢材大

传送速度的设计值；单位时间内喷涂工件的表面积。

喷粉柜中空气流通的方式一般有三种：空气向下吸走；空气水平方向吸入；两种方式的组合。向下吸的喷粉柜，在底部制成漏斗状的吸风口，适用于大型的喷粉柜；水平方向吸入为背部抽风型的喷粉柜其优点是粉末通过被涂物后作为排气而吸入，适于直线状传送带喷涂板状工件用。常用的喷粉柜是底部和背部两个方向排风，空气流通较为均匀。

选用喷粉柜时，还要考虑到便于清理粉末和粉末的换色问题，同时还应考虑粉末回收时的风速和风量等因素。风量应掌握在不能将喷涂在工件表面的粉末涂层吹掉，不能让粉末从喷粉室开空口部位飞扬出来，减少粉末的浪费和环境污染。喷粉柜内粉末浓度应低于该粉末爆炸极限的下限值。喷粉柜窗口的风速以0.5m/s左右为宜。

根据喷粉柜的大小和操作要求来决定吸入涂敷室的空气量Q_1，其量值可按涂敷室全部开口部的面积乘以一个经验系数K来求得，K值取1.8～3.6，开口部的面积除工件进出口外，还应包括涂敷室其它部位开设的调整抽风速度和方向的开口面积。开口处吸入空气的速度最好设计为0.5m/s左右。根据开口部位吸入的风速均匀和涂敷室内风向的要求来决定开口部位的形状，排风口和进风口的位置和形状。

在设计涂敷室时，还要考虑到粉末涂料的粉尘爆炸极限浓度，以确定回收装置的排风量：

$$Q_2=\frac{D(1-\eta)}{P}$$

式中　Q_2——涂敷室内理论排风量；

D——涂敷时总的喷粉量；

η——粉末沉积效率；

P——粉末涂料爆炸极限的下限浓度。

前面从两个不同角度来考虑涂敷室的排风量，而实际排风量 Q 应该是：

$$Q \geqslant Q_1 > Q_2$$

上式说明，实际排风量 Q 应不小于经验计算排风量 Q_1，这两者的风量都应大于考虑粉尘爆炸极限浓度时的最低排风量 Q_2。

⑤ 粉末回收装置　粉末涂料在静电喷涂过程中，工件的上粉率为50%～70%，有30%～50%的粉末飞扬在喷涂室空中或散落在喷涂室底面。这一部分粉末必须通过回收装置搜集，经重新过筛后，送回供粉桶备用。否则，不仅浪费粉末涂料，还会污染环境，带来公害，危害操作人员的健康。

选用什么样的粉末回收系统，必须从产品的结构形状、生产批量、作业方式、粉末品种和换色频率等因素来综合考虑。粉末回收装置的种类较多，在生产实际应用中效果较好的回收装置有下面几种。

a. 旋风布袋二级回收器　二级回收装置主要包括旋风分离器的一级回收和布袋除尘器的二级回收。如图5-31所示。该回收器第一级旋风分离器与喷粉柜相连接，它收集了大部分的回收粉末，占粉末回收总量的70%～90%；第二级袋式回收器起到帮助旋风分离器提高回收率的作用，同时将第一级回收除不掉的细粉全部回收，这种二级回收器的总除尘效率可达99%以上。

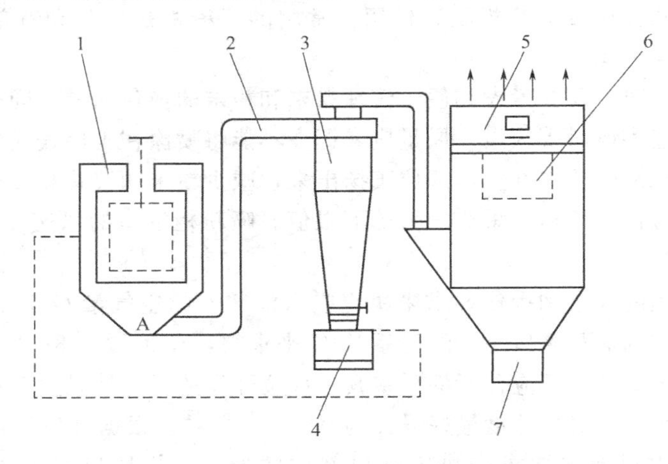

图5-31　旋风布袋二级回收器

1—喷室；2—管道；3—旋风分离器；4—活动式粉桶；5—风机；
6—布袋除尘器；7—粉末回收器

上述回收器中，对旋风分离器和布袋除尘器的底部回收粉末的处理，或者是利用喷室底部抽屉贮存回收，或者是借助于压缩空气造成喷室底部积粉呈紊流状态，然后被喷室内安全气流吸走回收。前者多见于小型喷室，后者多见于大、中型喷室。在生产线大喷柜作业的条件下，散落在喷柜内的粉末实际上数量是很大的，有的生产线不得不用人工从喷粉柜中回收清理粉末。因此，为了强化该部分粉末的回收，人们研制了滤带式回收器。

b. 滤带式回收器　滤带式回收器的结构示意图见图5-32。在整个喷室的底部，通过一条牢固的传送带支撑的快速循环运动的过滤带，在过滤带风机产生的由上而下充满喷室的安全气流作用下，滤带不但盛接了全部掉落于喷室内的粉末，而且将所有飘浮在空中的粉末与上述粉末汇合一起，在持续循环旋转中将它们都送到滤带端头的回收气流口，吸嘴再将滤带上的粉末回收吸除，回收粉末不断送往旋风分离器——过滤分离，滤带也同时不断地清理干净。

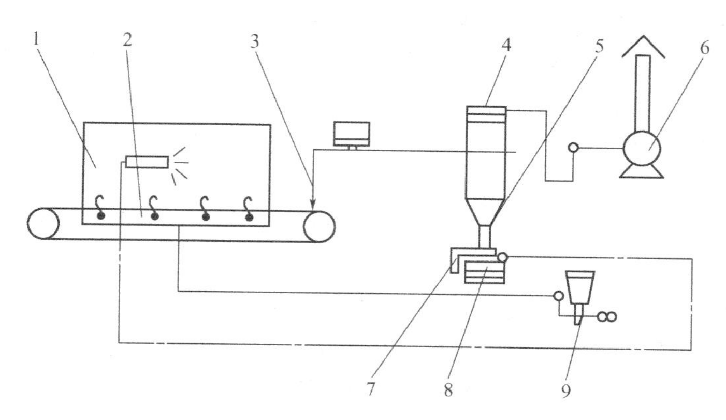

图5-32　滤带式回收器的结构示意图

1—喷室；2—滤带；3—吸嘴；4—过滤分离器；5—连接管道；6—风机；7—净滤机；8—活动式粉桶；9—滤带过滤风机

滤带式回收器因受过滤材料的限制，回收器设备制造技术较为复杂，安全气流风量较大，运行费用较高，零件容易磨损，维护保养比较困难，因此推广应用范围受到一定的限制。

c. 无管道式回收器　无管道式回收器如5-33所示，安装在喷室1后面的过滤箱4中，过滤后的粉末落在筛滤机5中。无管道式回收器系统最大的特点是省去了管路系统，把操作室及回收设备集合成一体，结构紧凑，为多支喷枪和配套的多台提升机让出了一定的空间。这种回收器可以做成与喷室分开的装置，配以轮子后就可以方便地同喷室组合或拆开，大大有利于快速换色的涂装施工。

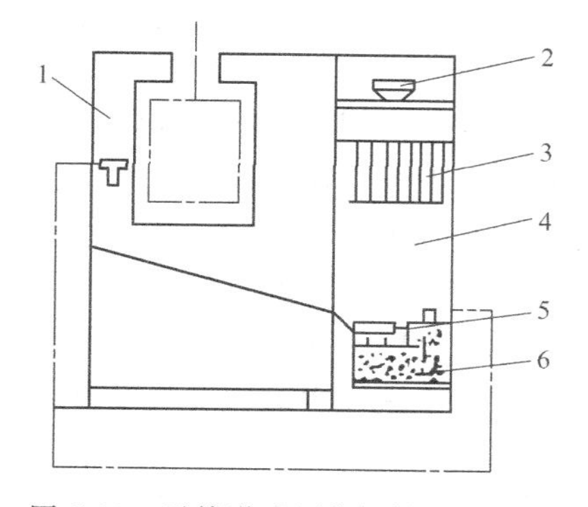

图5-33　无管道式回收器结构示意图

1—喷室；2—风机；3—过滤器；4—过滤箱；5—筛滤机；6—活动式粉桶

d. 滤芯技术　脉冲滤芯式回收是目前比较流行的粉末回收方式。由于布袋除尘器中的布袋容易吸水，使得布袋的纤维膨胀，降低了通风量。采用羊皮纸代替布袋做成的滤芯．并配以 5Pa 以上的脉冲反吹装置，可以大大提高粉末回收率。

滤芯中的羊皮纸做成扇形，增加了通风面积，其通风量可达 $800m^3/h$，每个滤芯的顶端都有一个连通贮气罐的喷气口，贮气罐内净化的压缩空气通过脉冲控制器可使每个滤芯有均等的被高压空气反吹的机会，这样就可以保证清除附在滤芯外表面的积粉，使它保持畅通的回收能力。

e. 列管式小旋风回收器　其原理是让携带粉尘的气流高速进入分离器，随导向管道向下旋转流动，因为它的外壳是圆锥形的，所以这个气流往下旋转的速度变得越来越快，气流中的粉末因离心作用被抛至管道内壁而落至下面的粉桶内。与其它过滤器相比，它结构简单、设备的保养维修要求低。将若干个口径较小的单元小旋风回收器组合一台列管式小旋风回收器，粉末回收量将大大提高。这种回收器清理粉末非常方便，只需很短时间就能将回收器内的粉末清理干净。

f. 烧结板过滤器　烧结板过滤器采用陶瓷或树脂粉末制成，耐用性好。原料中没有任何因为潮湿而膨胀的物质，因此不受空气湿度影响，能够过滤的细粉直径比其它滤材要小，它可以直接贴在喷房侧边作一级回收，也可以连接小旋风回收器作二级回收。

粉末静电喷涂技术的特点是工件可以在室温下涂装；粉末的利用率高，可达95%以上；涂膜薄而均匀，平滑、无流挂现象，即使在工件尖锐的边缘和粗糙的表面亦能形成连续、平整、光滑的涂膜，便于实现“工业化”流水线生产。

5.6.2 摩擦静电喷涂

(1) 摩擦静电喷涂原理　摩擦静电喷涂的基本原理是选用恰当的材料作为喷枪枪体。涂装时，粉末在压缩空气的推动下与枪体内壁以及输粉管内壁发生摩擦而使粉末带电，带电粉末粒子离开枪体飞向工件吸附于工件表面上。其原理图如图5-34 所示。

该方法不需要高压静电发生器。在摩擦静电系统中，枪体通常使用电阴性材料。两物体摩擦时，弱电阴性材料产生正电，强电阴性材料则产生负电。喷涂时由于粉末粒子之间的碰撞以及粉末与强电阴性材质制作的枪体之间的摩擦，使粉末粒子带上正电荷。而枪体内壁则产生负电荷，此负电荷通过接地电缆引入大地。带正电的粉末粒子在气流的作用下飞向工件并被吸附在工件表面上，经固化后形成涂膜，从而达到涂装的目的。

摩擦静电喷涂的特点是喷涂时粉末所带的电荷不是由外电场提供的，而是粉末与枪壁发生摩擦带上的。喷出枪口的带电粉末粒子形成一个空间电场，电场强度取决于空间电荷密度和电场的几何形状，即决定于粉末粒子的带电量、粉末在气粉混合物中所占比例和喷枪口的喷射图形。由喷枪喷出的气粉混合物，因气流的扩散效应和同种电荷的斥力，气粉混合物体积逐渐膨胀，电荷密度下降，电场减弱。电场减弱的方向与气流方向一致，粉末的受力方向与气流方向相同。当粉末离开枪体

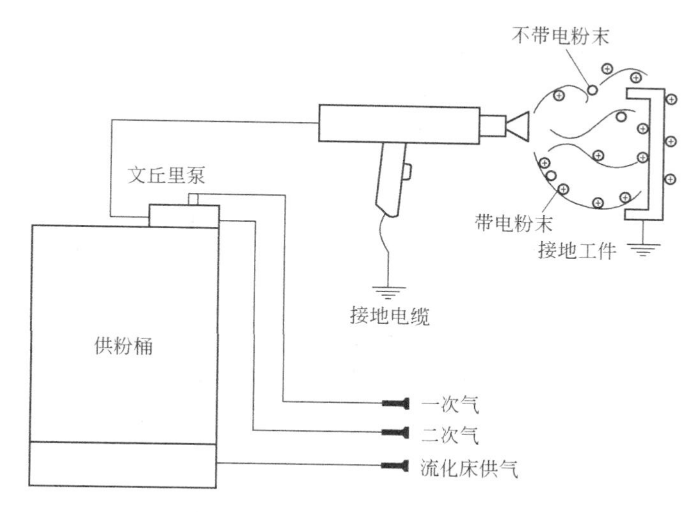

图 5-34　摩擦静电喷涂原理图

后，粉末移动的动力主要是空气，粉末粒子能够到达工件的每个角度，并与工件产生很好的附着效应，形成致密的粉末涂层。由于不存在外电场，摩擦静电喷涂法能较好地克服法拉第屏蔽效应。有关数据表明：在摩擦静电喷涂时，反电离现象发生在喷枪启动后的 10～20s 时间内，这就可能提高工件的一次上粉率。一次上粉率提高，明显减少了粉末的回收量。

由于摩擦枪具有不同于高压枪的带电方式和电场，因此在静电喷涂中显示出其独特的优点。

① 节省了设备投资　高压静电喷涂时，粉末所带的电荷来自高压静电发生器，而摩擦枪的粉末带电主要是由粉末和枪体摩擦而产生的，这就省去了高压静电发生器，从而节约了设备投资。

② 消除了事故隐患　摩擦枪内无金属电极，喷涂中不会出现电极与工件短路引起的火花放电，从而消除了引起粉尘燃烧，爆炸的事故隐患。

③ 操作简捷　用摩擦枪喷涂操作比较方便。它不接高压电缆。枪头移动空间范围广，且受喷涂影响小，喷枪离工件距离远些或近些，喷涂效果相近。

④ 适用范围广　小型工件或形状比较复杂的工件表面用摩擦枪喷涂时，效果好得多，比高压静电喷枪更为适用。

⑤ 喷枪不积粉　摩擦枪内无金属电极，因而不会出现电极积粉现象，也就避免喷涂中出现吐粉弊病，保证了粉层表面光洁和平整。

⑥ 可以喷涂较厚的涂层　高压静电枪喷涂的粉层超过一定厚度时，由于产生反离子流击穿现象，使涂层表面出现“雪花”状，凹坑、麻点等缺陷。而摩擦枪不存在像高压枪那样的电场，且不容易产生反电离现象，所以可喷涂较厚的涂层。

⑦ 可以满足喷涂生产线的需要　摩擦枪喷涂的粉层和附着力虽然比高压枪喷

出来的粉层附着力要小些．但已能很好地满足喷涂生产线的需要。

⑧ 粉末沉积效率高　就粉末沉积效率而言，在小喷粉量，近距离喷涂时，摩擦枪喷涂的粉末沉积率要高于高压静电喷枪。

（2）施工工艺　摩擦静电喷涂的施工工艺有其独特的要求。

① 摩擦枪的带电性　摩擦枪正常工作情况的标志是粉末带电性能良好、粉雾输送均匀。粉末带电状况的好坏直接影响工件涂膜质量和粉末沉积效率。为了增强摩擦枪的粉末带电效应，供粉、输粉以及喷枪都应设置相应的带电措施，使喷出枪口的粉末粒子充分地带上电荷。

② 对气压的要求　为保证粉末获得足够的摩擦，要求供粉气压有一定的范围。流化床的供气气压为 0.02MPa，一次气压为 0.1～0.22MPa，二次气压为 0.01～0.05MPa。

③ 对粉末的要求　摩擦喷枪内供粉末通过的摩擦通道窄小，约为 1mm 左右，所以对粉末的选用要求比较严格。

a. 粉末品种　适用于摩擦喷枪用的粉末涂料有环氧类粉末和聚酯改性环氧类粉末。其它粉末摩擦带电效果较差。

b. 对粉末清洁度的要求　供摩擦静电喷涂用的粉末必须严格过筛，筛去纤维、硬粒等杂质，以免堵塞枪口。

c. 对喷涂操作环境的要求　粉末的受潮程度和周围环境空气湿度等因素明显影响摩擦枪的带电效应和粉末沉积效率。空气湿度越低，粉末越干燥，则粉末带电性越好，涂装效果就越佳。反之，粉末电阻率降低，使其所带电荷容易逸走，从而影响静电吸附效果。因此，当空气湿度比较高时，就需加大喷粉气压来增加喷粉量以满足喷涂的要求。

d. 粉末要干燥　为防止粉末因潮湿结块，影响带电效果，在喷涂前，粉末一定要烘干，尽量去除水分。还要注意平时粉末的防潮，受潮的粉末不能用于摩擦喷涂。

④ 压缩空气必须净化　经过空压机输出的空气要充分净化，去油、去水，空气中无尘埃。其要求比高压静电喷涂用的空气更为严格。

⑤ 喷粉量　摩擦枪的喷粉量要掌握适当，根据不同工件的要求来选择冷喷操作或者热喷操作，如喷粉量超过了范围即会影响喷涂效果。平面喷涂时，喷粉量为 80～100g/min；管道内壁喷涂时，喷粉量在 100～250g/min 为好。

⑥ 喷涂距离　摩擦静电喷涂时，喷涂距离不像高压静电喷涂操作那样严格，距离范围有一定伸缩性。一般距离最近不低于 50mm. 最远不超过 300mm。

⑦ 沉积效率　采用摩擦静电喷涂，沉积效率小于 60%，采用摩擦静电热喷涂，沉积效率可达 80%～85%，并且还能增加涂层厚度，提高涂层的均匀性。

（3）喷枪的结构　在摩擦静电喷涂设备中，充电效果与摩擦枪管的形状特征及粉末的材料选择紧密相连。尽管大多数粉末都可以适用于摩擦系统。但如果粉末涂料与枪体材料的相对电阴性接近时，粉末涂料的带电效果就差些。像环氧树脂、聚酯、聚酰胺、聚氨酯材料要比聚氯乙烯、聚丙烯和聚四氟乙烯容易获得正电荷。从表 5-5 中所示材料的相对电阴性情况可知，选用聚四氟乙烯制造的摩擦喷枪，在喷涂环氧粉末时可获得很高的带电效果。

表 5-5　几种不同材料相对电阴性

材料	相对电阴性
聚氨酯	弱电阴性
环氧树脂	↓
聚酰胺	
聚酯	
聚氯乙烯	
聚丙烯	
聚乙烯	
聚四氟乙烯	强电阴性

摩擦喷枪的结构主要由枪体和枪芯组成。根据应用场合的不同，可分为三种形式。

① 手提式　手提式摩擦静电喷枪设计较为轻巧，枪身整个重量不超过 750g，枪长 540mm，喷粉量为 60～250g/min。枪体和枪芯用聚四氟乙烯制造，其应用范围较广。结构示意图如图 5-35 所示。

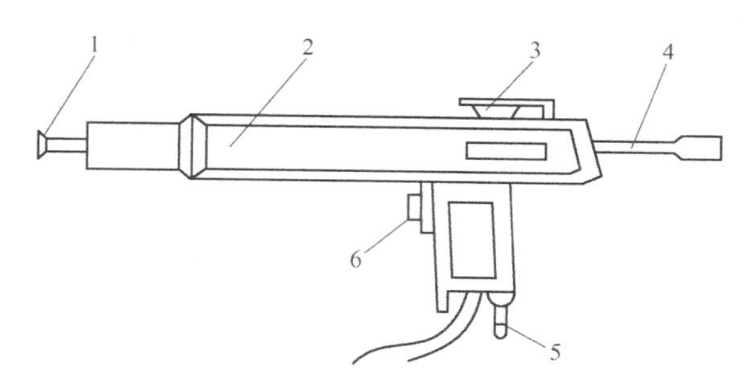

图 5-35　手提式摩擦静电喷枪结构示意图

1—导流体；2—枪身；3—挂钩；4—调节杆；5—输粉管；6—电磁阀开关

② 固定式　固定式摩擦静电喷枪结构比手提式更为简单，主要与摩擦静电喷涂装置配套使用，安装于一固定架子上或自动升降机上，适用于自动化流水线喷涂。

固定式喷枪比手提式省去了手柄、挂钩、电磁阀开关等部件，其结构为一圆柱体。为了保证一定的出粉量，常设计成多通道摩擦枪体。即在一支喷枪内，设计成多层摩擦通道，增加了粉末的摩擦面积，使粉末与枪体发生较多地摩擦而获得较多的电荷，又加大了出粉量，从而保证了流水线喷涂节拍的需求。如图 5-36 所示。

③ 专用型　专用型摩擦静电喷枪是为某种特定的涂装对象而设计制造的。如钢管内壁喷涂用摩擦喷枪要满足下面几个要素：出粉量大，荷质比高，具有足够的

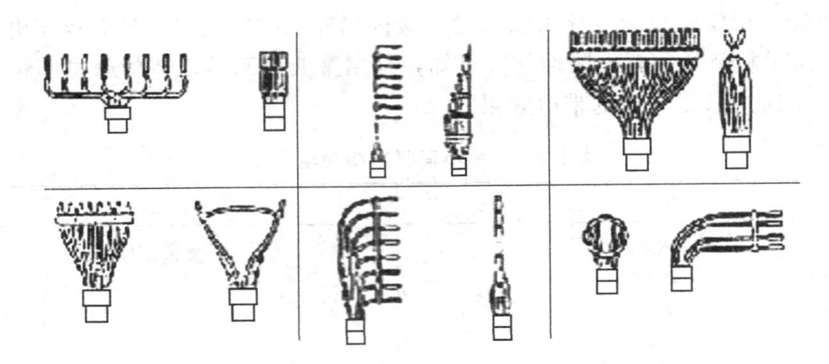

图 5-36　各种形式多通道摩擦静电喷枪

长度及多样化的喷射图形。

控制喷粉量与一次风量的调节有关，但风量不能太大，因为粉末与枪体之间的磨损增大将会影响枪的寿命。由于受到工件形状及管道直径的限制，不能将枪体制作得很粗大，一般设计成单体双通道式。

为了增加摩擦面积，使粉末与粉末之间，粉末与枪体之间的摩擦更充分，粉末有足够的带电量，可以设计成几种不同形状、规格的喷嘴。如图 5-37 所示。

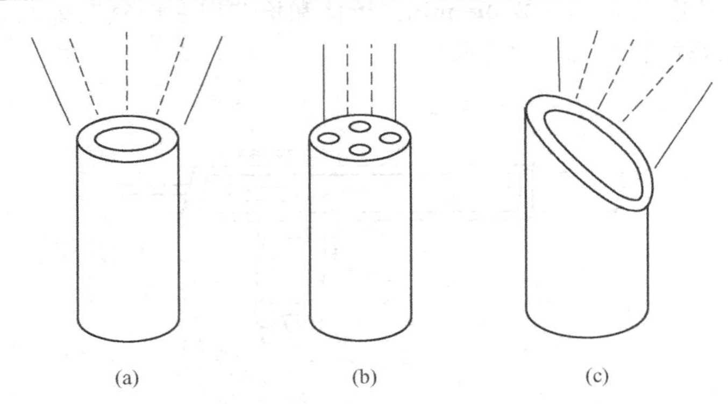

图 5-37　几种常用的喷嘴结构示意图

(a) 喷嘴呈圆柱形，粉末离开枪口形状为发散形，适合于喷涂工件外表面；
(b) 喷嘴呈圆孔形，粉末喷射状为直线形，适合于喷涂工件的凹槽；
(c) 喷嘴呈椭圆孔形，粉末喷射状为扇形，适合于喷涂容器的内表面

摩擦枪也有以下不足之处。

a. 使用寿命较短　因为摩擦静电是通过磨损枪体而获得的，为了保证较好的静电效果，就需要对摩擦枪的芯阀定期更换，同高压静电枪相比，喷枪的使用寿命较短。

b. 应用场合受到限制　因为适用于摩擦枪喷涂的粉末品种受到限制，有些粉末品种的摩擦带电效果较差，例如聚乙烯粉末涂料的摩擦带电效果就不理想，所以粉末涂料的应用场合受到限制。

c. 粉末带电量不充足　与高压静电喷枪相比，粉末摩擦带电的吸附能力要弱一些。

d. 对环境、气源的要求严格　摩擦静电喷涂工艺，对环境、气源的要求比较严格，某种程度上限制了它的应用范围。

摩擦喷枪可以在一把枪头上安装几种类型的喷嘴，使一把枪能完成多种喷涂图形，确保粉末在复杂形状工件表面的有效沉积。

第6章 光固化涂料检测与评价

光固化涂料的性能需要从多个方面进行评价，包括固化前的涂料性能、固化交联性能、固化后的涂膜各项性能，甚至包括光固化原材料的性能。这就决定了涂料的检验的内容既包括涂料原材料质量、涂料产品的性能检测，又包括涂料的施工性能，还要检查涂膜的物理机械性能和涂膜的特殊保护性能。

6.1 光固化涂料性能检测

6.1.1 光固化涂料产品取样

光固化涂料产品检验的取样很重要，取样正确与否直接关系到被测样品结果的准确性，取样的主要原则如下。

① 所取漆样在该批产品中应具有足够的代表性。所取的样品数量应分为两份，一份用作测试，另一份密封贮存以备日后需要时对某些性能做复试。

② 盛样容器为内部不涂漆的金属罐、棕色或透明的可密封玻璃瓶、纸袋或塑料袋，容器必须洁净。

③ 取样器具能使产品尽可能混合均匀，取出确有代表性的样品。取样器具必须清洁。

④ 取样数目。产品交付时，应记录产品的包装件数，按随机取样法，对同一生产厂家生产的相同包装的产品进行取样。取样数目应符合式（6-1）要求。

$$N \geqslant \sqrt{\frac{n}{2}} \tag{6-1}$$

式中　N——取样数；

　　n——产品的包装件数。

建议取样数目采用表 6-1 所列数字。

⑤ 在样品上贴上标记。标记应包括以下内容：制造厂名，样品的名称、品种和型号，批号、贮槽号等，生产日期和取样日期，交付产品的总数，取样地点和取样者。按照 GB 3186—82（88）及 ISO 1512—74 进行。

表 6-1　交付产品的件数与取样数

产品件数	取样数
2～10	2
11～20	3
21～35	4
36～50	5
51～70	6
71～90	7
91～125	8
126～160	9
161～200	10
以后每增加 50 桶	取样增加 1 桶

6.1.2　光固化涂料产品性能检测

光固化涂料产品性能检验包括：外观（颜色和透明度），黏度，细度，贮存稳定性等。

6.1.2.1　外观、颜色和透明度

涂料通常为不含颜料的产品，检查项目看其是否含有机械杂质和透明程度如何。外观测定是将试样装入干燥洁净的比色管中，调整到温度（25±1)℃，于暗箱的透射光下观察是否含有机械杂质。透明度的测定是将试样倒入干燥洁净的比色管中，调整到温度（25±1)℃，于暗箱的透射光下与一系列不同浑浊程度的标准液（无色的用无色标准液，有色的用有色标准液）比较，试样的透明度等级直接以标准液的等级表示。原漆颜色按 GB/T 1722 中的甲法规定进行评定，在实际应用上，有时浅色的清漆在干燥时颜色会显著变深。因此，在评定清漆颜色时，还要测定干漆膜的颜色。

光固化涂料外观一般呈无色或微黄色透明液，大多有较强的丙烯酸酯气味，固化后该气味应基本消失。涂料本体应均匀，不含未溶解完全的高黏度块状物，高黏度树脂或固体树脂应均匀溶解于活性稀释剂中，溶解不完全的团块肉眼不易发现，在涂料调配过程中应特别注意。通常的方法是在涂料装罐前用细纱网对涂料进行过

滤，将非均匀团块以及可能存在的固体杂质过滤除去。

6.1.2.2 黏度

黏度即涂料稀稠的程度。黏度是液体和胶体体系的主要物理化学特性，黏度对涂膜的性能有直接影响。在施工过程中黏度高会造成使用上的困难，黏度低容易造成流挂。

光固化涂料根据使用场合和施工工艺不同，黏度有很大不同，常见UV涂料黏度从0.1Pa·S到几帕·秒。一般而言，低黏度涂料有利于涂装流平，但也容易出现流挂等弊病。光固化涂料较低的黏度意味着使用较多数量的活性稀释剂，大量活性稀释剂的存在容易导致涂料整体固化收缩率较高，影响固化膜与涂装基材的附着力。涂料过稀，刮涂或辊涂将获得较低的膜厚，而且在平整度不高的涂装表面容易出现涂层厚薄不均匀的现象，涂料流动太快，基材低凹部分膜层较厚，凸起部分膜层较薄。黏度较高时则涂料不易涂展，膜层流平所需时间较长，不符合光固化涂料高效快捷的施工特点，可添加流平助剂适当改善。大多数光固化涂料表现为牛顿流体，不具有触变性，添加触变剂（如气相二氧化硅等）其静态黏度提高，甚至呈糊状，但随剪切时间延长和剪切速率增加，黏度有所降低。适当的触变性可平衡流挂与流平的矛盾。一般黏度较大的光固化涂料宜采用刮涂、辊涂的涂布方法，黏度较小的涂料宜采用淋涂、喷涂的非接触式涂布工艺。

涂料黏度的测量方法可采用乌式黏度计、斯托默黏度计和涂-4杯法，如图6-1和图6-2所示。测定光固化涂料的黏度，涂-4杯黏度按照GB/T 1723规定进行测定，动力黏度按GB/T 2794规定进行测定。

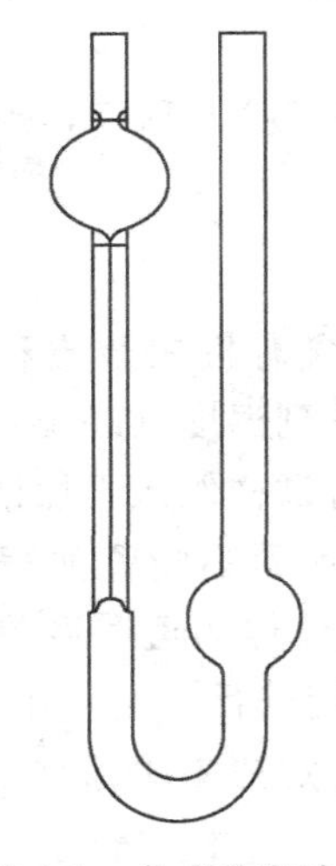

图6-1 乌式黏度计

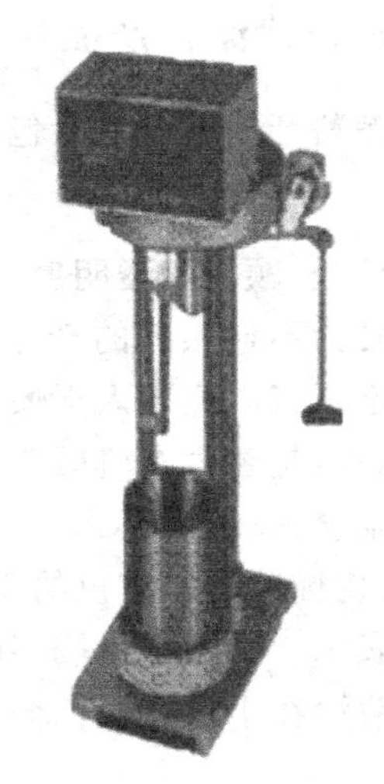

图6-2 斯托默黏度计

6.1.2.3 细度

细度主要是检查色漆或漆浆内颜料、填料等颗粒的大小或分散的均匀程度，以微米来表示。涂料细度的大小直接影响漆膜的光泽、透水性及贮存稳定性。由于品种和要求的不同，各种底漆、面漆细度不同。

目前测定细度使用最为普遍的是刮板细度计，如图 6-3 所示。详见 GB 6753.1—86 及 ISO 1524—83。这是测量颜料分散情况的一种最简便的方法。其优点是速度快，但它不能反映颜料质量的真实情况，只表示出颜料的聚集体，显示不出颜料粒径的分布及粒子的状态。

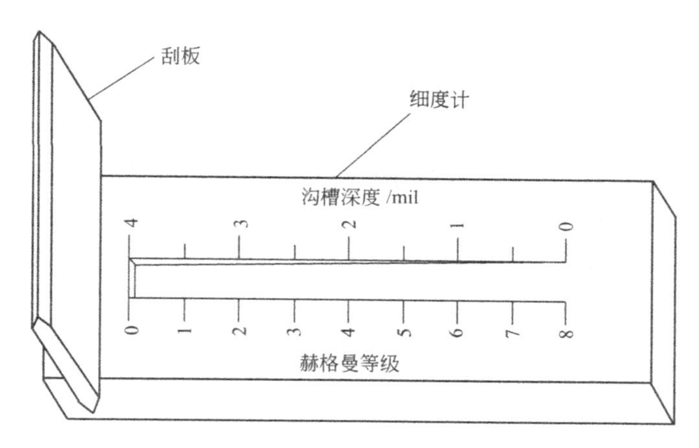

图 6-3　刮板细度计

1mil＝25.4×10^{-6}m

细度也可通过测量涂膜的光泽来判断。颜料分散得好，涂膜表面的粗糙度低，光的漫反射低，光泽高。反之，涂膜表面粗糙，光的漫反射程度高，光泽低。所以测量涂膜的光泽度高低可用来判断颜料分散的好坏。

另外，也可用拍摄电镜、光谱分析、测定涂料贮存黏度变化等方法来评价颜料分散质量好坏。

6.1.2.4　贮存稳定性

涂料贮存稳定性是指液态色漆和清漆在密闭容器中放置自然环境或加速条件下贮存后，测定黏度及其它性能的变化。

光固化涂料的贮存稳定性主要是指暗固化性能，光固化涂料应在避光、室温条件下贮存至少 3 个月以上而没有明显的黏度上升或暗聚合发生。光固化涂料的贮存稳定性主要由光引发剂的性质决定，某些热稳定性较差的光引发剂即使在避光条件下也会缓慢热分解产生活性自由基，导致涂料在贮存过程中聚合交联，因此选择合适的光引发剂非常重要。另外，光固化涂料产品中应含有少许的阻聚剂以保证涂料在贮存过程中的稳定性（通常大多数丙烯酸酯单体和低聚物原材料在装罐前或在合成过程中已添加了微量酚类阻聚剂）。光固化涂料产品要求避光密封贮存，尽可能避免阳光直射。

对于光固化涂料的贮存稳定性，除考虑聚合稳定性外，对含有颜料或无机填料的配方，还涉及颜料或无机填料的絮凝沉降的问题，必要时可在分散过程中添加少量防沉降助剂。

涂料贮存稳定性的测定方法是将试样装入容积为0.4L的金属罐，盖好罐盖，在(50±2)℃加速条件下贮存30天或自然环境条件下贮存6～12个月后检查橘皮、腐蚀及腐败味、颜料沉降程度，漆膜颗粒、胶块及刷痕、黏度变化等。详见GB 6753.3—86。

6.1.3 光固化涂料施工性能的检测

光固化涂料施工性能的检验包括：涂布量、流平性、光固化速率、打磨性等。

6.1.3.1 涂布量

涂布量是指涂料在正常施工情况下，涂刷单位面积所需的数量，以g/m^2来表示。涂布量的测定，可供施工用料计算时参考。它与着色颜料的多少无关，但受产品的黏度影响较大。涂布量按GB/T 1758的规定进行测量。

光固化涂料的涂布量按下面公式计算：

$$R=\frac{A-C}{B}\times 10000 \tag{6-2}$$

式中 R——涂布量，g/m^2；

A——涂刷后板之质量，g；

C——涂刷前板之质量，g；

B——涂刷面积，m^2。

比如UV地板涂料涂布量，第一道底漆涂布量10～40g/m^2，第二道底漆涂布量10～40g/m^2，面漆涂布量5～100g/m^2。UV纸张涂料底油和面油的涂布量都为3～10g/m^2。

6.1.3.2 流平性

涂料的流平性是将涂料刷涂或喷涂在表面平整的基材上，经一定时间后观察，以刷纹消失和形成平滑漆膜表面所需时间来表示。流平性与涂料的黏度、表面张力和使用的溶剂有关。

涂料流平性能的评价一般采用目测判断，观察涂膜平整光滑的程度，有无条痕、缩孔、橘皮、流挂等现象。也可采用测定涂膜的光泽度来评价涂料的流平性。涂膜的光泽度数值是比较准确的反应，光泽度越高，就表示该涂料流平性越好。对于液体涂料的流平性，可参照国家标准GB 1750—79《涂料流平性测定》，该标准采用刷涂法或喷涂法，简单、方便、经济，只是不能定量评出流平等级。原机械工业部颁布标准JB 3998—85《涂料流平性涂刮测定法》，此法十分简单、方便、经济、实用，可对流平效果评出等级。

① GB 1750—79《涂料流平性测定法》

a. 刷涂法　刷涂时，应迅速先纵向后横向地涂刷，涂刷时间不多于2～3min，然后在样板中部纵向地由一边到另一边刷涂一道(有刷痕而不露底)。自刷子离开样板的同时，开启秒表，测定刷子滑过的刷痕消失和形成完全平滑涂膜表面所需的时间。时间越短流平性越好。

b. 喷涂法　观察涂膜表面达到均匀、光滑、无皱时所需时间。

② JB 3998—85《涂料流平性涂刮测定法》 将试验底材平放于玻璃板上，涂刮导板放在试材表面一侧。将流平刮刀紧靠导板，刮刀槽口向下，开口向操作者，置于试材远端。然后把 10mL 涂料试样倒入流平刮刀内沿。一手紧握导板，另一手持流平刮刀沿着导板由远至近匀速涂刮。将刮好的涂样水平放置，按涂料产品标准或施工条件规定进行干燥（图 6-4）。涂样干燥后，统计试样表面上已流在一起的平行带对数量，对照流平等级图（图 6-5）定出流平等级。每一试样要平行测行 3 次，2 次测定的流平等级相同才能定出测定结果。

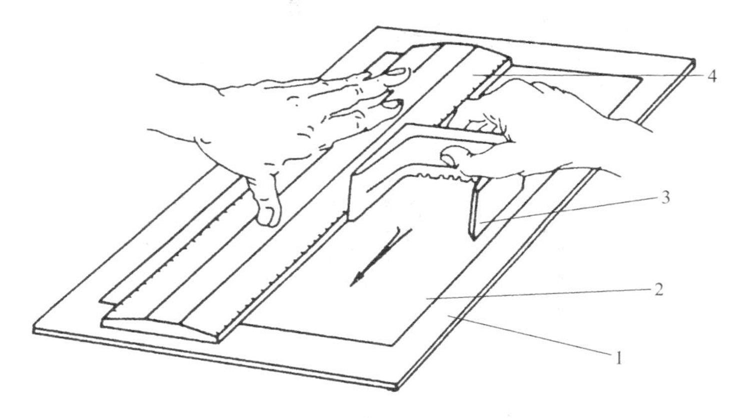

图 6-4　涂料流平性刮涂测定操作示意图

1—玻璃板；2—试验表面；3—流平刮刀；4—涂刮导板

6.1.3.3　光固化速率

涂料从流体层变成固体漆膜的物理化学过程称为干燥。对光固化涂料，经 UV 光照射从液态变成固体膜的过程称为光固化。光固化过程的两个关键指标是固化速率和固化程度。

表征光固化过程较为客观的方法是检测光固化过程中体系反应性双键的转化情况。检测方法包括以下几种。

① 实时红外（real-time FTIR）光谱法　该方法可及时跟踪检测 C ═C 双键随光照时间的变化，从而获得聚合转化率曲线和聚合速率曲线，所检测的红外特征峰一般为丙烯酸酯 C ═C 双键的伸缩振动峰（1630cm^{-1} 附近）和 C ═C 双键上 C—H 面外弯曲振动的特征峰（810cm^{-1}附近）。

② 光照差示扫描量热法（photo—DSC）　自由基光聚合与阳离子光聚合一般伴随着放热效应，在常规 DSC 分析仪上加装紫外辐照光源，通过测定光聚合过程中的放热速率获得光聚合速率曲线，并转换成聚合转化率曲线。以上方法通常用于光聚合动力学过程的研究，测定聚合活化能、链增长速率常数及链终止速率常数等。

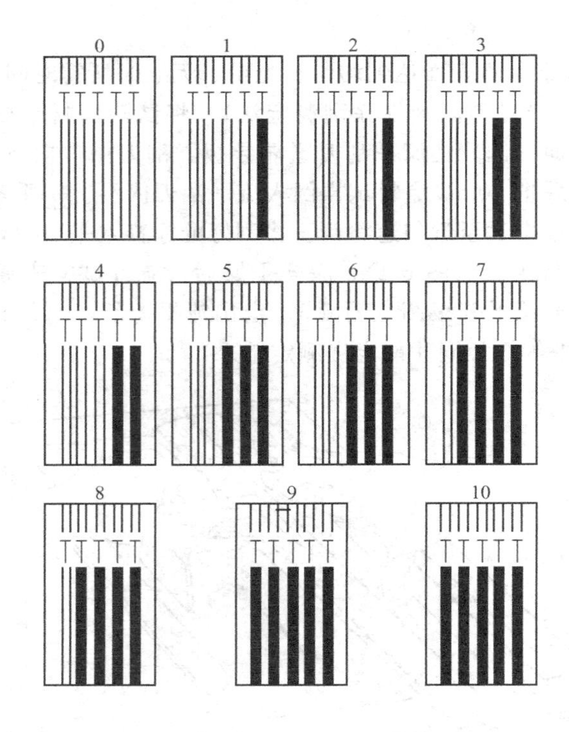

图 6-5 流平等级

注：“10”级表示流平性最好，“0”级表示流平性最差。具体评定如下：
“10”级——5 对平行带全部流在一起；
“8”级——4 对平行带全部流在一起；
“6”级——3 对平行带全部流在一起；
“4”级——2 对平行带全部流在一起；
“2”级——1 对平行带全部流在一起；
“0”级——5 对平行带全部未流在一起。
如果涂膜的平行带对只是大部分流在一起，则评定出奇数等级。

③ 实时黏度法 将石英玻璃板替换锥板黏度计的承载板，UV 光源的光线由石英玻璃板底部向上射入照到待固化样品，转子旋转过程中开光源，随固化进行，黏度上升，记录下黏度随光照时间的变化曲线。这是跟踪光固化体系反应程度，表征光固化速率的有效方法。

④ 荧光探针法 在光固化配方中添加结构较为稳定的荧光探针分子，随体系聚合交联的进行，环境的极性和黏度发生变化，荧光探针分子的发射光强度和波长位置会随之改变，通过检测探针分子荧光变化，并将其和聚合转化率关联起来，可实现光聚合过程的荧光探针跟踪检测。

另外，测定涂层一定光照时间后的凝胶含量、失重率及硬度等指标也可以表征其固化情况。

工业上，通常采用简便易行的方法检测评价光固化速率。

① 履带速率为指标　以UV光固化机承载涂覆物件履带的行走速率为指标，不断提高履带速率，以获得固化膜指定硬度的最大履带速率，衡量其固化速率。履带速率越高，说明所需的辐照时间越短，光固化速率越快。测量单位以m/min表示。

② 指干法　涂层光照时间不够，固化不完全，涂层表面发黏，会形成明显指纹印，固化完全后，涂膜表面干爽。以涂层表面固化干爽程度所需时间来衡量固化速率，测量单位以s表示。

影响光固化速率的因素很多，包括光引发剂的活性与浓度、活性稀释剂的反应性、低聚物的反应活性、光源、氧的阻聚作用等。各种因素相互制约，共同影响固化效果。

6.1.4 光固化涂料涂膜物理机械性能检测

将涂料试样均匀地涂刷或喷涂在各种材料（金属、玻璃、木材等）的底板上，UV光辐照后制成厚度符合要求的固化膜，再对其分别进行光泽、固化膜颜色及外观、厚度、硬度、柔韧性、耐冲击强度、附着力、耐磨性等测定。

6.1.4.1 光泽

光泽是指固化表面把投射其上的光线向一个方向反射出去的能力，反射的光亮越大，则其光泽越高。固化膜的光泽对于装饰性涂层来说是一项很重要的指标。测量涂料光泽所使用的仪器为光电光泽度仪，一般采用30°角或60°角测定，60°角测定结果往往高于30°角的测定结果。按规定60°光泽度仪测量的涂料光泽分类如表6-2所列。

表6-2　涂料光泽分类（60°光泽度仪）

名　称	光　泽
高光泽	≥70%
半光或中等光泽	30%～70%
蛋壳光	6%～30%
蛋壳光至平光	2%～6%
平光	≤2%

光固化涂料较容易获得高光泽度固化表面，如果配方中添加流平助剂，光泽度可能更高，常见光固化涂料的光泽度可以轻易达到100%或以上。溶剂型涂料在成膜干燥过程中有大量溶剂挥发，对涂层表面扰动较大，影响微观平整度，光泽度容易下降。

用光电光泽度仪测定涂膜光泽时，采用GB 1743《漆膜光泽性测定法》及GB/T 9754—1988《色漆和清漆镜面光泽的测定》。

6.1.4.2 颜色及外观

固化膜颜色是物体反射（或透过）光特征的描述。例如物体对光全部反射，则物体的颜色呈现白色；物体对光全部透过，则物体的颜色呈现黑色；物体对光部分反射和部分透过，则物体的颜色根据反射或透过光的不同呈现不同的颜色。

固化膜颜色测定分为标准样品法和标准色板法，参见GB 1729《漆膜颜色外观测定法》，前者是将测定样品与标准样品比较，后者是将测定样品与标准色板比较，都是用肉眼观察。虽然一般用肉眼可以区分漆膜颜色的差别，但不可避免会有人为误差的产生，因而现在已采用光电色差仪来对颜色进行测定。

固化膜外观主要是检查漆膜是否平整、干爽、平滑或符合产品标准规定。对于光固化涂料，如果固化时间不足或由于氧阻聚作用造成交联固化不完全，固化膜表面发黏，形成明显指纹印，可在固化膜表面放置小团棉花，用嘴吹走棉花团，检查固化膜表面是否粘有棉花纤维，如粘有较多棉花纤维，说明固化膜表面固化不理想，干爽程度不够。

6.1.4.3 膜厚

固化膜的性能与厚度有密切的关系。涂层太薄，将影响光泽、外观和防腐蚀性能，涂层太厚，可能导致底层光固化不完全，影响附着力等综合性能。光固化涂层的厚度一般在数十微米，标准厚度为25μm。

固化膜厚度采用杠杆千分尺或磁性测厚仪测定，详见GB 1764《漆膜厚度测定法》，一般都是在规定的厚度范围内进行固化膜各项性能的测定，这样测得的结果才有可比性。

6.1.4.4 硬度

固化膜硬度是评价涂膜质量的关键指标。其物理意义可以理解为涂膜表面对作用其上的另一硬度较大的物体所表现的阻力。物体能经受破坏其表面的机械应力的性能，就是其硬度的最主要特性。

检测固化涂层硬度的方法有摆杆硬度、铅笔硬度、邵氏硬度等。摆杆硬度为相对硬度，在实验研究上经常采用，摆杆阻尼试验测定的涂膜硬度以摆幅6°到3°（科尼格摆）或由12°到4°（珀尼兹摆）的时间计，详见GB1730《涂膜硬度测定法》。铅笔硬度简单易操作，工业上应用较广泛，铅笔硬度是以不犁伤涂膜的铅笔硬度代表所测涂膜的铅笔硬度，按照GB/T 6739规定进行测定，见图6-6。

6.1.4.5 柔韧性

色漆、清漆涂层在标准条件下绕圆柱弯曲时的抗开裂或从金属底板上剥离的性能通常称为漆膜的柔韧性。很多被涂底材具有一定可变形性，要求涂层具有相应柔顺性，例如纸张、软质塑料、皮革等。

固化膜柔韧性测定在柔韧性测定器或弯曲试验仪上进行，见图6-7。详见GB 1731《漆膜柔韧性测定法》。固化涂层的弯曲度实验常用来表征其柔顺性，以不同直径的钢辊为轴心，将被覆固化涂层的材料对折，检验涂层是否开裂或剥落。柔顺

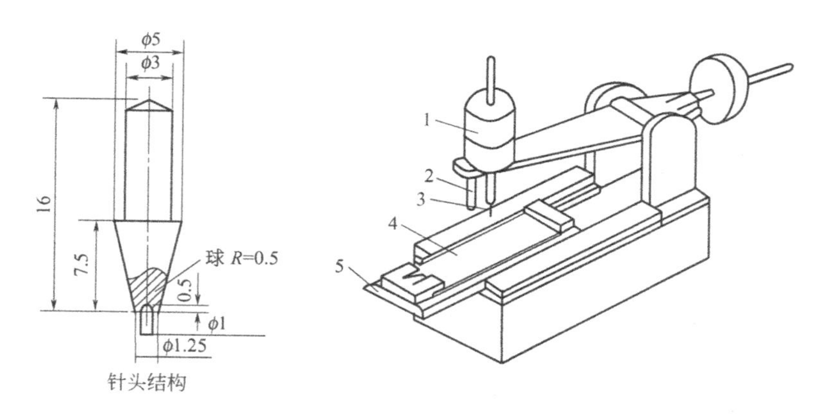

图 6-6　铅笔硬度试验仪示意图（单位：mm）

1—负载；2—挡杆；3—针；4—样品；5—装料台

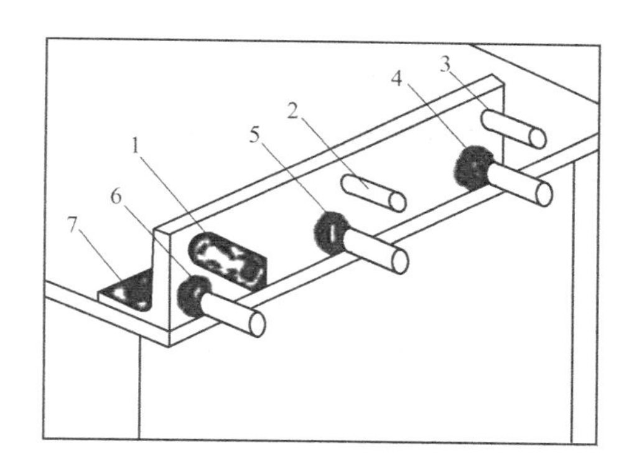

图 6-7　柔韧性测定器

轴棒的尺寸如下：每个轴棒长度为 35mm。

轴棒 1　直径为 10mm；轴棒 2　截面 5mm×10mm，曲率半径为 2.5mm；
轴棒 3　截面 4mm×10mm，曲率半径为 2mm；轴棒 4　截面 5mm×10mm，
曲率半径为 1.5mm；轴棒 5　截面 2mm×10mm，曲率半径为 1mm；
轴棒 6　截面 1mm×10mm，曲率半径为 0.5mm；7 为固定螺钉

性较好，但附着力不佳时，弯曲实验可能导致涂层剥离底材；柔顺性较差，而附着力较好时，弯曲试验可能导致涂层开裂。因此，柔韧性考察了固化膜的抗拉强度、抗伸强度、漆膜对底面的附着力等综合结果。

柔韧性测定器是由粗细不同的 6 个钢制轴棒所组成，固定于底座上，底座可用螺钉固定在试验台边上。固化膜的柔韧性以试样在不同直径的轴棒上弯曲而不引起涂层破坏的最小轴棒的直径表示。

6.1.4.6　拉伸性能与拉伸强度

固化膜的拉伸性能与柔顺性密切相关。在材料试验机上对马蹄形固化膜施加不断增强的拉伸力，膜层断裂时的伸长率用来表征其拉伸性能，拉伸应力转化成拉伸

强度，较高的拉伸率和拉伸强度意味着固化膜具有较好的柔韧性。拉伸性能好的膜层一般柔顺性也较高，但韧性不一定高。柔韧性是评价固化涂层力学性能的重要指标，拉伸强度关系到涂层抗机械破坏能力。

6.1.4.7 耐冲击强度

耐冲击强度表示涂膜在受外力冲击时所能经受的抗开裂或抗与金属底材分离的能力。涂膜的变形大小不仅取决于张力，而且决定于作用时间。当变形进行较慢时，涂膜能松弛下来，且其变形程度也是较大的。在变形速度很大时，则弹性涂膜在静载荷下就可能成为刚性的和脆性的。涂膜的耐冲击性能表现了涂膜的弹性及其对底板的附着力。

涂膜耐冲击强度采用冲击试验器测定。详见 GB 1732—79《涂膜耐冲击测定法》。冲击钢球直径为 ϕ8mm，考察漆膜受冲击后有无裂纹、皱纹及剥落等现象。在温度为（23±2)℃和相对湿度为（50±5)%试验条件下，将试样放在冲击仪的底座上，使重块从预定的高度下落，检查试样被冲击的凹槽内涂膜是否开裂或涂膜与底板是否脱开，改变高度、求取涂层不出现开裂或脱开的最大高度。每个冲击点的边缘相距应不少于 15mm，冲击部分距试样边缘不少于 15mm，每块试样测两点。耐冲击强度数据为涂膜不出现开裂或脱开的最大高度。

6.1.4.8 附着力

所谓附着力就是涂膜与基材间相互黏结的性能。通常把附着力分成机械的和化学的两种，机械附着力是由于涂料渗透到基材上而呈现出来的，这种附着力取决于基材的物理性质和粗糙度、多孔性等；化学附着力取决于涂膜和基材的化学性质。根据吸附学说，黏结性是由于涂膜中聚合物的极性基团（如羟基或羧基）与被涂物表面的极性基相互结合产生的。如果涂膜具有很高的物理力学性能但没有很好的附着力，易于从表面上脱落，也不能成为具有抗腐蚀性和耐候性的涂层。因此，涂膜对其所涂基材的附着力愈好，对基材的保护性能就愈好。

附着力是评价涂层性能的最基本指标之一。检测附着力的方法有：画圈法、拉开法、划格法、胶带法。画圈法用附着力测定仪测定，详见 GB 1720《涂膜附着力测定法》，检查各部位的涂膜完整程度，见图 6-8 和图 6-9。拉开法用拉力试验机测定，检查试样拉开的负荷值。划格法是用锋利的小刀在漆膜上划出间隔 1mm 或 2mm 的小格，观察划线处漆膜脱落情况，详见 GB/T 9286—1998。工业检测上常常采用简易的胶带法测定，用 600# 的黏胶带粘附于涂层上，按 90°或 180°两种方式剥离胶带，检验涂层是否剥离底材。

画圈法测定法以试样划痕为检查目标，依次标出 1、2、3、4、5、6、7 七个部位，相应分为七个等级。按顺序检查各部位的涂膜完整程度，如某一部位的格子有 70%以上完好，则定为该部位是完好的，否则应认为损坏。例如部位 1 涂膜完好、则附着力最佳，定为一级；部位 1 涂膜损坏而部位 2 完好，附着力次之，定为二级，依此类推，七级为附着力最差。

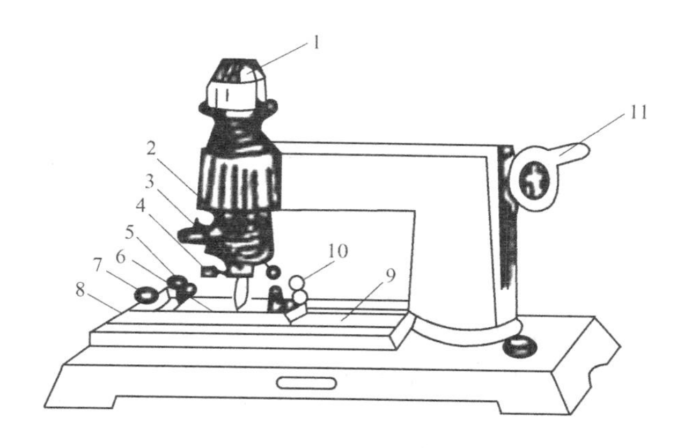

图 6-8　附着力测定仪

1—荷重盘；2—升降棒；3—卡针盘；4—回转半径调整螺栓；
5—固定样板调整螺栓；6—试验台；7—半截螺帽；
8—固定样板调整螺栓；9—试验台丝柱；10—调整螺栓；11—摇柄

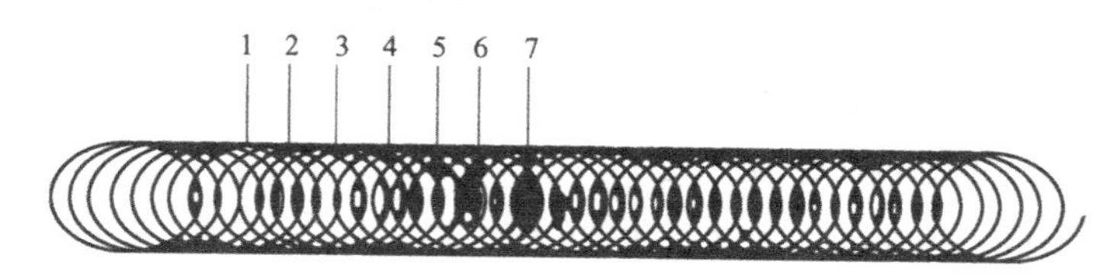

图 6-9　标准划痕圆滚线示意图

1—一级；2—二级；3—三级；4—四级；5—五级；6—六级；7—七级

划格法测定法用锋快的刀具按每秒 20mm 至每秒 50mm 的划格速度，在涂膜上连续平稳地划割出规定条数和间距的平行线条，再在与已划出的割线交叉成 90°角的方向上划出相等数量和相同间距的平行线条，形成一个十字网格图形（必须切至基底）。然后用软刷子顺着网格图形的组交叉轻轻地刷拭样板，向前向后各五次，观察检验划割表面，按表 6-3 评定等级。

表 6-3　评定等级

级别	说　　明
0	划格边缘十分平整;无剥落现象
1	划格线交叉处涂层有小块剥离,受影响的十字格面积不大于 5%
2	沿边缘或在划格线交叉处涂层已经剥离,受影响的十字格面积大于 5%,但小于 15%
3	部分或整个涂层划格边缘呈带状剥离和或者不同部分的方块部分或整块脱落,受影响的十字格面积大于 15%,但小于 35%
4	涂膜沿格线边缘整条地剥离或者有些方块部分或整块脱落,受影响的十字格面积大于 35%,但小于 65%
5	剥落程度明显大于 4 级

6.1.4.9 耐磨性

耐磨性即涂膜的耐磨程度，耐磨性实际上是涂膜的硬度、附着力和内聚力综合效应的体现。耐磨性与温度和环境条件有关。

通常是采用砂粒（落砂法）或砂轮（磨耗仪）等来测定涂膜的耐磨性。落砂法是让一定大小的砂粒，以规定的高度落到试验样板上，称取将漆膜破坏所需要的砂量，其结果以磨耗系数 V/T 来表示，其中 V 为砂的体积（L），T 为涂层厚度（μm）。磨耗仪测定法是使试验样板达到规定耐磨转数时，取出试板，抹去浮屑，称重。前后重量之差，涂膜的失重即表示所测的耐磨性，以 mg 表示。

光固化涂料的耐磨性一般高于传统溶剂型涂料，主要是前者固化后形成了较高的交联网络结构。地板涂料的耐磨性要求较高，耐磨性一般通过磨耗仪测定，将光固化涂料涂覆于测试用的圆形玻璃板上，光固化后置于磨耗测试台上，加负载，启动机器旋转，设定转数，以涂层质量的损失率作为衡量耐磨性的指标，磨耗率越高，说明涂层耐磨性越差。详见 GB/T 15036.2。

6.1.5 光固化涂料涂膜特殊保护性能的检测

涂膜特殊保护性能的检验包括：涂膜的耐水性、耐热性、耐寒性、耐湿热性、耐霉菌性、耐化学腐蚀性、耐候性等。

6.1.5.1 耐水性

涂膜耐水性即涂膜对水的抵抗能力。耐水性是涂膜抗腐蚀性能的重要指标。耐水性可以理解为膨胀性和透水性两项数值的总和。许多高分子物质形成的涂膜都具有在水以及大气湿度作用下膨胀的性质。成膜物质分子中羟基及其它极性基的数目增多以及各种低分子水溶性的杂质增多，都能促进水膨胀性的增大以及在一定程度上促进了涂膜透水性的增大。

涂膜耐水性的测定分为“浸水试验”和“浸沸水试验”。浸水试验是将涂膜样板放入温度为（25±1）℃的蒸馏水中，浸沸水试验是将涂膜样板放入沸腾的蒸馏水中，待达到产品标准规定的浸泡时间后取出观察漆膜有无剥落、起皱、起泡、失光、变色、生锈等现象。详见 GB/T 9274 以及试验用水应符合 GB/T 6682 中三级水的要求。

6.1.5.2 耐热性

测定涂膜受热后，有无变黏、变软、起层、皱皮、鼓泡、开裂、变色等现象。耐湿热性测定按产品标准规定的温度在鼓风恒温烘箱（或高炉）内进行。详见 GB/T 1735—1989《漆膜耐热性测定法》。

一般装饰性光固化涂料无需考虑耐热稳定性问题，但用于发热电器装置或受热器件涂装，需考虑其长期耐热性。由于光固化涂料较高的交联度，耐热稳定性一般高于溶剂型或热固化涂料。

表征固化膜热稳定性的方法还有热重法、差示扫描量热法等。

6.1.5.3　耐寒性

测定涂膜受冷冻后的变化情况，据此可说明漆膜是否适宜在低温条件下使用。漆膜耐寒性在低温箱中进行。

6.1.5.4　耐霉菌性

耐霉菌性即涂膜防止霉菌繁殖生长的能力。测试方法是将菌种或混合霉菌孢子（种子）悬浮液喷洒在漆膜上，放在 29～30℃的保温箱中培养。经过一段时间后观察漆膜表面上有无霉菌繁殖生长现象。

6.1.5.5　耐化学腐蚀性

耐化学腐蚀性能指涂膜经受化学腐蚀介质（酸、碱、溶剂、汽油、盐水、盐雾、或其它腐蚀性气体）的能力。这是检查耐腐蚀涂料的主要项目。测定方法是将涂膜浸入或放置在规定的介质中，达到产品标准规定的时间后，取出观察涂膜有无剥落、起皱、起泡、斑、生锈、变色、失光等现象。

光固化膜的耐蚀性能包括对稀酸、稀碱及有机溶剂的耐受能力，可以从固化膜的溶解和溶胀两方面评价，它反映膜层对溶剂破坏的耐受性能。具体方法：①用棉球蘸取溶剂对膜层进行双向擦拭，以涂层被擦穿见底材时的擦拭次数作为耐溶剂性能评价指标；②用溶剂溶胀法表征，以固定溶胀时间下膜层增重率作为评价指标。

6.1.5.6　耐候性

涂料的质量除了取决于各项物理力学性能外，更重要的是其使用寿命，即涂料本身对大气的耐久性。这种耐久性的表现代表了该涂料的真正实用价值，是该涂料各种技术性能指标的综合表现。涂料在使用过程中受到不同条件因素的作用，使涂层的物理化学和力学性能引起不可逆的变化，并最终导致涂层的破坏。涂料的耐候性试验是测定在自然环境或模拟自然环境条件下，涂层的耐久性能，考察涂膜的失光、变色、粉化、裂纹、起泡、锈蚀等程度。

固化膜耐候性可通过光老化、热老化及对化学介质的耐受性等几个方面性能综合反映，光固化涂料的耐候性问题主要还是光老化，涂料本身需要紫外光为能量使液膜交联固化，而紫外光的长时间照射，可导致膜层质量劣化。日光中所含有的 UVA 及 UVB 紫外线长期照射光固化涂层，往往容易造成老化。通常采用红外光谱法测定光老化膜层的羟基指数或羰基指，可以科学评价固化膜的光稳定性。

另外，通过测定固化膜在加速光老化条件下的各项物理性能变化，也是表征光老化的直观有效方法。

光固化涂料泛黄是涂层光老化的表现之一，研究泛黄现象可用红外吸收光谱仪测定羰基吸收变化情况，以羰基指数衡量泛黄程度。工业上可采用标准色度仪测定涂层的黄度指数。

6.2 光固化原材料的测试方法

为了保证光固化产品的最终质量，除了6.1节涉及的要对光固化涂料性能进行诸多检测外，也要对光固化涂料所含有的原材料质量进行必要的检测。它包括光引发剂的吸收光谱（见附录）以及低聚物和活性稀释剂的酸值、碘值、羟值、环氧值、异氰酸酯基等。

6.2.1 酸值

酸值是衡量待测物中所含游离酸多少的物理量，它是用中和1g待测物中的酸性物质所消耗的氢氧化钾的毫克数来表示。

6.2.1.1 测试方法

准确称取一定量的待测试样，以乙醇或丙酮溶解，加入2～4滴酚酞指示剂，在不停摇动下，以经过标定的0.1mol/L左右的氢氧化钾溶液滴至指示剂略显改变颜色为止，酸值按下式计算：

$$A=\frac{56.1\times V\times N}{m}$$

式中 A——酸值，mg/g；

V——滴定用去的氢氧化钾的体积，mL；

N——氢氧化钾摩尔浓度，mol/L；

56.1——氢氧化钾的摩尔质量，g/mol；

m——样品质量，g。

6.2.1.2 注意事项

（1）为使测定结果更准确，可按表6-4所示称取样品。

表6-4 测定酸值时样品参数用量

酸值范围	样品量/g
0～5	20±0.05
5～15	10±0.05
15～30	5±0.05
30～100	2.5±0.001
＞100	1±0.001

（2）对较难溶解的样品，可尝试用乙醇与甲苯的混合溶液或丙酮与甲苯混合溶液代替纯乙醇或丙酮溶解样品。

（3）在测定颜色较深的样品时，指示剂可用甲酚红、6B碱蓝或麝香草酚蓝代替。

6.2.2 碘值

碘值是衡量体系不饱和程度的物理量，它用 1g 样品消耗碘的毫克（mg）数表示。

6.2.2.1 测试原理

卤素中氯、溴、碘与不饱和化合物都可以反应，但是有差异的。氯既能发生加成反应，又能发生取代作用，溴只能发生加成反应，而碘则只能被不饱和体系缓慢吸收而发生加成反应，但它可以使不饱和体系完全变成饱和的化合物。所以，测定碘值不使用单质形态的碘，通常采用氯化碘、溴化碘化合物等。不饱和体系的每个双键可以加成一个氯化碘分子，由此得到饱和化合物。根据氯化碘的用量，便可以计算出碘值。

实际测定时，在样品内加入过量的卤素，再用碘化钾还原反应余下的卤素，然后用淀粉作指示剂，用硫代硫酸钠溶液来滴定，反应如下式所示：

$$X_2 + 2KI \longrightarrow 2KX + I_2$$

$$I_2 + 2Na_2S_2O_3 \longrightarrow 2NaI + Na_2S_4O_6$$

测定碘值的方法有很多，其中维氏法应用较为普遍。

6.2.2.2 试剂

维氏法测定碘值需要准备好以下试剂。

(1) 维氏溶液　将 13g 碘溶于 1000mL 冰醋酸内（不易溶解时可稍加热，但温度不可太高），冷却后取出 200mL，其余部分通入干燥的氯气（氯气需经过洗气瓶水洗、酸洗）则发生下列反应，至橘红色，至游离碘消失为止。

$$I_2 + Cl_2 \longrightarrow 2ICl$$

(2) 氯气可用下列反应制得。

$$MnO_2 + 2NaCl + 2H_2SO_4 \longrightarrow Cl_2 + MnSO_4 + Na_2SO_4 + 2H_2O$$

(3) 0.1mol/L $K_2Cr_2O_7$ 溶液。

(4) 0.1mol/L Na_2SO_3 溶液。

(5) 1%淀粉指示剂：将可溶解淀粉 10g 以蒸馏水溶成糊状，然后将其倒入 1000mL 煮沸的蒸馏水中，急速搅拌并冷却，如需长期存放，可加入 1.25g 水杨酸作防腐剂，存放于 4～10℃条件下。

(6) 15% KI 溶液。

(7) 氯仿 $CHCl_3$。

(8) 碘。

(9) 冰醋酸　不能含有还原性杂质，必要时需精制，方法是将 800mL 乙酸中加入 8～10g 高锰酸钾后，放于圆底烧瓶，装上回流冷凝管，加热回流使其充分氧化后，移入蒸馏瓶内蒸馏，取 118～119℃馏出物。

6.2.2.3 测试方法

锥形瓶称取样品（表 6-5），加入 10mL 氯仿，摇动使其溶解，用滴定管加入维氏液 25ml，塞严（塞口可涂以 KI 溶液但不能流入瓶中），于暗处在 20℃存放 30～60min。（一般碘值低于 150 时，可存放 30min，高于 150 时可存放 60min）。然后再加入 KI 溶液 15～20mL，蒸馏水 100mL，用 0.1mol/L Na_2SO_3 溶液滴定未被吸收的多余碘，直至黄色将褪尽时，加入淀粉指示剂 1mL，再以 0.1mol/L Na_2SO_3 溶液滴至蓝色完全消失为止。建议：同时做一空白试验，除不加样品外，其它完全相同。

表 6-5 样品称取量的范围（精确至 0.0001g）

碘值范围/(mg KOH/g)	样品量/g
80～100	0.28～0.30
100～120	0.23～0.25
120～140	0.19～0.21
140～160	0.17～0.19
160～180	0.15～0.17
180～200	0.14～0.16

碘值按下式计算：

$$I=\frac{(V_2-V_1)\times N\times 0.1269\times 100}{m}$$

式中 I——碘值（mg/g）；

V_2——空白试验所用去 Na_2SO_3 的，mL；

V_1——样品试验所用去 Na_2SO_3 的，mL；

N——Na_2SO_3 摩尔浓度，mol/L；

0.1269——碘的毫克当量数；

m——样品质量，g。

6.2.2.4 注意事项

（1）滴定允许误差　碘值在 100 以下时为 0.6，在 100 以上时为 1.0。

（2）维氏液自滴定管流出的速度应均匀，玻璃仪器应洁净干净，因为水能与氯化碘（ICl）反应放出游离碘。

6.2.3 羟值

羟值表示低聚物中羟基的含量，以每克样品相当量之氢氧化钾毫克数表示。

羟值的分析有醋酐吡啶法、苯酐吡啶法及苯异氰酸酯法，以醋酐吡啶法采用最普遍。醋酐吡啶法对伯羟基反应迅速，但对仲羟基反应则比苯酐吡啶法缓慢。因此，对于兼有伯羟基和仲羟基的树脂，苯酐吡啶法得到的结果比醋酐吡啶法的数值为高。

6.2.3.1　苯酐吡啶法

6.2.3.1.1　试剂

(1) 苯酐吡啶液　42g苯酐溶于300mL无水吡啶中。

(2) 指示剂　1%酚酞吡啶溶液。

(3) 滴定液　0.5mol/L氢氧化钾乙醇溶液。

(4) 无水吡啶　含水量少于0.1%。

6.2.3.1.2　测试方法

精确称取约2g样品（表6-6），加入带有回流冷凝器的磨口锥形瓶内，用移液管加入10mL苯酐吡啶液，并用吡啶将瓶塞润湿，接上冷凝器置于油浴加热，在115℃下回流，间歇地摇荡，保持1.5h左右，冷却到室温，加15mL吡啶冲洗冷凝器，加15mL蒸馏水以使多余的苯酐水解，加5滴指示剂，以0.5mol/L氢氧化钾滴定至终点，保持15s不褪色，同样条件作空白试验。

按下式计算羟值：

$$羟值=\frac{(V-V_0)\times C\times 56.1}{m}+酸值$$

$$羟基含量/\%=\frac{(V-V_0)\times C\times 1.7}{m}\times 100\%$$

式中　V_0——空白滴定消耗氢氧化钾的体积，mL；

V——样品滴定消耗氢氧化钾的体积，mL；

C——氢氧化钾的浓度，mol/L；

m——样品质量，g。

表6-6　样品称取量的范围

预计羟值/(mg KOH/g)	样品量/g
390	1.1
210	2.1
165	2.7
45	7.0

6.2.3.2　醋酐吡啶法

6.2.3.2.1　试剂

(1) 乙酰化试剂　称取4.0g对甲苯磺酸于100mL醋酸乙酯（AR）中，搅拌至溶解。在搅拌下慢慢加入33mL醋酐（AR），使最终取此液5mL消耗氢氧化钾滴定液（0.5mol/L）40～50mL。

(2) 酚酞指示剂。

(3) 吡啶与水混合液（3：1）。

(4) 甲苯/乙醇（1：2）混合液。

（5）0.5mol/L 氢氧化钾乙醇溶液。

（6）醋酸乙酯（AR）。

6.2.3.2.2　测试方法

准确称取样品（表 6-6），加入 5mL 醋酸乙酯到样品瓶中溶解样品，然后准确加入（5±0.02）mL 乙酰化试剂，在 50℃水浴上加热回流 20min。反应完毕后加入 2mL 水，用力振荡，再加入 10mL 吡啶与水（3∶1）混合液，振摇，室温下放置 10min，然后视样品溶液的浑浊情况，加入一定量的甲苯/乙醇（1∶2）混合液，再加数滴酚酞指示剂，用 0.5mol/L 氢氧化钾乙醇标准溶液滴定至溶液呈粉红色，即为终点。

计算公式同苯酐吡啶法。

6.2.4 环氧值

环氧值是表征环氧树脂中环氧基含量的物理量，它有几种表示方法。

（1）环氧值 A 表示 100g 环氧树脂总含有环氧基的摩尔数，我国多采用此表示法。

（2）环氧指数 B 表示每千克环氧树脂中含有环氧基的摩尔数，汽车公司用此表示法。

（3）环氧当量 C 表示含有 1mol 环氧基的树脂质量，壳牌、道化学采用此种表示法。

三种表示法之间的关系为：

$$环氧当量=1000/环氧指数,即\ C=1000/B$$

$$环氧当量=100/环氧值,即\ C=100/A$$

$$环氧指数=10\ 环氧值,即\ B=10/A$$

6.2.4.1 高氯酸法

这是国际上通用的环氧值的分析方法，它适用于各类环氧树脂。

该方法是通过高氯酸与溴化四乙基铵反应，产生的溴化氢与环氧基定量反应，以结晶紫为指示剂，滴定多余的溴化氢即可测出环氧值大小。

6.2.4.1.1　试剂

要求所有试剂的配制都应在通风橱中进行，并戴防护眼镜或面罩予以保护。

（1）高氯酸溶液　在烧杯中依次缓慢加入 250mL 冰醋酸（AR）、13mL 浓度为 60%的高氯酸（AR）和 50mL 醋酸酐（AR），混合后转移至 1L 的容量瓶中，以冰醋酸稀释至刻度，充分混合后静置 8h 以上，使醋酸酐与水充分反应。

高氯酸溶液的标定方法有两种。

① 邻苯二甲酸氢钾标定法　准确称取约 0.4g 邻苯二甲酸氢钾（基准试剂），加入 50mL 冰醋酸中，微热使其溶解，加入 6～8 滴结晶紫指示剂，在磁力搅拌下，

以高氯酸溶液滴定（滴定管应是底部进液贮瓶式，顶部装有干燥管）至由蓝变为绿色（持续2min不褪色），高氯酸浓度由下式计算：

$$C(HClO_4)=1000\times(m/204.2)\times V$$

式中　$C(HClO_4)$——高氯酸浓度，mol/L；

m——称取邻苯二甲酸氢钾质量，g；

V——滴定用去的高氯酸溶液体积，mL。

② 双酚A二缩水甘油醚标定法　准确称取约0.4g双酚A二缩水甘油醚（AR），溶入10mL二氯甲烷中，在磁力搅拌下使之溶解，加入10mL溴化四乙基铵试剂，再加入6～8滴结晶紫指示剂，以高氯酸溶液滴定至蓝变为绿色，高氯酸浓度由下式计算：

$$C(HClO_4)=1000\times m/(E\times V)$$

式中　m——双酚A二缩水甘油醚质量，g；

E——标样的环氧当量，正常值为170.6；

V——滴定用去的高氯酸溶液体积，mL。

开始时高氯酸溶液用方法①标定，以后每周用方法②或方法①，至少标定1次。

（2）二氯甲烷（AR）。

（3）溴化四乙基铵（AR）。

（4）结晶紫指示剂。

6.2.4.1.2　测试方法

按估计样品的环氧当量（表6-7）准确称取一定量的环氧树脂至三角烧瓶，加入10～15mL二氯甲烷，在磁力搅拌下加入100mL溴化四乙基铵及6-8滴结晶紫指示剂，用高氯酸滴定至颜色由蓝变绿并持续2min为终点。

表6-7　样品称取量的范围

环氧当量	样品量/g
170～375	0.4
375～600	0.6
600～1000	0.8
1000～1500	1.3
1500～2000	1.8
2000～2500	2.3

环氧当量E由下式计算：

$$E=\frac{1000\times m}{V\times C}$$

式中　E——环氧当量（g/mol）；

m——环氧树脂样品质量，g；

V——滴定用去的高氯酸溶液体积，mL；

C——高氯酸溶液的浓度，mol/L。

建议：使用该方法时，在由同一分析人员操作时，两次分析结果误差应小于0.25%；由不同实验室的不同人员操作两次分析结果误差应小于0.5%。

6.2.4.2 盐酸丙酮法

我国多用此方法，该方法适用于分子量小于1500的环氧树脂。

该方法利用盐酸可与环氧基定量发生加成反应，多余的盐酸由氢氧化钠滴定而测出环氧值。

6.2.4.2.1 试剂

（1）盐酸丙酮溶液：1mL相对密度1.19的盐酸溶于40mL丙酮中，混匀，现用现配。

（2）甲基红指示剂。

（3）0.1mol/L标准氢氧化钠溶液。

6.2.4.2.2 测试方法

按照表6-8所示精确称取0.5～1.5g树脂，放入有塞三角烧瓶中，用移液管加入20mL盐酸丙酮溶液，加塞摇荡使树脂充分溶解后，在阴凉处（15℃左右）放置1h，加入甲基红指示剂3滴，用浓度约为0.1mol/L的氢氧化钠标准溶液滴定到颜色由红变黄为终点。同样操作，不加树脂，做空白试验。

表6-8 树脂取样范围

环氧树脂型号	样品量/g
E-51,E-44,E-42	0.5
E-20	1.0
E-12	1.5

按下式计算树脂的环氧值：

$$EV=\frac{(V_1-V_2)\times C}{10\times m}$$

式中 EV——环氧值；

V_1——空白试验消耗氢氧化钠溶液的体积，mL；

V_2——样品消耗氢氧化钠溶液的体积，mL；

C——氢氧化钠标准溶液浓度，mol/L；

m——样品质量，g。

6.2.4.3 盐酸吡啶法

我国多用此法，该法适用于分子量大于1500的环氧树脂。

该方法利用盐酸与吡啶的加成产物可与环氧基定量发生开环反应，多余的盐酸由氢氧化钠滴定而测定环氧值。

6.2.4.3.1 试剂

(1) 盐酸吡啶溶液 17mL 相对密度 1.19 的盐酸溶于 984mL 吡啶中混匀。

(2) 酚酞指示剂。

(3) 0.1mol/L 标准氢氧化钠溶液。

(4) 丙酮 (AR)。

6.2.4.3.2 测试方法

精确称取样品 5g 左右，放入 250mL 标准磨口的三角烧瓶中，用移液管加入 25mL 盐酸吡啶溶液，烧瓶装上磨口回流冷凝管，缓慢加热，回流 40min 后，冷却至室温，用 20mL 丙酮冲洗冷凝器，然后取下烧瓶加酚酞指示剂 3 滴，用氢氧化钠标准溶液滴定至显微红色，并在 30s 内不消失为终点。同样操作，不加树脂做空白试验。

树脂样品环氧值计算方法同盐酸丙酮法。

6.2.5 异氰酸酯基

本方法利用异氰酸酯基可与二丁胺定量反应生成脲，过量的胺以盐酸滴定而测定异氰酸酯基含量。

$$RNCO + HN(C_4H_9)_2 \longrightarrow RNHCON(C_4H_9)_2$$

6.2.5.1 试剂

(1) 溴甲酚绿 (0.1%) 0.100g 溴甲酚绿指示剂加入 1.5mL 0.1mol/L 的氢氧化钠溶液中，溶解后用水稀释至 100mL。

(2) 二丁胺溶液 (258g/L) 258g 新蒸无水二丁胺，用无水甲苯稀释至 1L，浓度为 2mol/L，装入棕色瓶中。

(3) 盐酸溶液 1mol/L。

(4) 无水甲苯经干燥处理。

(5) 乙醇 (AR)。

6.2.5.2 测试方法

6.2.5.2.1 异氰酸酯的含量

加 40mL 无水甲苯于干燥、洁净的 500mL 碘瓶内，用移液管加入 50mL 二丁胺溶液，加入 6.5～7.0g 甲苯二异氰酸酯 (TPI) 样品到碘瓶内 (精确到 0.001g)，小心摇荡碘瓶，以 10mL 无水甲苯洗涤瓶口，轻塞瓶口，在常温下放置 15min，待反应完毕后，加 225mL 乙醇和 0.8mL 溴甲酚绿指示剂，以浓度为 1mol/L 的盐酸溶液滴定至盐酸从蓝变黄，且保持 15s 即为终点。用同样方法，不加试样做空白试验。

用下式计算异氰酸酯基含量：

$$\text{TDI 的百分含量} = \frac{(V_0 - V) \times N \times E \times 100}{1000 \times m}$$

式中 V_0——空白试验所用盐酸的体积，mL；

V——滴定样品耗用盐酸的体积，mL；

E——TDI 当量 87.08，如测其它异氰酸酯，则换以相应的当量；

m——样品质量，g；

N——盐酸准确浓度，mol/L。

建议：使用该方法时，同一分析者的误差应在 0.4%以下，不同实验室分析误差应在 0.8%以内。

6.2.5.2.2 低聚物中异氰酸酯基的含量

准确称取约 1g 低聚物样品加入 250mL 碘瓶中，加入无水甲苯 25mL，加塞并溶解（必要时可加热溶解），用移液管加入 0.1mol/L 的二丁胺溶液 25mL，加塞摇匀，15min 后加入异丙醇 100mL，溴甲酚绿指示剂 4～6 滴，用盐酸溶液滴定至黄色终点。同时做空白试验。

按下列计算异氰酸酯基（NCO）含量：

$$\text{NCO}(\%)=\frac{(V_0-V)\times N\times 4.2}{m}$$

式中 V_0——空白试验所用盐酸的体积，mL；

V——滴定样品所用盐酸的体积，mL；

N——盐酸准确浓度，mol/L；

m——样品质量，g。

建议：使用该方法时，同一分析者的误差应在 0.11%以下，不同实验室分析误差应在 0.40%以内。

6.3 光固化涂料检测要求与评价

最后，以 UV 木地板涂料和 UV 纸张涂料为例对 UV 检验要求与涂料评价内容作简要说明，见表 6-9 和表 6-10。

表 6-9 UV 木地板涂料检验要求

项目	指标		
	UV 腻子	UV 底漆	UV 面漆
容器中状态	搅拌后呈均匀状态		
黏度	视产品要求商定		
固化速率/(s 或 m/min)	视产品要求商定		
固体含量/%	—	≥95	
细度/μm	—	≤50	≤45
漆膜外观	—	平整	

续表

项目	指标				
	UV腻子	UV底漆	UV面漆		
光泽(60°)/%	—	—	高光:≥90；　亚光:视产品要求商定		
硬度	—	—	≥H		
附着力/级	—	≤2			
磨耗率/(g/100r)	—	—	优等品:≤0.08 且漆膜未磨透	一等品:≤0.10 且漆膜未磨透	合格品:≤0.15 且漆膜未磨透
涂膜耐水性	—	72h不起泡、不起皱、不脱落			
涂膜耐醇性	—	8h不起泡、不起皱、不脱落			
涂膜耐热性(80℃±2℃)	—	72h不起泡、不起皱、不脱落、不爆裂			
有害物质含量	—	符合GB 18584要求			

表6-10　UV纸张涂料检验要求

项目		指标			
		烫金UV油	不打底UV油	低气味UV油	普通UV油
液体外观颜色		无色至浅黄色			
液体透明度		清澈透明或略浑浊			
非反应性溶剂含量(质量分数)/%		≤5	≤5	≤5	≤8
黏度(25℃,涂-4杯)/s		20～100	40～100	20～100	20～100
固化速率/(m/min)		≥50	≥40	≥50	≥50
附着力/级	不打底	—	1	—	—
	打底	≤1	≤1	≤1	≤1
耐磨性(80gA4复印纸),擦花时次数		≥25	≥30	≥30	≥30
光泽(60°)/%		≥80	≥80	≥85	≥85
烫金性/级		≤1	—	—	—
贮存稳定性[(80℃±2℃),2d,黏度变化值]/%		≤45			
漆膜外观		无异常			
漆膜柔韧性		漆膜对折不爆裂			
挥发性有机化合物(VOC)/(g/L)		≤550			
苯/%		≤0.5			
甲苯和二甲苯总和/%		≤10			
游离甲苯二异氰酸酯(TDI)/%		≤0.7			
重金属/(mg/kg)	可溶性铅	≤90			
	可溶性镉	≤75			
	可溶性铬	≤60			
	可溶性汞	≤60			

附录

光引发剂吸收光谱图

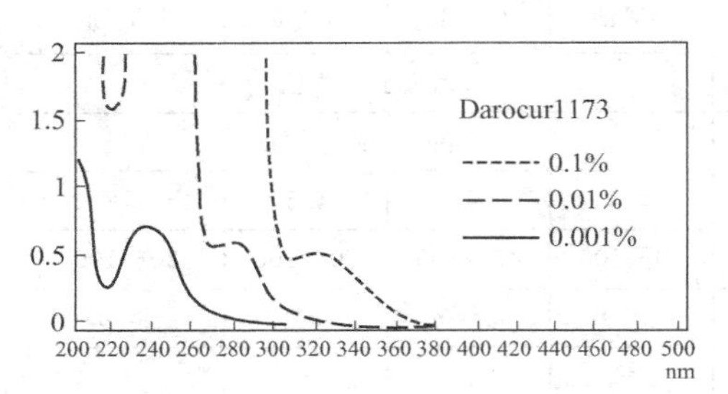

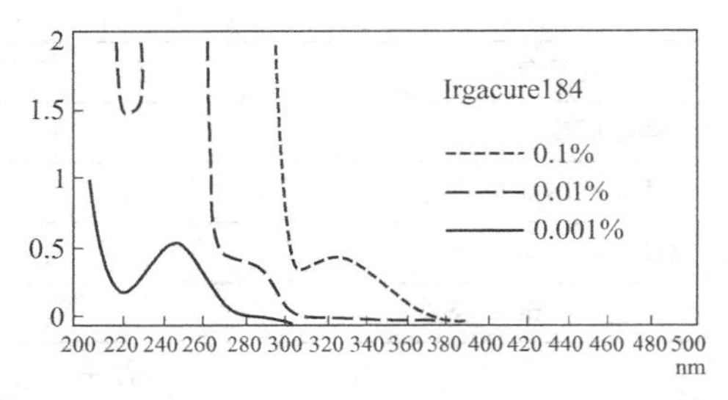

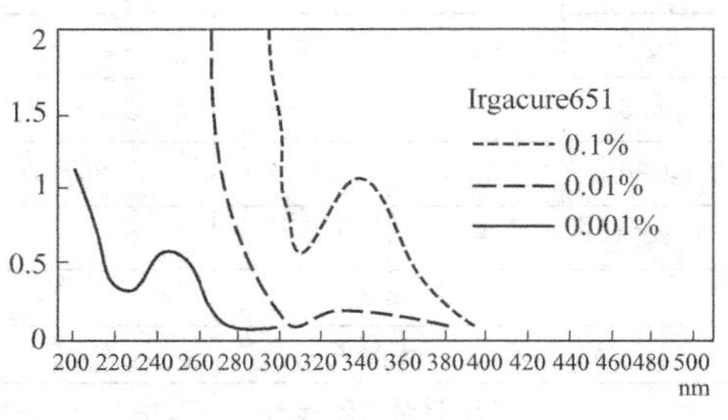

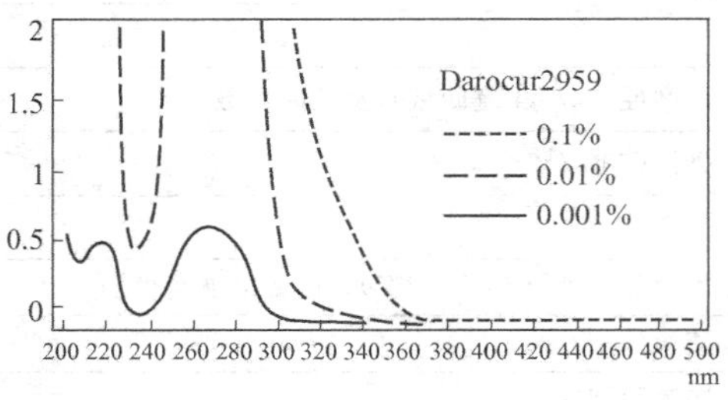

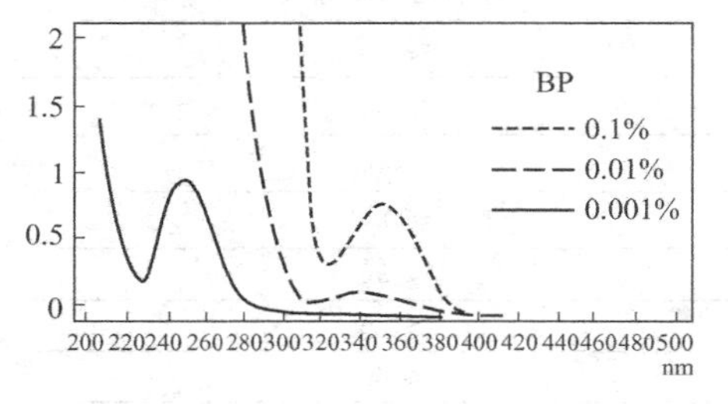

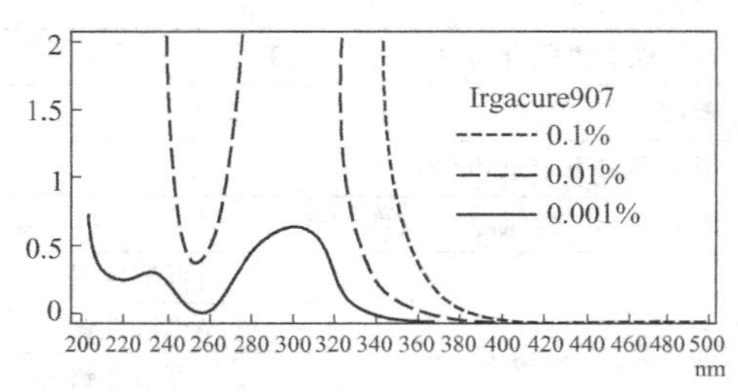

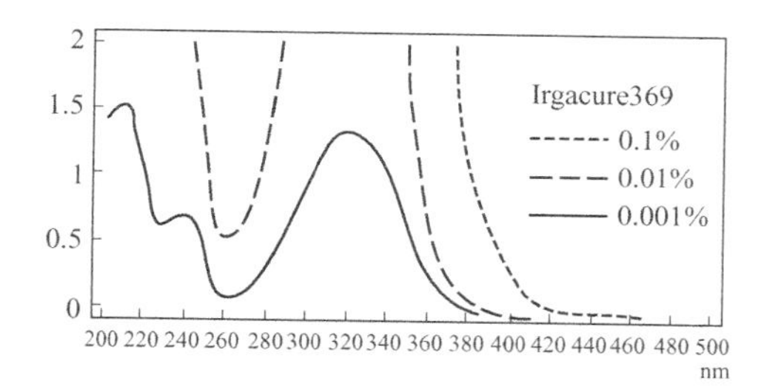
Irgacure369
0.1%
0.01%
0.001%
nm

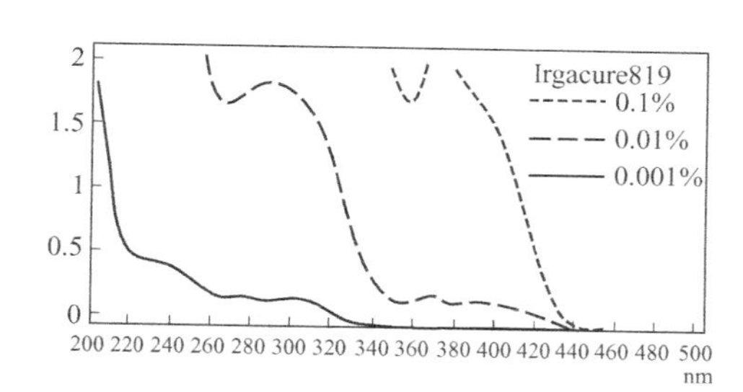
Irgacure819
0.1%
0.01%
0.001%
nm

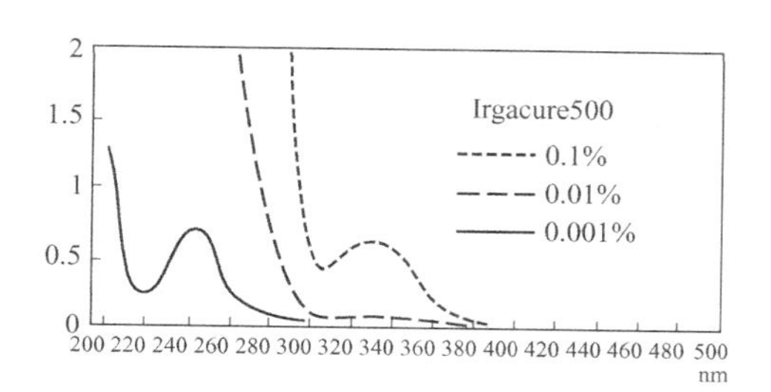
Irgacure500
0.1%
0.01%
0.001%
nm

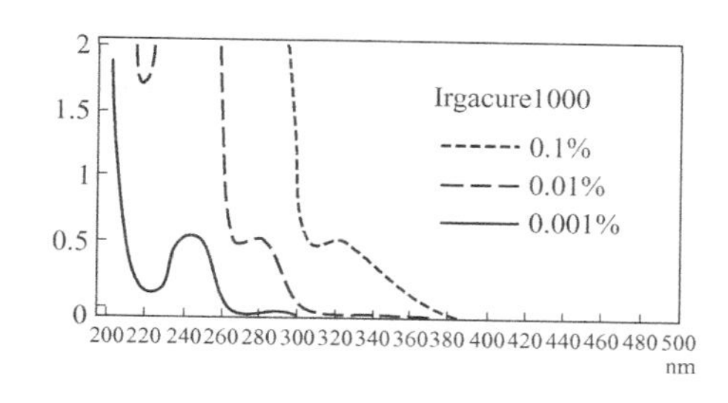
Irgacure1000
0.1%
0.01%
0.001%
nm

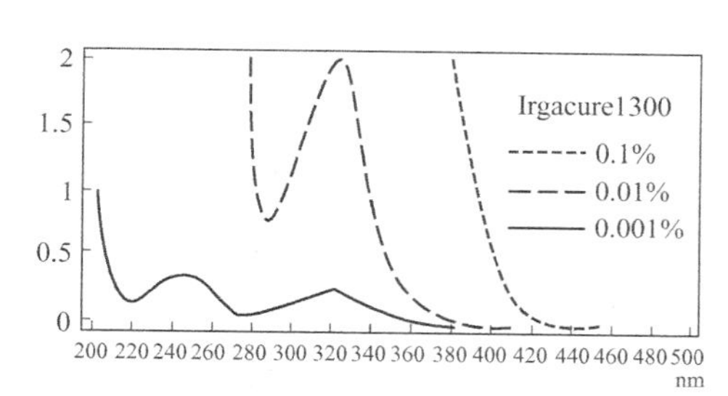
Irgacure1300
0.1%
0.01%
0.001%
nm

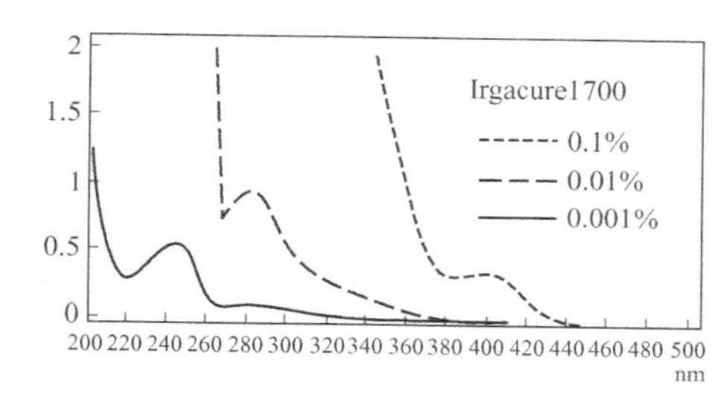
Irgacure1700
0.1%
0.01%
0.001%
nm

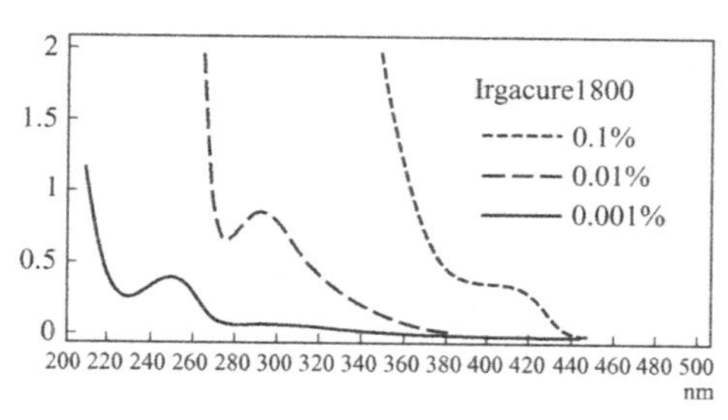
Irgacure1800
0.1%
0.01%
0.001%
nm

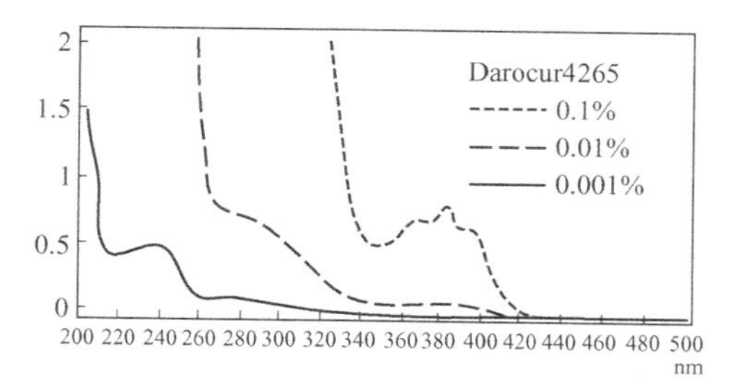
Darocur4265
0.1%
0.01%
0.001%
nm

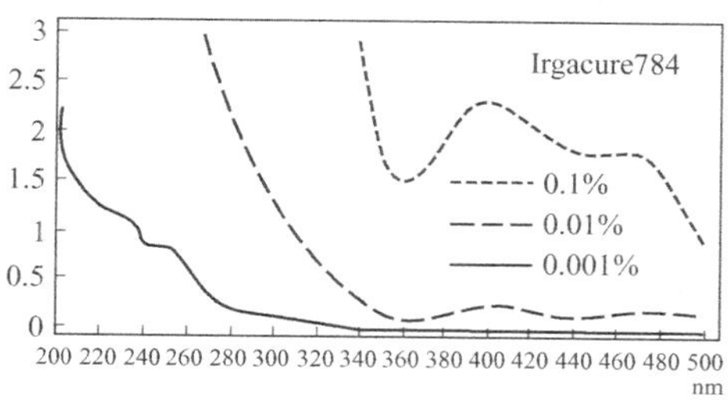
Irgacure784
0.1%
0.01%
0.001%
nm

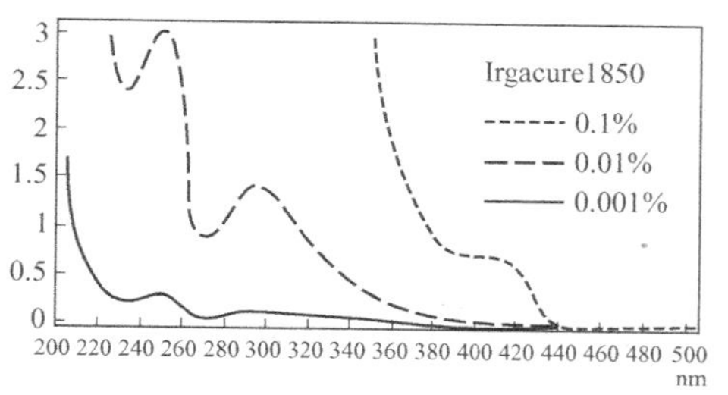
Irgacure1850
0.1%
0.01%
0.001%
nm

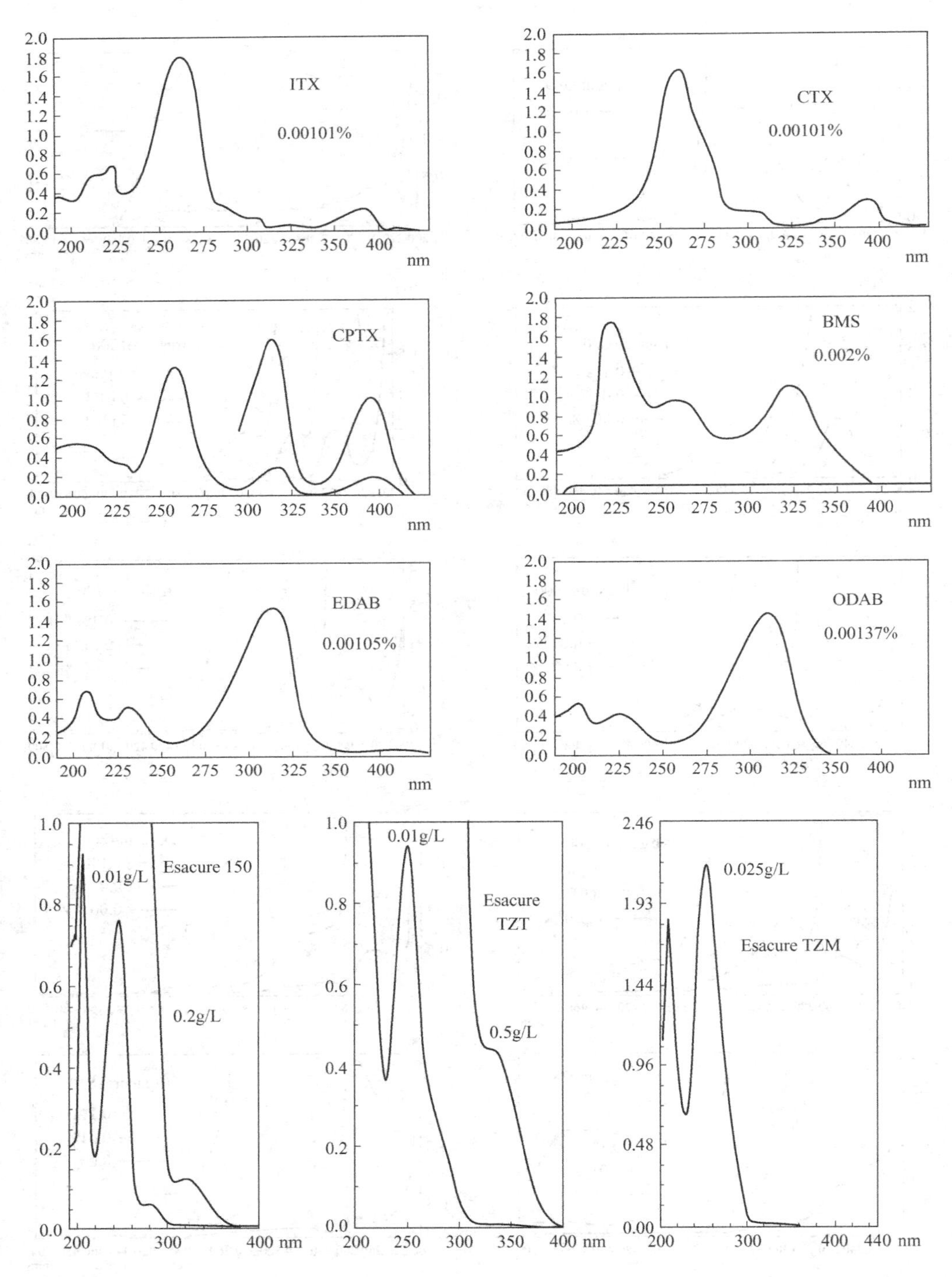

ITX
0.00101%
CTX
0.00101%
CPTX
BMS
0.002%
EDAB
0.00105%
ODAB
0.00137%
0.01g/L
Esacure 150
0.2g/L
0.01g/L
Esacure TZT
0.5g/L
0.025g/L
Esacure TZM
nm

参 考 文 献

[1] 魏杰，金养智编著．光固化涂料．北京：化学工业出版社，2005.

[2] 金养智，魏杰，刁振刚等编著．信息记录材料．北京：化学工业出版社，2003.

[3] 陈用烈，曾兆华，杨建文编著．辐射固化材料及其应用．北京：化学工业出版社，2003.

[4] 金养智．光固化材料性能及应用手册．北京：化学工业出版社，2010.

[5] 宋心琦，周福添，刘剑波编著．光化学—原理技术应用．北京：高等教育出版社．2001.

[6] 王德海，江棂编著．紫外光固化材料—理论与应用．北京：科学出版社，2001.

[7] R. 霍尔曼，P. 奥尔德林著，徐茂均等译．印刷油墨、涂料、色漆紫外线和电子束固化配方．北京：原子能出版社．1994.

[8] 曹维孝，洪啸吟，程康英等．非银盐感光材料在印刷、照相、医疗中的应用．北京：化学工业出版社，1994.

[9] 樊美公等著．光化学基本原理与光子学材料科学．北京：科学出版社，2000.

[10] 马建标．功能高分子材料．北京：化学工业出版社，2000.

[11] 何天白，胡汉杰．功能高分子与新技术．北京：化学工业出版社，2001.

[12] 大森英三著．功能性丙烯酸树脂．张育川译．北京：化学工业出版社，1993.

[13] 李善君等．高分子光化学原理及应用．上海：复旦大学出版社，1993.

[14] C. G. 罗菲著．光聚合高分子材料及应用．黄毓礼等译．北京：科学技术文献出版社，1990.

[15] 徐端颐．光盘存储系统设计原理．北京：国防工业出版社，2000.

[16] 施良和，胡汉杰．高分子科学的今天与明天．北京：化学工业出版社，1994：83-91.

[17] 山西化工研究所编．聚氨酯弹性体手册．北京：化学工业出版社，2001.

[18] 钱逢麟，竺玉书．涂料助剂—品种和性能手册．北京：化学工业出版社，1990.

[19] 洪啸吟等．涂料化学．北京，科学出版社，1997.

[20] 山下晋三等编．交联剂手册．纪奎江等译．北京：化学工业出版社，1990.

[21] 虞兆年．涂料工艺．第二版．北京：化学工业出版社，1996.

[22] 周学良．功能高分子材料．北京：化学工业出版社，2002.

[23] 陈振发．粉末涂料涂装工艺学．上海：上海科学技术出版社，1997.

[24] 南仁植．粉末涂料与涂装技术，北京：化学工业出版社，2000.

[25] 王光彬，郝明，李应伦．涂料与涂装技术，北京：国防工业出版社，1994.

[26] 陆企亭．快固型胶粘剂．北京：科学出版社，1992.

[27] 金关泰等．高分子化学的理论和应用进展．北京：中国石化出版社，1995.

[28] 王德中．功能高分子材料．北京：中国物资出版社，1998.

[29] 油墨制造工艺编写组．油墨制造工艺．北京：轻工业出版社，1987.

[30] 钱逢麟等．涂料助剂——品种和性能手册．第二版．北京：化学工业出版社，1992.

[31] 干福熹．数字光盘存储技术．北京：科学出版社，1998.

[32] 江梅，王德海，马家举等．UV固化竹木基涂料的研制．热固性树脂，2002，17 (3)：26-27.

[33] 唐承垣，董建华．辐射固化涂料．涂料工业，1998 (11)：36.

[34] 黄高山，陶莉，黄亮．纸塑光敏覆膜胶的研制．中国涂料，2001 (2)：42.

[35] 文应军，张申，任飙．紫外光固化纸张亚光涂料的研究．涂料工业，2002 (2)：33.

[36] 张申，文应军．紫外光固化亚光涂料的研究．中国涂料，2001 (1)：21.

[37] 张昱斐．UV固化粉末涂料．涂料工业，2002 (6)：22.

[38] 王莲芝．紫外光固化粉末涂料及其应用．精细与专用化学品，2001 (7)：17.

[39] 戴军，胡汉峰．紫外光固化清漆及其在摩托车涂装上的应用．广东化工，2000 (6)：27.

[40] 沈革新，佘万能，屈秀宁等．光固化聚氨酯丙烯酸酯涂料的研究．涂料工业，1990 (3)：2.

[41] 冯素兰，王坚. MT-A 紫外光固化罩光清漆. 涂料工业，1997 (5)：19.

[42] 马立军，周建国. 透视 CD-R. 光盘技术，2000 (1).

[43] 庞来兴，杨建文，曾兆华，陈用烈. 紫外光固化粉末涂料. 高分子通报，2002 (4)：38-39.

[44] 包容. 紫外灯和紫外固化过程中的问题的相关性. 第四届辐射固化年会论文集. 1999：196.

[45] 吕延晓，美国辐射固化产业与市场（下）. 辐射固化通讯，2004 (1)：15.

[46] 孙志英，魏杰. UV 固化粉末涂料用光引发剂的选择. 涂料工业，2003，33 (10)：24-27.

[47] 中村贤市郎，山内峰雄，藤谷宣之，日口洋一. 日本写真会志. 昭 62. 50 (1)：27-30.

[48] 虞兆年. 粉末涂料的一些经济信息. 上海涂料，2002. 40 (2)：15.

[49] 王艳梅，魏杰. 超支化树脂改性 UV 固化粉末涂料. 感光科学与光化学，2003，21 (2)：126-131.

[50] 孙志英，魏杰. 光固化粉末涂料中两种复合光引发剂表观量子效率的测定. 感光科学与光化学，2004，22 (3)：218-223.

[51] J. P. Fouassier，J. F. Rabek. Radiation Curing in Polymer Science and Technology-Volume 1：Fundamentals and Methods. London and New York：Elsevier Applied Science，1993.

[52] J. P. Fouassier，J. F. Rabek. Radiation Curing in Polymer Science and Technology-Volume 2：Photoinitiating Systems. London and New York：Elsevier Applied Science，1993.

[53] J. P. Fouassier，J. F. Rabek. Radiation Curing in Polymer Science and Technology-Volume 3：Polymerisation Mechanisms. London and New York：Elsevier Applied Science，1993.

[54] J. P. Fouassier，J. F. Rabek. Radiation Curing in Polymer Science and Technology-Volume 4：Practical Aspects and Applications. London and New York：Elsevier Applied Science，1993.

[55] Kinoshita M and Ishikawa H. UV Curing Behavior of Water Borne Coatings，RadTech Asian'91 Conference Proceeding. 1991，563.

[56] Dowling J P，Pappas P，Monroe B. Chemistry & Technology of UV & EB formulations for coatings，inks & paints-V. Sita Technology，London，England，1991.

[57] Ishibashi S，Marumo T and Nakamura R. Proceedings of Radiation Curinng Asia Conference，Tokyo，1986.

[58] Oliver J M. Technical Conference Proceeding for RadTech 2002 North America，Indianapolis. USA，April 2002，205.

[59] Schaeffer W. Technical Conference Proceeding for RadTech 2002 North America，Indianapolis. USA，April 2002，214.

[60] Hanrahan B D，Manus P and Eaton R F. In Proceedings of RadTech' 88 North America. New Orleans，Louisianna，1988，14.

[61] Hoyle C E，Cole M，Bachemin M and Kuang W. Technical Conference Proceeding for RadTech 2002 North America. Indianapolis，April 2002，674.

[62] Wendrinsky J. In Proceedings of RadTech Europe'89，Florence.. Italy，453.

[63] Jonsson S，Schaeffer W，Sundell P E，Shimose M，Owens J and Hoyle C E. Proc RadTech Conf Orlando，FL，1994，194.

[64] Ericsson J，Jonsson S，Bao R and Lindgren K. Technical Conference Proceeding for RadTech 2002 North Ametica. Indianapolis，April 2002，435.

[65] Smit C N，Hennink W E，Ruiter B De and Luiken A H et al. North American Conference Proceedings for RadTech'90. 1990，Vol 2，148.

[66] Koleske J V. Radiation curing of coatings. ASTM International，West Conshohocken，2002.

[67] Kaganky L. RadTech-North America'2002. Indianapolis，982，2002.

[68] Kosnik F J. RadTech-North America'88. New Orleans，492，1988.

[69] Roth A. RadTech-Europe'99. Berlin，Germany，1999，661.

[70] Loyen K and Leroy P. RadTech 2002 North America. Indianapolis, 601.

[71] Holman R and Oldring P. UV & EB Curing Formulations for Printing Inks, Coatings & Paints. SITA Technology, London 1988.

[72] Schaeffer W R. RadTech North America'88 Proc. 127, 1989.

[73] Carroy A, Chomienne F and Schrof W et al. RadTech Proceeding North America 2000. Baltimore, 10.

[74] Loutz J-M. RadTech Europe'89. 219, 1989.

[75] Johansson M, Malmstrom E, Jansson A, J. Coatings Tech. 2000, 72, No. 906: 49.

[76] Dowling, J P, Pappas, P, Monroe, B. Chemistry & Technology of UV & EB formulations for coatings, inks & paints-V. Sita Technology. London, England 1991.

[77] Krongauz V V, Trifunac A D. Processes in Photoreactive Polymers. Chapman & Hall. New York, 1995. 369.

[78] Sahoo P B, Vyas R, Wdahw A M, Verma S. Bull. Mater. Sci. 2002, 25 (6): 553.

[79] Chiba T, Hung R, Yamada S, Trinque B, et al. J. Photopolym. Sci. Technol. 2000, 13: 657.

[80] Ranby B, Rabek J F.. Photodegradation, Photooxidation and Photostabilization of Polymers. Wiley, 1975.

[81] Rabek J F.. Experimental Methods in Photochemistry and Photophysics. Wiley, 1982.

[82] B. J. Overton, C. R. Taylor, Polymer Engineering and Science. 1989, 29 (17): 1165..

[83] R. Holman, P. Oldring. UV and EB Curing Formulation for Printing Inks, Coatings and Paints. London, U. K: SITA, 1988..

[84] Wei jie, Wang Yanmei. Study on Photoinitiator in UV Curable Powder Coating. Abstracts of Papers of the American Chemical Society, 225: 337-PMSE, Part 2, Vol. 88, 585-586.

[85] David Hammerton. New UV Powder Systems for Metal, Wood and PVC. RadTech2002. Technical Conference Proceedings: 592-600.

[86] Reiner Jahn, Hugh Laver, Conny te Walvaart. Selecting pigments for colored UV curable powder coatings. Poly. Paint Color J., 2000. 190 (4428): 16-18.

[87] Z Jovanovic, J Lahaye, H Laver, et al. Finding the right cure for shades of grey. Poly. Paint Color J., 2000. 190 (4430): 8-11.

[88] Ljubomir Misev, Oliver Schmid, Saskid Udding-Louwrier, et al. Weather Stabilization and Pigmentation of UV-curable Powder coatings. RADTECH REPORT, 1999. July/Augest.

[89] Dr Sonia Megert. Heading for the great outdoors. Poly. Paint Color J., 2000. 190 (4432): 9-11.

[90] Rodger Talbert. UV Powder Coating Application Guide. America: RadTech international North America, 2002. 19.

[91] Conference Proceedings of RadTech Europe 2003, November 3-5, 2003, Berlin, Germany.

[92] Conference Proceedings of RadTech Europe 2001, Basle, Switzerland.

[93] Technical Proceedings, RadTech e/5 2004, May 2-5, 2004, charlotte, NC. USA.

[94] Technical Conference Proceedings, RadTech 2002, April 28-May 1, 2002, Indianapolis, USA.

[95] Proceedings of RadTech Asia'03, December 9-12, 2003, Yokohama, Japan.

[96] Conference Proceedings of RadTech Asia 2001, May 15-19, 2001, Kunming, China.

欢迎订阅涂料类相关图书

ISBN 号	书　名	单价	作者
9787122066763	涂料工艺(上．下)(四版)	280	刘登良
9787122157416	水性涂料配方精选(第二版)	38	张玉龙
1550251311	中国化工行业标准——高氯化聚乙烯防腐涂料	10	组织编写
1550251309	中国化工行业标准——紫外光(UV)固化木器涂料	10	组织编写
1550251310	中国化工行业标准——钢质输水管道无溶剂液体环氧涂料	10	组织编写
1550251381	中国化工行业标准——工业机械涂料	10	组织编写
1550251382	中国化工行业标准——玻璃鳞片防腐涂料	10	组织编写
1550251346	中国化工行业标准——涂料用稀土催干剂	10	组织编写
1550251355	中国化工行业标准——金属表面用热反射隔热涂料	12	组织编写
1550251379	中国化工行业标准——涂料用氯化橡胶树脂	10	组织编写
1550251342	中国化工行业标准——水性多彩建筑涂料	12	组织编写
1550251343	中国化工行业标准——水性复合岩片仿花岗岩涂料	10	组织编写
1550251345	中国化工行业标准——潮(湿)气固化聚氨酯涂料(单组分)	10	组织编写
1550251340	中国化工行业标准——电泳涂料通用试验方法	16	组织编写
1550251352	中国化工行业标准——涂料用增稠流变剂膨润土	14	组织编写
1550251356	中国化工行业标准——涂料用彩色复合岩片	10	组织编写
9787122161000	涂料及原材料质量评价(温绍国)	39	温绍国
9787122152725	新编涂料配方 600 例(第二版)	148	张传恺
9787122157416	水性涂料配方精选(第二版)	38	张玉龙
9787122147028	防水涂料	48	贺行洋
9787122149497	涂料制造及应用(杨渊德)	45	杨渊德
9787122146861	涂装系统分析与质量控制	68	齐祥安
9787122122018	涂层失效分析	58	[美]德怀特 G. 韦尔登
9787122144959	涂料和涂装的安全与环保(曾晋)	24	曾晋
9787502584894	船舶涂料与涂装技术(二版)	35	汪国平
9787122143884	涂料生产设备(张卫中)	35	张卫中
9787122067999	水性树脂与水性涂料	38	闫福安
9787122140609	涂料用颜料与填料(吕仕铭)	20	吕仕铭
9787122138903	涂料配方设计	25	姜佳丽
9787502567156	涂料技术导论(刘安华)	24	刘安华
1550251187	中国化工行业标准——热固性粉末涂料挤出机	16	组织编写

续表

ISBN 号	书　　名	单价	作者
9787122137722	涂料树脂合成工艺(刘国杰)	48	刘国杰
9787122001870	涂料与涂装科学技术基础(郑顺兴)	38	郑顺兴
9787122135698	涂料用溶剂与助剂(林宣益)	28	林宣益
9787122127921	中国粉末涂料信息与应用手册	168	庄爱玉
1550251186	中国化工行业标准——热固性粉末涂料预混合机	16	组织编写
9787122127327	简明涂料工业手册	148	张传恺
9787122030306	涂料树脂合成及应用(闫福安)	48	闫福安
9787122046031	涂料工艺(仓理)(二版)	18	仓理
9787122123527	涂料与涂装技术	38	王海庆
9787122124975	涂料化学与涂装技术基础(鲁钢)	38	鲁钢
9787122126092	中国涂料工业商务指南：2011 版	160	组织编写
9787122118356	地坪涂料与涂装技术	39	陈文广
9787122116321	中国涂料工业年鉴 2010	160	组织编写
9787122110664	水性涂料助剂	75	朱万章
9787122106339	防腐涂料配方精选	39	徐勤福
9787122106322	建筑涂料配方精选	36	徐勤福
9787122096111	粉末涂料及其原材料检验方法手册	69	庄爱玉
9787122065728	涂料最新生产技术与配方	89	夏宇正
9787122094032	聚合物水泥防水涂料(二版)	36	沈春林
9787122095176	涂料生产工艺实例	64	童忠良
9787122083753	新型建筑涂料涂装及标准化	89	陈作璋
9787122071583	美术涂料与装饰技术手册	89	崔春芳
1550250745	中国化工行业标准——建筑用水性氟涂料	9	组织编写
1550250739	中国化工行业标准——负离子功能涂料	8	组织编写
9787122079633	喷涂聚脲防水涂料	35	沈春林
9787122073488	绿色涂料配方精选	30	张洪涛
9787122073228	涂料生产工艺(姬德成)	22	姬德成
9787502578527	涂料与涂装技术	36	张学敏
9787122056009	建筑涂料涂装手册	68	王国建
9787122054647	涂料分析与检测	25	陈燕舞
9787502583996	涂料喷涂工艺与技术	29	梁治齐
9787122015464	化工产品手册——涂料(五版)	97	童忠良

续表

ISBN 号	书　　名	单价	作者
9787122033055	纳米材料改性涂料	45	刘国杰
9787122028907	木材涂料与涂装技术	38	封凤芝
9787122025531	粉末涂料与涂装技术(二版)	70	南仁植
9787122017741	防腐蚀涂料与涂装应用	98	刘新
9787502599430	环境友好涂料配方设计	42	李桂林
9787502599768	涂料生产实用技术问答丛书——丙烯酸涂料生产实用技术问答	25	汪盛藻
7502583491	粉状建筑涂料与胶黏剂	25	徐峰
7502581456	涂料防腐蚀技术丛书——聚氨酯树脂防腐蚀涂料及应用	35	刘娅莉
9787122030849	涂料调色(周强)	19	周强

以上图书由化学工业出版社出版。如需要以上图书的内容简介和详细目录，或要了解更多科技图书信息，请登录www.cip.com.cn。如要出版新著，请与编辑联系。

地址：北京市东城区青年湖南街13号 化学工业出版社（邮编：100011）

邮购电话：010-64518800，010-64518888

编辑：010-64519425，Email：qzgcip@aliyun.com